软件开发视频大讲堂

C++从入门到精通

（第5版）

明日科技　编著

清华大学出版社
北　京

内 容 简 介

《C++从入门到精通（第 5 版）》从初学者角度出发，以通俗易懂的语言和丰富多彩的实例，详细讲解了 C++程序开发需要掌握的知识。本书分为 4 篇共 18 章：第 1 篇是基础知识，包括绪论，数据类型，运算符与表达式，条件判断语句，循环语句，函数，数组、指针和引用，以及构造数据类型；第 2 篇是核心技术，包括面向对象编程，类和对象，以及继承与派生；第 3 篇是高级应用，包括模板、标准模板库、RTTI 与异常处理、程序调试、文件操作和网络通信；第 4 篇是项目实战，结合人事考勤管理系统，依照软件项目的开发流程，讲述如何进行实际开发。书中所有知识都结合具体实例进行介绍，涉及的程序代码给出了详细的注释，读者可以轻松领会 C++的强大功能，快速提高开发能力。

另外，本书除了纸质内容之外，配书资源包中还给出了海量开发资源库，主要内容如下：

☑ 微课视频讲解：总时长 27 小时，共 97 集
☑ 实例资源库：881 个实例及源码详细分析
☑ 模块资源库：15 个经典模块开发过程完整展现
☑ 项目资源库：15 个企业项目开发过程完整展现
☑ 测试题库系统：616 道能力测试题
☑ 面试资源库：371 道企业面试真题
☑ PPT 电子教案

本书可作为软件开发入门者的自学用书，也可作为高等院校相关专业的教学参考书，还可供开发人员查阅、参考。

图书在版编目（CIP）数据

C++从入门到精通 / 明日科技编著. —5 版. —北京：清华大学出版社，2021.10 (2024.2重印)
（软件开发视频大讲堂）
ISBN 978-7-302-58946-4

Ⅰ.①C… Ⅱ.①明… Ⅲ.①C++语言－程序设计 Ⅳ.①TP312.8

中国版本图书馆 CIP 数据核字（2021）第 173714 号

责任编辑：贾小红
封面设计：刘　超
版式设计：文森时代
责任校对：马军令
责任印制：曹婉颖

出版发行：清华大学出版社
网　　址：https://www.tup.com.cn，https://www.wqxuetang.com
地　　址：北京清华大学学研大厦 A 座　　**邮　　编**：100084
社 总 机：010-83470000　　**邮　　购**：010-62786544
投稿与读者服务：010-62776969，c-service@tup.tsinghua.edu.cn
质量反馈：010-62772015，zhiliang@tup.tsinghua.edu.cn
印 装 者：三河市科茂嘉荣印务有限公司
经　　销：全国新华书店
开　　本：203mm×260mm　　**印　　张**：28.75　　**字　　数**：801 千字
版　　次：2010 年 7 月第 1 版　　2021 年 12 月第 5 版　　**印　　次**：2024 年 2 月第 7 次印刷
定　　价：89.80 元

产品编号：092544-01

如何使用本书开发资源库

在学习本书时，随书附配资源包中提供了“Visual C++开发资源库”系统，可以帮助读者快速提升编程水平和解决实际问题的能力。本书和开发资源库配合学习的流程图如图 1 所示。

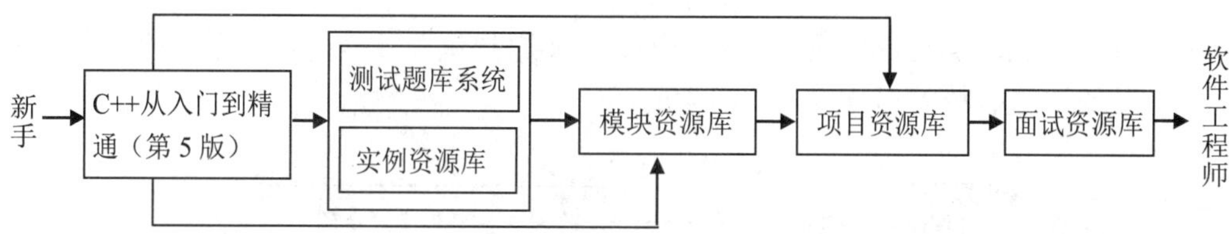

图 1　本书和开发资源库配合学习流程图

打开资源包的“开发资源库”文件夹，运行 Visual C++开发资源库.exe 程序，即可进入“Visual C++开发资源库”系统，主界面如图 2 所示。

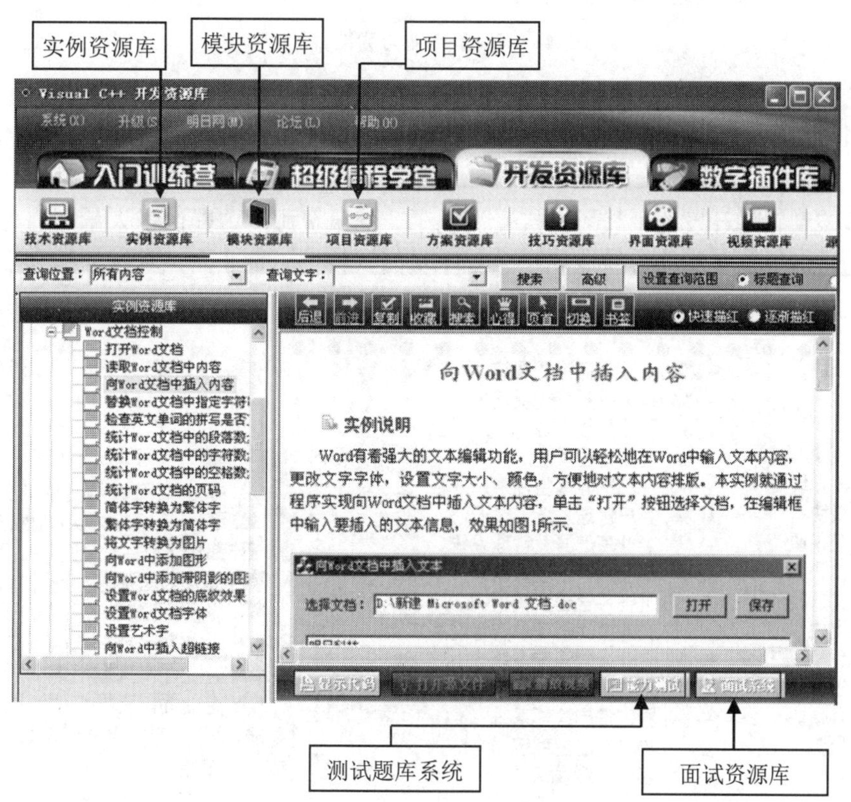

图 2　“Visual C++ 开发资源库”主界面

在学习本书某一章节时，可利用实例资源库对应章节提供的大量热点实例和关键实例巩固所学编程技能，提高读者编程兴趣和自信心；也可利用测试题库系统的对应章节进行测试，检验学习成果。具体流程如图 3 所示。

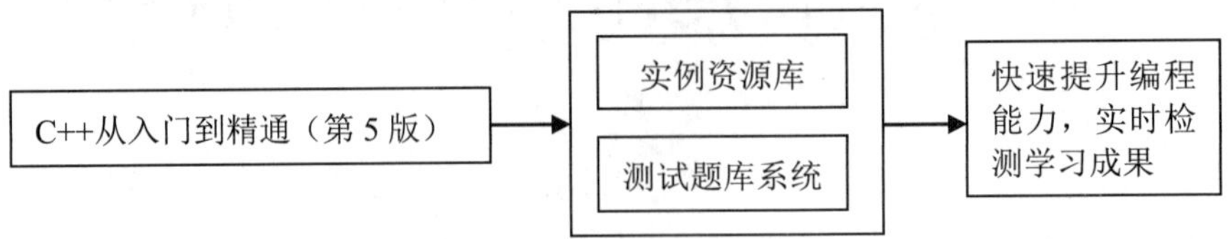

图 3　使用实例资源库和测试题库系统

对于数学逻辑能力和英语基础较为薄弱的读者，本书提供了数学及逻辑思维能力测试和编程英语能力测试，以供读者进行练习和测试，如图 4 所示。

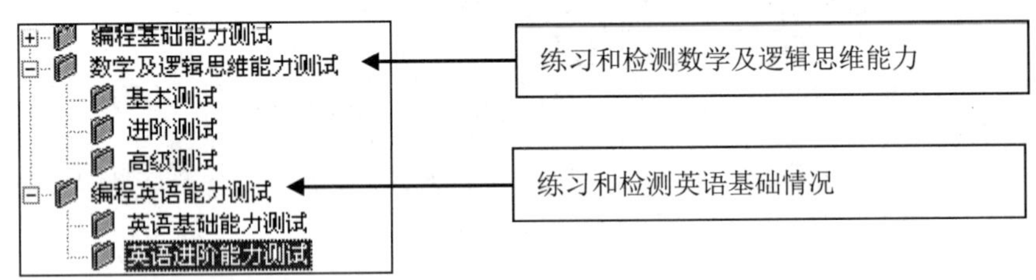

图 4　编程基础能力测试目录

本书学习完毕后，读者可通过模块资源库和项目资源库中的 30 个经典模块和项目，全面提升个人综合编程技能和解决实际开发问题的能力，为成为软件开发工程师打下坚实基础。具体模块和项目目录如图 5 所示。

万事俱备，该到软件开发的主战场上接受洗礼了。面试资源库中提供了大量国内外软件企业的常见面试真题，同时还提供了程序员职业规划、程序员面试技巧、企业面试真题汇编和虚拟面试系统等精彩内容，是程序员求职面试的绝佳指南。面试资源库目录如图 6 所示。

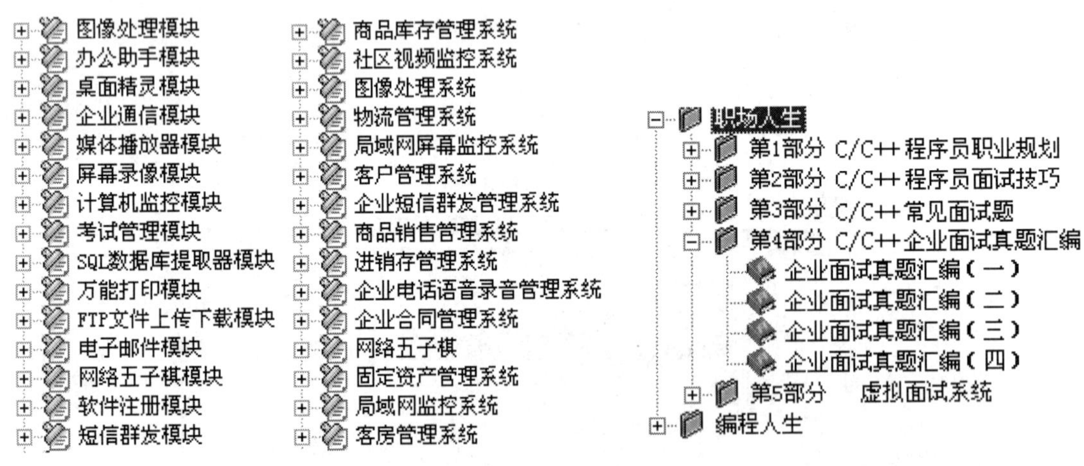

图 5　模块资源库和项目资源库目录　　图 6　面试资源库目录

前　言

Preface

丛书说明："软件开发视频大讲堂"丛书第 1 版于 2008 年 8 月出版，因其编写细腻，易学实用，配备海量学习资源和全程视频等，在软件开发类图书市场上产生了很大反响，绝大部分品种在全国软件开发零售图书排行榜中名列前茅，2009 年多个品种被评为"全国优秀畅销书"。

"软件开发视频大讲堂"丛书第 2 版于 2010 年 8 月出版，第 3 版于 2012 年 8 月出版，第 4 版于 2016 年 10 月出版，第 5 版于 2019 年 3 月出版。丛书连续畅销 12 年，迄今累计重印 650 多次，销售 400 多万册。不仅深受广大程序员的喜爱，还被百余所高校选为计算机、软件等相关专业的教学参考用书。

"软件开发视频大讲堂"丛书第 6 版在继承前 5 版所有优点的基础上，进一步修正了疏漏，优化了图书内容，并根据读者建议替换了部分学习视频。同时，提供了从"入门学习→实例应用→模块开发→项目开发→能力测试→面试"等各个阶段的海量开发资源库，使之更适合读者学习、训练、测试。为了方便教学，还提供了教学课件 PPT。

C++语言是在 C 语言基础上发展起来的，它在 C 语言基础上融入了许多新的编程理念，这些理念有利于程序的开发。从语言角度来说，C++语言是一个规范，它规范程序员如何进行面向对象程序开发。C++具有 C 语言操作底层的能力，同时还具有提高代码复用率的面向对象编程技术，是一种语句更加灵活、使用更加简捷、技术更加全面的编程利器。

本书内容

本书提供了从入门到编程高手所必需的各类知识，共分为 4 篇。

第 1 篇：基础知识。本篇讲解 C++语言基础知识，具体包括 C++语言的历史背景、常用开发环境，数据类型，运算符与表达式，条件判断语句，循环语句，函数，数组、指针和引用，以及构造数据类型。为帮助读者夯实语言基础，本篇结合流程图和实例，并通过视频的指导讲解。读者只有具备了牢固的基础才能更快地掌握更高级的内容。

第 2 篇：核心技术。本篇介绍 C++语言面向对象编程方面的内容，帮助读者透彻理解什么是面向对象，如何应用类创建对象，什么是继承和派生，以及能够利用多态进行面向对象开发。

第 3 篇：高级应用。模板是标准模板库（STL）的基础，通过学习模板相关知识，读者能够理解 STL 的构造。通过学习运行时类型识别（RTTI），读者将对面向对象开发有更深的理解。程序调试和文件操作是程序开发过程中必不可少的技术，是企业级项目开发的基础。网络通信是仅次于文件技术的另一项关键技术，通过多个实例，读者可以掌握基本的网络通信知识。

第 4 篇：项目实战。本篇运用软件工程的设计思想，开发了一个人事考勤管理系统。书中按照"需求分析→系统设计→公共模块设计→主窗体设计→实现项目各模块功能→总结开发技巧与难点"的流程进行介绍，带领读者一步一步亲身体验项目开发的全过程。

本书的整体知识架构和学习要点如图 7 所示。

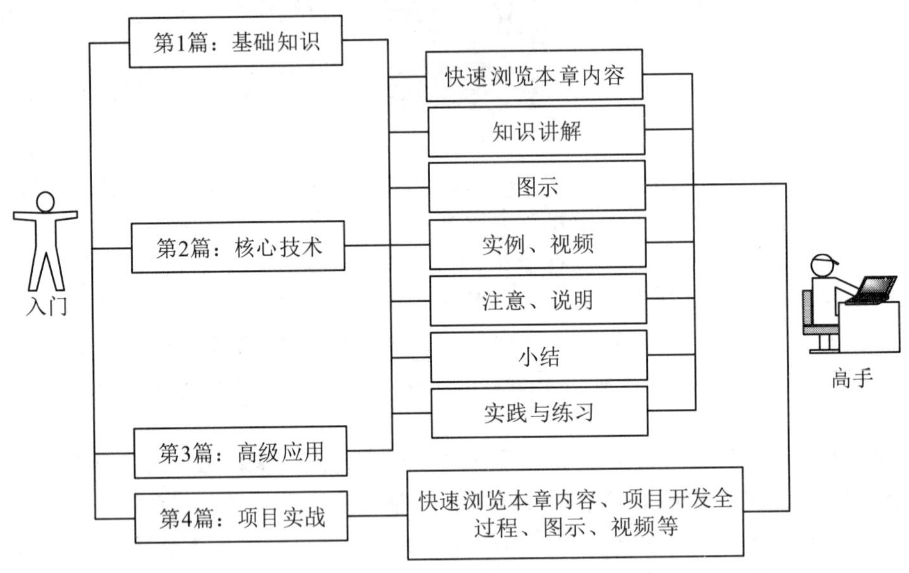

图 7　本书知识架构和学习要点

本书特点

☑ **由浅入深，循序渐进。**本书以初、中级程序员为对象，带领读者从 C++语言基础学起，再到 C++语言的程序结构，然后学习 C++语言的高级应用，最后学习开发一个完整的项目。讲解过程中步骤详尽，重点突出，实例丰富，将学与练很好地融合在了一起。

☑ **微课视频，讲解详尽。**为便于读者直观感受程序开发的全过程，书中重要章节配备了教学微课视频（总时长 27 小时，共 97 集），使用手机扫描正文小节标题一侧的二维码，即可观看学习。便于初学者快速入门，感受编程的快乐和成就感，进一步增强学习的信心。

☑ **基础示例+编程训练+实践练习+项目案例，实战为王。**通过例子学习是最好的学习方式，本书核心知识讲解通过"一个知识点、一个示例、一个结果、一段评析、一个综合应用"的模式，详尽透彻地讲述了实际开发中所需的各类知识。全书共计有 178 个应用示例，122 个编程训练，53 个实践练习，1 个项目案例，为初学者打造"学习 1 小时，训练 10 小时"的强化实战学习环境。

☑ **精彩栏目，贴心提醒。**本书设计了很多"注意""说明"等小栏目，读者可以在学习过程中更轻松地理解相关知识点及概念，更快地掌握相关技术的应用技巧。

☑ **海量资源，可查可练。**本书资源包提供了强大的"Visual C++开发资源库"系统，包含实例资源库（881 个实例）、模块资源库（15 个典型模块）、项目资源库（15 个项目案例）、测试题库系统（616 道能力测试题）和面试资源库（371 道企业面试真题）。

读者对象

- ☑ 初学编程的自学者
- ☑ 编程爱好者
- ☑ 大、中专院校的老师和学生
- ☑ 相关培训机构的老师和学员
- ☑ 进行毕业设计的学生
- ☑ 初、中级程序开发人员
- ☑ 程序测试及维护人员
- ☑ 参加实习的“菜鸟”程序员

读者服务

本书提供了大量的辅助学习资源，读者可扫描图书封底的“文泉云盘”二维码，或登录清华大学出版社网站（www.tup.com.cn），在对应图书页面下查阅各类学习资源的获取方式。

☑ 视频讲解资源

读者可先扫描图书封底的权限二维码（需要刮开涂层），获取学习权限，然后扫描各章节知识点、案例旁的二维码，观看对应的视频讲解。

☑ 拓展学习资源

读者可扫码登录清大文森学堂，获取本书的源代码、微课视频、开发资源库等资源，可参加辅导答疑直播课。同时，还可以获得更多的软件开发进阶学习资源、职业成长知识图谱等，技术上释疑解惑，职业上交流成长。

致读者

本书由明日科技 C++程序开发团队组织编写。明日科技是一家专业从事软件开发、教育培训以及软件开发教育资源整合的高科技公司，其编写的教材既注重选取软件开发中的必需、常用内容，又注重内容的易学、易用以及相关知识的拓展，深受读者喜爱，多次荣获“全行业优秀畅销品种”“中国大学出版社优秀畅销书”等奖项，多个品种长期位居同类图书销售排行榜的前列。

在编写本书的过程中，我们始终本着科学、严谨的态度，力求精益求精，但不妥、疏漏之处在所难免，敬请广大读者批评指正。

感谢您购买本书，希望本书能成为您编程路上的领航者。

“零门槛”编程，一切皆有可能。祝读书快乐！

编　者

2021 年 10 月

目　录

Contents

第 1 篇　基 础 知 识

第 2 篇 核 心 技 术

第 3 篇 高级应用

第 4 篇 项 目 实 战

第 1 篇

基础知识

千里之行，始于足下。本篇讲解 C++语言的基础知识，包括 C++的应用领域、开发环境、数据类型、条件与循环语句、函数、数组、指针等，读者一定要认真学习，大量实践。只有基础学得扎实，才能快速深入 C++的核心技术领域，掌握更高级 C++技术知识，直至能独立开发一个项目。

基础知识

- 绪论：熟悉C++，能够搭建C++开发环境
- 数据类型：学习C++语法基础，掌握变量、常量和数据类型
- 运算符与表达式：掌握运算符、表达式的应用，以及它们的结合性和优先级
- 条件判断语句：学会条件判断，控制程序的流程走向
- 循环语句：掌握循环控制，高效、重复地做同一件事情
- 函数：能够自主创造功能实现模块
- 数组、指针和引用：掌握数组，能将同一数据类型进行整合；深入学习指针技术——C++程序的难点内容
- 构造数据类型：掌握构造数据类型，能将多种基本数据进行融合

第 1 章

绪　论

C++是当今流行的编程语言，是在 C 语言基础上发展起来的，随着面向对象编程思想的发展，C++也融入了新的编程理念，这些理念有利于程序的开发。C++从语言角度来说也是一个规范，随着规范的发布，许多 C++编译器不断涌现，不同的 C++编译器也带来不同的语言特性，这给程序员带来了广阔的选择空间。

本章知识架构及重难点如下：

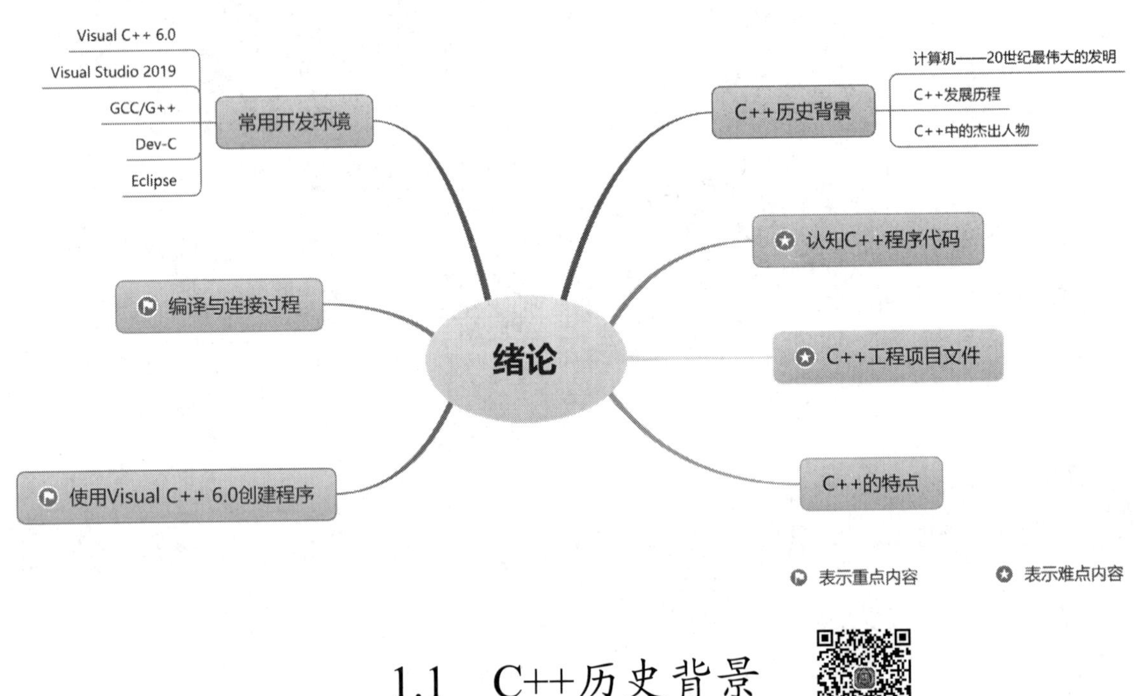

1.1　C++历史背景

要学一门语言，首先要对这门语言有一定的了解，知道这门语言能做什么，要怎样才能学好。本节将对 C++语言的历史背景进行简单的介绍，使读者对 C++语言有一个简单而直接的印象。

1.1.1　计算机——20 世纪最伟大的发明

计算机的出现给人们的生活带来了巨大的变化，它是如何发展起来的呢？开始时人们致力研究的能够进行四则运算的机器，是通过机械齿轮驱动的加法器，而后是精度只有 12 位的乘法计算器，直到 1847 年 Charles Babbages 开发出能计算 31 位精度的机械式差分机，普遍认为这台差分机是世界上第一台机械式计算机。随着电子技术的发展，真空二极管、真空三极管问世，到1939年第一部用真空管计算的机器被研制出来，该机器能进行16位加法运算；随后，用氖气灯（霓虹灯）的存储器、复杂数字计算机（断电器计数机）、可编写程序的计数机，一一研制出来。1946年，第一台电子管计算机ENIAC在美国研制出来，这台计算机占地170m^2，质量30t，有1.8万个电子管，用十进制计算，运算5000次/s。计算机从此进入了电子计算机时代，经历了真空管计算机、晶体管计算机、集成电路计算机、大规模集成电路计算机4个阶段，每一个阶段都是随着电子技术的发展而发展的，晶体管的出现取代了电子管，将电子元件集成到一片小小的硅片上，形成集成电路（IC），在一块芯片上容纳几百个或是几千个电子元件形成了大规模集成电路（LSI），直到现在已经出现了很薄的电子芯片，可谓发展迅速。

现在计算机已经应用到各个领域，科学计算、信号检测、数据管理、辅助设计都在使用计算机，人们的生活已经渐渐离不开它，所以说计算机是20世纪最伟大的发明。

1.1.2 C++发展历程

早期的计算机程序语言是计算机控制指令，每条指令是一组二进制数，不同的计算机有不同的计算机指令集。使用二进制指令集开发程序是一件很令人头痛的事，需要记住大量的二进制数。为了便于记忆，人们将二进制数用字母组合代替，以字符串关键字代替二进制机器码的编程语言称为汇编语言。汇编语言被称为低级语言，虽然它比机器码容易记忆，但仍然具有可读性差的缺点，大量的跳转指令和地址值很难让程序员在很短的时间理解程序的意思，于是编程语言进入了高级语言时代。

第一种高级语言是美国尤尼法克公司在1952年研制成功的Short Code，被广泛使用的高级语言是FORTRAN，它是由美国科学家John Backus设计并在IBM公司的计算机上实现的。FORTRAN语言和ALGOL60主要应用于科学和工程计算，随后出现了Pascal和C语言。C语言是在其他语言基础上发展起来的。首先是由Richard Martin开发了一种高级语言BCPL，随后Ken Thompson使用BCPL语言对其进行了简化，形成一门新的语言——B语言，B语言没有类型的概念，Dennis M. Ritchie对B语言进行研究和改进，在B语言基础上添加了结构和类型，并将这个改进后的语言命名为C语言，寓意很简单，因为字母C是字母B的下一个字母，预示着语言的发展。

本书介绍的C++语言就是从C语言发展而来的。Bjarne Stroustrup经过钻研在C语言中加入了类的概念，C++最初的名字是C with Class，到1983年12月由Rick Mascitti建议改名为C Plus Plus，即C++。最开始提出类概念的语言是Simula，它具有很高的灵活性，但无法胜任比较大型的程序。此后在Simula语言基础上发展的语言Smalltalk才是真正的面向对象语言，但Smalltalk-80不支持多继承。

C++从Simula继承了类的概念，从ALGOl68继承了运算符重载、引用以及在任何地方声明变量的能力，从BCPL获得了“//”注释，从Ada得到了模板、名字空间，从Ada、Clu和ML取来了异常。

1.1.3 C++领域杰出人物

Dennis M. Ritchie　被赞誉为C语言之父、UNIX之父，生于1941年9月9日，哈佛大学数学博士，曾任朗讯科技公司贝尔实验室（原AT&T实验室）下属的计算机科学研究中心系统软件研究部的主任。他开发了C语言，并著有《C程序设计语言》（*The C Programming Language*）一书，还和Ken Thompson一起开发了UNIX操作系统。他因杰出的工作成就得到了众多计算机组织的公认和表彰，1983年，获得美国计算机协会颁发的图灵奖（又称计算机界的诺贝尔奖），还获得C&C基金

Dennis M. Ritchie

奖、电气与电子工程师协会优秀奖章、美国国家技术奖章等多项大奖。

Bjarne Stroustrup

Bjarne Stroustrup　1950 年出生于丹麦，先后毕业于丹麦奥胡斯大学和英国剑桥大学，AT&T 大规模程序设计研究部门负责人，AT&T 贝尔实验室和 ACM 成员。1979 年，Stroustrup 开始开发一种语言，当时称为 C with Class，后来演化为 C++。1998 年，ANSI/ISO C++标准建立，同年，Stroustrup 推出其经典著作 *The C++ Programming Language* 的第 3 版。

Scott Meyers

Scott Meyers　世界顶级 C++软件开发技术权威之一。他拥有 Brown University 的计算机科学博士学位，其著作 *Effective C++*和 *More Effective C++*很受编程人员的喜爱。Scott Meyers 曾经是 *C++ Report* 的专栏作家，为 *C/C++ Users Journal* 和 *Dr. Dobb's Journal* 撰过稿，为全球范围内的客户提供咨询活动。他还是 Advisory Boards for NumeriX LLC 和 InfoCruiser 公司的成员。

Andrei Alexandrescu

Andrei Alexandrescu　被认为是新一代 C++天才的代表人物。2001 年，他撰写了经典名著 *Modern C++ Design*，其中对 Template 技术进行了精湛运用，第一次将模板作为参数在模板编程中使用，该书震撼了整个 C++社群，开辟了 C++编程领域的 Modern C++新时代。此外，他还与 Herb Sutter 合著了 *C++ Coding Standards*。他在对象拷贝（object copying）、对齐约束（alignment constraint）、多线程编程、异常安全和搜索等领域做出了巨大贡献。

Herb Sutter

Herb Sutter　C++ Standard Committee 的主席，作为 ISO/ANSI C++标准委员会的委员，Herb Sutter 是 C++程序设计领域屈指可数的大师之一。他的 *Exceptional* 系列 3 本书（*Exceptional C++*、*More Exceptional C++*和 *Exceptional C++ Style*）成为 C++程序员必读书。他是深受程序员喜爱的技术讲师和作家，是 *C/C++ Users Journal* 的撰稿编辑和专栏作者，曾发表了上百篇软件开发方面的技术文章和论文。他还担任 Microsoft Visual C++架构师，和 Stan Lippman 一起在微软公司主持 VC 2005（即 C++/CLI）的设计。

Andrew Koenig

Andrew Koenig　AT&T 公司 Shannon 实验室大规模编程研究部门成员，同时也是 C++标准委员会的项目编辑，是一位真正的 C++权威。Andrew Koenig 的编程经验超过 30 年，其中有 15 年在使用 C++，已经出版了超过 150 篇和 C++有关的论文，并且在世界范围内就这个主题进行过多次演讲，对 C++的最大贡献是带领 Alexander Stepanov 将 STL 引入 C++标准。

1.2　常用开发环境

在使用 C++语言开发程序前，需要先选择一款开发环境。下面就对一些常用的 C++语言开发环境进行简单的介绍。

1.2.1　Visual C++ 6.0

Visual C++ 6.0 是由微软公司开发的 C++开发环境，它是 Visual Studio 集成开发环境中的一员。Visual C++ 6.0 可以创建 Windows 应用程序、DLL 动态链接库、COM 组件以及 ActiveX 控件等。Visual C++ 开发环境如图 1.1 所示。

1.2.2　Visual Studio 2019

Visual Studio 2019 是目前比较流行的开发环境，它更加支持 C++标准规范，而且支持托管程序的编译和 Web Service。应该说 Visual Studio 2019 更加强大，无论是功能上还是编译速率上都有很大提高。Visual Studio 开发环境如图 1.2 所示。

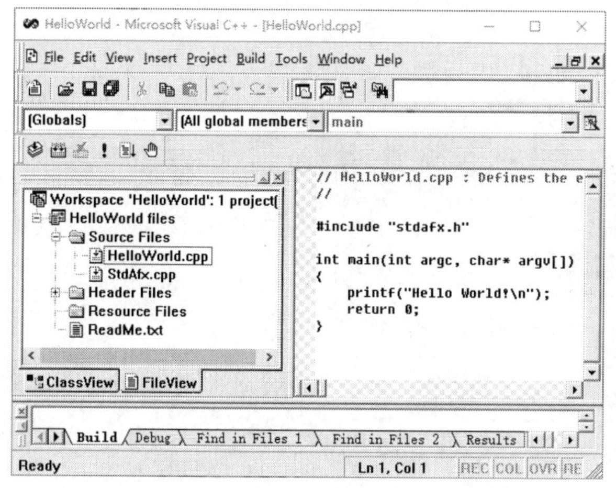

图 1.1　Visual C++ 开发环境

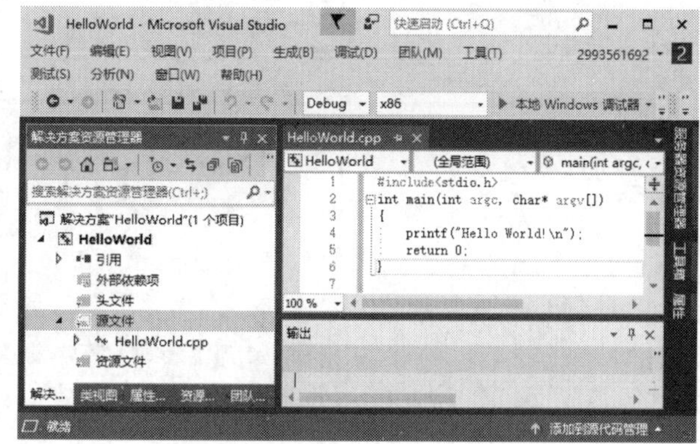

图 1.2　Visual Studio 开发环境

1.2.3　GCC/G++

Linux 系统中一般都带有 C/C++的编译器，能够编译 C 代码的是 GCC，能够编译 C++代码的是 G++。如果是在没有 GDK 或 GDE 等界面系统的 Linux 系统下，编写代码需要使用 VI 文本命令，它和 DOS 下的 TYPE 命令很像，由于没有鼠标，只能顺序地编写代码，使用它编写代码对于程序员来说相当麻烦。但在有界面的 Linux 系统下，系统都会提供可视化的文本编辑器，其中比较有名的是 emacs，因为

emacs 集成了编译代码的菜单，通过 emacs 可以直接编写代码并编辑，并且可以直接执行编译后的程序。emacs 开发环境如图 1.3 所示。

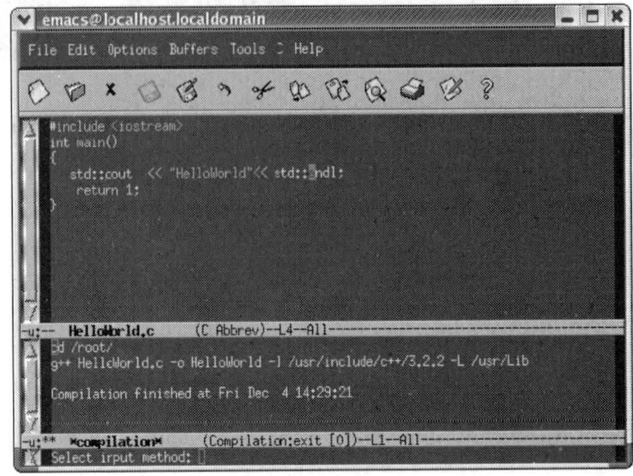

图 1.3　emacs 开发环境

1.2.4　Dev-C

Dev-C 是将 Linux 系统的 GCC/G++运用到 Windows 系统后的产物，编译代码的程序是 GCC.exe 和 G++.exe，这两个程序属于开源项目 mingw，Dev-C 是能够调用 GCC.exe 和 G++.exe 来编译程序的代码编辑器。Dev-C 开发环境如图 1.4 所示。

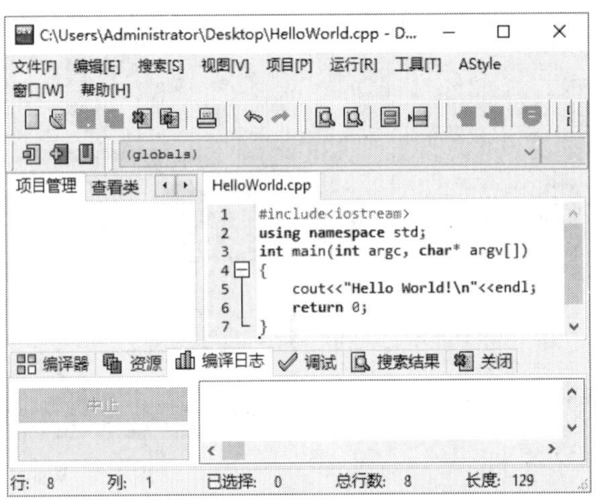

图 1.4　Dev-C 开发环境

1.2.5　Eclipse

Eclipse 是 IBM 开发的、早期用来编写 Java 代码的编辑器。由于 CDT 插件的出现，使 Eclipse 也可以用来编写 C/C++代码。同 Dev-C 一样，Eclipse 也使用开源项目下的 GCC.exe 和 G++.exe 来编译代码，所以在使用 Eclipse 前一定要注意设置好相关路径。Eclipse 开发环境如图 1.5 所示。

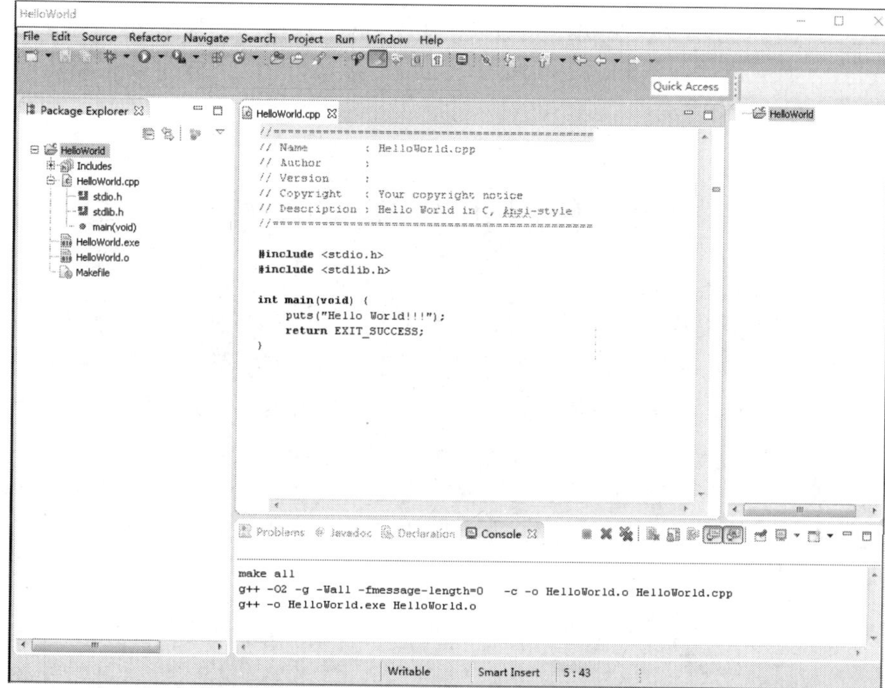

图 1.5　Eclipse 开发环境

1.3　认知 C++程序代码

C++程序代码是由预编译指令、宏定义、注释、主函数、自定义函数等很多部分组成的，这些部分都是后文讲述的主要内容。下面是一段很短但涉及 C++语言概念比较多的代码，如图 1.6 所示。

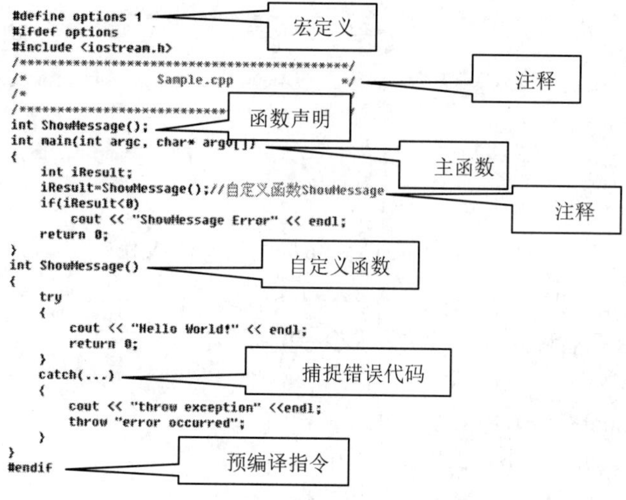

图 1.6　C++语言典型代码

如图 1.6 所示的代码中还有头文件引用、函数作用空间、库函数调用、赋值运算、关系判断、流输出等很多 C++语言方面的概念，各概念之间通过一定规则排列在一起，编译器根据这些规则将代码编译成能够在机器上执行的应用程序。

1.4 C++工程项目文件

Windows 操作系统主要是用来管理数据的，而数据是以文件的形式存储在磁盘上的。文件可以通过扩展名区分不同的类型。C++的代码文件有两种类型：一种是源文件，一种是头文件。头文件中添加的是定义和声明函数部分，源文件中是在头文件中定义函数的实现部分；源文件主要以 cpp 为扩展名，头文件主要以 h 为扩展名。有的开发环境可能使用 cxx、cHH 来作为源文件的扩展名。

对一个比较大的工程而言，它的源文件和头文件可能比较多，为了管理这些源文件，不同的编译器还提供了管理代码的工程项目文件，不同开发环境的工程项目文件也会不同。

（1）Dev-C 的工程项目文件如图 1.7 所示。

图 1.7　Dev-C 的工程项目文件

- ☑ main.cpp：源文件。
- ☑ Sample.dev：工程文件。
- ☑ Makefile.win：make 程序执行时使用的文件，用于自动编译源代码文件。
- ☑ main.o：编译后的目标文件。
- ☑ Sample.exe：连接后生成的程序。

（2）Visual C++ 6.0 的工程项目文件如图 1.8 所示。

图 1.8　Visual C++ 6.0 的工程项目文件

- ☑ Debug：存储编译后程序的文件夹，带有调试信息的程序。
- ☑ Release：存储编译后程序的文件夹，最终程序。
- ☑ Sample.cpp：源文件。
- ☑ Sample.dsp：Visual C++ 6.0 工程文件。
- ☑ Sample.dsw：Visual C++ 6.0 工作空间文件。
- ☑ Sample.ncb：Visual C++ 6.0 用于声明的数据库文件。
- ☑ Sample.opt：Visual C++ 6.0 存储用户选项的文件。

☑ StdAfx.cpp：向导生成的标准源文件，代码中涉及 MFC 类库内容时使用该文件。
☑ StdAfx.h：向导生成的标准头文件。

注意

Debug 与 Release 的区别在于，Debug 是含有调试信息的应用程序，Debug 文件夹下的程序可以设置断点调试，而且 Debug 文件夹下的程序要比 Release 文件夹下的程序大。

（3）Eclipse 的工程项目文件如图 1.9 所示。

图 1.9　Eclipse 的工程项目文件

☑ .cproject：Eclipse 工程相关信息文件。
☑ .project：Eclipse 工程文件。
☑ Makefile：make 程序执行时使用的文件，用于自动编译源代码文件。
☑ Sample.cpp：源文件。
☑ Sample.exe：连接后生成的程序。
☑ Sample.o：编译后的目标文件。

通过工程项目文件的扩展名，就可以知道代码文件使用哪种开发环境管理。

1.5　使用 Visual C++ 6.0 创建程序

Visual C++ 6.0 通过两种方式创建输出 Hello World！程序，一种是使用向导直接创建；一种是创建空工程后，手动向工程中添加源文件并写入代码。

说明

如果读者使用的是 Win10 系统，建议安装 Visual C++ 6.0 英文版。

1．使用 Visual C++ 6.0 创建输出 Hello World！程序

（1）启动 Visual C++ 6.0，选择 File→New 命令，弹出创建工程向导对话框，如图 1.10 所示。

（2）在左侧的工程列表中选择 Win32 Console Application 工程类型，在 Project name 中输入工程名 Sample，在 Location 中设置工程的保存路径 D:\桌面\LIZI\Sample。然后单击 OK 按钮，弹出 Win32 Console Application-Step 1 of 1 工程向导对话框，如图 1.11 所示。

注意

值得注意的是：项目路径可以选择 C 盘，也可以选择其他磁盘。建议在其他磁盘创建，以便节约系统盘（C 盘）空间。

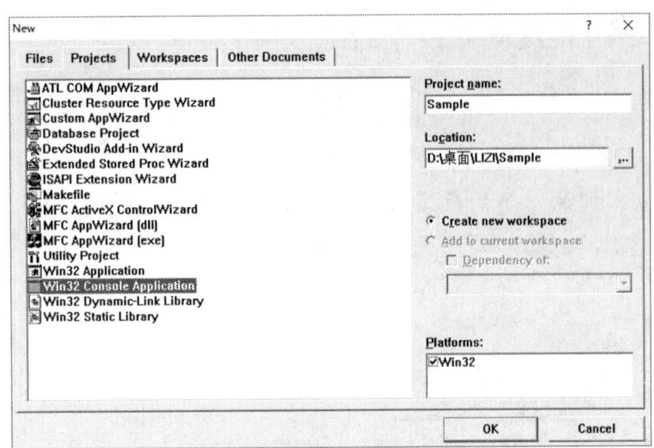

图 1.10　Visual C++ 6.0 创建工程向导对话框

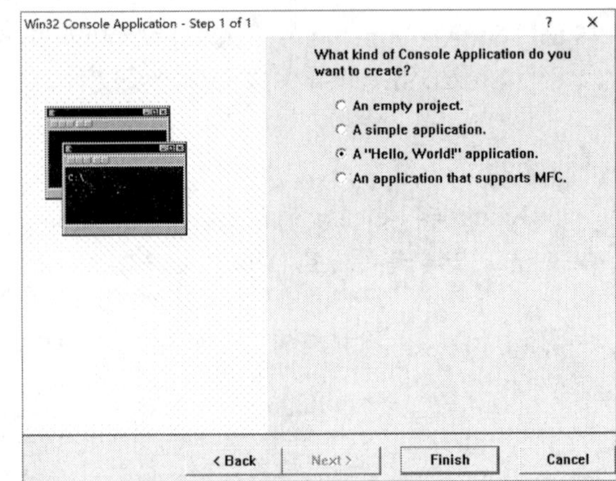

图 1.11　Visual C++ 6.0 工程向导对话框

（3）向导可以创建如下 4 种类型的工程。

☑ An empty project：创建一个空的工程，工程中没有任何源文件和头文件。

☑ A simple application：创建的工程中含有两个源文件（Sample.cpp 和 StdAfx.cpp）和一个头文件（StdAfx.h），并且 Sample.cpp 源文件中有一个不做任何操作的 main 函数。

☑ A "Hello,World!" application：创建的工程中也含有两个源文件（Sample.cpp 和 StdAfx.cpp）和一个头文件（StdAfx.h），但 Sample.cpp 源文件中的 main 函数有一条输出 Hello,World!字符的 printf 语句。

☑ An application that supports MFC：创建了支持 MFC 类库的工程。MFC 类库由微软公司开发，使用 MFC 类库可以加快程序开发的速度。

（4）选择 A "Hello,World!" application 工程类型，单击 Finish 按钮，向导会创建能够在控制台输出 Hello World!字符串的应用程序。创建完的工程如图 1.12 所示。

（5）此时通过选择 Build→Execute 命令执行应用程序就可以看到程序运行结果，如图 1.13 所示。

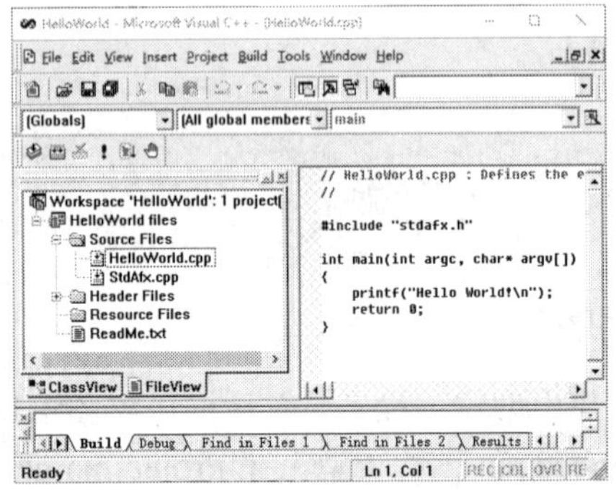

图 1.12　创建完的工程

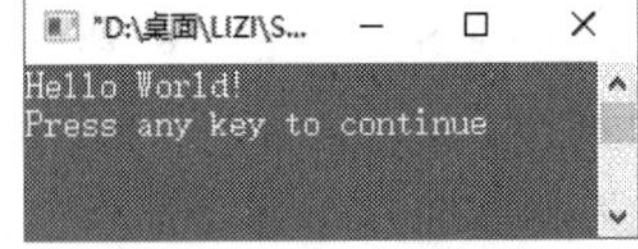

图 1.13　程序运行结果

2．创建空工程、手动添加代码文件实现在控制台输出字符串 Hello World!

（1）启动 Visual C++ 6.0，选择 File→New 命令，弹出创建工程向导对话框。

（2）在列表中选择 Win32 Console Application 工程类型，在 Project name 中输入工程名 Sample，在 Location 中设置工程的保存路径 D:\桌面\LIZI\SAMPLE\Sample。然后单击 OK 按钮，弹出 Win32

Console Application-Step 1of 1 对话框。

（3）在弹出的对话框中选择 An empty project 工程类型，单击 Finish 按钮，向导会创建一个空的工程。

（4）通过向导向工程中添加源文件。选择 File→New 命令，弹出创建工程向导对话框，选择 Files 选项卡，在列表中选择 C++ Source File 选项，在 File 中输入文件名 Sample，如图 1.14 所示。

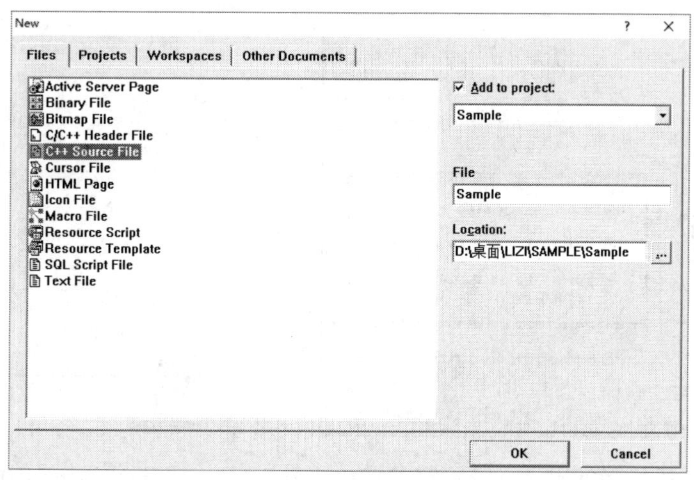

图 1.14　添加文件对话框

（5）单击 OK 按钮，向导会向工程中添加 Sample.cpp 文件。

（6）在 Sample 文件中输入如下代码：

```
#include <iostream>
using namespace std;
int main (int argc, char* argu[])
{
    cout << "Hello World!" << endl;
    return 0;
}
```

（7）选择 Build→Execute 命令执行应用程序就可以看到程序运行结果。

1.6　编译与连接过程

开发应用程序可以分为编辑、编译、连接、执行 4 个步骤。

1. 编辑

编辑是在文本编辑器中输入代码，并对代码字符进行增、删、改，然后将输入的内容保存成文件。如图 1.15 所示，输入 Hello World 程序代码，并将代码保存成 Sample.cpp 文件。

2. 编译

编译是将代码文件编译成目标文件。如图 1.16 所示，编译过程就是将 Sample.cpp 编译成 Sample.obj。

在 Visual C++ 6.0 开发环境中，单击编译按钮后 Visual C++ 6.0 开发环境对输入的代码进行编译，如图 1.17 所示。

单击编译按钮后 Visual C++ 6.0 开发环境自动对代码进行编译和连接，整个编译过程如图 1.18 所示。

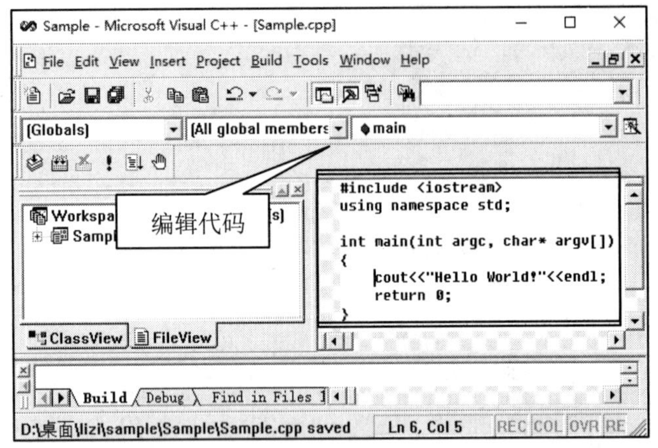

图 1.15　编辑代码

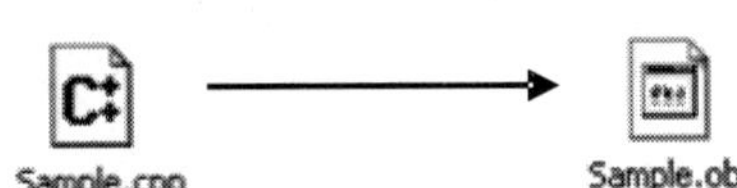

图 1.16　编译文件

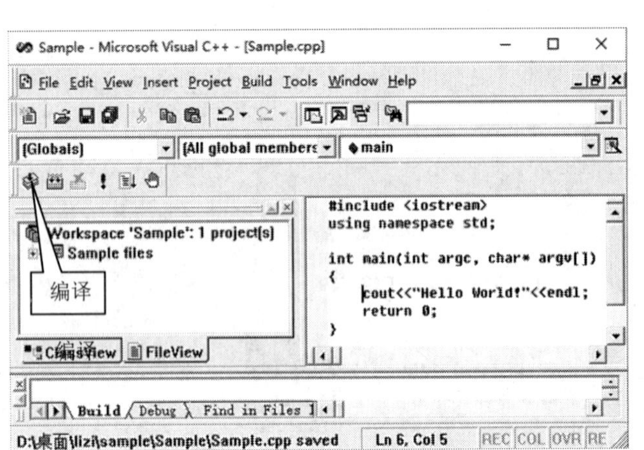

图 1.17　执行编译命令

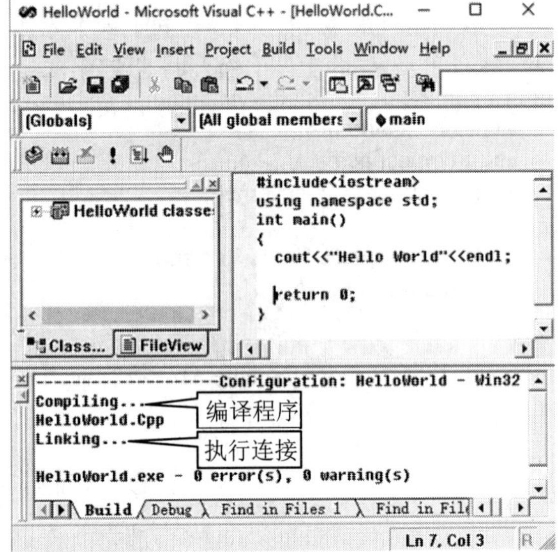

图 1.18　编译过程

3. 连接

连接是将编译后的目标文件连接成可执行的应用程序。如将 Sample.obj 和 lib 库文件连接成 Sample.exe 可执行程序。lib 库是编译好的提供给用户使用的目标模块，在有多个源文件的工程中，例如 Sample1.cpp、Sample2.cpp、Sample3.cpp，会编译成多个目标模块 Sample1.obj、Sample2.obj、Sample3.obj，链接器会将程序涉及的目标模块连接成可执行程序，如图 1.19 所示。

4. 执行

执行是执行生成的应用程序。Visual C++ 6.0 开发环境下集成了运行按钮，单击该按钮后开发环境自动执行生成的程序，运行按钮如图 1.20 所示。

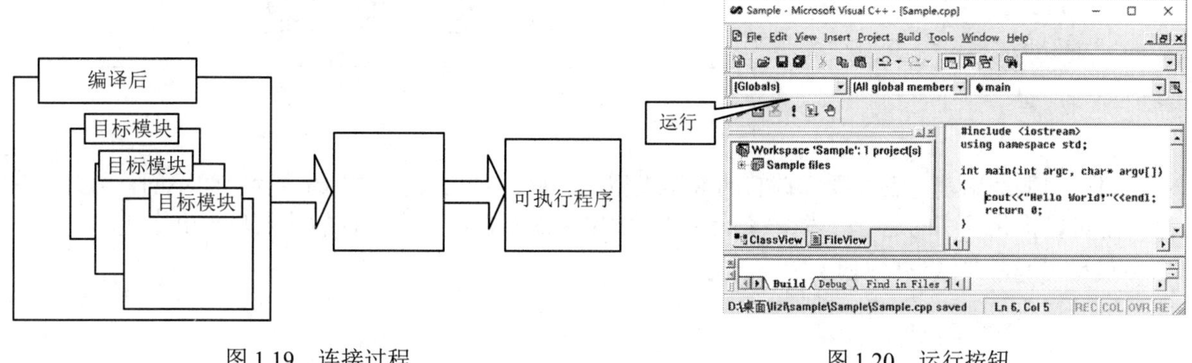

图 1.19　连接过程　　　　图 1.20　运行按钮

1.7　C++的特点

- ☑ C++语言中，运算符十分丰富，共有 30 多个，如算术、关系、逻辑、位、赋值、指针、条件、逗号、下标、类型转换等。
- ☑ C++语言的数据类型包括整型、实型、字符型、枚举类型等基本类型，数组、结构体、共用体等构造类型，指针类型，以及用户自定义数据类型。能够实现复杂的数据结构，还可以定义类实现面向对象编程，类和指针结合可以实现高效的程序。
- ☑ C++语言的控制语句形式多样，使用方便。包括两路分支、多路分支、循环结构等控制语句，便于结构化模块的实现。结合面向对象编程，更有利于程序的编制和维护。
- ☑ C++是一种面向对象的程序设计语言，抽象和实际相结合，各对象间使用消息进行通信，通过继承方法增加了代码的复用。
- ☑ C++语言继承了 C 语言的特性，可以直接访问地址，进行位运算，从而对硬件进行操作。C++语句具有编写简单、便于理解，以及低级语言与硬件结合紧密的优点。
- ☑ C++语句具有很强的可移植性，用 C++语言编写的程序基本不用修改太多就可以用于不同型号的计算机上，C++标准可在多种操作系统下使用。

1.8　小　　结

任何编程语言都有它的时代性，都是不断发展的，C++现在是一个成熟的语言，首先要理解 C++语言新的编程理念，然后选择自己喜欢的开发环境。例如，可以选择微软公司的 Visual C++ 6.0，还可以选择 Visual Stduio 2019、Dev-C 或 Eclipse。

第 2 章

数 据 类 型

学习一门编程语言，首先要掌握它的数据类型。不同的数据类型占用的内存空间不同，合理定义数据类型可以优化程序的运行。本章将介绍 C++中常见的数据类型及数据的输入与输出格式。

本章知识架构及重难点如下：

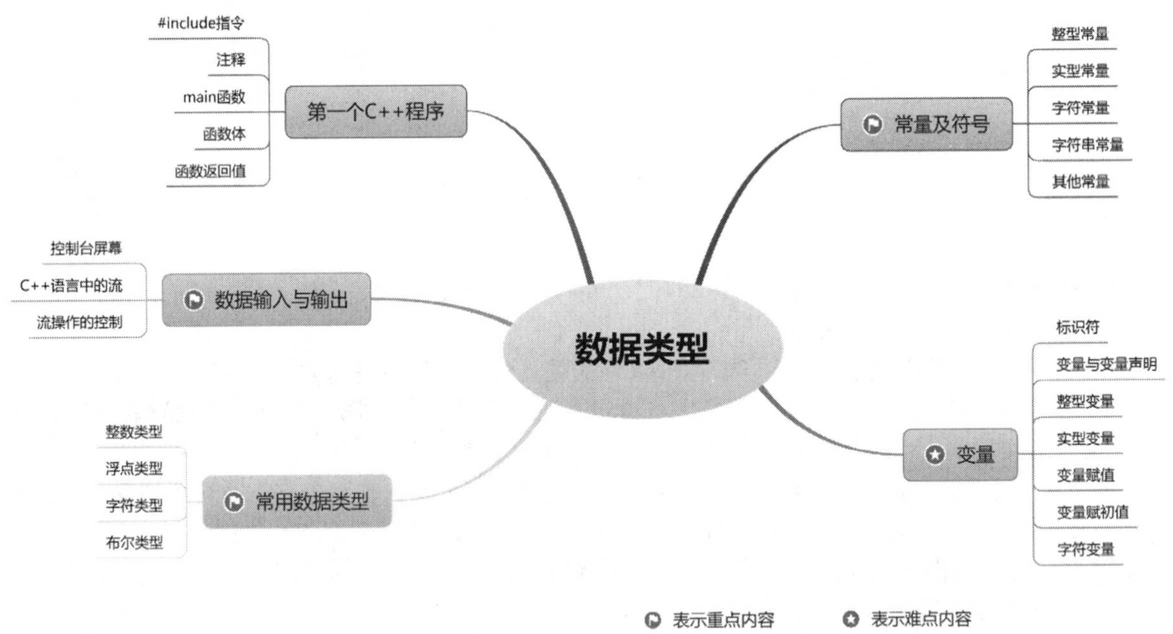

2.1 第一个 C++程序

下面是一个简单的输出“Hello World!”的 C++程序。

```
#include <iostream>
using namespace std;
void main()
{
    cout << "Hello World!\n";
}
```

程序输出结果如图 2.1 所示。

在这个简单的 C++程序中，包括头文件、命名空间、主函数、字符串常量、数据流等，这些都是 C++程序中经常用到的。下面对 C++常用的概念进行介绍。

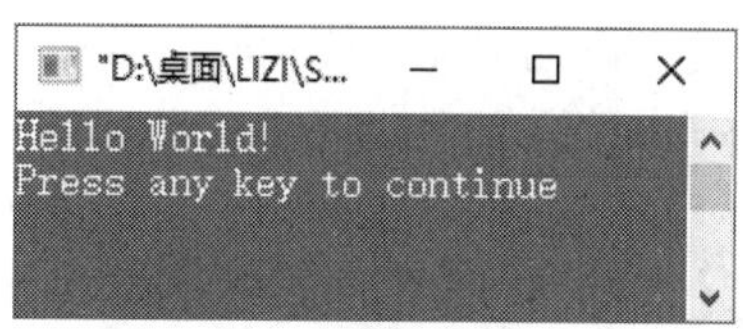

图 2.1　程序输出结果

2.1.1　#include 指令

C++程序中带"#"号的语句称为宏定义或预编译指令。关于什么是宏定义或预编译指令，会在后面章节讲解。这里，读者只需清楚：#include 在代码中是包含和引用的意思，上面第一行代码#include <iostream>说明代码要引用 iostream 文件内容，编译器在编译程序时将 iostream 中的内容在#include <iostream>处展开。

2.1.2　注释

注释是对前面或下面语句的解释说明，编译器不会对注释部分进行编译。C++程序中有两种注释方法，其中"//"是单行注释，从注释符号"//"开始，到本行代码结束位置的内容为注释部分；"/*　*/"是多行注释，符号"/*"放在将要注释代码的前面，符号"*/"放在将要注释代码的末尾，符号"/*"和"*/"中间的内容为注释部分。另外，多行注释中不允许嵌套另一个多行注释，例如/*/**/*/，最后出现的符号"*/"将无效。在第一个 C++程序中加入注释，代码如下：

```
/*sample.cpp*/
#include <iostream>                  //头文件引用
using namespace std;                 //命名空间
void main()                          //主函数
{
    cout << "Hello World!\n";        //执行输出
    //cout << "end";
}
```

注释不仅在调试时使用，开发人员也可以在代码中加入，用来说明代码的用意，方便日后自己或别人查看。

2.1.3　main 函数

main 的意思是"主要的"，main 函数即主函数，它是程序执行的入口。程序将从 main 函数的第一条指令开始执行，直到 main 函数结束，整个程序也将执行结束。注意函数的书写格式，单词 main 后面有个小括号"()"，里面放置参数。main 函数相关的内容将在后面章节讲解。

2.1.4　函数体

大括号"{ }"中的内容是需要执行的，称为函数体。函数体中，各行代码将按照先后顺序依次执行，写在前面的先执行，写在后面的后执行。代码"cout << "Hello World！\n";"表示通过输出流输出

英文语句 Hello World!，其中双引号" "代表该英文语句是字符串常量，cout 表示输出流，<<表示将字符串传送到输出流中。

2.1.5 函数返回值

void 表示 main 函数无返回值，如果要返回数据，需要使用 return 语句。

2.2 常量及符号

在程序运行过程中，其值不能改变的量称为常量。常量可分为整型常量、实型常量、字符常量、字符串常量和其他常量。

```
#include <iostream>
using namespace std;
void main()
{
	cout << 2009 << endl;
	cout << 2.14 << endl;
	cout << 'a' << endl;
	cout << "Hello World"<< endl;
}
```

上面代码通过 cout 向屏幕输出 4 行内容。cout 是输出流，实现向屏幕输出不同类型的数据。代码中 2009 是整型常量，2.14 是浮点常量（实型常量），'a'是字符常量，"Hello World"是字符串常量。

2.2.1 整型常量

整型常量可以分为有符号整型常量和无符号整型常量。

−225 代表一个负整数，+1024 代表一个正整数，正整数前面的“+”符号可以省略，即+1024 和 1024 表示的意义相同。

基本的数据类型除了整型外，还有长整型和短整型，因此整型常量也有长整型常量和短整型常量之分。长整型常量不可以无限大，它的最大值是有限定的。根据 CPU 寄存器位数以及编译器的不同，最大的整型常量值也会不同。

注意

4294967295 是 32 位 CPU 寄存器以及 Visual C++ 6.0 编译器所允许的最大正整数。

整型常量在编写代码时不仅可以写成十进制整数形式，也可以写成十六进制或八进制整数形式。

（1）八进制整型常量必须以 0 开头，即以 0 作为八进制数的前缀，每位取值范围是 0～7。八进制数通常是无符号数。

例如，016、0101、0127 是合法的八进制整数；256、0396 不是合法的八进制整数。因为，256 无前缀 0，代表十进制整型常量；0396 中数字 9 不是八进制应有的取值。

（2）十六进制整型常量的前缀为 0X 或 0x，其数码取值范围为 0～9，以及 A～F 或 a～f。

例如，0X2A1、0XC5、0XFFFF 是合法的十六进制整数；5A、0X3N 不是合法的十六进制整数。因为 5A 无前缀 0X，0X3N 中含有非十六进制数 N。

注意

合法主要指能通过编译器编译，非法或不合法指不能通过编译器编译。

2.2.2　实型常量

实型常量也称为浮点数，只能采用十进制形式表示。它有两种表示形式，即小数表示法和指数表示法。

1. 小数表示法

小数表示法由整数部分和小数部分组成，两部分每位取值范围都是 0～9，中间用小数点分隔。例如，0.0、2.25、0.00596、5.0、536.、-5.3、-0.002 等均为合法的实型常量。

整数部分和小数部分有时可以不必同时出现，例如.2 和 2.。

2. 指数表示法

指数表示法也称为科学记数法，指数部分以符号“e”或“E”开始，但必须是整数，并且符号“e”或“E”两边都必须有一个数。例如，1.2e20 和-2.4e-2。其中，1.2e20 表示的数为 1.2×10^{20}。

E5、3E2.5 不是合法的实型常量，E5 是 E 之前无数字，3E2.5 是 E 后面有小数。

说明

在字母 e（或 E）之前的小数部分中，小数点左边应有一位（且只能有一位）非零的数字，称为规范化的指数形式。

L 代表长整型。L 可以是大写也可以是小写，在编写代码时可以不写。此类符号还有 U 和 u 代表无符号。例如，255U 或 255u 都代表无符号整型常量 255。

符号 L 或 l 与符号 U 或 u 可以一起使用。例如，65536lu 代表无符号长整型常量 65536。

C++编译系统把这种带有 L 或 U 形式表示的浮点数按双精度常量处理，在内存中占 8 个字节。如果在实数的数字之后加字母 F 或 f，表示此数为单精度浮点数。如果加字母 L 或 l，表示此数为长双精度数（long double）。

2.2.3　字符常量

字符常量是用单引号括起来的一个字符，例如，'a' 和 '?' 都是合法字符常量。在对代码编译时，编译器会根据 ASCII 码表将字符常量转换成整型常量。字符 'a' 的 ASCII 码值是 97，字符 'A' 的 ASCII 码值是 65，字符 '?' 的 ASCII 码值是 63。ASCII 码表中还有很多通过键盘无法输入的字符。可以使用 '\ddd' 或 '\xhh' 来引用所有 ASCII 码表中的字符。\ddd 是 1～3 位八进制数所代表的字符，\xhh 是 1～2 位十六进制数所代表的字符。例如，'\101' 表示 ASCII 码 A，\xOA 表示换行等。

转义字符的应用示例如下：

```
#include <iostream>
void main()
{
	std::cout << "A" <<std::endl;
	std::cout << "\101" <<std::endl;
	std::cout << "\x41" <<std::endl;
	std::cout << "\052" <<std::endl;
}
```

示例运行结果如图 2.2 所示。

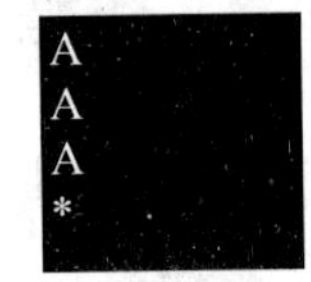

图 2.2 示例运行结果

转义字符是特殊的字符常量，使用时以字符“\”代表开始转义，后面不同的字符表示转义后的字符。转义字符说明如表 2.1 所示。

表 2.1 转义字符说明

转 义 字 符	意 义	ASCII 代码	转 义 字 符	意 义	ASCII 代码
\0	空字符	0	\f	换页	12
\n	换行	10	\\	反斜杠	93
\t	水平制表	9	\'	单引号字符	39
\b	退格	8	\"	双引号字符	34
\r	回车	13	\a	响铃	7

2.2.4 字符串常量

字符串常量是由一对双引号括起来的零个或多个字符序列，例如"welcome to our school" "hello girl"。" "表示一个空字符串。

同样，' ' 也表示空字符，而 NULL 是一种特殊的数据类型，表示空的意思。有的编译器把它编译成零，有的则编译成其他值。

字符串常量实际上是一个字符数组，可以将字符串分解成若干个字符，字符的数量是字符串的长度。字符串常量一般都是用来给字符数组变量赋值或是直接作为实参传递，为告知编译器字符串已经结束，一般在给字符数组赋初值时在字符串的末尾加上字符 '\0'，表示字符结束，如果不加字符结束标志，可能会出现意想不到的错误。

字符常量 'A' 与字符串常量 "A" 是不同的，字符串常量 "A" 是由 'A' 和 '\0' 两个字符组成的，字符串的长度是 2；字符常量 'A' 只是一个字符，没有长度。

2.2.5 其他常量

前面讲到的都是普通的常量，常量还包括布尔（bool）常量、枚举常量和宏定义常量等。

- ☑ 布尔常量：只有两个，一个是 true，表示真；一个是 false，表示假。
- ☑ 枚举常量：枚举型数据中定义的数据也都是常量。
- ☑ 宏定义常量：通过#define 宏定义的一些值也是常量，例如：

```
#define PI 3.1415
```

其中 PI 就是常量。

2.3　变　　量

变量是指在程序运行期间其值可以改变的量，本节将介绍变量的相关知识。

2.3.1　标识符

标识符（identifier）是对 C++程序中的常量、变量、语句标号以及用户自定义函数的名称进行标识的符号。标识符命名规则如下：

（1）由字母、数字及下画线组成，且不能以数字开头。

（2）大写和小写字母代表不同意义。

（3）不能与关键字同名。

（4）尽量“见名知义”，应该受一定规范的约束。

以下是不合法的标识符：6A、ABC*（不能使用*）、case（是保留字）。

误区警示

标识符必须用英文，这是一个不完全正确的说法。在 Visual C++6.0 中，使用中文做标识符会出现错误；但在 Visual Studio 2019 中使用中文标识符，编译器不会报错。建议最好不用中文写代码，否则会造成不必要的麻烦。另外，书写代码时多写注释，会方便很多。

C++中有许多保留关键字，如表 2.2 所示。

表 2.2　C++保留关键字

asm	auto	break	case	catch	char	class	const	continue
default	delete	do	double	else	enum	extern	float	for
friend	goto	if	inline	int	long	new	operator	overload
private	protected	public	register	return	short	signed	sizeof	static
struct	switch	this	template	throw	try	typedef	union	unsigned
virtual	void	volatile	while					

说明

这些保留关键字是不需要背诵的，在开发环境中编写 C++代码，所有保留关键字都会显示为特殊字体（例如变成蓝色），今后的学习中将会逐渐接触到这些保留关键字的具体使用方法，可以慢慢积累。

2.3.2 变量与变量声明

每个变量都有一个变量名标识，且具有一个特定的数据类型。

变量使用之前一定要定义或声明，变量声明的一般形式如下：

```
[修饰符] 类型 变量名标识符;
```

类型是变量类型说明符，说明变量的数据类型。修饰符是可选的，可以没有。

多个同一类型的变量可以在一行中声明，不同变量名之间用逗号隔开，例如：

```
int a,b,c;
```

上述语句的声明效果与下面的语句等价。

```
int a;
int b;
int c;
```

2.3.3 整型变量

整型变量可以分为短整型、整型和长整型，变量类型说明符分别是 short、int 和 long。根据是否有符号还可分为以下 6 种。

☑ 整型：[signed] int。

☑ 无符号整型：unsigned [int]。

☑ 有符号短整型：[signed] short [int]。

☑ 无符号短整型：unsigned short [int]。

☑ 有符号长整型：[signed] long [int]。

☑ 无符号长整型：unsigned long [int]。

方括号中的关键字可以省略，例如，[signed] int 可以写成 int。

短整型 short 在内存中占用两个字节的空间，可以表示的数的范围是-32768～32767。如果是无符号短整型 unsigned short，表示的数的范围是 0～65535。整型 int 占用 4 个字节的空间，有符号整型表示的数的范围是-2147483648～2147483648，无符号整型 unsigned int 表示的数的范围是 0～4294967295。长整型与整型占用字节数相同，表示的数的范围也相同，具体如表 2.3 所示。

表 2.3 整型变量表示的数值范围

关 键 字	类 型	数 的 范 围	字 节 数
short	短整型	-32768～32767，即-2^{15}～$2^{15}-1$	2
unsigned short	无符号短整型	0～65535，即 0～$2^{16}-1$	2
int	整型	-2147483648～2147483647，即-2^{31}～$2^{31}-1$	4
unsigned int	无符号整型	0～4294967295，即 0～$2^{32}-1$	4
long	长整型	-2147483648～2147483647，即-2^{31}～$2^{31}-1$	4
unsigned long	无符号长整型	0～4294967295，即 0～$2^{32}-1$	4

误区警示

不同的编译器，整型的取值范围是不一样的。在字长为 16 位的计算机中，整型就为 16 位；在字长为 32 位的计算机中，整型就为 32 位。

2.3.4　实型变量

实型变量又称为浮点型变量，分为单精度（float）、双精度（double）和长双精度（long double）3 种。Visual C++ 6.0 中，对 float 提供 6 位有效数字，对 double 提供 15 位有效数字，并且 float 和 double 的数值范围不同。对 float 分配 4 个字节，对 double 和 long double 分配 8 个字节。

1. 单精度

变量类型说明符为 float，该实型数据在内存中占用 4 个字节，表示的数值范围是 -3.4×10^{-38}～3.4×10^{38}。例如：

```
float a;
```

2. 双精度

变量类型说明符为 double，该实型数据在内存中占用 8 个字节，表示的数值范围是-1.7e-308～1.7e308。例如：

```
double b;
```

3. 长双精度

变量类型说明符为 long double，该实型数据在内存中占用 10 个字节，表示的数值范围是-1.1e-4932～1.1e4932。例如：

```
long double c;
```

2.3.5　变量赋值

变量值是动态改变的，每次改变都需要进行赋值。变量赋值的形式如下：

```
变量名标识符 = 表达式
```

变量名标识符是声明变量时定义的，表达式将在后面的章节中讲解。例如：

```
int i;                              //声明变量
i=100;                              //给变量赋值
```

上述代码声明 i 是一个整型变量，然后将常量 100 赋值给 i。

```
int i,j;                            //声明变量
i=100;                              //给变量赋值
j=i;                                //将一个变量的值赋给另一个变量
```

上述代码首先声明了两个变量 i，j，然后为变量 i 赋初值，再将 i 的值赋给 j，最终 j 的值也是 100。

2.3.6　变量赋初值

可以在声明变量时就把数值赋给变量，这个过程叫变量赋初值，其情况有以下几种：

（1）int x=5；　表示定义 x 为有符号的基本整型变量，赋初值为 5。

（2）int x，y，z=6；　表示定义 x、y、z 为有符号的基本整型变量，z 赋初值为 6。

（3）int x=3，y=3，z=3；　表示定义 x、y、z 为有符号的基本整型变量，且赋予的初值均为 3。

注意

定义变量并赋初值时可以写成“int x=3，y=3，z=3；”，但不可写成“int x=y=z=3；”这种形式。

2.3.7　字符变量

字符变量的类型说明符为 char，一个字符变量在内存中占用 1 个字节，例如：

```
char ch1;                          //定义一个字符变量 ch1
ch1='a';                           //给字符变量赋值
```

字符变量在内存中存储的是字符的 ASCII 码，即一个无符号整数，其形式与整型变量的存储形式一样，字符型数据与整型数据之间通用。

（1）一个字符型数据，既可以字符形式输出，也可以整数形式输出。

【实例 2.1】 字符型和整型数据之间的秘密。（**实例位置：资源包\TM\sl\2\1**）

在本实例中，定义字符型变量并赋值，然后用 printf 输出两种形式：一种是字符型%c 形式，另一种是整型%d 形式。具体代码如下：

```
#include <iostream>
using namespace std;
void main()
{
	char c1,c2;
	c1='a';
	c2='b';
	printf("%c,%d\n%c,%d",c1,c1,c2,c2);
}
```

程序运行结果如图 2.3 所示。

（2）允许对字符数据进行算术运算，即对它们的 ASCII 码值进行算术运算。

【实例 2.2】 字符型数据进行算术运算。（**实例位置：资源包\TM\sl\2\2**）

本实例中，定义字符型变量并赋值，其中一个字符进行减 32 计算，另一个字符进行加 32 计算，最后这两个字符分别进行加 10 计算，并以%d 和%c 的格式输出。具体代码如下：

```
#include <iostream>
using namespace std;
void main()
{
	char ch1,ch2;
	ch1='A'; ch2='b';                                   /*给 ch1、ch2 赋值*/
```

```
    printf("ch1=%c,ch2=%c\n",ch1-32,ch2+32);                    /*用字符形式输出*/
    printf("ch1+10=%d\n", ch1+10);
    printf("ch1+10=%c\n", ch1+10);
    printf("ch2+10=%d\n", ch2+10);
    printf("ch2+10=%c\n", ch2+10);
}
```

程序运行结果如图 2.4 所示。

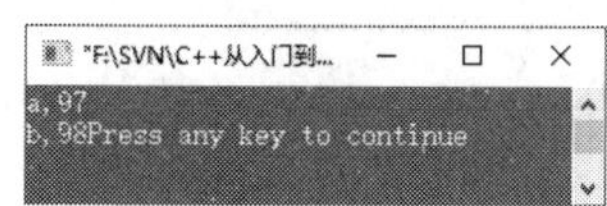

图 2.3　字符型与整型数据输出效果

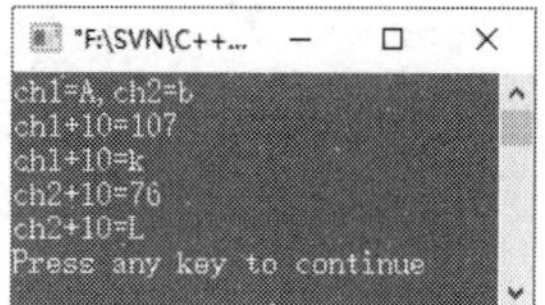

图 2.4　字符型数据进行算术运算

误区警示

给 char 型赋值时不可以使用三个单引号，因为这样编译器无法识别开始和结束位置，例如：

char cChar='A'';　　　　/*使用三个单引号为字符型赋值*/

会出现如下所示的错误。

```
error C2001: newline in constant
```

编程训练（答案位置：资源包\TM\sl\2\编程训练\）

【训练 1】 字符 B 的无中生有　程序中不出现字符“B”，试着输出字符“B”。

【训练 2】 预测“B+32”的结果　以字符格式%c 输出“'A'+32”的结果，观察结果，猜测一下“'B'+32”的结果。

2.4　常用数据类型

C++是数据类型非常丰富的语言，常用的基本数据类型如图 2.5 所示。

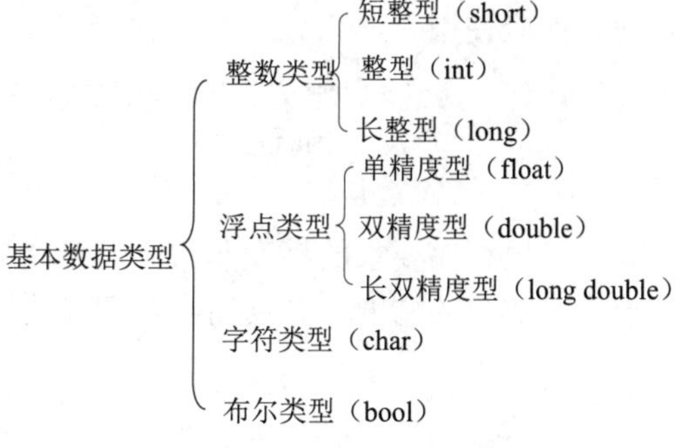

图 2.5　C++常用数据类型

掌握 C++语言的基本数据类型和运算符是学习 C++语言的基础。本节将详细介绍这些基本数据类型。

2.4.1 整数类型

整数类型（简称整型）按符号划分，可以分为有符号和无符号两大类；按长度划分，可以分为普通整型、短整型和长整型 3 类，如表 2.4 所示。

表 2.4 整数类型

类　型	名　称	字 节 数	范　围
[signed] int	有符号整型	4	−2147483648～2147483647
unsigned [int]	无符号整型	4	0～4294967295
[signed]short	有符号短整型	2	−32768～32767
unsigned short [int]	无符号短整型	2	0～65535
[signed] long [int]	有符号长整型	4	−2147483648～2147483647
unsigned long [int]	无符号长整型	4	0～4294967295

2.4.2 浮点类型

浮点类型（又称实数类型，简称实型）主要包括单精度型、双精度型和长双精度型，如表 2.5 所示。

表 2.5 实数类型

类　型	名　称	字 节 数	范　围
float	单精度型	4	$-3.4\times10^{-38}\sim3.4\times10^{38}$
double	双精度型	8	$-1.7\times10^{-308}\sim1.7\times10^{308}$
long double	长双精度型	8	$-1.1\times10^{-4932}\sim1.1\times10^{4932}$

在程序中使用浮点型数据时需要注意以下两点：

（1）浮点型数据的相加。浮点型数据的有效数字是有限制的，如单精度 float 的有效数字是 6 位或 7 位，如果将数字 86041238.78 赋值给 float 类型，显示的数字可能是 86041240.00，个位数 8 被四舍五入，小数位被忽略。如果将 86041238.78 与 5 相加，输出的结果为 86041245.00，而不是 86041243.78。

（2）浮点型数据与零的比较。在开发程序的过程中，经常会进行两个浮点型数据的比较，此时尽量不要使用“==”或“!=”运算符，而应使用“>=”或“<=”之类的运算符，例如：

```
float fvar = 0.00001;                    //定义一个浮点型变量
if (fvar == 0.0)                         //判断是否为 0
…
```

上述代码并不是高质量的代码，如果程序要求的精度非常高，可能会产生未知的结果。

通常在比较浮点型数据时需要定义实数的精度，并利用实数精度进行浮点型数据比较。例如：

```
#include "stdio.h"
void main()
{
    float eps = 0.0000001;               //定义 0 的精度
```

```
    float fvar = 0.00001;
    if (fvar >= -eps && fvar <= eps)                    //超出精度
        printf("等于零!\n",fvar);
    else
        printf("不等于零!\n",10);
}
```

执行结果如图 2.6 所示。

注意

数字里可以有下画线，这些下画线不会影响数字的值，仅提供分隔作用，方便阅读。下画线不能写在数字开头或末尾，二进制和十六进制前缀字母旁，以及小数点旁。

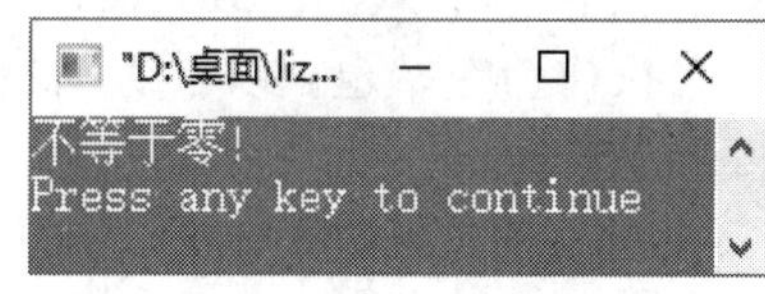

图 2.6　执行结果

2.4.3　字符类型

在 C++语言中，字符类型数据使用 ' ' 来表示，如'A'、'B'、'C'等。定义字符变量可以使用 char 关键字，例如：

```
char c= 'a';                        //定义一个字符型变量
char ch = 'b';
```

在计算机中字符是以 ASCII 码的形式存储的，因此可以直接将整数赋值给字符变量，例如：

```
char ch = 97;                       //同 ch = 'a';
printf("%c\n",ch);                  //输出字符 a
```

输出结果为 a，因为 97 对应的 ASCII 码为 a。

2.4.4　布尔类型

在逻辑判断中，结果通常只有真和假两个值。C++语言中提供了布尔类型（bool）来描述真和假。bool 类型共有两个取值，分别为 true 和 false。顾名思义，true 表示真，false 表示假。在程序中，bool 类型被作为整数类型对待，false 表示 0，true 表示 1。将 bool 类型赋值给整型是合法的，将整型赋值给 bool 类型也是合法的。例如：

```
bool ret;                           //定义布尔类型变量
int   var = 3;
ret = var;                          //ret=true
var = ret;                          //var=1
```

2.5　数据输入与输出

在用户与计算机进行交互的过程中，数据输入与输出是必不可少的操作过程。计算机需要通过输

入获取用户的操作指令，并通过输出显示操作结果。本节将介绍数据输入与输出的相关内容。

2.5.1　控制台屏幕

在 NT 内核的 Windows 操作系统中为保留 DOS 系统的风格，提供了控制台程序，单击系统的“开始”→“运行”命令，运行 cmd.exe 程序，可以启动控制台。在控制台中可以运行 DIR、CD、DELETE 等 DOS 系统中的文件操作命令，也可以启动 Windows 程序。控制台屏幕如图 2.7 所示。

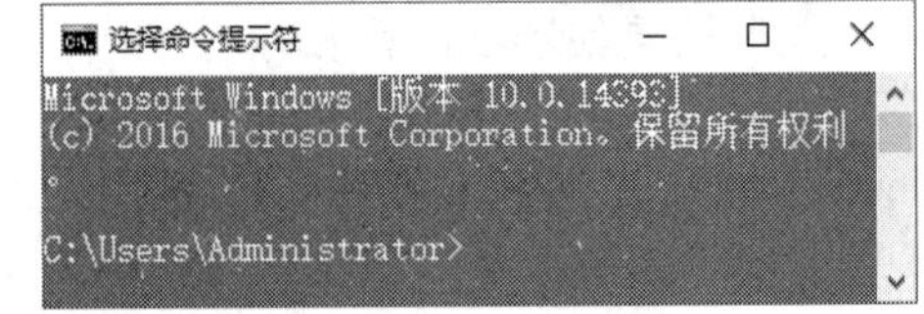

图 2.7　控制台屏幕

使用 Visual C++ 6.0 创建的控制台程序都将运算结果输出到如图 2.7 所示的控制台屏幕上，它是程序显示输出结果的地方。

2.5.2　C++语言中的流

在 C++语言中，数据的输入和输出发生在标准输入/输出设备（键盘、显示器）、外部存储介质（磁盘）和内存的存储空间。对标准输入/输出设备的输入/输出简称标准 I/O，对在外存磁盘上文件的输入/输出简称文件 I/O，对内存中指定的字符串存储空间的输入/输出简称串 I/O。

C++语言中把数据之间的传输操作称为流。C++中的流既可以表示数据从内存传送到某个载体或设备中，即输出流；也可以表示数据从某个载体或设备传送到内存缓冲区变量中，即输入流。C++中所有流都是相同的，但文件可以不同（文件流参见第 16 章）。使用流以后，程序用流统一对各种计算机设备和文件进行操作，使程序与设备、文件无关，从而提高了程序设计的通用性和灵活性。

C++语言定义了 I/O 类库供用户使用，标准 I/O 操作有 4 个类对象，分别是 cin、cout、cerr 和 clog。其中 cin 代表标准输入设备键盘，也称 cin 流或标准输入流。cout 代表标准输出显示器，也称 cout 流或标准输出流，当进行键盘输入操作时使用 cin 流，当进行显示器输出操作时使用 cout 流，当进行错误信息输出操作时使用 cerr 流或 clog 流。

C++的流通过重载运算符“<<”和“>>”执行输入和输出操作。输出操作是向流中插入一个字符序列，因此，在流操作中，将左移运算符“<<”称为插入运算符。输入操作是从流中提取一个字符序列，因此，将右移运算符“>>”称为提取运算符。

1. cout 语句的一般格式

```
cout<<表达式 1<<表达式 2<<...<<表达式 n;
```

cout 代表显示器，执行 cout << x 操作就相当于把 x 的值输出到显示器。

先把 x 的值输出到显示器屏幕上，在当前屏幕光标位置显示出来，然后 cout 流恢复到等待输出的状态，以便继续通过插入操作符输出下一个值。当使用插入操作符向一个流输出一个值后，再输出下一个值时将被放在上一个值的后面，所以为了让流中前后两个值分开，可以在输出一个值后接着输出一个空格，或一个换行符，或其他需要的字符或字符串。

一个 cout 语句可以分写成若干行，例如：

```
cout<< "Hello World!" <<endl;
```

可以写成：

```
cout<< "Hello"              //注意行末尾无分号
<<" "
<<"World!"
<<endl;                     //语句最后有分号
```

也可写成多个 cout 语句：

```
cout<< "Hello";             //语句末尾有分号
cout <<" ";
cout <<"World!";
cout<<endl;
```

以上 3 种情况的输出均正确。

2. cin 语句的一般格式

```
cin>>变量 1>>变量 2>>…>>变量 n;
```

cin 代表键盘，执行 cin>>x 操作就相当于把键盘输入的数据赋值给变量。

当从键盘上输入数据时，只有当输入完数据并按下 Enter 键后，系统才把该行数据存入键盘缓冲区，供 cin 流顺序读取给变量。另外，从键盘上输入的每个数据之间必须用空格或 Enter 键分开，因为 cin 为一个变量读入数据时是以空格或 Enter 键作为其结束标志的。

当 cin>>x 操作中的 x 为字符指针类型时，则要求从键盘的输入中读取一个字符串，并把它赋值给 x 指向的存储空间，若 x 没有事先指向一个允许写入信息的存储空间，则无法完成输入操作。另外，从键盘上输入的字符串，其两边不能带有双引号定界符，若有则只作为双引号字符看待。对于输入的字符也是如此，不能带有单引号定界符。

cin 相当于 C 库函数中的 scanf，作用是将用户的输入赋值给变量。例如，下面的代码可将用户输入的数打印出来。

```
#include <iostream.h>
void main()
{
    int iInput;
    cout << "Please input a number:" <<endl;
    cin >> iInput;
    cout << "the number is:" << iInput<<endl;
}
```

【实例 2.3】 默写王之涣的《登鹳雀楼》。（**实例位置：资源包\TM\sl\2\3**）

使用 cout 向控制台输出唐朝诗人王之涣的《登鹳雀楼》，具体代码如下：

```
#include <iostream.h>
int main()
{
    cout << "       登鹳雀楼" << endl;
    cout << "              --王之涣" << endl;
```

```
        cout << "白日依山尽，黄河入海流。" << endl;
        cout << "欲穷千里目，更上一层楼。" << endl;
        return 0;
}
```

运行程序，将向控制台屏幕输出诗句，效果如图 2.8 所示。其中，endl 用于向流的末尾部位加入换行符。

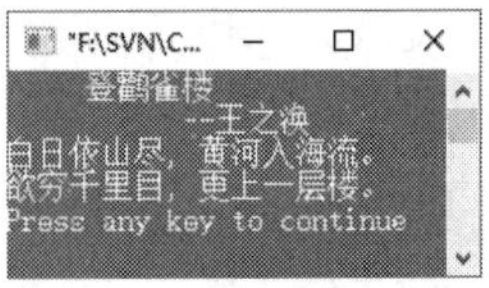

图 2.8　向控制台屏幕输出诗句

2.5.3　流操作的控制

在头文件 iomanip.h 中定义了一些控制流输出格式的函数，默认情况下整型数按十进制形式输出，也可以通过 hex 将其设置为十六进制输出。

（1）long setf(long f);　根据参数 f 设置相应的格式标志，返回此前的设置。该参数 f 对应的实参为无名枚举类型中的枚举常量（又称格式化常量），可以同时使用一个或多个常量，每两个常量之间要用按位或操作符连接。如需要左对齐输出，并使数值中的字母大写，则调用该函数的实参为 ios::left|ios::uppercase。

（2）long unsetf(long f);　根据参数 f 清除相应的格式标志，返回此前的设置。如果要清除此前的左对齐输出设置，恢复默认的右对齐输出设置，则调用该函数的实参为 ios::left。

（3）int width();　返回当前的输出域宽。若返回数值为 0，则表明没有为刚才输出的数值设置输出域宽。输出域宽是指输出的值在流中占有的字节数。

（4）int width(int w);　设置下一个数据值的输出域宽为 w，返回为输出上一个数据值规定的域宽，若无规定则返回 0。注意，此设置不是一直有效，而只是对下一个输出数据有效。

（5）setiosflags(long f);　设置 f 对应的格式标志，功能与 setf(long f)成员函数相同，当然，在输出该操作符后返回的是一个输出流。如果采用标准输出流 cout 输出，则返回 cout。输出每个操作符后都是如此，即返回输出它的流，以便向流中继续插入下一个数据。

（6）resetiosflags(long f);　清除 f 对应的格式标志，功能与 unsetf(long f)成员函数相同。输出后返回一个流。

（7）setfill(char c);　设置填充字符的 ASCII 码为 c 的字符。

（8）setprecision(int n);　设置浮点数的输出精度为 n。

（9）setw(int w);　设置下一个数据的输出域宽为 w。

数据输入/输出的格式控制还有更简便的形式，就是使用头文件 iomainip.h 中提供的操作符。使用这些操作符不需要调用成员函数，只要把它们作为插入操作符“<<”的输出对象即可。

- ☑ dec：转换为按十进制输出整数，是默认的输出格式。
- ☑ oct：转换为按八进制输出整数。
- ☑ hex：转换为按十六进制输出整数。
- ☑ ws：从输出流中读取空白字符。
- ☑ endl：输出换行符\n 并刷新流。
- ☑ ends：输出一个空字符\0。
- ☑ flush：只刷新一个输出流。

【实例 2.4】 控制打印格式。（**实例位置：资源包\TM\sl\2\4**）

本实例中，定义一个双精度类型的变量并赋值，利用各种格式打印数据，具体代码如下：

```
#include <iostream>
#include <iomanip>
using namespace std;
void main()
{
    double a=123.456789012345;
    cout << a << endl;
    cout << setprecision(9) << a << endl;
    cout << setprecision(6);    //恢复默认格式(精度为 6)
    cout << setiosflags(ios::fixed);
    cout << setiosflags(ios::fixed) << setprecision(8) << a << endl;
    cout << setiosflags(ios::scientific) << a << endl;
    cout << setiosflags(ios::scientific) << setprecision(4) << a << endl;
}
```

程序运行结果如图 2.9 所示。

【实例 2.5】 变幻莫测的整数。(**实例位置：资源包\TM\sl\2\5**)

本实例中，定义一个整数变量并赋值，利用不同形式输出整型，具体代码如下：

```
#include <iostream>
#include <iomanip>
using namespace std;
void main()
{
    int b=123456;                                          //对 b 赋初值
    cout << b << endl;                                     //输出： 123456
    cout << hex << b << endl;                              //输出： 1e240
    cout << setiosflags(ios::uppercase) << b << endl;      //输出： 1E240
    cout << setw(10) << b <<','<< b << endl;               //输出：      1E240， 1E240
    cout << setfill('*') << setw(10) << b << endl;         //输出：*****1E240
    cout << setiosflags(ios::showpos) << b << endl;        //输出：1E240
}
```

程序运行结果如图 2.10 所示。

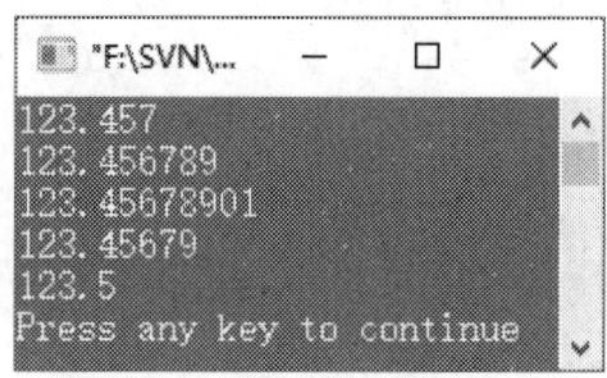

图 2.9　控制打印格式

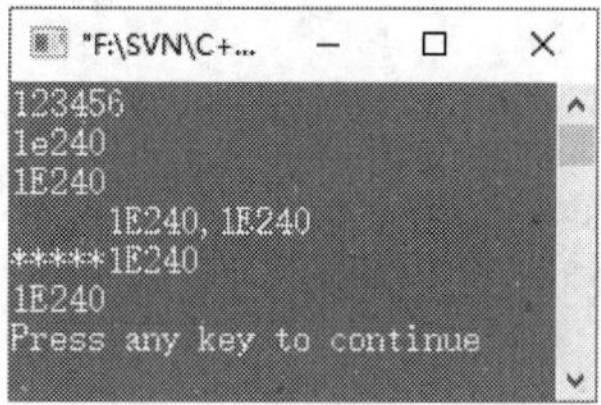

图 2.10　整数输出

【实例 2.6】 十六进制与十进制转换。(**实例位置：资源包\TM\sl\2\6**)

本实例中，定义两个整型变量，其中一个变量赋值为十六进制，另一个变量赋值为十进制。利用 cout 输出第一个变量十进制、十六进制，用 cout 输出第二个变量小写十六进制和大写十六进制。具体代码如下：

```
#include <iostream.h>
#include <iomanip.h>
void main()
```

```
{
    int i=0x2F,j=255;
    cout << i << endl;
    cout << hex << i << endl;
    cout << hex << j << endl;
    cout << hex << setiosflags(ios::uppercase) << j << endl;
}
```

程序运行结果如图 2.11 所示。

【实例 2.7】 控制输出精确度。（**实例位置：资源包\TM\sl\2\7**）

本实例中，定义一个整型变量并赋值，定义一个双精度变量并赋值，利用 cout 输出这两个不同精度的格式，具体代码如下：

```
#include <iostream>
using namespace std;
void main()
{
    int x=123;
    double y=-2.1415;
    cout << "x=";
    cout.width(10);
    cout << x;
    cout << "y=";
    cout.width(10);
    cout << y <<endl;
    cout.setf(ios::left);
    cout << "x=";
    cout.width(10);
    cout << x;
    cout << "y=";
    cout << y <<endl;
    cout.fill('*');
    cout.precision(4);
    cout.setf(ios::showpos);
    cout << "x=";
    cout.width(10);
    cout << x;
    cout << "y=";
    cout.width(10);
    cout << y <<endl;
}
```

程序运行结果如图 2.12 所示。

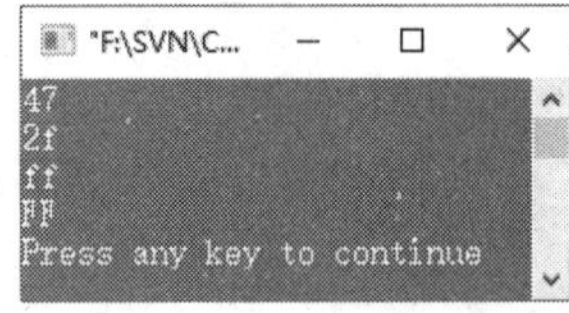

图 2.11　输出十进制和十六进制

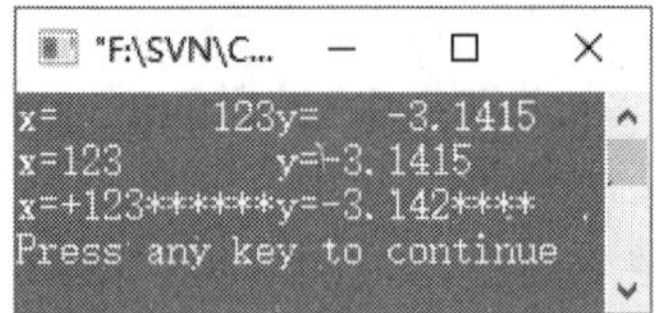

图 2.12　控制输出精确度

【实例 2.8】 千变万化的小数。（**实例位置：资源包\TM\sl\2\8**）

本实例中，定义两个单精度类型，用 cout 输出不同长度的小数，具体代码如下：

```
#include <iostream>
using namespace std;
void main()
{
	float x=20,y=-400.00;
	cout << x <<' '<< y << endl;
	cout.setf(ios::showpoint);                    //强制显示小数点和无效 0
	cout << x <<' '<< y << endl;
	cout.unsetf(ios::showpoint);
	cout.setf(ios::scientific);                   //设置按科学表示法输出
	cout << x <<' '<< y << endl;
	cout.setf(ios::fixed);                        //设置按定点表示法输出
	cout << x <<' '<< y << endl;
}
```

程序运行结果如图 2.13 所示。

C++语言中还保留着 C 语言的输出函数 printf，使用 printf 可以将任意数量、类型的数据输出到屏幕中。printf 函数的声明形式如下：

```
printf("[控制格式]... [控制格式]...",数值列表);
```

printf 是变参函数，数值列表中可以有多个数值，数值的个数不是确定的，每个数值之间用逗号运算符隔开；控制格式表示数值以哪种格式输出，控制格式的数量要与数值的个数一致，否则程序运行时会产生错误。

控制格式由“%+特定字符”构成，形式如下：

```
%[*][域宽][长度]类型
```

“*”代表可以使用占位符，域宽表示输出的长度。如果输出的内容没有域宽长，用占位符占位；如果比域宽长，就按实际内容输出，以适应域宽。长度决定输出内容的长度，例如，%d 代表以整型数据格式输出。常见的输出类型如表 2.6 所示。

表 2.6　常见输出类型

输 出 类 型	格式字符意义
d	以十进制形式输出带符号整数（正数不输出符号）
o	以八进制形式输出无符号整数（不输出前缀 o）
x	以十六进制形式输出无符号整数（不输出前缀 ox）
u	以十进制形式输出无符号整数
c	输出单个字符
s	输出字符串
f	以小数形式输出单、双精度实数
e	以指数形式输出单、双精度实数
g	以%f，%e 中较短的输出宽度输出单、双精度实数

（1）d 格式符，以十进制形式输出整数。

☑　%d：按整型数据的实际长度输出。

☑　%*md：m 用于指定输出字段的宽度，如果数据的位数小于 m，用*指定的字符占位；如果*

未指定用空格占位，若大于 m，则按实际位数输出。

☑ %ld：输出长整型数据。

【实例 2.9】 printf 占位输出形式。（**实例位置：资源包\TM\sl\2\9**）

本实例中，使用 printf 格式输出函数，在格式符号中间加 0 做占位符，具体代码如下：

```
#include <iostream>
void main()
{
    printf("%4d\n",1);           //用空格做占位符
    printf("%04d\n",1);          //用 0 做占位符
    int a=10,b=20;
    printf("%d%d\n",a,b);        //相当于字符连接
}
```

程序运行结果如图 2.14 所示。

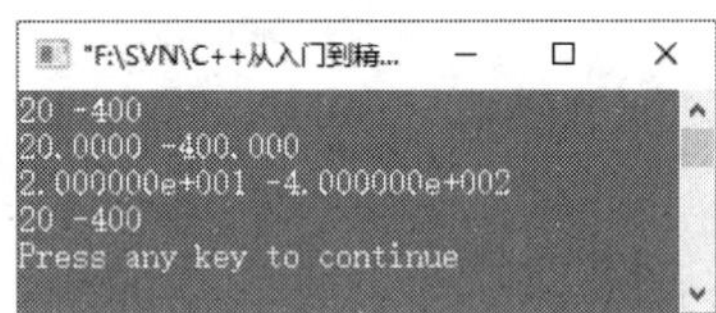

图 2.13　流输出小数控制

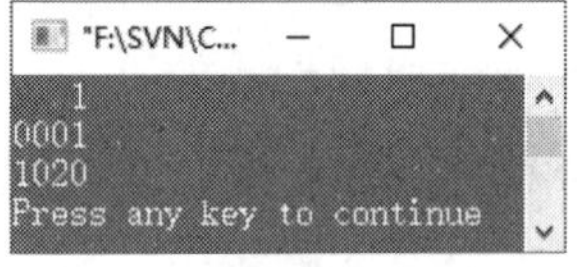

图 2.14　输出占位符

（2）o 格式符，以八进制形式输出整数。

☑ %o：按整型数据的实际长度输出。

☑ %*mo：m 用于指定输出字段的宽度，如果数据的位数小于 m，用*指定的字符占位；如果*未指定用空格占位，若大于 m，则按实际位数输出。

☑ %lo：输出长整型数据。

（3）x 格式符，以十六进制形式输出整数。

☑ %x：按整型数据的实际长度输出。

☑ %*mx：m 用于指定输出字段的宽度，如果数据的位数小于 m，用*指定的字符占位；如果*未指定用空格占位，若大于 m，则按实际位数输出。

☑ %lx：输出长整型数据。

（4）s 格式符，用来输出一个字符串。

☑ %s：将字符串按实际长度输出。

☑ %*ms：输出的字符串占 m 列，如果字符串本身长度大于 m，则突破 m 的限制，将字符串全部输出；如果*未指定用空格占位，若字符串长度小于 m，则左补空格。

☑ %-ms：如果字符串长度小于 m，则在 m 列范围内，字符串向左靠，右补空格。

☑ %m.ns：输出占 m 列，但只取字符串中左端 n 个字符。这 n 个字符输出在 m 列的右侧，左补空格。

☑ %-m.ns：输出长整型数据。输出占 m 列，但只取字符串中左端 n 个字符。这 n 个字符输出在 m 列的左侧，右补空格。

【实例 2.10】 截取 helloworld。（**实例位置：资源包\TM\sl\2\10**）

本实例中，定义字符型指针（第 7 章详细介绍）用来保存字符串，利用 printf 函数格式输出字符串，

代码如下：

```
#include <iostream>
void main()
{
    char *str="helloworld";
    printf("%s\n%10.5s\n%-10.2s\n%.3s",str,str,str,str);
}
```

程序运行结果如图 2.15 所示。

（5）f 格式符，以小数形式输出实型数据。

☑ %f：不指定字段宽度，整数部分全部输出，小数部分输出 6 位。

☑ %m.nf：输出的数据占 m 列，其中有 n 位小数。如果数值长度小于 m，则左端补空格。

☑ %-m.nf：输出的数据占 m 列，其中有 n 位小数。如果数值长度小于 m，则右端补空格。

【实例 2.11】 输出格式控制。（**实例位置：资源包\TM\sl\2\11**）

本实例中，定义一个单精度和一个双精度类型，利用 printf 格式输出不同形式，具体代码如下：

```
#include <iostream>
void main()
{
    float i=2998.453257845;
    double j=2998.453257845;
    printf("%f\n%15.2f\n%-10.3f\n%f",i,i,i,j);            /*以指定的格式输出 i 和 j*/
}
```

程序运行结果如图 2.16 所示。

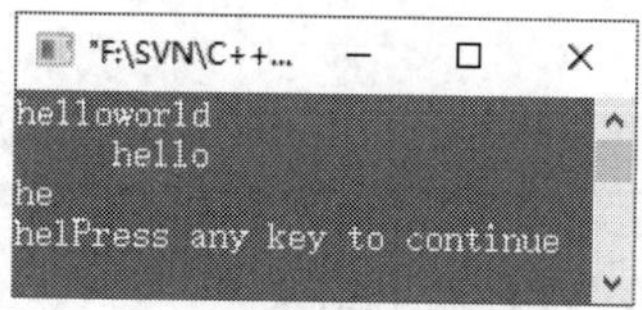

图 2.15　输出格式控制字符串输出

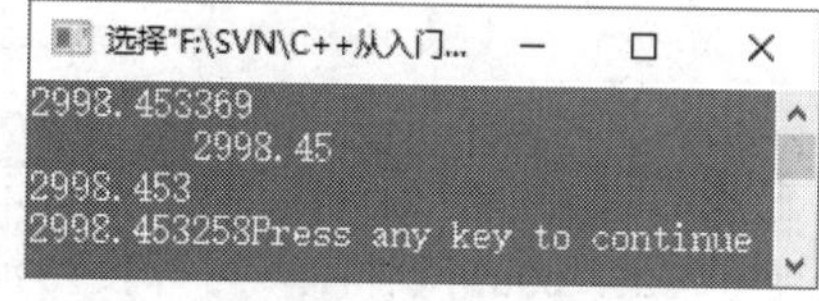

图 2.16　输出格式控制

（6）e 格式符，以指数形式输出实型数据。

☑ %e：不指定输出数据所占的宽度和小数位数。

☑ %m.ne：输出的数据占 m 位，其中有 n 位小数。如果数值长度小于 m，则左端补空格。

☑ %-m.ne：输出的数据占 m 位，其中有 n 位小数。如果数值长度小于 m，则右端补空格。

【实例 2.12】 科学计数法输出。（**实例位置：资源包\TM\sl\2\12**）

本实例中，利用 printf 格式控制符%e，将小数用科学计数法输出，具体代码如下：

```
#include <iostream>
void main()
{
    float i=2998.453257845;
    double j=2998.453257845;
    printf("%e\n%15.2e\n%-10.3e\n%e",i,i,i,j);
}
```

程序运行结果如图 2.17 所示。

图 2.17　科学计数法输出

误区警示

一定要注意%x（%X、%#x、%#X），因为调试时经常要将内存中的二进制代码输出。这几种形式解释如下：

如果是 x，输出的字母就是小写的；如果是 X，输出的字母就是大写的；如果加一个“#”就会以标准的十六进制形式输出。建议最好是加一个“#”，否则如果输出的十六进制正好没有字母，就会被误认为是一个十进制数。

编程训练（答案位置：资源包\TM\sl\2\编程训练\）

【训练 3】 控制台输出汉字　使用 cout 向控制台输出汉字“明日科技”。

【训练 4】 地球的年龄有多大　地球的年龄约为 45.5 亿年，用科学计数法输出地球的年龄。

2.6　小　　结

本章主要讲解了 C++语言的第一个程序以及常用的数据类型，掌握数据类型对以后编程十分重要。本章还介绍了 cin、cout 两种流，可以使用流的输出来调试程序，查看输出结果。

2.7　实践与练习

答案位置：（资源包\TM\sl\2\实践与练习\）

综合练习 1：打印“抓鸭子”游戏　抖音上有比较火爆的一个娱乐游戏——抓鸭子。游戏开始后，第一个人说“抓鸭子”，第二个接力的人说“抓几只”，第三个接力的人说“抓 X 只”，“X”代表抓鸭子的数量，之后的人可以选择说“抓住了”或者“没抓着”。说“没抓着”需要重复上述过程，如果说“抓住了”，那么后面的人要开始说“嘎”，“嘎”的次数对应抓鸭子的数量，每人接力说一次，如果有人出错，那么这个人就输了，要接受惩罚。输出结果如下：

```
---4 个人，抓鸭子游戏开始了----
A 说：抓鸭子
B 说：抓几只
```

```
C说：抓2只
D说：抓住了
A说：嘎
B说：嘎
C说：抓鸭子
D说：抓几只
A说：抓一百只
B说：嘎
C说：嘎
GAGAGA......
```

综合练习 2：输出狙击枪形状 利用字符串常量输出狙击枪形状，输出形状如下。（提示：利用搜狗特殊符号。）

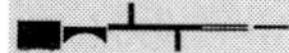

综合练习 3：模拟超市结账 假设某人在超市挑选的商品价格分别为 56.75 元、72.91 元、88.50 元、26.37 元和 68.51 元，计算他应支付的总金额。运行结果如下：

```
实际应付 313.04 元
```

综合练习 4：模拟缴纳电费 编写一个程序，先模拟输出如图 2.18 所示的电费账单，然后要求用户输入缴费金额（大于 574 元），输出当前账户的电费余额，输出结果如图 2.19 所示。

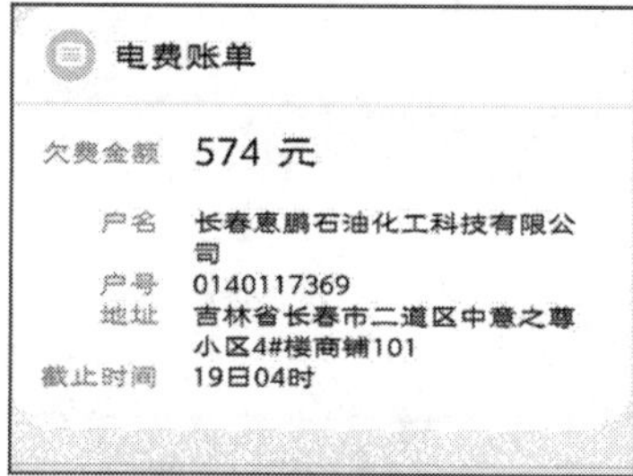

图 2.18 电费账单

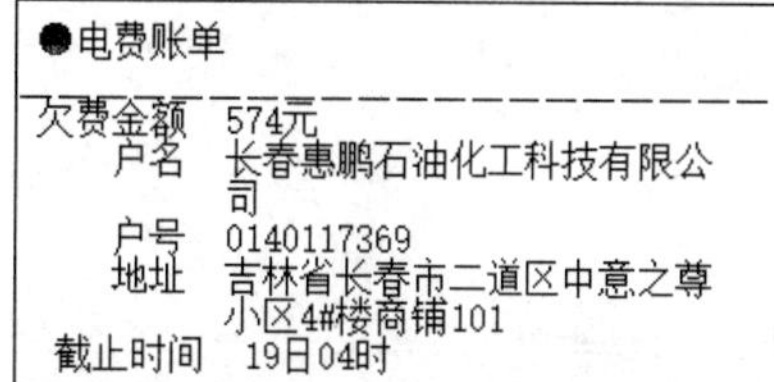

图 2.19 实现效果

综合练习 5：给电影打分 《肖申克的救赎》是一部经典的影片，在国内外评价均很高。编写一个程序，对该部电影进行评价。评分只能输入数字 1~9，输出根据用户打分形成的星级（*）评价，打几分就输出几个星（*），输出结果如下：

```
请你为《肖申克的救赎》这部电影打分（只能输入数字 1~9）：
8
你为电影《肖申克的救赎》的评价为：此处有 8 个*。
```

第 3 章

运算符与表达式

程序是由不同语句组成的，掌握程序语句的写法，也就等于掌握了编程语言的语法。程序主要是用来完成计算的，避免不了要使用运算符。C++语言提供了丰富的运算符，方便开发人员使用，运算符是 C++语言灵活性的体现。本章将讲述程序开发的关键部分——表达式与语句。

本章知识架构及重难点如下：

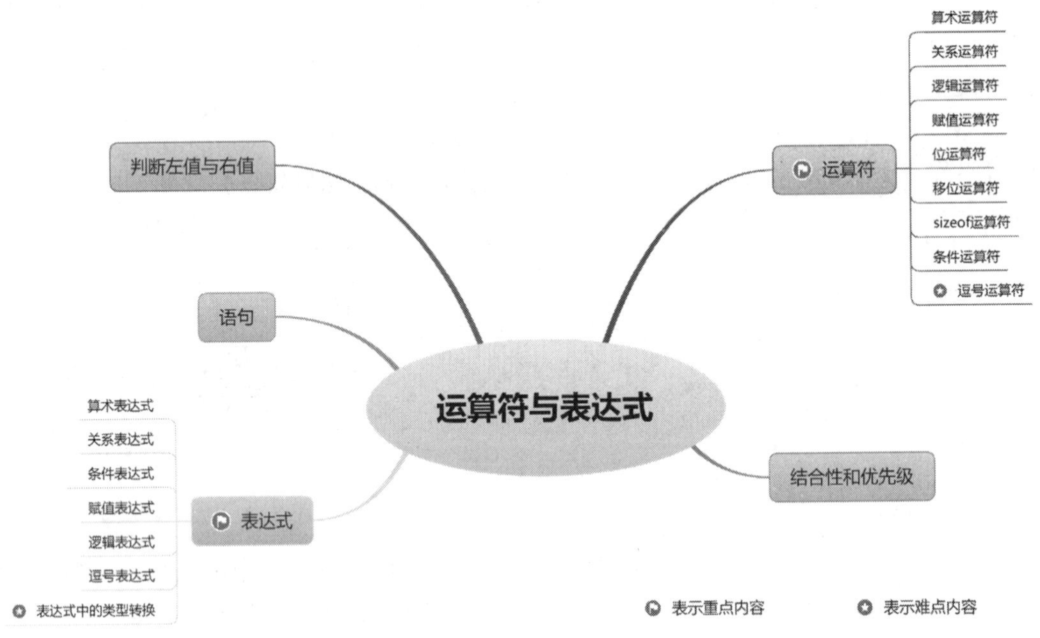

3.1 运 算 符

运算符是具有运算功能的符号。C++语言中有丰富的运算符，其中有很多是从 C 语言继承下来的，它新增的运算符有“::”（作用域运算符）和“->”（成员指针运算符）。

和 C 语言一样，根据使用运算符的对象个数，C++语言将运算符分为单目运算符、双目运算符和三目运算符。根据使用运算符的对象之间的关系，将运算符分为算术运算符、关系运算符、逻辑运算符、赋值运算符、位运算符、移位运算符、sizeof 运算符、条件运算符和逗号运算符。

3.1.1　算术运算符

算术运算主要指常用的加（+）、减（-）、乘（*）、除（/）四则运算，算术运算符中有单目运算符和双目运算符。算术运算符如表 3.1 所示。

表 3.1　算术运算符

操 作 符	功　能	目　数	用　法
+	加法运算	双目	expr1 + expr2
-	减法运算	双目	expr1-expr2
*	乘法运算	双目	expr1*expr2
/	除法运算	双目	expr1 / expr2
%	模运算	双目	expr1 % expr2
++	自增加	单目	++expr 或 expr++
--	自减少	单目	--expr 或 expr--

说明

expr 表示使用运算符的对象，可以是表达式、变量或常量。

（1）+ 是加法运算符，可以进行两个对象的加法运算。

1+1：两个常量相加。

i+1：变量和常量相加。

x+y：两个变量相加。

+100：有符号的常量，强调常量是正数。

（2）- 是减法运算符，可以进行两个对象的减法运算。

1-1：两个常量相减。

j-1：变量和常量相减。

x-y：两个变量相减。

-100：有符号的常量，强调常量是负值。

（3）* 是乘法运算符，可以进行两个对象的乘法运算。

2*3：两个常量相乘。

（4）/ 是除法运算符，可以进行两个对象的除法运算。/ 运算符左侧的是被除数，也称为分子；/ 运算符右侧的是除数，也称为分母。

在进行除法运算时，除数或分母不能为 0，否则会产生溢出，处理器抛出异常。

2/3：两个常量相除。

2/0：不合法运算。

0/2：合法运算，计算结果是 0。

两个整型数值进行除法运算时，返回的结果如果是一个小数，小数点后的数值将被舍去。

（5）% 是模运算符，用于求两个整型数值或变量除法运算后的余数，示例如下。

5/2：两个常量进行求模运算，计算结果是 1。

（6）++ 是自增运算符，属于单目运算符。它有++expr 和 expr++两种形式，++expr 表示 expr 自身加 1 后再进行其他运算；expr++表示 expr 先完成其他运算后再进行自身加 1，expr 只能是变量。

i++：i 参与运算后，i 的值再自增。

++i：i 自增 1 后再参与其他运算。

1++：1 为常量，不合法。

（7）--是自减运算符，属于单目运算符。它有--expr 和 expr--两种形式，--expr 表示 expr 自身减 1 后再进行其他运算；expr--表示 expr 先完成其他运算后再进行自身减 1，expr 只能是变量。

i--：i 参与运算后，i 的值再自减。

--i：i 自减 1 后再参与其他运算。

1--：1 为常量，不合法。

3.1.2 关系运算符

关系运算符主要用于对两个对象进行比较，运算结果是逻辑常量真或假。关系运算符如表 3.2 所示。

表 3.2 关系运算符

操 作 符	功 能	目 数	用 法
<	小于	双目	expr1 < expr2
>	大于	双目	expr1 > expr2
>=	大于或等于	双目	expr1 >= expr2
<=	小于或等于	双目	expr1 <= expr2
==	恒等于	双目	expr1 == expr2
!=	不等于	双目	expr1 != expr2

（1）< 用于比较两个对象的大小，前者小于后者，运算结果为真。

a<b：两个变量进行比较，如果变量 a 的值小于变量 b 的值，运算结果为真。

2<1：运算结果为假。

（2）> 用于比较两个对象的大小，前者大于后者，运算结果为真。

a>b：两个变量进行比较，如果变量 a 的值大于变量 b 的值，运算结果为真。

2>1：运算结果为真。

（3）>= 用于比较两个对象的大小，前者大于或等于后者，运算结果为真。

3>=2：运算结果为真。

2>=2：运算结果为真。

（4）<= 用于比较两个对象的大小，前者小于或等于后者，运算结果为真。

1<=2：运算结果为真。

（5）== 用于对两个对象进行判断，前者恒等于后者，运算结果为真。

a==b：两个变量进行比较，如果变量 a 的值恒等于变量 b 的值，运算结果为真。

（6）!= 用于对两个对象进行判断，前者不等于后者，运算结果为真。

a!=b：两个变量进行比较，如果变量 a 的值不等于变量 b 的值，运算结果为真。

关系运算符都是双目运算符，其结合性均为左结合。关系运算符的优先级低于算术运算符，高于

赋值运算符。在 6 个关系运算符中，<，<=，>，>=的优先级相同，高于==和!=，==和!=的优先级相同。

关于运算符的结合性和优先级将在 3.2 节具体介绍。

误区警示

例如：i==3,这里的“==”是合法的关系运算符，而 i=3 “=”不是合法的关系运算符，它是赋值运算符。

3.1.3　逻辑运算符

逻辑运算符是对真和假两种逻辑值进行运算，运算后的结果仍是一个逻辑值。逻辑运算符如表 3.3 所示。

表 3.3　逻辑运算符

<table>
<tr><th>操　作　符</th><th>功　　能</th><th>目　　数</th><th>用　　法</th></tr>
<tr><td>&&</td><td>逻辑与</td><td>双目</td><td>expr1 && expr2</td></tr>
<tr><td>||</td><td>逻辑或</td><td>双目</td><td>expr1 || expr2</td></tr>
<tr><td>!</td><td>逻辑非</td><td>单目</td><td>!expr</td></tr>
</table>

（1）&&用于对两个对象进行逻辑与运算，当两个对象都为真时，结果为真；有一个对象为假或两个对象都为假时，结果为假。

真 && 假：结果为假。

真 && 真：结果为真。

假 && 假：结果为假。

（2）|| 用于对两个对象进行逻辑或运算，当两个对象都为假时，结果为假；有一个对象为真或两个对象都为真时，结果为真。

真 || 假：结果为真。

真 || 真：结果为真。

假 || 假：结果为假。

（3）! 用于对一个对象进行取反运算，当对象为真时，运算结果为假；当对象为假时，运算结果为真。

!真：运算结果为假。

!假：运算结果为真。

变量 a 和 b 的逻辑运算如表 3.4 所示。

表 3.4　变量 a 和 b 的逻辑运算

<table>
<tr><th>a</th><th>b</th><th>a&&b</th><th>a||b</th><th>!a</th><th>!b</th></tr>
<tr><td>0</td><td>0</td><td>0</td><td>0</td><td>1</td><td>1</td></tr>
<tr><td>0</td><td>非 0</td><td>0</td><td>1</td><td>1</td><td>0</td></tr>
<tr><td>非 0</td><td>0</td><td>0</td><td>1</td><td>0</td><td>1</td></tr>
<tr><td>非 0</td><td>非 0</td><td>1</td><td>1</td><td>0</td><td>0</td></tr>
</table>

逻辑运算后的结果，用 1 代表真，用 0 代表假。

逻辑运算可以进行嵌套。例如，(a||b)&&c 根据逻辑运算符的左结合性先对 a 和 b 进行逻辑或运算，得到的结果再与 C 进行逻辑与运算。

【实例 3.1】 职位竞争。（实例位置：资源包\TM\sl\3\1）

有两名男性应聘者：一名 25 岁，一名 32 岁。该公司招聘信息中有一个要求，即男性应聘者的年龄在 23～30 岁之间，判断这两名应聘者是否满足这个要求。具体代码如下：

```
#include <iostream>
using namespace std;
int main()
{
    int age_a = 25;
    int age_b = 32;
    if(23<= age_a && age_a <= 30)    /*逻辑与表达式，用来表示在 23~30 岁之间*/
    {
        cout << age_a << "岁,满足招聘要求" << endl;
    }
    else
    {
        cout << age_a << "岁,不满足招聘要求" << endl;
    }

    if(23<= age_b && age_b <= 30)
    {
        cout << age_b << "岁,满足招聘要求" << endl;
    }
    else
    {
        cout << age_b << "岁,不满足招聘要求" << endl;
    }
     return 0;
}
```

程序运行结果如图 3.1 所示。

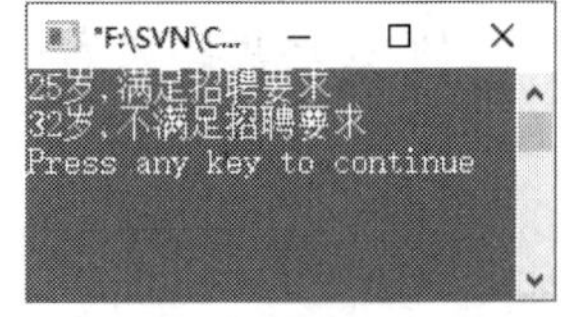

图 3.1　程序运行结果

3.1.4　赋值运算符

赋值运算符分为简单赋值运算符和复合赋值运算符。简单赋值运算符“=”就是给变量赋值的运算符，语法格式如下。

```
变量 = 表达式
```

复合赋值运算符又称为带有运算的赋值运算符，C++提供了很多复合赋值运算符，如表 3.5 所示。

表 3.5　复合赋值运算符

<table>
<tr><th>操 作 符</th><th>功　　能</th><th>目　　数</th><th>用　　法</th></tr>
<tr><td>+=</td><td>加法赋值</td><td>双目</td><td>expr1 += expr2</td></tr>
<tr><td>−=</td><td>减法赋值</td><td>双目</td><td>expr1 −= expr2</td></tr>
<tr><td>*=</td><td>乘法赋值</td><td>双目</td><td>expr1 *= expr2</td></tr>
<tr><td>/=</td><td>除法赋值</td><td>双目</td><td>expr1 /= expr2</td></tr>
<tr><td>%=</td><td>模运算赋值</td><td>双目</td><td>expr1 % = expr2</td></tr>
<tr><td><<=</td><td>左移赋值</td><td>双目</td><td>expr1 <<= expr2</td></tr>
<tr><td>>>=</td><td>右移赋值</td><td>双目</td><td>expr1 >>= expr2</td></tr>
<tr><td>&=</td><td>按位与运算赋值</td><td>双目</td><td>expr1 &= expr2</td></tr>
<tr><td>|=</td><td>按位或运算赋值</td><td>双目</td><td>expr1 |= expr2</td></tr>
<tr><td>^=</td><td>按位异或运算赋值</td><td>双目</td><td>expr1 ^= expr2</td></tr>
</table>

复合赋值运算符相当于一个简单赋值运算符和其他运算符的组合：

☑ a+=b 等价于 a=a+b。
☑ a−=b 等价于 a=a−b。
☑ a*=b 等价于 a=a*b。
☑ a/=b 等价于 a=a/b。
☑ a%=b 等价于 a=a%b。
☑ a<<=b 等价于 a=a<<b。
☑ a>>=b 等价于 a=a>>b。
☑ a&=b 等价于 a=a&b。
☑ a^=b 等价于 a=a^b。
☑ a|=b 等价于 a=a|b。

复合赋值运算符都是双目运算符，C++采用这种运算符可以更高效地进行加运算，编译器在生成目标代码时能够直接优化，使程序代码更小。这种书写形式非常简洁，使得代码更加紧凑。

复合赋值运算符可将中间的运算结果返回，作为表达式的值，同时把 expr1 对应的变量设为运算结果值。例如：

```
int a=6;
a*=5;
```

上述代码中，a*=5 等价于 a=a*5，a*5 的运算结果 30 作为临时变量赋给了变量 a。

3.1.5　位运算符

位运算符包括&（位逻辑与）、|（位逻辑或）、^（位逻辑异或）和～（取反运算符）4 种，如表 3.6 所示。

表 3.6　位运算符

<table>
<tr><th>操 作 符</th><th>功　　能</th><th>目　　数</th><th>用　　法</th></tr>
<tr><td>&</td><td>位逻辑与</td><td>双目</td><td>expr1 & expr2</td></tr>
<tr><td>|</td><td>位逻辑或</td><td>双目</td><td>expr1 | expr2</td></tr>
<tr><td>^</td><td>位逻辑异或</td><td>双目</td><td>expr1 ^ expr2</td></tr>
<tr><td>～</td><td>取反运算符</td><td>单目</td><td>～expr</td></tr>
</table>

在 3 个双目运算符中，&优先级最高，1 次之，～最低。

（1）位逻辑与运算将操作数转换成二进制表示方式，从低位（最右边）到高位对齐，逐位求与，若两个操作数对象同一位都为 1，则结果对应位为 1，否则结果中对应位为 0。例如，12 和 8 经过位逻辑与运算后得到的结果是8。

0000 0000 0000 1100　　（十进制12原码表示）
& 0000 0000 0000 1000　　（十进制8原码表示）
0000 0000 0000 1000　　（十进制8原码表示）

说明

十进制在用二进制表示时有原码、反码、补码等表示方式。

（2）位逻辑或运算将操作数转换成二进制表示方式，从低位（最右边）到高位对齐，逐位求或，若两个操作数对象同一位都为0，则结果对应位为0，否则结果中对应位为1。例如，4和8经过位逻辑或运算后得到的结果是12。

0000 0000 0000 0100　　（十进制4原码表示）
| 0000 0000 0000 1000　　（十进制8原码表示）
0000 0000 0000 1100　　（十进制12原码表示）

（3）位逻辑异或运算将操作数转换成二进制表示方式，从低位（最右边）到高位对齐，逐位求异或，若两个操作数对象同一位不相同，则结果对应位为1，否则结果中对应位为0。例如，31和22经过位逻辑异或运算后得到的结果是9。

0000 0000 0001 1111　　（十进制31原码表示）
^ 0000 0000 0001 0110　　（十进制22原码表示）
0000 0000 0000 1001　　（十进制9原码表示）

（4）取反运算将操作数转换成二进制表示方式，然后将各二进制位1变为0， 0变为1。例如，41883取反运算后得到的结果是23652。

～1010 0011 1001 1011　　（十进制41883原码表示）
0101 1100 0110 0100　　（十进制23652原码表示）

位运算符实际上是算术运算符，用该运算符组成的表达式的值是算术值。

3.1.6　移位运算符

移位运算符有两个，分别是<<（左移）和>>（右移），这两个运算符都是双目的。

（1）左移。左移是将一个二进制操作数向左移动指定位数，左边（高位端）溢出的位被丢弃，右边（低位端）的空位用0补充。左移相当于乘以2的幂，如图3.2所示。

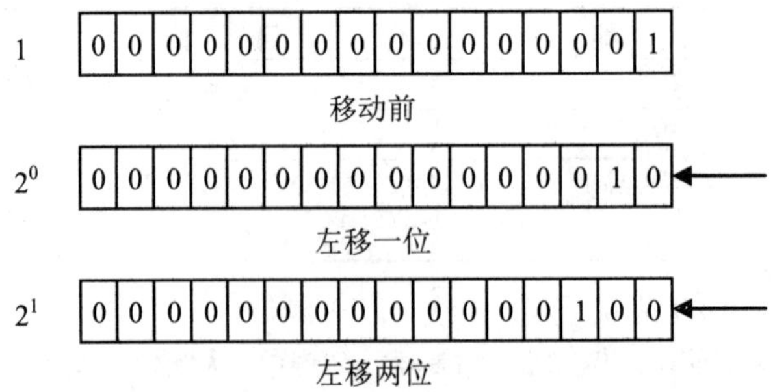

1　0 0 0 0 0 0 0 0 0 0 0 0 0 0 0 1

移动前

2^0　0 0 0 0 0 0 0 0 0 0 0 0 0 0 1 0 ←

左移一位

2^1　0 0 0 0 0 0 0 0 0 0 0 0 0 1 0 0 ←

左移两位

图3.2　左移位运算

例如，操作数 41883 的二进制是 1010 0011 1001 1011，左移一位变成 18230，左移两位变成 36460，运行过程如图 3.3 所示。

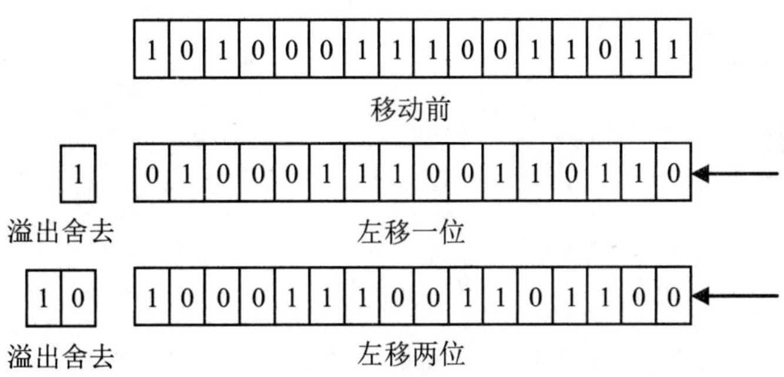

图 3.3　41883 左移位运算过程

（2）右移。右移是将一个二进制操作数向右移动指定的位数，右边（低位端）溢出的位被丢弃，左边（高位端）的空位用 0 填充，或者用被移位操作数的符号位填充。运算结果和编译器有关，在使用补码的机器中，正数的符号位为 0，负数的符号位为 1。右移位运算相当于除以 2 的幂，如图 3.4 所示。

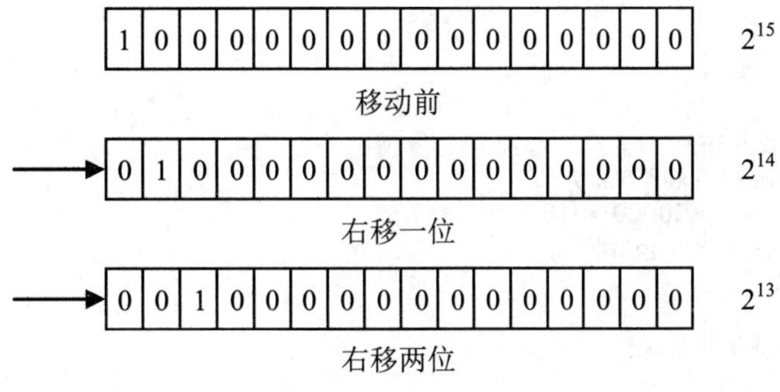

图 3.4　右移位运算

例如，操作数 41883 的二进制是 1010 0011 1001 1011，右移一位变成 20941，右移两位变成 10470，运行过程如图 3.5 所示。

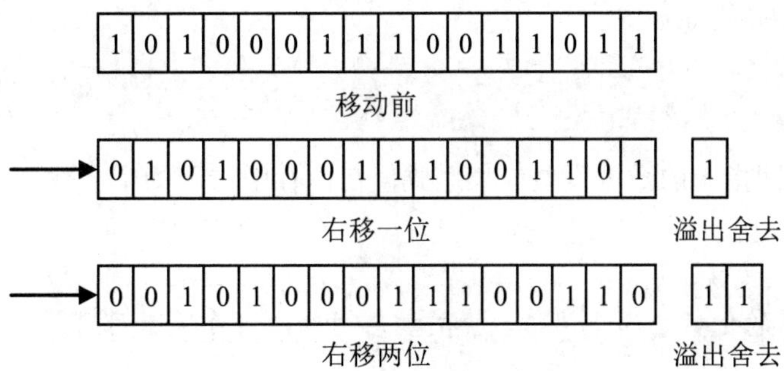

图 3.5　41883 右移位运算过程

【实例 3.2】 将 0x40 左移运算。（**实例位置：资源包\TM\sl\3\2**）

本实例中，定义一个变量并赋值 0x40，将这个值进行左移一位运算，具体代码如下：

```
#include <iostream>
using namespace std;
void main()
{

    int a=0x40,b;
    b=a<<1;
    cout << b << endl;
}
```

程序运行结果如下：

```
128
```

由于位运算的速度很快，在程序中遇到表达式乘以或除以 2 的幂的情况，一般采用位运算来代替。

【实例 3.3】 输出十六进制的高位和低位。（**实例位置：资源包\TM\sl\3\3**）

本实例中，定义一个长整型变量并赋值，利用位与运算和移位运算，计算这个十六进制的高四位和低四位，具体代码如下：

```
#include <iostream>
using namespace std;
void main()
{
    long nWord=0x12345678;
    int nBits;
    nBits=nWord & 0xFFFF;
    printf("low bits are 0x%x\n",nBits);
    nBits=(nWord & 0xFFFF0000)>>16;
    printf("hight bits are 0x%x\n",nBits);
}
```

程序运行结果如图 3.6 所示。

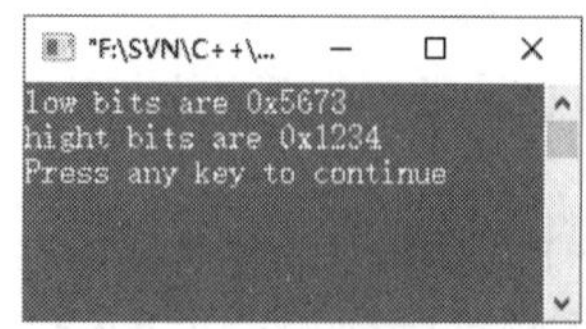

图 3.6　程序运行结果

3.1.7　sizeof 运算符

sizeof 运算符是一个很像函数的运算符，也是唯一一个用到字母的运算符。该运算符有以下两种形式：

```
sizeof(类型说明符)
sizeof(表达式)
```

sizeof 的功能是返回指定的数据类型或表达式值在内存中占用的字节数。

说明

由于 CPU 寄存器的位数不同，同种数据类型占用的内存字节数目可能不同。

```
sizeof(char) 返回 1，说明 char 类型占用 1 个字节。
sizeof(void *) 返回 4，说明空指针占用 4 个字节。
sizeof(66) 返回 4，说明常量占用 4 个字节。
```

3.1.8　条件运算符

条件运算符是 C++中仅有的一个三目运算符，该运算符需要 3 个运算数对象，语法格式如下：

```
<表达式 1> ? <表达式 2>: <表达式 3>
```

表达式 1 是一个逻辑值，可以为真或假。若表达式 1 为真，则运算结果是表达式 2；如果表达式 1 为假，则运算结果是表达式 3。这个运算相当于一个 if 判断语句。

3.1.9　逗号运算符

C ++语言中，逗号“，”也是一种运算符，称为逗号运算符。逗号运算符的优先级最低，结合方向自左至右，其功能是把两个表达式连接起来组成一个表达式。逗号运算符是一个多目运算符，并且操作数的个数不限定，可以将任意多个表达式组成一个表达式。例如：

```
x,y,z
a=1,b=2
```

编程训练（答案位置：资源包\TM\sl\3\编程训练\）

【训练 1】 判断用户是否合法　在明日学院网站首页，可以使用账户名登录，也可以使用手机号登录，还可以使用电子邮箱地址登录。请判断某用户是否可以登录。（已知服务器中有如下记录，账户名：张三，手机号：1234567890，电子邮箱：zhangsan@163.com。）

【训练 2】 1024 求余 8 的不同解法　使用位移运算和算术运算符，计算“1024 % 8”的结果。

3.2　结合性和优先级

运算符优先级决定了在表达式中各个运算符执行的先后顺序。高优先级运算符要先于低优先级运算符进行运算。例如，根据先乘除后加减的原则，表达式 a+b*c 先计算 b*c，得到结果再与 a 相加。在优先级相同的情况下，则按从左到右的顺序进行计算。

当表达式中出现括号时，会改变优先级。先计算括号中的子表达式值，再计算整个表达式的值。

运算符的结合方式有两种：左结合和右结合。左结合表示运算符优先与其左边的标识符结合进行运算，如加法运算；右结合表示运算符优先与其右边的标识符结合，例如单目运算符 ++、--。

同一优先级的运算符，运算次序由结合方向决定。例如，表达式 1*2/3 中，* 和 / 的优先级别相同，其结合方向自左向右，等价于(1*2)/3。

运算符优先级如表 3.7 所示。

表 3.7　运算符优先级

运　算　符	名　　称	优　先　级	结　合　性
() [] -> .	圆括号 下标 取类或结构分量 取类或结构成员	1（最高）	→

续表

运 算 符	名 称	优 先 级	结 合 性
! ～ ++ -- -	逻辑非 按位取反 自增加 自减少 取负	2	←
& * (类型) sizeof	取地址 取内容 强制类型转换 长度计算		←
* / %	乘 除 模运算	3	→
+ -	加 减	4	→
<< >>	左移 右移	5	→
< <= > >=	小于 小于或等于 大于 大于或等于	6	→
== !=	恒等 不等	7	→
&	位逻辑与	8	→
^	位逻辑异或	9	→
|	位逻辑或	10	→
&&	逻辑与	11	→
||	逻辑或	12	→
? :	条件	13	←
=	简单赋值	14	←
/=	除法赋值		
%=	模运算赋值		
*= -= >>= <<= &= |= ^=	乘法赋值 减法赋值 右移并赋值 左移并赋值 按位与运算并赋值 按位或运算并赋值 按位异或运算并赋值		
,	逗号（顺序求值）	15（最低）	→

3.3 表 达 式

表达式由运算符、括号、数值对象或变量等元素构成。一个数值对象是最简单的表达式，一个表

达式可以看成一个数学函数，带有运算符的表达式通过计算返回一个数值，例如：

```
1 + 1
3.1415926
i + 1
x > y
100 >> 2
j   *3
```

当表达式有两个或多个运算符时，表达式称为复杂表达式，运算符执行的先后顺序由它们的优先级和结合性决定，例如：

```
(X+Y)*Z
a*x+b*y+z
```

一个表达式的值的数据类型由运算符的种类和操作数的数据类型决定。

带运算符的表达式根据运算符的不同，可以分成算术表达式、关系表达式、条件表达式、赋值表达式、逻辑表达式和逗号表达式等。

3.3.1　算术表达式

算术表达式的一般形式如下：

```
表达式  算术运算符  表达式
```

算术表达式由算术运算符连接而成，计算很简单，其值的数据类型按下述规定确定：若所有运算符数量类型相同，则表达式运算结果的数据类型和操作数的数据类型相同；若操作数的数据类型不同，就需要转换，表达式运算结果的数据类型取最高的数据类型。

3.3.2　关系表达式

关系表达式的一般形式如下：

```
表达式  关系运算符  表达式
```

关系表达式一般只出现在三目运算符、if 语句和循环语句的判断条件中。关系表达式的运算结果都是逻辑型，只能取真或假。数值 0 表示假，非 0 表示真。

3.3.3　条件表达式

条件表达式的一般形式如下：

```
关系表达式  ?  表达式  :  表达式
```

条件表达式的值和数据类型取决于“？”前表达式的真假，若为真，则整个表达式的运算结果和数据类型与冒号前的操作数相同；若为假，则整个表达式的值和数据类型与冒号后的操作数相同。

3.3.4 赋值表达式

赋值表达式的一般形式如下：

```
表达式  赋值运算符  表达式
```

赋值表达式的结果是赋值运算符左边变量（或者表达式）的值。

赋值运算符的结合性是从右至左，因此可以出现连续赋值的表达式。

3.3.5 逻辑表达式

逻辑表达式的一般形式如下：

```
表达式 逻辑运算符 表达式
```

逻辑表达式的值也是逻辑型，只能取真或假。当左右两侧的表达式也是逻辑表达式时，会形成嵌套的情形。例如，(a||b)&&c 根据逻辑运算符的左结合性，也可写为 a||b&&c。逻辑表达式的值是式中各种逻辑运算的最后值，以 1 和 0 分别代表真和假。

逻辑表达式注意事项如下：

（1）逻辑运算符两侧的操作数，除可以是 0 和非 0 的整数外，也可以是其他任何类型的数据，如实型、字符型等。

（2）在计算逻辑表达式时，只有在必须执行下一个表达式时，才能求解该表达式，也就是说并不是所有的表达式都要求解。

☑ 对于逻辑与运算，如果第一个操作数被判定为假，系统不再判定或求解第二个操作数。

☑ 对于逻辑或运算，如果第一个操作数被判定为真，系统不再判定或求解第二个操作数。

3.3.6 逗号表达式

C++语言中逗号“,”也是一种运算符，称为逗号运算符。逗号运算符的优先级最低，结合方向自左至右，其功能是把两个表达式连接起来组成一个表达式，称为逗号表达式。其一般形式如下：

```
表达式 1，表达式 2
```

其求值过程是先求解表达式 1，再求解表达式 2，并以表达式 2 的值作为整个逗号表达式的值。

逗号表达式的一般形式可以扩展为：

```
表达式 1，表达式 2，表达式 3，…，表达式 n
```

该逗号表达式的值为表达式 n 的值。

整个逗号表达式的值和类型由最后一个表达式决定。计算一个逗号表达式的值时，从左至右依次计算各个表达式的值，最后计算的一个表达式的值和类型便是整个逗号表达式的值和类型。

逗号表达式的用途仅在于解决只能出现一个表达式的地方却要出现多个表达式的问题。

【实例 3.4】 逗号运算符应用。（**实例位置：资源包\TM\sl\3\4**）

本实例中，定义整型变量 a、b、c 并赋值，使用逗号计算表达式，再将逗号用在 for 语句中，思考

逗号运算符的作用。具体代码如下：

```
#include <iostream>
using namespace std;
void main()
{
	int a=4,b=6,c=8,res1,res2;
	res1=a,res2=b+c;
	for(int i=0,j=0;i<2;i++)
	{
		printf("y=%d,x=%d\n",res1,res2);
	}
}
```

程序运行结果如图 3.7 所示。

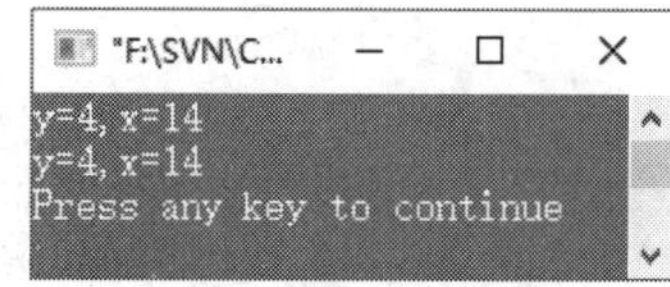

图 3.7　逗号运算符应用

实例 3.4 中，在变量赋初值时、for 循环和 printf 打印语句中，多处用到了逗号表达式。其中“res1=a,res2=b+c;”比较难理解，res2 等于整个逗号表达式的值，也就是表达式 2 的值，res1 是第一个表达式的值。

逗号表达式的注意事项如下。

（1）逗号表达式可以嵌套。

```
表达式 1，(表达式 2，表达式 3)
```

嵌套的逗号表达式可以转换成扩展形式，扩展形式如下：

```
表达式 1，表达式 2，…，表达式 n
```

整个逗号表达式的值等于表达式 n 的值。

（2）程序中使用逗号表达式，通常是要分别求逗号表达式内各表达式的值，并不一定要求整个逗号表达式的值。

（3）并不是在所有出现逗号的地方都能形成逗号表达式。如在变量说明中，函数参数表中的逗号只是用作各变量之间的间隔符。

3.3.7　表达式中的类型转换

变量的数据类型转换方式有两种：一种是隐式转换，一种是强制类型转换。

1．隐式转换

隐式转换发生在不同数据类型的量混合运算时，由编译系统自动完成。隐式转换遵循以下规则。

（1）若参与运算量的类型不同，则先转换成同一类型，然后进行运算。赋值时把赋值类型和被赋值类型转换成同一类型，一般赋值号右边量的类型转换为左边量的类型。如果右边量的数据类型长度比左边的长，将丢失一部分数据，这样会降低精度，丢失的部分按四舍五入向前舍入。

（2）转换按数据由低到高顺序执行，以保证精度不降低。

☑　int 型和 long 型运算时，先把 int 型转成 long 型后再进行运算。

☑　所有的浮点运算都是以双精度进行的，即使仅含 float 单精度量运算的表达式，也要先转换成 double 型，再进行运算。

☑ char 型和 short 型参与运算时，必须先转换成 int 型。

数据类型转换的顺序如图 3.8 所示。

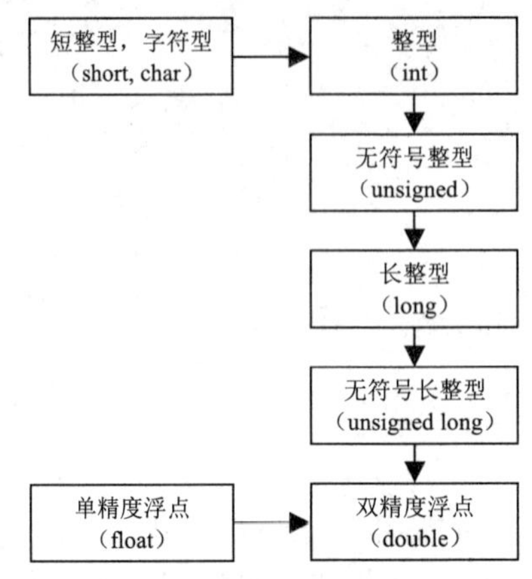

图 3.8 数据类型转换的顺序

【实例 3.5】 隐式转换。（**实例位置：资源包\TM\sl\3\5**）

本实例中，定义一个字符型、一个整型和一个浮点型变量，利用隐式类型转换将这 3 个变量进行算术表达式计算，具体代码如下：

```
#include <iostream>
using namespace std;
void main()
{
    double result;
    char a='k';
    int b=10;
    float e=1.515;
    result=(a+b)-e;
    printf("%f\n",result);
}
```

程序运行结果如下：

```
115.485000
```

误区警示

C++代码中整数的默认类型是 int，浮点数的默认类型是 double。如果一个公式中的数字都是整数，这个公式的计算结果将默认也是 int 类型。例如:

```
long a = 123456789 * 987654321;
```

计算后会发现 a 的值居然是-67153019。要想得到正确的答案，应该这样修改:

```
long a = 123456789L * 987654321;          // 给其中一个数添加 L 后缀
```

浮点数也会发生同样的情况。例如，计算 5 除以 2，如果这么写:

```
double b = 5 / 2;
```

计算后会发现 b 的值居然是 2.0，而不是 2.5。要想得到正确的答案，应该这样修改:

```
double b = 5.0 / 2;                       // 把其中一个数改为浮点数
```

2．强制类型转换

强制类型转换是通过类型转换说明符来实现的，其一般形式如下：

```
类型说明符 (表达式)
(类型说明符) 表达式
```

其功能是把表达式的运算结果强制转换成类型说明符所表示的类型。例如，“(float) x;”表示把 x 转换为单精度型，“(int)(x+y);”表示把 x+y 的结果转换为整型，int(1.3)表示一个整数。

强制类型转换不改变数据说明时对该变量定义的类型。下面的代码中，x 仍为双精度类型。

```
double x;
(int)x;
```

使用强制类型转换，意味着将由程序员负责保证类型转换的正确性。

【实例 3.6】 计算载货区摆放箱子的数量。(**实例位置：资源包\TM\sl\3\6**)

一辆货车运输箱子，载货区宽 2m，长 4m，一个箱子宽 1.5m，长 1.5m，请问载货区一层可以放多少个箱子。注意，箱子必须以一个整体存在，不存在半个箱子。实现的具体代码如下：

```
#include<iostream>                                          /*包含头文件*/
using namespace std;
int main()                                                  /*主函数 main*/
{
    int   width=2,length=4,num;                             /*定义变量,为变量赋初值,表示载货区规格*/
    float f=1.5f;/*表示箱子规格*/
    num= (int)(width/f) * (int)(length/f);                  /*强制类型转换，计算承载数*/
     cout<<"载货区一层可以放"<<num<<"个箱子"<<endl;          /*显示结果*/

    return 0;                                               /*程序结束*/
}
```

程序运行结果如下：

```
载货区一层可以放 2 个箱子
```

误区警示

如果要对某个表达式进行强制类型转化，需要用括号将表达式括起来，否则只对表达式中的第一个变量或常量进行强制类型转化。例如：

```
float x=2.5f,y=4.7f;          /*定义 2 个 float 型变量并赋值*/
int z=(int)(x+y);             /*将表达式 x+y 的结果强制转化为整型*/
```

编程训练（答案位置：资源包\TM\sl\3\编程训练\）

【训练 3】 计算基本收益　某基金年化利率为 3.5%，现存入 1 万元本金，请问一天后连本带利有多少钱。计算公式：一天收益=本金*年化利率/ 365。

【训练 4】 推测字母大小写规律　输出整型值 65 和 97 对应的字母，根据二者的差值，推导出大写字母和小写字母之间的关系。

3.4 语　　句

在 C++程序中，语句是最小的可执行单元，以分号结束。

C++程序语句按其功能可以划分为两类：一类是用于描述计算机执行操作运算的，称为操作运算语句；另一类是用于控制操作运算执行顺序的，称为流程控制语句。任何程序设计语句都具备流程控制的功能。基本的控制结构有 3 种：顺序结构、选择结构和循环结构。

顺序结构指按照语句在程序中的先后次序一条一条顺序执行。顺序结构是自然形成的，不需要控制，按默认的顺序执行即可。顺序控制语句就是一条简单的语句，它包括表达式语句、空语句、复合语句和函数调用语句。

1. 表达式语句

表达式语句是由表达式后面加上一个分号组成的。表达式有很多种，如关系表达式、逻辑表达式、赋值表达式、算术表达式等。关系表达式、逻辑表达式多用于循环或选择结构中，赋值表达式多用于赋值语句中。赋值语句由赋值表达式后面加上一个分号组成，将右边的表达式（算术表达式）的结果赋给左边的变量。一个赋值语句中可以包含多个赋值表达式。

2. 空语句

空语句只有一个分号，表示什么也不做。空语句经常出现在选择或循环语句中，表示某个分支或循环体不执行具体的操作，也用于编制程序的初始阶段。在搭建程序的模块框架时，通常会先用空语句占位，再逐步进行细化和补充。例如：

```
while ( a < b )
 ;
```

上面是一个循环语句，表示当变量 a 小于变量 b 时，在括号中的循环体中要进行什么操作，但不确定循环体应该实现什么功能，所以需要使用空语句占位。空语句在语法上是正确的。

3. 复合语句

复合语句是若干条语句的集合，它在语法上是一个整体，相当于一个语句，其语法形式是由一对大括号{}将若干条语句括起来。复合语句经常出现在选择或循环结构中，选择语句的分支和循环语句的循环体由多条语句组成时，用大括号括起来形成一个复合语句，起到层次划分的作用。一个大括号形成一个范围，这个范围也是变量的作用范围，也可以将大括号内的代码称为程序段。在能使用简单语句的地方，都能够使用复合语句。在一个复合语句中可以包含另外一个或多个复合语句，例如：

```
{
    x=1;
    y=2;
    a=x+y;
}
```

注意，复合语句的大括号外面不能再写分号。

4. 函数调用语句

函数由函数名、圆括号和实际参数表组成，函数调用语句就是在函数后加上一个分号。所谓调用，主要指程序执行到函数调用语句时，会跳转到相应的函数体中去执行其中的内容，执行完所有内容后返回到函数调用语句处，接着执行下面的语句。可以调用的函数主要有系统库函数和用户自定义函数。

选择结构语句和循环结构语句会在后面章节中陆续讲解。

3.5　判断左值与右值

C++中的每条语句和表达式，其结果都分为左值与右值两类，左值是内存中持续储存的数据，右值是临时储存的结果。

在程序中，声明过的独立的变量，例如：

```
int k;
short p;
char a;
```

它们都是左值。又如：

```
int a = 0;
int b = 2;
int c = 3;
a = c-b;
b = a++;
c = ++a;
c--;
```

c-b 是一个储存表达式结果的临时数据，它的结果将被复制到 a 中，是一个右值。a++自增的过程实质上是一个临时变量执行了表达式，而 a 的值已经自增了。++a 恰好相反，它是自增之后的 a，是一个左值。由此可见，c--是一个右值。

左值都可以出现在表达式等号的左边，所以称为左值。若表达式的结果不是一个左值，那么一定是一个右值。

3.6　小　　结

本章介绍了 C++语言中的运算符，以及由运算符组成的表达式和语句。不同运算符有不同的运算规则，且关系到程序的运算结果，掌握这些规则是开发程序的关键。运算符的优先级是开发人员必须掌握的，学习时要多加注意。与运算符相关的表达式及语句，都是程序的基本组成部分，要理解各语句之间的关系。

3.7 实践与练习

答案位置：（资源包\TM\sl\3\实践与练习\）

综合练习 1：实现连加计算　编写一个小程序，对用户输入的 3 个数字进行相加计算，如分别输入 3、5、12，则输出计算结果 20。每个数字需要分别输入，不能一起输入，如第一次要求输入第一个数字，按 Enter 键后要求输入第二个数字，再按 Enter 键后再要求输入第三个数字，输完第三个数字后按 Enter 键，输出计算结果。程序运行结果如下：

```
请输入 3 个数，实现连加
3
5
12
三个数的和为：20
```

综合练习 2：人生路程计算器　一个人一生中大约能走多少路？每天大约步行多远？英国专家经过研究和计算得出一个确定的结论：居住在现代城市中的人一生中大约要步行 80500km。如果按人的平均寿命 70 岁计算，一年 365 天，编写程序，计算一下现代城市人每天需要走多少千米，每小时走多少米。运行结果如下：

```
每天要走 3.150685km
每小时要走 0.131279km
```

综合练习 3：将港珠澳大桥的全长转换成用中国古代的长度单位丈、尺表示　港珠澳大桥是中国境内一座连接香港、珠海和澳门的大桥，位于广东省伶仃洋区域内，为珠江三角洲地区环线高速公路南环段。桥隧全长 55km，其中主桥 29.6km、香港口岸至珠澳口岸 41.6km；桥面为双向六车道高速公路，设计速度 100km/h。请将港珠澳大桥的全长转换成用丈、尺表示（1 丈=10 尺，1 米=3 尺）。运行结果如下：

```
港珠澳大桥全长 378600 尺
港珠澳大桥全长 37860 丈
```

综合练习 4：模拟支付宝蚂蚁庄园的饲料产生过程　蚂蚁庄园是支付宝推出的网上公益活动，网友可以通过使用支付宝付款来领取鸡饲料，使用鸡饲料喂鸡之后，可以获得鸡蛋，通过鸡蛋进行爱心捐赠。编写程序，模拟计算蚂蚁庄园一日产生的鸡饲料数量（提示：完成一次支付产生 150g）。运行结果如下：

```
请输入在线支付次数、到店支付次数：
1 2
今天蚂蚁庄园一共产生 540g 鸡饲料
```

综合练习 5：单细胞细菌繁殖实验　生物实验室做单细胞细菌繁殖实验，每一代细菌数量都会成倍数增长，一代菌落中只有一个细菌，二代菌落中分裂成两个细菌，三代菌落中分裂成 4 个细菌，以此类推，请问第五代菌落中的细菌数量。输出结果如下：

```
第五代菌落细菌数量 = 32
```

第 4 章

条件判断语句

条件判断语句是非常重要的程序控制语句，开发程序时会大量用到。条件判断语句有很多形式，灵活运用它们可以提高软件的效率，并且逻辑性强的判断语句容易阅读，从而起到简化代码的作用。

本章知识架构及重难点如下：

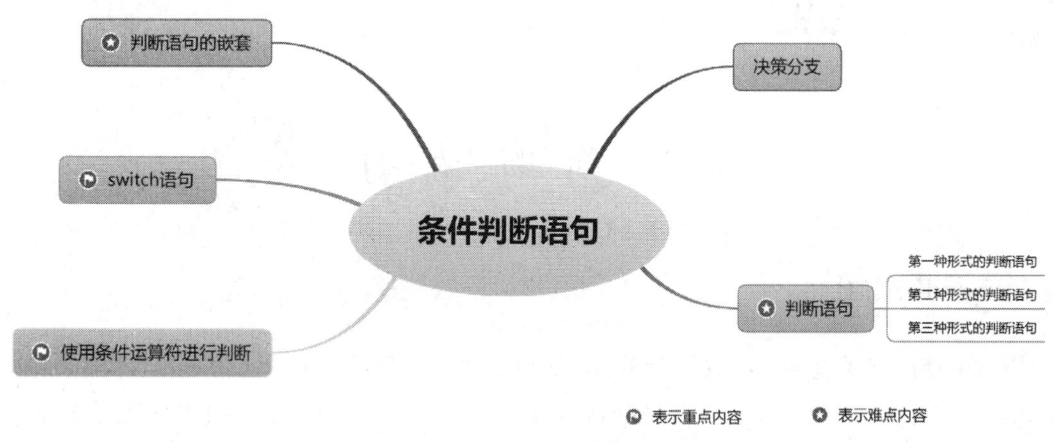

4.1 决 策 分 支

计算机在处理事务的过程中会遇到各种各样的情况，针对不同的情况会有不同的处理方法，这就要求程序开发语言有处理决策的能力。汇编语言使用判断指令和跳转指令实现决策，高级语言使用条件判断语句实现决策。

一个决策系统就是一个分支结构，这种分支结构就像一个树形结构，每到一个节点都需要做决定，就像人走到十字路口，是向前、向左或是向右走都需要做决定。不同的分支代表不同的决定。例如，十字路口的分支结构如图 4.1 所示。

为描述决策系统的流通，设计人员开发了流程图。流程图使用图形方式描述系统不同状态下的处理方法，开发人员使用流程图表现程序的结构。主要的流程图符号如图 4.2 所示。

使用流程图描述十字路口转向的决策，利用方位做决定，判断是否是南方，如果是南方则向前行，如果不是南方则寻找南方，如图 4.3 所示。

程序中使用选择判断语句做决策，选择判断语句是编程语言的基础语句，在 C++语言中有 3 种形式的选择判断语句，同时提供了 switch 语句，简化多分支决策的处理。

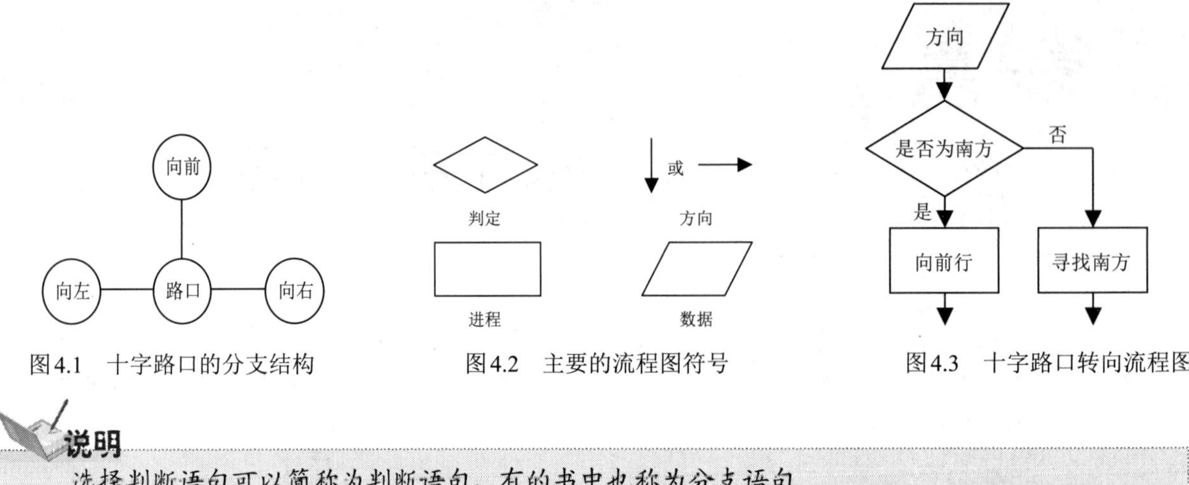

图4.1　十字路口的分支结构　　图4.2　主要的流程图符号　　图4.3　十字路口转向流程图

说明

选择判断语句可以简称为判断语句，有的书中也称为分支语句。

4.2 判 断 语 句

4.2.1　简单 if 语句

C++语言中使用 if 关键字来组成判断语句，简单 if 语句的形式如下：

```
if(表达式)
   语句
```

表达式一般为关系表达式，其运算结果是真或假（true 或 false）。如果表达式为真，执行下方的语句部分；如果为假就跳过，执行下一条语句。用流程图表示简单 if 语句，如图 4.4 所示。

【实例 4.1】 判断输入数是否为奇数。（**实例位置：资源包\TM\sl\4\1**）

本实例中，定义一个变量，用来输入一个数值，如果输入数值与 2 取余不为 0，就输出“The value is odd number”，具体代码如下：

```
#include <iostream>
using namespace std;
void main()
{
    int iInput;
    cout << "Input a value:" << endl;
    cin >> iInput;            //输入一个整型数
    if(iInput%2!=0)
        cout << "The value is odd number" << endl;
}
```

用流程图来描述简单 if 语句的执行过程，如图 4.5 所示。

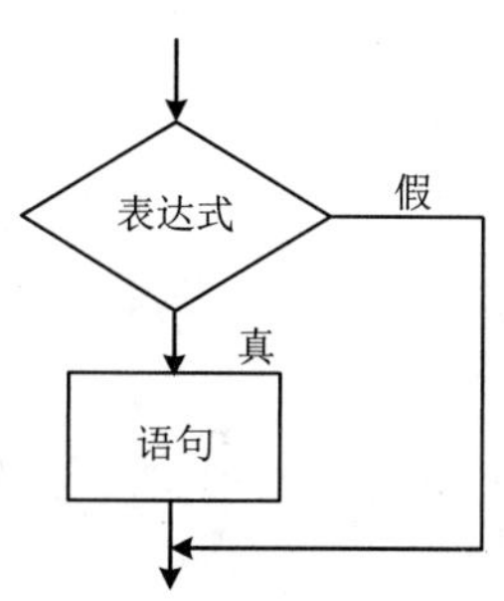

图 4.4　简单 if 语句流程图

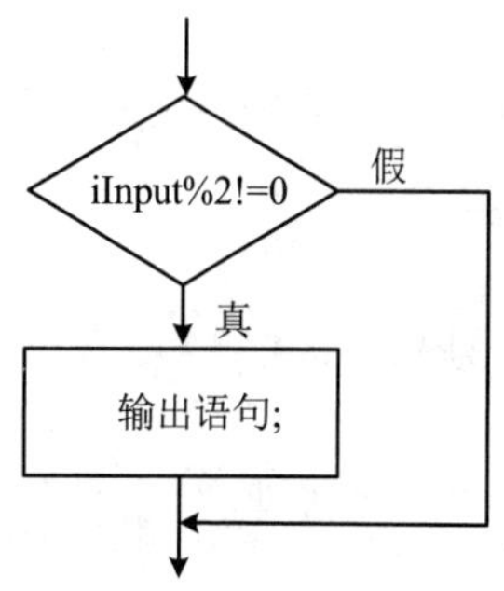

图 4.5　if 语句的执行过程

程序分以下两步执行。

（1）定义一个整型变量 iInput，然后使用 cin 获得用户输入的整型数据。

（2）对变量 iInput 的值与 2 进行%运算，如果运算结果不为 0，表示用户输入的是奇数，输出字符串“The value is odd number”。如果运算结果为 0，则不进行任何输出，程序执行完毕。

整数与 2 进行%运算，结果只有 0 或 1 两种情况。

要注意简单 if 语句的书写格式。假设没有判断语句：

```
if(a>b)
    max=a;
```

可以写成：

```
if( a>b ) max=a;
```

但不建议使用这种书写格式，因于其不便于阅读。

判断语句一定要把条件描述清楚。例如，下面的语句是错误的。

```
if(i/6< >0){}
```

表达式为真时要执行的语句可以是复合语句，也就是说，可以用大括号括起来多条简单语句，形成语句块，作为执行部分。例如：

```
if(a>b)
{
    tmp=a;
    b=a;
    a=tmp;
}
```

误区警示

if 语句后面一定不要加英文分号（;），例如：

```
if(i > 100);
{
    sum=i+5000;
    printf("%d\n",sum);
}
```

这种错误是初学者常常会犯的，编译程序时编译器会报错。读者可根据错误提示修改代码。

4.2.2 if…else 判断语句

if…else 判断语句使用 if 和 else 两个关键字。它的形式如下：

```
if(表达式)
    语句 1;
else
    语句 2;
```

表达式是一个关系表达式，其运算结果是真或假（true 或 false）。如果表达式的值为真，执行语句 1，为假则执行语句 2。

if…else 判断语句相当于汉语里的“如果……那么……”，用流程图来表示，如图 4.6 所示。

【实例 4.2】 根据分数判断是否达到优秀。（**实例位置：资源包\TM\sl\4\2**）

本实例中，定义一个变量用来输入分数，如果输入分数大于 90，就会输出“It is Good”，否则就会输出“It is not Good”，具体代码如下：

```
#include <iostream>
using namespace std;
void main()
{
    int iInput;
    cin >> iInput;
    if(iInput>90)
        cout << "It is Good" << endl;
    else
        cout << "It is not Good" << endl;
}
```

用流程图来描述 if…else 判断语句的执行过程，如图 4.7 所示。用户输入一个数值，将该数值赋值给 iInput 变量，判断用户输入的数据是否大于 90，如果大于 90，输出字符串 It is Good，否则输出字符串 It is not Good。

【实例 4.3】 改进版奇偶性判别。（**实例位置：资源包\TM\sl\4\3**）

在实例 4.1 中，只输出了奇数的情况，并没有输出 if 判断条件为假的情况。本实例将 4.1 改进，当 if 判断条件为假时，输出“The value is even number”，具体代码如下：

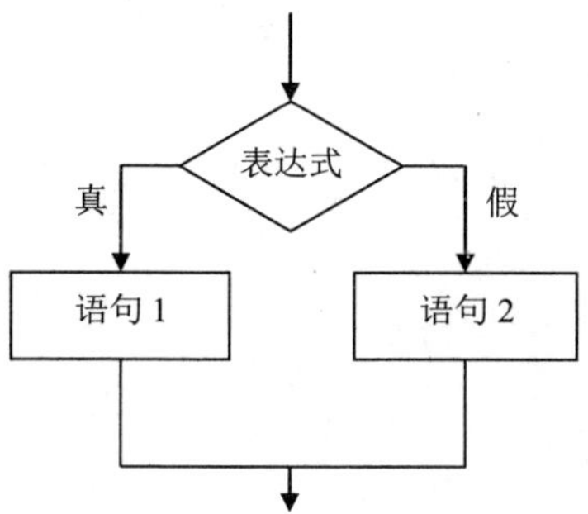

图 4.6　if…else 语句流程图

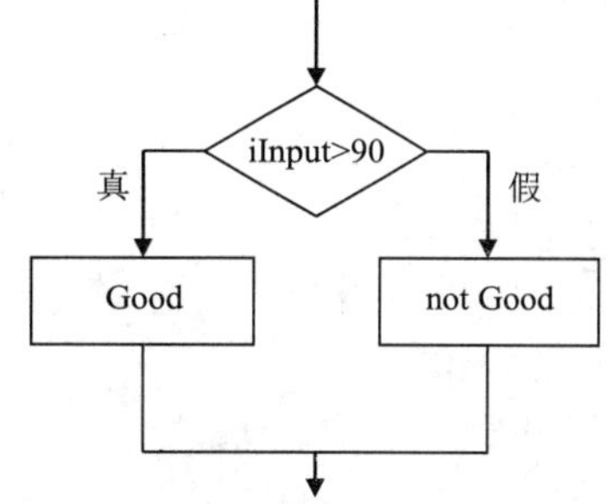

图 4.7　if…else 语句的执行过程

```
#include <iostream>
using namespace std;
void main()
{
	int iInput;
	cout << "Input a value:" << endl;
	cin >> iInput;	//输入一个整型数
	if(iInput%2!=0)
		cout << "The value is odd number" << endl;
	else
		cout << "The value is even number" << endl;
}
```

程序分以下两步执行：

（1）定义一个整型变量 iInput，然后使用 cin 获得用户输入的整型数据。

（2）对变量 iInput 的值与 2 进行%运算，如果运算结果不为 0，表示用户输入的是奇数，输出字符串 The value is odd number；如果运算结果为 0，表示用户输入的是偶数，输出字符串 The value is even number，程序执行完毕。

使用 else 时的注意事项如下：

（1）else 不能单独使用，必须和关键字 if 一起出现。例如，“else (a>b) max=a;”是不合法的。

（2）else 后跟的语句可以是复合语句。例如：

```
if(a>b)
{
	max=a;
	cout << a << endl;
}
else
{
	max=b;
	cout << b << endl;
}
```

4.2.3　else if 判断语句

else if 判断语句是可以进行多次判断的语句，每判断一次就缩小一定的检查范围，它的形式如下：

```
if(表达式 1)
      语句 1;
else if(表达式 2)
      语句 2;
else if(表达式 3)
      语句 3
      …
else if(表达式 m)
      语句 m;
else
      语句 n;
```

表达式一般为关系表达式，其运算结果是真或假（true 或 false）。如果表达式为真，执行语句，如果为假，就跳过，执行下一条语句。用流程图来表示 else if 判断语句，如图 4.8 所示。

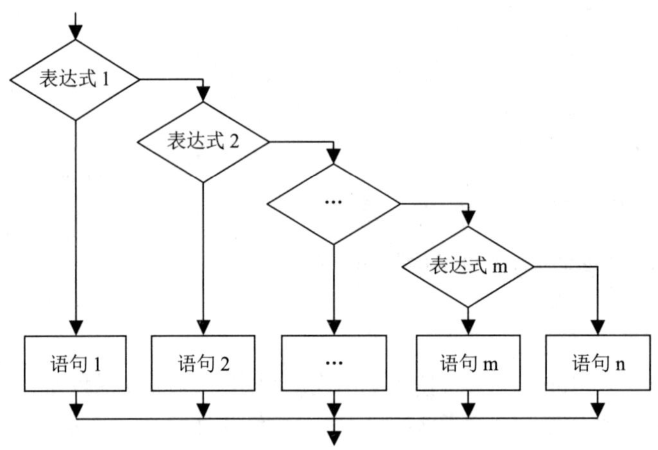

图 4.8　else if 判断语句

【实例 4.4】 根据成绩划分等级。（**实例位置：资源包\TM\sl\4\4**）

将一、二年级的学生成绩转化为优秀等级，等级划分标准如下：

①“very good”，大于等于 90 分；

②“good”，大于等于 70 分，小于 90 分；

③“normal”，大于等于 60 分，小于 70 分；

④“failure”，小于 60 分。

根据控制台输入的成绩，输出与该成绩对应的等级。使用 else if 语句实现，具体代码如下：

```
#include <iostream>
using namespace std;
void main()
{
      int iInput;
      cin >> iInput;
      if(iInput>=90)
      {
            cout << "very good" <<endl;
```

```
    }
    else if(iInput>=70&& iInput<90)
    {
        cout << "good" <<endl;
    }

    else if(iInput>=60 && iInput <70)
    {
        cout << "normal" <<endl;
    }
    else if(iInput<60)
    {
        cout << "failure" <<endl;
    }
}
```

程序需要用户输入整型数值，然后判断数值是否大于等于 90。如果大于等于 90，输出 very good 字符串，否则继续判断是否小于 90 大于等于 70。如果小于 90 大于等于 70，输出 good 字符串，否则继续判断。以此类推，最后判断是否小于 60，如果小于 60，输出 failure 字符串。注意，这里最后没有使用 else 再进行判断。

使用选择语句和其他的复合语句时，复合语句的大括号使用一定要匹配。

编程训练（答案位置：资源包\TM\sl\4\编程训练\）

【训练 1】 模拟员工打卡场景　一位职工早上上班打卡，她的工位号是 13，密码是 111，输入正确的工号和密码，会出现“谢谢，已签到”的提示。请在控制台模拟此场景。

【训练 2】 游戏关卡　设计一个过关类的小游戏，根据输入的数字，直接进入对应的关卡。如输入的是数字 3，控制台输出“当前进入第三关”。

4.3　使用条件运算符进行判断

条件运算符“? :”是一个三目运算符，由其构成的条件表达式能像 if...else 判断语句一样完成判断。例如：

```
max=(iA > iB) ? iA : iB;
```

首先比较 iA 和 iB 的大小，如果 iA 大于 iB，max 就取 iA 的值，否则取 iB 的值。

可以将上述条件运算语句改为 if...else 判断语句，代码如下：

```
if(iA > iB)
    max= iA;
else
    max= iB;
```

【实例 4.5】 使用条件运算符判断数的奇偶性。（**实例位置：资源包\TM\sl\4\5**）

实例 4.3 中用 if…else 判断某个数的奇偶性，本实例用条件运算符完成同样的判断，具体代码如下：

```
#include <iostream>
using namespace std;
void main()
{
	int iInput;
	cout << "Input number" << endl;
	cin >> iInput;
	(iInput%2!=0) ? cout << "The value is odd number" : cout << "The value is even number" ;
	cout << endl;
}
```

实例 4.5 使用条件运算符判断数的奇偶性，比使用判断语句时的代码要简洁。程序同样完成由用户输入整型数，然后和 2 进行%运算，如果运算结果不为 0，说明是奇数，否则是偶数。

【实例 4.6】 判断某数是否为 3 和 5 的整倍数（方法一）。（**实例位置：资源包\TM\sl\4\6**）

本实例要求用条件表达式判断一个数是否是 3 和 5 的整倍数，具体代码如下：

```
#include <iostream>
using namespace std;
void main()
{
	int iInput;
	cout << "Input number" << endl;
	cin >> iInput;
	(iInput%3==0 && iInput%5==0)?cout << "yes" : cout<<"no";
	cout << endl;
}
```

程序需要用户输入一个整型数，然后用%运算判断能否被 3 和 5 整除，如果同时能被 3 和 5 整除，说明输入的整型数是 3 和 5 的整倍数。

条件运算符可以嵌套，例如：

```
表达式 1?（表达式 a?表达式 b:表达式 c）:表达式 d;
```

【实例 4.7】 判断某数是否为 3 和 5 的整倍数（方法二）。（**实例位置：资源包\TM\sl\4\7**）

本实例要求用嵌套的条件表达式判断一个数是否是 3 和 5 的整倍数，具体代码如下：

```
#include <iostream>
using namespace std;
void main()
{
	int iInput;
	cout << "Input number" << endl;
	cin >> iInput;
	(iInput%3==0)?
		((iInput%5==0) ? cout << "yes" : cout << "no" )
		: cout << "no";
	cout << endl;
```

```
}
```

实例 4.7 和实例 4.6 完成同一个目标，都是通过%运算来判断输入的整型数是否是 3 和 5 的整倍数。实例 4.7 中使用了条件运算符的嵌套。由于条件运算符嵌套后的代码不容易阅读，一般不建议使用。

编程训练（答案位置：资源包\TM\sl\4\编程训练\）

【训练 3】校园网计费　某学样的校园网，收费标准是一元一天，购买时间超过 30 天，按每天（包括 30 天）0.75 元收费编写程序，模拟校园网的计费情况。

【训练 4】输入日期是否是小红生日　小红的生日为 11 月 29 日，根据输入的日期（为一个数字），使用条件表达式判断这个数字是否是合法的日期，并判断输入的日期是否是小红的生日。

4.4　switch 语句

使用 if 判断语句编写多分支结构程序时，如果分支较多，if 判断语句容易造成代码混乱，可读性差；如果使用不当，还会产生表达式错误。因此，C++语言提供了一种用于多分支选择的 switch 语句，在分支较多时建议使用 switch 语句。

switch 语句的一般形式如下：

```
switch(表达式)
{
    case 常量表达式 1:
    语句 1;
    break;
    case 常量表达式 2:
    语句 2;
    break;
    …
    case 常量表达式 n:
    语句 n;
    break;
    default:
    语句 n+1;
}
```

这里，表达式是一个算术表达式，需要计算表达式的值。该值应是一个整型数或字符，如果是浮点数，可能会因为精度的不准确而产生错误。switch 是分支的入口，用表达式的值逐一和 case 语句中的值进行比较。有匹配成功的，就使用 break 跳出 switch 语句；如果没有匹配成功的，就执行 default 分句。

default 分句可以省略，这时 case 语句即便全部匹配不成功，也不再进行任何操作。

【实例 4.8】 考试等级划分。**（实例位置：资源包\TM\sl\4\8）**

根据学生分数划分成绩等级的标准如下：

（1）A 代表“very good”；

（2）B 代表“good”；

（3）C 代表“normal”；

（4）D 代表“failure”；

（5）默认情况输出“input error”。

根据控制台输入的字符（A、B、C、D），输出与该字符对应的等级。使用 switch 语句实现，具体代码如下：

```
#include <iostream>
#include <iomanip>
using namespace std;
void main()
{
    char iInput;
    cin >> iInput;
    switch (iInput)
    {
        case 'A':
        cout << "very good" << endl;
        break;
        case 'B':
        cout << "good" << endl;
        break;
        case 'C':
        cout << "normal" << endl;
        break;
        case 'D':
        cout << "failure" << endl;
        break;
         default:
         cout << "input error" << endl;
    }
}
```

程序需要用户输入一个字符，当用户输入字符 A 时，向屏幕输出 very good 字符串；输入字符 B 时，向屏幕输出 good 字符串；输入字符 C 时，向屏幕输出 normal 字符串；输入字符 D 时，向屏幕输出 failure 字符串；输入其他字符时，向屏幕输出 input error 字符串。

误区警示

初学者学习 switch 语句时，常误认为 break 是语句的一部分，是 switch 的必要条件。其实 break 可以不与 switch 匹配。

可以将 switch 的判断结构，改为第一种形式的判断语句。

【实例 4.9】 考试等级划分（if 版）。（**实例位置：资源包\TM\sl\4\9**）

本实例要求使用 if 语句修改实例 4.8 的代码。具体代码如下：

```
#include <iostream>
using namespace std;
void main()
{
    char iInput;
    cin >> iInput;
```

```
    if(iInput == 'A')
    {
        cout << "very good" <<endl;
        return ;
    }
    if(iInput == 'B')
    {
        cout << "good" <<endl;
        return ;
    }
    if(iInput =='C')
    {
        cout << "normal" <<endl;
        return ;
    }
    if(iInput == 'D')
    {
        cout << "failure" <<endl;
        return ;
    }
    cout << "input error" << endl;
}
```

实例 4.9 和实例 4.8 完成的功能基本相同。当用户输入字符 A 后，输出字符串 very good，所不同的是，输出完字符串后，使用 return 跳出主函数，并结束程序，不执行下面的语句。同样输入字符 B、C 和 D 后也输出对应的字符串，使用 return 跳出主函数并结束程序。

也可以将 switch 的判断结构，改为第三种形式的判断语句。

【实例 4.10】 考试等级划分（else if 版）。（**实例位置：资源包\TM\sl\4\10**）

本实例要求使用 else if 语句修改实例 4.9 的代码。具体代码如下：

```
#include <iostream>
using namespace std;
void main()
{
    char iInput;
    cin >> iInput;
    if(iInput == 'A')
    {
        cout << "very good" <<endl;
        return ;
    }else if(iInput == 'B')
    {
        cout << "good" <<endl;
        return ;
    }else if(iInput == 'C')
    {
        cout << "normal" <<endl;
        return ;
    }else if(iInput == 'D')
```

```
    {
        cout << "failure" <<endl;
        return ;
    }else
    cout << "input error" << endl;
}
```

switch 语句中每个 case 语句都使用 break 语句跳出，该语句可以省略。由于默认执行程序是顺序执行，当语句匹配成功后，其后面的每条 case 语句都会被执行，而不再进行判断。例如：

```
#include <iostream>
using namespace std;
void main()
{
    int iInput;
    cin >> iInput;
    switch(iInput)
    {
        case 1:
        cout << "Monday" << endl;
        case 2:
        cout << "Tuesday" << endl;
        case 3:
        cout << "Wednesday" << endl;
        case 4:
        cout << "Thursday" << endl;
        case 5:
        cout << "Friday" << endl;
        case 6:
        cout << "Saturday" << endl;
        case 7:
        cout << "Sunday" << endl;
        default:
        cout << "Input error" << endl;
    }
}
```

当输入 1 时，程序运行结果如图 4.9 所示。当输入 7 时，程序运行结果如图 4.10 所示。

上面的程序想要实现根据输入的 1～7 中的任意整型数，然后输出整型数对应的英文星期名称，但由于 switch 语句中的各 case 分句没有及时使用 break 语句跳出，导致意想不到的结果输出。

编程训练（答案位置：资源包\TM\sl\4\编程训练\）

【训练 5】 消费不同，折扣不同　大型商超为答谢新老顾客，当累计消费金额达到一定数额时，顾客可享受不同的折扣：

① 不满 500 元，顾客需按照小票价格支付全款；

② 满 500 元，顾客全部的消费金额可享 9 折优惠；

③ 满 1000 元，顾客全部的消费金额可享 8 折优惠；

④ 满 2000 元，顾客全部的消费金额可享 7 折优惠；

⑤ 满 3000 元，顾客全部的消费金额可享 6 折优惠；

⑥ 满 5000 元，顾客全部的消费金额可享 5 折优惠。

根据顾客购物小票上的消费金额，在控制台输出该顾客将享受的折扣与打折后需支付的金额。

【训练 6】 串联和并联灯泡　已知一个灯泡并联 3 个开关，分别为开关 1、开关 2 和开关 3；另一串彩灯，串联开关 4；开关 5 和开关 6 并联一个白炽灯和节能灯，如图 4.11 所示。输入一个数字，代表按下某个开关，输出哪个灯能亮。

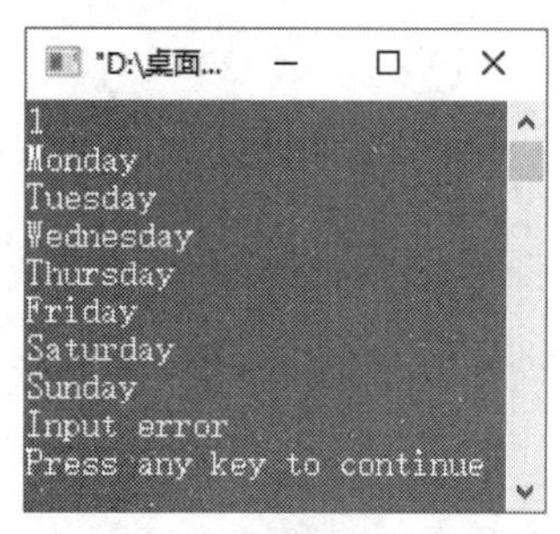

图 4.9　输入 1 时的运行结果

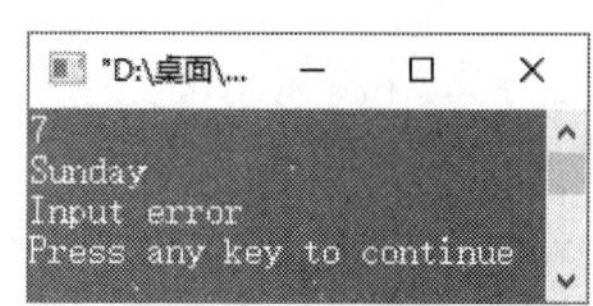

图 4.10　输入 7 时的运行结果

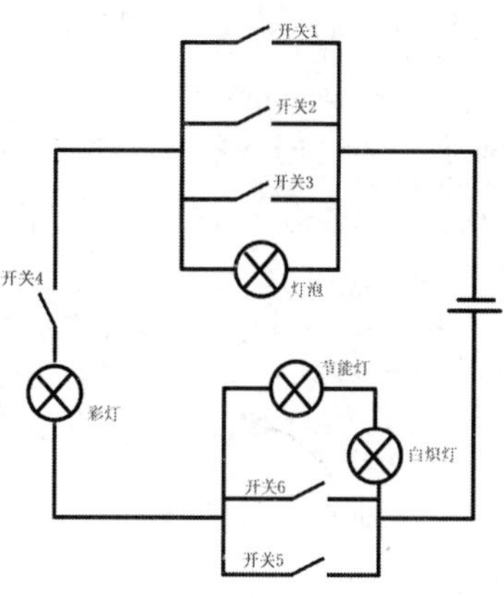

图 4.11　猜猜哪个灯能亮

4.5　判断语句的嵌套

前面介绍的 3 种 if 判断语句可以相互嵌套，例如，在简单 if 语句中嵌套 if...else 语句，形式如下：

```
if(表达式 1)
{
    if(表达式 2)
        语句 1;
    else
        语句 2;
}
```

在 if...else 语句中嵌套另一个 if...else 语句，形式如下：

```
if(表达式 1)
{
    if(表达式 2)
        语句 1;
    else
        语句 2;
}
else
{
    if(表达式 2)
        语句 1;
    else
```

```
        语句 2;
}
```

判断语句有多种嵌套方式，可以根据具体需要进行设计，但一定要注意逻辑关系的正确处理。

【实例 4.11】 判断是否是闰年。（**实例位置：资源包\TM\sl\4\11**）

本实例中，用 if 嵌套语句判断输入的年份是否为闰年。闰年的判断条件为：能被 4 整除但是不能被 100 整除，或者能被 400 整除的年份都为闰年。具体代码如下：

```
#include <iostream>
using namespace std;
void main()
{
    int iYear;
    cout << "please input number" << endl;
    cin >> iYear;
    if(iYear%4==0)
    {
        if(iYear%100==0)
        {
            if(iYear%400==0)
                cout << "It is a leap year" << endl;
            else
                cout << "It is not a leap year" << endl;
        }
        else
            cout << "It is a leap year" << endl;
    }
    else
        cout << "It is not a leap year" << endl;
}
```

本例先判断年份能否被 4 整除（iYear%4==0），如果不能整除，输出字符串“It is not a leap year”；如果能整除，继续判断能否被 100 整除（iYear%100==0），如果不能整除，输出字符串“It is a leap year”；如果能整除，继续判断能否被 400 整除（iYear%400==0），如果能整除，输出字符串“It is a leap year”，不能整除，输出字符串“It is not a leap year”。

可以简化判断是否是闰年的实例代码，用一条判断语句来完成。

【实例 4.12】 判断是否是闰年（改进版）。（**实例位置：资源包\TM\sl\4\12**）

实例 4.11 使用 if 嵌套语句判断闰年，本实例进行改进，使用逻辑表达式作判断条件，搭配 if…else 语句，实现闰年判断，具体代码如下：

```
#include <iostream>
using namespace std;
void main()
{
    int iYear;
    cout << "please input number" << endl;
    cin >> iYear;
    if(iYear%4==0 && iYear%100!=0 || iYear%400==0)
```

```
        cout << "It is a leap year" << endl;
    else
        cout << "It is not a leap year" << endl;
}
```

实例 4.12 将判断是否是闰年的条件用一个表达式来完成。表达式是一个复合表达式，进行了 3 次算术运算和两次逻辑运算。算术运算判断能否被整除，逻辑运算判断是否满足条件。

使用判断语句嵌套时，要注意 else 关键字和 if 关键字成对出现，并且遵守临近原则，即 else 关键字和距离最近的 if 语句构成一对。另外，判断语句应尽量使用复合语句，以免产生二义性，导致书写格式的运行结果和设计时不一致。

编程训练（答案位置：资源包\TM\sl\4\编程训练\）

【训练 7】 不同口味的粽子　粽子有甜的和咸的，甜粽子价格有 5 元的和 10 元的，咸粽子价格有 4 元的和 12 元的。编写程序，根据输入的价钱和口味判断并打印用户能吃到哪种粽子。如输入“9”和“甜”，则输出“5 元的甜粽子”。

【训练 8】 打印用户订单　公司有饮料区和食品区，饮料区有牛奶、咖啡、果汁，食品区有面包、饼干，用户可以单击按钮选择商品，利用 if 嵌套输出用户的订单。（用户有输入功能。）

4.6　小　　结

本章主要讲解了 C++语言中各种形式的分支语句，每种形式的分支语句都可以用另外一种形式代替，这增加了程序开发的灵活性。如果是简单的判断，建议用条件运算符；如果是分支较多的逻辑判断，建议使用 switch 语句。还要特别注意判断语句的书写格式，尽量避免产生二义性。

4.7　实践与练习

答案位置：（资源包\TM\sl\4\实践与练习\）

综合练习 1：微信小程序，我该玩哪个　微信小程序游戏很多很方便，不需要下载 App。编写程序，利用 if 语句判断输入的数值，输出对应的微信小程序的游戏。运行结果如下：

```
1 代表跳一跳，2 代表好友画我，3 代表头脑王者,请选择：
3
您现在选择的是数值 3
所以您要玩“头脑王者”游戏
```

综合练习 2：模拟自动售货机　自动售货机通常是通过按键选择商品。例如，按键 1 代表选择巧克力，按键 2 代表选择小面包，按键 3 代表选择可口可乐，利用 switch 语句模拟此场景。运行结果如下：

```
************************
*      可选择的按键：      *
*       1.巧克力          *
*       2.小面包          *
```

```
*       3.可口可乐             *
************************
从 1~3 中选择按键：
3
您选择了可口可乐
```

综合练习 3：输出玫瑰花语 女生都喜欢玫瑰花，因为每种玫瑰花都代表不同的含义。例如，红玫瑰代表“我爱你、热恋，希望与你泛起激情的爱”；白玫瑰代表“纯洁、谦卑、尊敬，我们的爱情是纯洁的”；粉玫瑰代表“初恋，喜欢你那灿烂的笑容，年轻漂亮”；蓝玫瑰代表“憨厚、善良”。编写程序，选择对应的玫瑰花，输出对应的花语。运行结果如下：

```
输入 1：代表选择红玫瑰
输入 2：代表选择白玫瑰
输入 3：代表选择粉玫瑰
输入 4：代表选择蓝玫瑰
请输入您的选择：
1
您选择的是红玫瑰
它代表“我爱你、热恋，希望与你泛起激情的爱”
```

综合练习 4：寻找最大值 设计一个程序，要求通过键盘输入 3 个任意的整数，并输出其中最大的数。运行结果如下：

```
请输入 3 个数字：
87
9
65
最大值是 a: 87
```

综合练习 5：自助服务 某商店支持 3 种支付方式：数字 1 代表网络支付，数字 2 代表银行卡支付，数字 3 代表现金支付。编写程序，模拟输出顾客选择的支付方式，运行结果如下：

```
本店支持以下自助支付方式：
1. 网络支付
2. 银行卡支付
3. 现金支付
请输入数字选择支付方式
^_^ ^_^ ^_^ ^_^ ^_^ ^_^ ^_^
1
您选择的是网络支付
请用微信或支付宝扫描对应的二维码以完成支付
```

第5章

循 环 语 句

所谓循环控制，就是控制程序的重复执行过程，当不符合循环条件时停止循环。循环结构可以使程序代码更加简洁，减少冗余，掌握循环结构是对程序设计人员的最基本要求。本章主要介绍 while 循环、do…while 循环和 for 循环，这 3 种循环语句可以相互转换。达到同一目标可以运用多种循环方法。

本章知识架构及重难点如下：

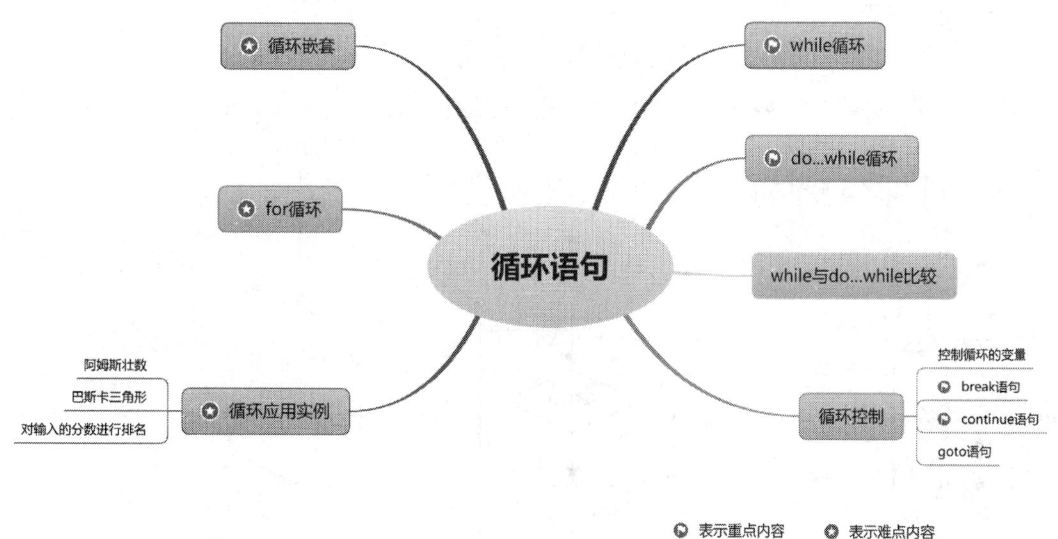

5.1 while 循环

while 循环语句的一般形式如下：

```
while(表达式)
    语句;
```

表达式一般是关系表达式或逻辑表达式，其值应是一个逻辑真值或假值（true 或 false）。当表达式的值为真时，开始循环执行语句，为假时退出循环，执行循环外的下一条语句。每次执行完语句后，都会回到表达式处重新开始判断，并计算表达式的值，一旦表达式的值为假时就退出循环，为真时就继续执行语句。while 循环可以用流程图来演示执行过程，如图 5.1 所示。

语句可以是复合语句，也就是用大括号括起来的多条简单语句。大括号及其所包括的语句称为循环体，循环语句反复执行的就是循环体中的内容。

【实例 5.1】 计算 1～10 的累加和（while 版）。**（实例位置：资源包\TM\sl\5\1）**

1～10 的累加和就是计算 1+2+…+10，使用 while 循环计算，需要有一个变量从 1 变化到 10，将该变量命名为 i；还需要另外一个临时变量不断和该变量进行加法运算，并记录运算结果，将临时变量命名为 sum；变量 i 每增加 1 时，就和变量 sum 进行一次加法运算，变量 sum 记录的是累加的结果。程序需要使用 while 循环，将语句的结束条件设置为 i<=10，程序执行顺序如图 5.2 所示。

程序代码如下：

```
#include <iostream>
using namespace std;
void main()
{
	int sum=0,i=1;
	while(i<=10)
	{
		sum=sum+i;
		i++;
	}
	cout << "the result :" << sum << endl;
}
```

程序运行结果如图 5.3 所示。

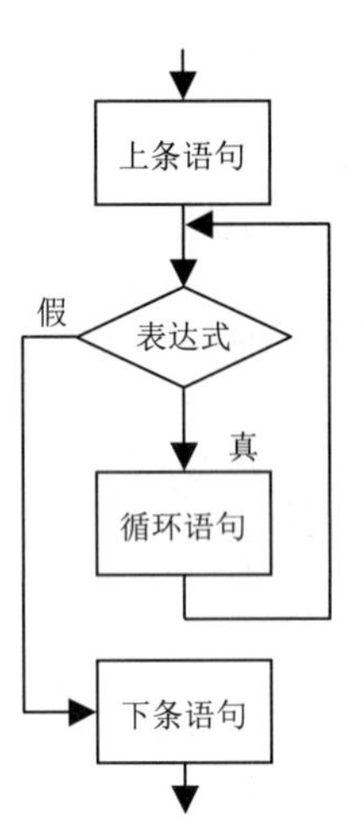

图 5.1　while 循环

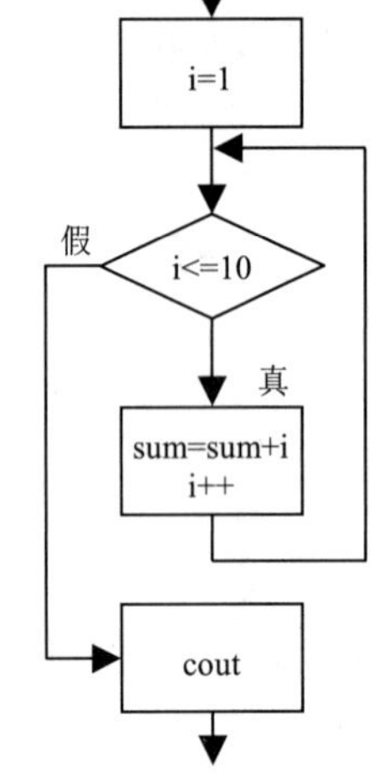

图 5.2　while 循环计算 1～10 的累加和

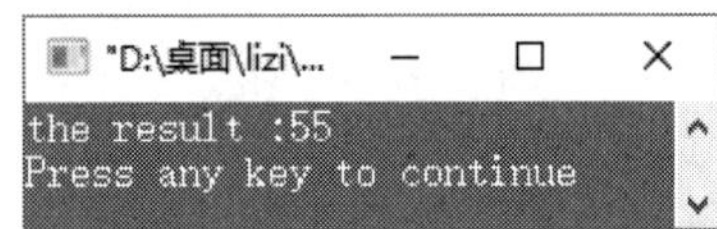

图 5.3　计算 1～10 累加程序运行结果

程序先对变量 sum 和 i 进行初始化，while 循环语句的表达式是 i<=10，要执行的循环体是一个复合语句，是由“sum=sum+i;”和“i++;”两条简单语句构成的，语句“sum=sum+i;”完成累加功能，语句“i++;”完成由 1～10 的递增变化。

误区警示

使用 while 语句时，常常犯的错误是循环多执行一次或少执行一次，这类错误称为差一错误。如果把 number <= 20 写作 number < 20，就会少执行一次。因此，一定要使用对循环条件。

使用 while 循环的注意事项如下：

（1）表达式不能为空，表达式为空不合法。

（2）表达式可以用非 0 代表逻辑真值（true），用 0 代表逻辑假值（false）。

（3）循环体中必须有改变条件表达式值的语句，否则将成为死循环。

下述语句是一个无限循环语句。

```
while(1)
{
    ...
}
```

下述语句是一个不会进行循环的语句。

```
while(0)
{
    ...
}
```

（4）While（表达式）后面一定不要加英文分号（;）。

编程训练（答案位置：资源包\TM\sl\5\编程训练\）

【训练 1】 打印 100 次名字　利用 while 循环，输出 100 个自己的名字。

【训练 2】 单细胞细菌繁殖实验　生物实验室做单细胞细菌繁殖实验，每一代细菌数量都会成倍数增长。一代菌落中只有 1 个细菌，二代菌落中分裂成 2 个细菌，三代菌落中分裂成 4 个细菌，以此类推，请问第十二代菌落中的细菌数量。

5.2　do...while 循环

do...while 循环语句的一般形式如下：

```
do
    语句
while(表达式);
```

do 为关键字，必须与 while 配对使用。do 与 while 之间的语句称为循环体，同样是用大括号括起来的复合语句。循环语句中的表达式与 while 语句相同，也多为关系表达式或逻辑表达式。特别值得注意的是 do...while 循环后要有分号“;”。do...while 循环语句的流程图如图 5.4 所示。

do...while 循环语句的执行顺序是：执行循环体中的内容，然后判断表达式的值，如果表达式的值为真，就继续执行循环体，直到表达式的值为假，才跳出循环，执行下一条语句。

【实例 5.2】 改进版计算 1~10 累加和（do…while 循环）。**（实例位置：资源包\TM\sl\5\2）**

1～10 的累加和就是计算 1+2+⋯+10。前面的例子使用 while 循环语句实现了 1～10 的累加，do...while 循环和 while 循环实现累加的循环体语句相同，只是执行循环体的先后顺序不同，程序执行顺序如图 5.5 所示。

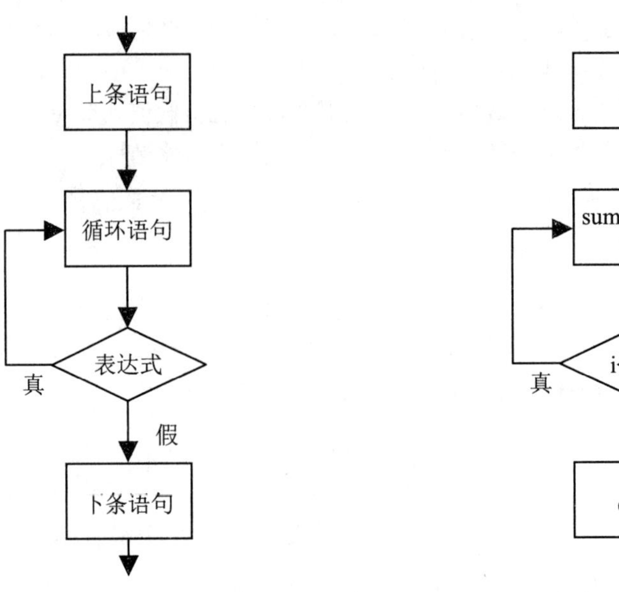

图 5.4　do...while 循环　　　　图 5.5　do...while 循环计算 1～10 的累加

程序代码如下：

```
#include <iostream>
using namespace std;
void main()
{
	int sum=0,i=1;
	do
	{
		sum=sum+i;
		i++;
	}while(i<=10);
	cout << "the result :" << sum << endl;
}
```

程序运行结果如图 5.6 所示。

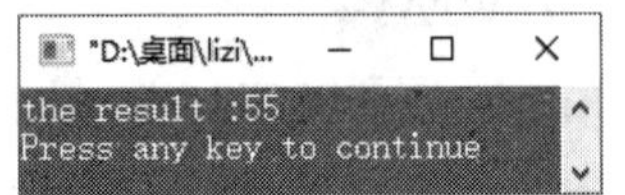

图 5.6　改进计算 1～10 累加程序运行结果

程序使用变量 sum 作为记录累加的结果，变量 i 完成由 1～10 的变化，程序先将变量 sum 初始化为 0，将变量 i 初始化为 1，先执行循环体变量 sum 和变量 i 的加法运算，并将运算结果保存到变量 sum，然后变量 i 进行自加运算，接着判断循环条件，看变量 i 的值是否已经大于 10，如果大于，就跳出循环；小于或等于，就继续执行循环体语句。

使用 do…while 循环的注意事项如下。

（1）循环先执行循环体，如果循环条件不成立，循环体已经执行一次，使用时注意变量变化。

（2）表达式不能为空，表达式为空不合法。

（3）表达式可以用非 0 代表逻辑值真（true），用 0 代表逻辑值假（false）。

（4）循环体中必须有改变条件表达式值的语句，否则将成为死循环。

（5）注意循环语句后要有分号“;”。

编程训练（答案位置：资源包\TM\sl\5\编程训练\）

【训练 3】 模拟用户登录　模拟用户登录，如果用户输入密码错误，要求用户再次输入，直到输入正确密码。

【训练 4】 猴子摘桃　猴子第一天摘下若干个桃子，当即吃了一半，还不过瘾，又多吃了一个。第二天早上又将第一天剩下的桃子吃掉一半，又多吃了一个。以后每天早上都吃前一天剩下的一半零一个。到第 10 天早上想再吃时，发现只剩下一个桃子了。编写程序，求猴子第一天共摘了多少个桃子，利用 do…while 计算。

5.3　while 与 do…while 比较

在起始循环条件不成立的情况下观察 while 和 do...while 循环语句，可清楚地看到两者的不同。将变量 i 初始值设置为 0，然后循环表达式设置为 i>1，显然循环条件不成立。循环体执行的是对变量 j 的加 1 运算，通过输出变量 j 在循环前的值和循环后的值进行比较。

【实例 5.3】 检测 do…while 循环语句的执行过程。（**实例位置：资源包\TM\sl\5\3**）

使用 do...while 循环进行计算，程序代码如下：

```
#include <iostream>
using namespace std;
void main()
{
	int i=0,j=0;
	cout << "before do_while j=" << j << endl;
	do
	{
		j++;
	}while(i>1);
	cout << " after do_while j=" << j << endl;
}
```

程序运行结果如图 5.7 所示。

【实例 5.4】 检测 while 循环语句的执行过程。（**实例位置：资源包\TM\sl\5\4**）

使用 while 循环进行计算，程序代码如下：

```
#include <iostream>
using namespace std;
void main()
{
	int i=0,j=0;
	cout << "before while j=" << j << endl;
	while(i>1)
	{
		j++;
	}
	cout << "after while j=" << j << endl;
}
```

程序运行结果如图 5.8 所示。

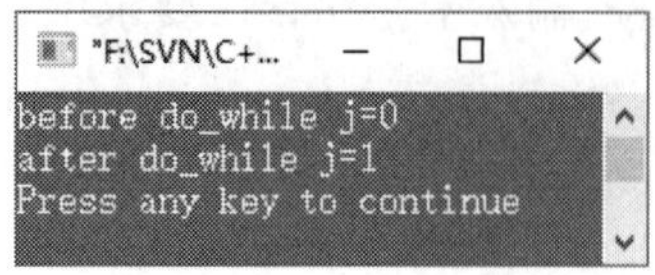

图 5.7　do...while 循环运行结果

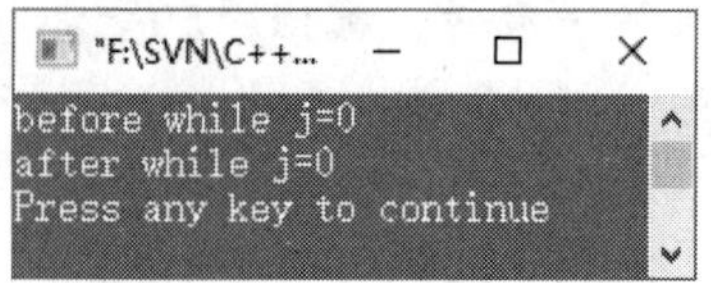

图 5.8　while 循环运行结果

使用 do...while 循环后变量 j 的值为 1，而使用 while 循环后变量 j 的值仍为 0。

编程训练（答案位置：资源包\TM\sl\5\编程训练\）

【训练 5】 农夫卖瓜　编写程序，模拟农夫卖西瓜。农夫一共有 1020 个西瓜，第一天卖掉一半多 2 个，第二天卖掉剩下的一半多 2 个，如此循环下去，需要卖几天才能卖完。（提示：剩余数量=初始数量/2−2，且每次循环，天数都要自增加 1，直到西瓜的数量为 0，跳出循环，输出天数。）

【训练 6】 自动售货机收费系统　自动售货机有 3 种饮料，价格分别为 3 元、5 元、7 元。自动售货机仅支持 1 元硬币支付，请编写该售货机自动收费系统。

5.4　for 循环

for 循环语句的一般格式如下：

```
for(表达式 1;表达式 2;表达式 3)
    语句
```

☑ 表达式 1：该表达式通常是一个赋值表达式，负责设置循环的起始值，也就是给控制循环的变量赋初值。

☑ 表达式 2：该表达式通常是一个关系表达式，用控制循环的变量和循环变量允许的范围值进行比较。

☑ 表达式 3：该表达式通常是一个赋值表达式，对控制循环的变量进行增大或减小。

☑ 语句：循环体，一般为复合语句。

for 循环语句的执行过程如图 5.9 所示。

（1）求解表达式 1。

（2）求解表达式 2，若其值为真，则执行 for 循环体中的内嵌语句，然后执行步骤（3）。若其值为假，则结束循环，转到步骤（5）。

（3）求解表达式 3。

（4）返回步骤（2）继续执行。

（5）循环结束，执行 for 循环后面的其他语句。

误区警示

使用 for 语句时，初学者常犯的错误是将 for 语句括号内的表达式用逗号隔开。例如：

```
for(i=1,i<100,i++){}
```

这句代码是错误的，3 个表达式之间应用分号由行分隔。

【实例 5.5】 再改进版计算 1～10 累加和（for 版）。**（实例位置：资源包\TM\sl\5\5）**

for 循环不同于 while 循环和 do...while 循环，它有 3 个表达式，每一个都需要正确设置。计算累加和需要一个 1～10 递增变化的变量 i 和一个记录累加和的变量 sum，for 循环的表达式中可以对变量进行初始化，以及实现变量由 1～10 的递增变化。程序执行顺序如图 5.10 所示。

程序代码如下：

```
#include <iostream>
using namespace std;
void main()
{
	int sum=0;
	int i;
	for(i=1;i<=10;i++)	//for 循环语句
		sum+=i;
    cout << "the result :" << sum << endl;
}
```

程序运行结果如图 5.11 所示。

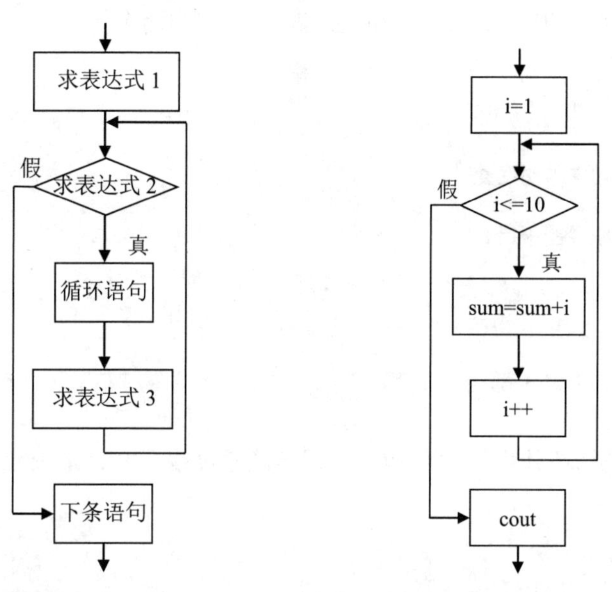

图 5.9 for 循环执行过程　　图 5.10 for 循环计算 1～10 的累加和

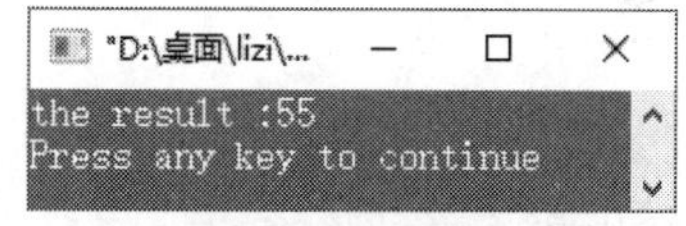

图 5.11 程序运行结果

程序中“for(i=1;i<=10;i++) sum+=i;”是 for 循环语句，其中 i 是控制循环的变量，i=1 是表达式 1，i<=10 是表达式 2，i++是表达式 3，“sum+=i;”是循环体语句。表达式 1 中循环控制变量 i 赋初始值为 1，表达式 2 中 10 是循环变量允许的范围，也就是说 i 不能大于 10，大于 10 时将不执行语句“sum+=i;”。语句“sum+=i;”使用带运算的赋值语句，它等同于语句“sum=sum+i;”。sum+=i 语句一共执行了 10 次，i 的值从 1～10 变化。

使用 for 循环的注意事项如下。

（1）可以在表达式 1 中直接声明变量，也可以在 for 循环语句外声明变量。

在 for 循环语句外声明变量，例如：

```
#include <iostream>
```

```
using namespace std;
void main()
{
	int sum=0,i;                        //在 for 语句外声明变量 sum, i
	for(i=0;i<=10;i++)
		sum+=i;
	cout <<sum << endl;
}
```

在表达式 1 内声明变量，例如：

```
#include <iostream>
using namespace std;
void main()
{
	for(int i=0,sum=0;i<=10;i++)     //在循环语句中声明变量
		sum+=i;
	cout <<sum << endl;
}
```

在循环语句中声明变量，也相当于在函数内声明变量，如果在表达式 1 中声明两个相同变量，编译器将报错，例如：

```
void main()
{
	for(int i=0,sum=0;i<=10;i++)     //在循环语句中声明变量
		sum+=i;
	for(int i=0,sum=0;i<=10;i++)     //不合法，编译器报错
		sum+=i;
	cout <<sum << endl;
}
```

（2）for 循环中的表达式 1、表达式 2、表达式 3 都可以省略。

☑ 省略表达式 1

省略表达式 1 时，如果循环控制变量 i 在循环外声明并赋初值，程序能通过编译并且正确运行。例如：

```
#include <iostream>
using namespace std;
void main()
{
	int sum=0;
	int i=0;                            //将循环控制变量 i 拿到循环语句外声明并赋初值
	for(;i<=10;i++)
		sum+=i;
	cout <<sum << endl;
}
```

程序仍是计算 1～10 的累加和。

如果循环控制变量 i 在循环外声明但没有赋初值，程序能通过编译，可运行结果通常是错误的。因为编译器会为变量赋一个默认的初值，该初值一般为一个比较大的负数，所以会造成程序运行结果

不正确。

☑　省略表达式 2

省略表达式 2，也就是省略了循环判断语句，此时程序缺少终止循环的条件，将变成无限循环。

☑　省略表达式 3

省略表达式 3 后，循环也将成为无限循环。因为控制循环的变量 i 永远都是初始值，永远符合循环条件。

☑　省略表达式 1 和表达式 3

for 循环中，省略表达式 1 和表达式 3 后，就和 while 循环一样了。例如：

```
#include <iostream>
using namespace std;
void main()
{
    int sum=0;
    int i=0;
    for(;i<=10;)
    {
        sum=sum+i;
        i++;
    }
    cout << "the result :" << sum << endl;
}
```

☑　3 个表达式同时省略

3 个表达式同时省略，就会变成无限循环。无限循环就是死循环，它会使程序陷入瘫痪状态。此时建议在循环体使用计数控制，也就是说循环执行到指定次数，就跳出循环。例如：

```
void main()
{
    int iCount=0;                    //声明用于计数的变量
    for(;;)
    {
        ...
        iCount++;                    //每循环一次，计数器加 1
        if(iCount>200000)            //如果循环次数大于 200000，跳出循环
            return;
    }
    cout << "the loop end" << endl;
}
```

误区警示

浮点值的误差是不可避免的。如果在 for 循环的条件表达式中使用浮点值，那么将导致数值错误。因此，建议不要使用浮点类型定义 for 循环的控制变量。

编程训练（答案位置：资源包\TM\sl\5\编程训练\）

【训练 7】 判断是否为素数　使用 for 循环，判数某个输入的数是否是素数。

【训练 8】计算球自由落体的第 6 次反弹高度　一个球从 80m 高度自由落下，每次落地后反弹的高度为原高度的一半，第 6 次落地时共经过多少米？第 6 次反弹多高？

5.5　循 环 控 制

循环控制包含两方面的内容，一是循环控制变量的变化方式，一是循环控制的跳转。循环控制的跳转需要用到 break 和 continue 两个关键字，这两条跳转语句的跳转效果不同，break 是中断循环，continue 是跳出本次循环体的执行。

5.5.1　循环控制变量

无论是 for 循环还是 while、do...while 循环，都需要有一个循环控制变量。while、do...while 语句中循环控制变量的变化可以是显式的，也可以是隐式的。例如，在使用 while 循环读取文件时，虽然是循环读取文件内容，但程序中却可以不出现控制变量。程序代码如下：

```
#include <iostream>
#include <fstream>
using namespace std;
void main()
{
	ifstream ifile("test.dat",std::ios::binary);
	if(!ifile.fail())
	{
		while(!ifile.eof())		//判断文件是否结束
		{
			char ch;
			ifile.get(ch);		//获取文件内容
			if(!ifile.eof())	//如果是文件结束，就不进行最后输出
				std::cout << ch;
		}
	}
}
```

程序中 while 循环的表达式用于判断文件指针是否指向文件末尾，如果是，就跳出循环。起始程序中的循环控制变量是文件指针，其在读取文件时不断变化。

for 循环中循环控制变量的变化方式有两种：一是递增，二是递减。使用递增方式还是递减方式和变量的初值与范围值的比较有关。如果初值大于限定范围的值，表达式 2 是大于关系（>）判定的不等式，使用递减方式。如果初值小于限定范围的值，表达式 2 是小于关系（<）判定的不等式，使用递增方式。

实例 5.5 中用 for 循环计算 1～10 累加和使用的是递增方式，也可以使用递减方式计算 1～10 累加和。程序代码如下：

```
#include <iostream>
using namespace std;
```

```
void main()
{
    int sum=0;                    //定义存储累加和的变量 sum
    for(int i=10;i>=1;i--)
        sum+=i;                   //进行累加
    cout << "the result :"<<sum << endl;
}
```

程序中，在 for 循环的表达式 1 中声明变量 i 并赋初值 10；表达式 2 中限定循环控制变量 i 是否大于等于 1，如果小于 1，就停止循环；表达式 3 使循环控制变量由 10～1 递减变化，程序输出结果仍是“the result :55”。

5.5.2　break 语句

4.4 节中介绍了使用 break 语句可以跳出 switch 结构。在循环结构中，同样可用 break 语句跳出当前循环体，从而中断当前循环。

在 3 种循环语句中使用 break 语句的形式如图 5.12 所示。

```
while(...)          do                  for(...)
{                   {                   {
    ...                 ...                 ...
    break;              break;              break;
    ...                 ...                 ...
}                   }while(...);        }
```

图 5.12　break 语句的使用形式

【实例 5.6】 遇到负数就退出。（**实例位置：资源包\TM\sl\5\6**）

本实例中，使用 for 循环输入 10 个数，将这 10 个数进行累加，但是当输入负数时，立即停止累加，直接输出之前数据的累加结果。具体代码如下：

```
#include <iostream>
using namespace std;
void main()
{
    int i,n,sum;
    sum=0;
    cout<< "input 10 number" << endl;
    for(i=1;i<=10;i++)
    {
        cout<< i<< ":" ;
        cin >> n;
        if(n<0)                         //判断输入是否为负数
            break;
        sum+=n;                         //对输入的数进行累加
    }
    cout << "The Result :"<< sum << endl;
}
```

程序中需要用户输入 10 个数，然后计算 10 个数的和，但当输入数为负数时，就停止累加，并输出前面累加的结果。例如，依次输入 4 个正数，当第 5 个输入数为-1 时，跳出循环，输出前 4 个正数的累加结果。程序运行效果如图 5.13 所示。

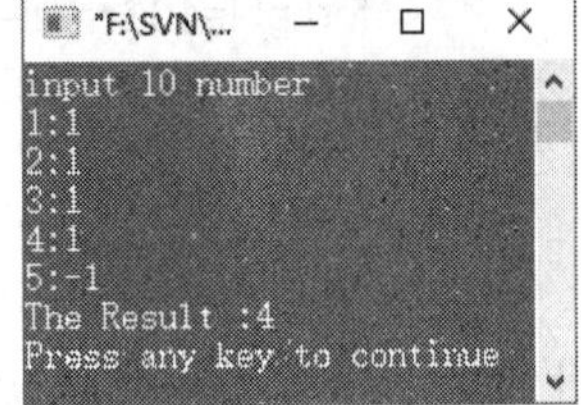

图 5.13 程序运行结果

> **注意**
> 如果遇到循环嵌套的情况，break 语句只会使程序流程跳出包含它的最内层的循环结构，即只跳出一层循环。

5.5.3 continue 语句

continue 语句是针对 break 语句的补充。continue 不是立即跳出循环体，而是跳过本次循环结束前的语句，回到循环的条件测试部分，重新开始执行循环。在 for 循环语句中遇到 continue 后，首先执行循环的增量部分，然后进行条件测试。在 while 和 do…while 循环中，continue 语句使控制直接回到条件测试部分。

在 3 种循环语句中使用 continue 语句的形式如图 5.14 所示。

```
while(...)          do(...)             for
{                   {                   {
    ...                 ...                 ...
    continue;           continue;           continue;
    ...                 ...                 ...
}                   }while(...);        }
```

图 5.14 continue 语句的使用形式

【实例 5.7】 跳过负数继续累加。（**实例位置：资源包\TM\sl\5\7**）

实例 5.6 是一遇到负数就停止累加，而本实例要求，遇到负数就跳过，继续累加下面的数据，最后输出累加结果。具体代码如下：

```
#include <iostream>
using namespace std;
void main()
{
    int i,n,sum;
    sum=0;
    cout<< "input 10 number" << endl;
    for(i=1;i<=10;i++)
    {
        cout<< i<< ":" ;
        cin >> n;
        if(n<0)                         //判断输入是否为负数
            continue;
        sum+=n;                         //对输入的数进行累加
    }
    cout << "The Result :"<< sum << endl;
}
```

程序中需要用户输入 10 个数，然后计算 10 个数的和。当输入数为负数时，不执行“sum+=n;”语句，也就是不对负数进行累加。例如，输入 9 个数全为 1，还有一个数为-1，最终输出结果为 9。

5.5.4　goto 语句

goto 语句又称无条件跳转语句，用于改变语句的执行顺序。goto 语句的一般格式如下：

```
goto 标签;
```

其中，标签是用户自定义的一个标识符。“label:”用于定义一个标签，以冒号结束。下面利用 goto 语句实现 1～10 的累加求和。

【实例 5.8】 使用 goto 语句求 1～10 累加和。（**实例位置：资源包\TM\sl\5\8**）

本实例中，使用 if 判断变量是否小于 10，如果小于就用 goto 语句跳转到标签 label 处，使变量进行累加并自增。具体代码如下：

```
#include <iostream>
using namespace std;
void main()
{
    int ivar = 0 ;                      //定义一个整型变量，初始化为 0
    int num = 0;                        //定义一个整型变量，初始化为 0
label:                                  //定义一个标签
    ivar++;                             //ivar 自加 1
    num += ivar;                        //累加求和
    if (ivar <10)                       //判断 ivar 是否小于 10
    {
        goto label;                     //转向标签
    }
    cout << num << endl;
}
```

程序中利用标签实现了一定的循环功能。当语句执行到 if (ivar<10)时，如果条件为真，跳转到标签定义“label:”处。需要注意的是，goto 语句是一种古老的跳转语句，它会使程序的执行顺序变得混乱，CPU 需要不停地进行跳转，效率比较低。因此，在开发程序时要慎用 goto 语句。

在使用 goto 语句时的注意事项如下。

（1）在定义标签时，其后不能紧接着出现“}”。例如，下面的程序代码是非法的。

```
int ivar = 0 ;                          //定义一个整型变量，初始化为 0
int num = 0;                            //定义一个整型变量，初始化为 0
{
…                                       //其他操作
   label:                               //定义一个标签
}
```

在上述代码中定义标签时，其后没有执行代码，所以出现编译错误。如果程序中出现上述情况，可以在标签后添加一个语句，以解决编译错误。

（2）goto 语句不能越过复合语句之外的变量定义的语句。例如，下面的 goto 语句是非法的。

```
goto label;                          //跳转到标签
int i = 10;                          //声明一个变量，初始化为 10
label:                               //定义标签
    cout<<"goto" << endll;           //输出信息
```

在上述代码中 goto 语句试图越过变量 i 的定义，导致编译错误。解决上述问题的方法是将变量的声明放在复合语句中。例如，下面的代码是合法的。

```
goto label;                          //跳转到标签
{
    int i = 10;                      //声明一个变量，初始化为 10
}
label:                               //定义标签
    cout<<"goto"<< endl;             //输出信息
```

编程训练（答案位置：资源包\TM\sl\5\编程训练\）

【训练 9】 蜗牛多久能爬到井口　有一口井深 10m，一只蜗牛从井底向井口爬，白天向上爬 2 m，晚上向下滑 1 m，问多少天可以爬到井口。

【训练 10】 输出可以使用的座位号　某剧院发售演出门票，演播厅观众席有 4 排，每排有 10 个座位。为了不影响观众视角，在发售门票时，屏蔽掉最左一列和最右一列的座位。编写程序，输出可以使用的座位号。

5.6 循环嵌套

循环有 for、while、do...while 3 种方式，这 3 种方式可以相互嵌套。例如，在 for 循环中套用 for 循环：

```
for(...)
{
    for(...)
    {
        ...
    }
}
```

在 while 循环中套用 while 循环：

```
while(...)
{
    while(...)
    {
        ...
    }
}
```

在 while 循环中套用 for 循环：

```
while(...)
{
    for(...)
    {
        ...
    }
}
```

【实例 5.9】 打印金字塔形状。（**实例位置：资源包\TM\sl\5\9**）

使用嵌套的 for 循环输出由字符“*”组成的金字塔形状。具体代码如下：

```
#include <iostream>
using namespace std;
void main()
{
    int i, j, k;
    for (i = 1; i <= 5; i++)                    //控制行数
    {
        for (j = 1; j <= 5-i; j++)              //控制空格数
            cout << " ";
        for (k = 1; k <= 2 *i - 1; k++)         //控制打印*号的数量
            cout << "*";
        cout << endl;
    }
}
```

程序中，最外层的 for 循环控制输出的行数，内层的第一个 for 循环控制字符“*”前的空格数，第二个 for 循环控制输出字符“*”的个数。内层第一个循环中，随着行数的增加，字符“*”前的空格数越来越少。内层第二个 for 循环中，输出和行号有关的奇数个字符“*”。程序运行结果如图 5.15 所示。

【实例 5.10】 输出乘法口诀表。（**实例位置：资源包\TM\sl\5\10**）

使用嵌套的 for 循环输出乘法口诀表。具体代码如下：

```
#include <iostream>
#include <iomanip>
using namespace std;
void main(void)
{
    int i,j;
    i=1;
    j=1;
    for(i=1;i<10;i++)
    {
        for(j=1;j<i+1;j++)
            cout    << setw(2) << i << "*" << j << "=" << setw(2) << i*j ;
        cout << endl;
    }
}
```

程序使用了两层 for 循环，外层 for 循环控制行数，使其由 1～9 变化，内层 for 循环控制列数，保证随着行数的增加，列数也增加，最后形成的第 9 行有 9 列。程序运行结果如图 5.16 所示。

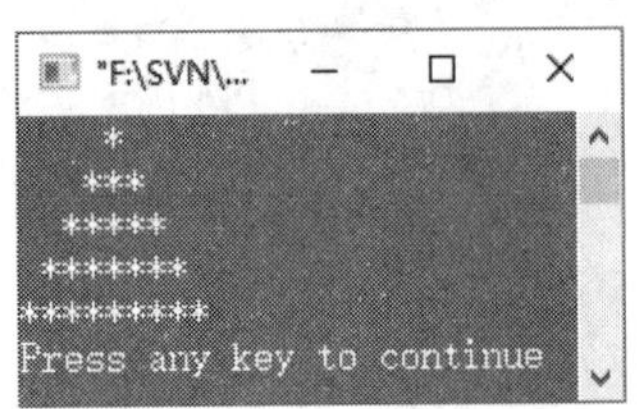

图 5.15　打印金字塔形状效果

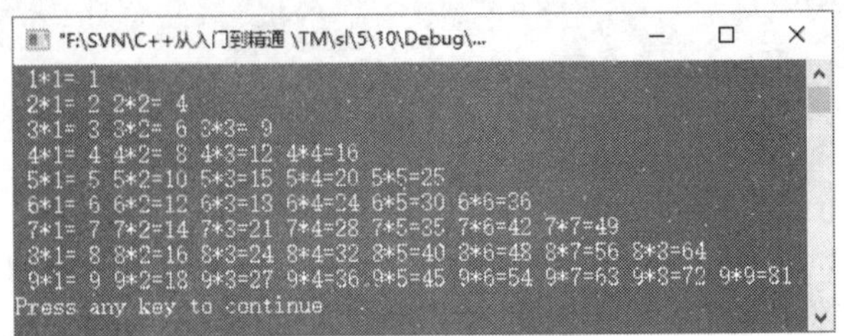

图 5.16　输出乘法口诀表

编程训练（答案位置：资源包\TM\sl\5\编程训练\）

【训练 11】 打印菱形　编写程序，打印出如下所示的菱形。

```
   *
  ***
 *****
*******
 *****
  ***
   *
```

【训练 12】 打印杨辉三角　用嵌套 for 循环语句编写程序，打印如下所示的杨辉三角（输出前 5 行）。

```
1
1  1
1  2  1
1  3  3  1
1  4  6  4  1
```

【训练 13】 百钱买百鸡　5 文钱可以买一只公鸡，3 文钱可以买一只母鸡，1 文钱可以买 3 只雏鸡。现在用 100 文钱恰好可买 100 只鸡，问公鸡、母鸡和雏鸡各有多少只。

【训练 14】 倒序输出九九乘法表　我国古代的乘法口诀表以“九九八十一”开始，以“一一得一”结束，即顺序是倒过来的。请用程序输出“倒序”的乘法口诀表。

5.7　小　　结

本章主要介绍了 for、while、do...while 3 种循环，其中使用比较灵活的是 for 循环，比较简单的是 while 循环。同样一个任务使用 3 种循环都可以实现，最终选择哪种要根据每个开发人员对需求的理解。一般建议使用 for 循环。

5.8　实践与练习

答案位置：（资源包\TM\sl\5\实践与练习\）

综合练习 1：模拟手机分期付款　用户输入想买的手机价格，减掉首付 300 元，剩下的钱分 6 个月分期付款。已知每个月的利息是 0.6%，计算每个月需要还多少钱。运行程序，输出结果如下：

```
请输入想买的手机价格：2699
手机的总价格是：2699.0 元
首付 300 元后还剩 2399.0 元
将所剩 2399.0 元分 6 期付款：
从买手机开始，接下来的 6 个月每月需要还 414.4 元
```

综合练习 2：星座大揭秘　星座有 12 个，一年有 12 个月，为了简化计算，每个月对应一个星座。输入自己的出生月份，就可以知道对应星座和幸运数字，运行结果如下：

```
请输入你的出生月份：
8
你的星座是狮子座
幸运数是 1
请输入你的出生月份：
7
你的星座是巨蟹座
幸运数是 2
请输入你的出生月份：
```

综合练习 3：模拟“跳一跳”小游戏的加分块　“跳一跳”是微信推出的小游戏。在游戏中，玩家停留在不同的加分块上可以额外加分。例如，在中心块上可以增加 2 分；在音乐块上可以增加 30 分；在微信支付块上可以增加 10 分。编写程序，模拟“跳一跳”小游戏的加分块，运行结果如下：

```
-------------跳一跳-------------
欢迎回来，请开始游戏……
请输入（1:中心块 2:音乐块 3:微信支付块）：
2
您选择的是音乐块。
您的分数为：30
请输入（1:中心块 2:音乐块 3:微信支付块）：
1
您选择的是中心块。
您的分数为：32
请输入（1:中心块 2:音乐块 3:微信支付块）：
4
对不起，您输入的有误
```

综合练习 4：猜数字游戏　编写一个猜数字的小游戏，随机生成一个 1～10（包括 1 和 10）的数字作为基准数，玩家每次通过键盘输入一个数字，如果输入的数字和基准数相同，则成功过关，否则重新输入。运行结果如下：

```
请输入一个数字:
200
你猜大了,请重新输入:
150
你猜大了,请重新输入:
140
你猜小了,请重新输入:
145
你猜小了,请重新输入:
147
恭喜你,猜对了!!
```

综合练习 5：模拟 10086 查询功能　10086 是中国移动的客户服务热线，用户拨打 10086 可以查询手机套餐的使用情况。编写程序，模拟 10086 的查询功能。运行结果如下：

```
——————10086 查询功能——————
输入 1，查询当前余额
输入 2，查询当前剩余流量
输入 3，查询当前剩余通话时长
输入 0，退出自助查询系统！请输入：
1
当前余额为：999 元
请输入：
2
当前剩余流量为：5G
请输入：
3
当前剩余通话时长为：189 分钟
请输入：
0
退出自助查询系统！
```

第 6 章　函　　数

程序是由函数组成的，函数是能够实现特定功能的程序模块，它可以是只有一条语句的简单函数，也可以是包含许多子函数的复杂函数。函数之间可以相互调用，可以将联系密切的语句都放到一个函数内，也可以将复杂的函数分解成多个子函数。熟练掌握函数可以将程序的结构设计得更合理。

本章知识架构及重难点如下：

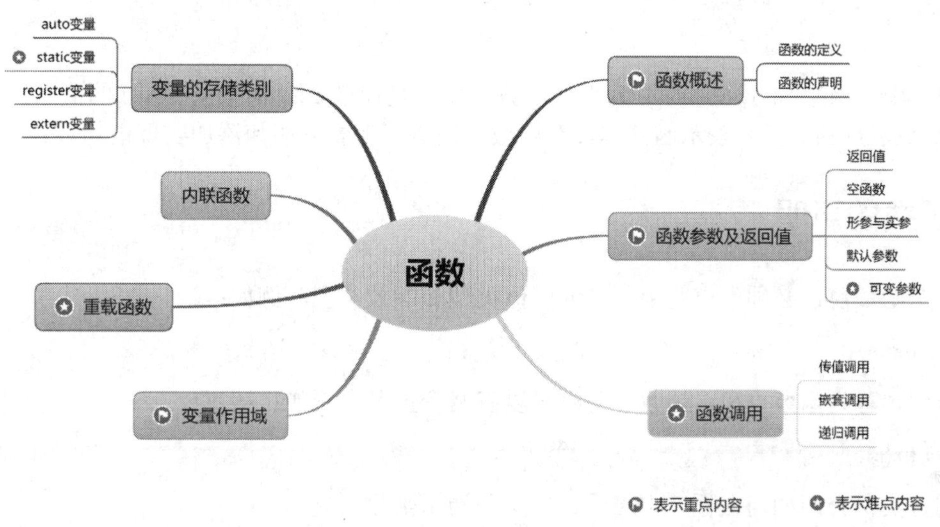

6.1　函数概述

函数有别人写好的存放在库里的库函数，也有开发人员自己写的自定义函数。函数根据功能可以分为字符函数、日期函数、数学函数、图形函数、内存函数等。一个程序可以只有一个主函数，但不能没有函数。

6.1.1　函数的定义

定义一个函数的一般形式如下：

```
类型标识符 函数名(形式参数列表)
{
```

```
    变量的声明
    语句
}
```

类型标识符用来标识函数的返回值类型，通过返回值可以判断函数的执行情况，也可以获取想要的数据。类型标识符可以是整型、字符型、指针型或对象的数据类型。

形式参数列表是由各种类型变量组成的列表，各参数之间用逗号分隔。在进行函数调用时，通过主调函数的实际参数列表对变量进行赋值。

关于函数定义的说明如下：

（1）形式参数列表可以为空。例如：

```
int ShowMessage()
{
    int i=0;
    cout << i << endl;
    return 0;
}
```

上述代码中，函数 ShowMessage 为无参函数，作用是通过 cout 流输出变量 i 的值。

（2）函数名后的大括号表示函数体，在函数体内进行变量声明和添加实现语句。

6.1.2 函数的声明

调用一个函数前，必须先声明函数的返回值类型和参数类型。例如：

```
int SetIndex(int i);
```

函数声明也称为函数原型，函数声明时可以省略变量名。例如：

```
int SetIndex(int );
```

下面通过实例介绍如何在程序中声明、定义和调用函数。

【实例 6.1】 编写 3 个函数：做饭，钓鱼，写诗。（**实例位置：资源包\TM\sl\6\1**）

在本实例中，通过定义函数完成某种特定的功能。为了表示函数完成的功能，这里使用输出的信息进行表示。希望读者通过这个实例对函数的定义有一个更为具体的认识。

```
#include<stdio.h>                    /*包含头文件*/
void Cook();                         /*声明函数 Cook*/
void Fish();                         /*声明函数 Fish*/
void Poem();                         /*声明函数 Poem*/
int main()                           /*主函数 main*/
{
        Cook();                      /*调用函数 Cook*/
        Fish();                      /*调用函数 Fish*/
        Poem();                      /*调用函数 Poem*/
        return 0;                    /*程序结束*/
}
void Cook()                          /*自定义 Cook 函数*/
{
```

```
        printf("会做饭\n");
}
void Fish()                         /*自定义 Fish 函数*/
{
        printf("会钓鱼\n");
}
void Poem()                         /*自定义 Poem 函数*/
{
        printf("会写诗\n");
}
```

程序运行结果如图 6.1 所示。

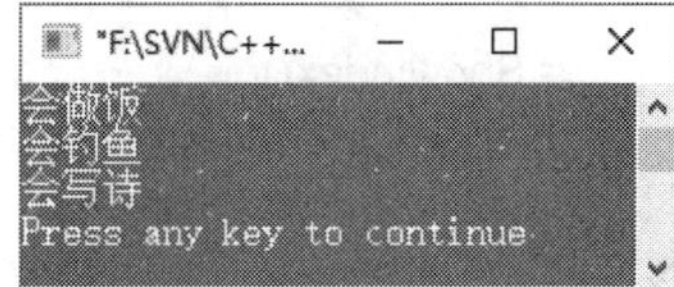

图 6.1　程序运行结果

程序定义和声明了函数 Cook、Fish、Poem，并进行了调用，通过函数中的输出语句进行输出。

编程训练（答案位置：资源包\TM\sl\6\编程训练\）

【训练 1】 定义两数交换函数　编写函数 fun，实现两个数值的交换功能。

【训练 2】 打印新年菜单　新年是家家户户的团圆节日，每家都张灯结彩迎接新年，团圆饭也是必不可少的，在新年前几天就会张罗菜单，准备食材。定义一个函数，功能是打印 2021 年新年菜单，并在主函数中调用该函数，运行结果如下：

```
-----新年菜单如下-------
 1. 凉菜
 2. 红烧鱼
 3. 水煮虾
 4. 酱猪蹄
 5. 红烧排骨
 6. 孜然牛肉
 7. 木须柿子
 8. 水煮肉片
------------------------
```

6.2　函数参数及返回值

6.2.1　返回值

返回值是指函数被调用之后，执行函数体中的程序段取得的并返回给主调函数的值，函数的返回值通过 return 语句返回给主调函数。return 语句的一般形式如下：

```
return (表达式);
```

语句将表达式的值返回给主调函数。关于返回值的说明如下：

（1）函数返回值的类型和函数定义中类型标识符应保持一致。如果两者不一致，则以函数类型为准，自动进行类型转换。

（2）如函数值为整型，在函数定义时可以省去类型标识符。

（3）在函数中允许有多个 return 语句，但每次调用只能有一个被执行，因此只能返回一个函数值。

（4）不需要返回函数值的函数，可以明确定义为“空类型”，类型标识符为 void。例如：

```
void ShowIndex()
{
    int iIndex=10;
    cout << "Index is :" << iIndex << endl;
}
```

（5）类型标识符为 void 的函数不能进行赋值运算及值传递。例如：

```
i= ShowIndex();              //不能进行赋值
SetIndex(ShowIndex);         //不能进行值传递
```

说明

为了降低程序出错的概率，凡不要求返回值的函数都应定义为 void 空类型。

6.2.2 空函数

没有参数和返回值，即函数的作用域为空的函数就是空函数。

```
void setWorkSpace(){ }
```

调用空函数时，程序不会执行任何操作。例如，在 main 函数中调用 setWorkSpace 函数时，该函数没有起到任何作用。

```
void setWorkSpace(){ }
void main()
{
  setWorkSpace();
}
```

空函数的存在有什么意义呢？在程序设计中各功能模块通常要由不同的函数来实现，第一阶段只设计最基本的模块，其他一些次要功能或锦上添花的功能则在以后需要时陆续补充。在编写程序的开始阶段，可以在将来准备扩充功能的地方写上一个空函数，这些函数没有开发完成，先占一个位置，以后用一个编好的函数代替它。这样做，程序的结构清楚，可读性好，以后扩充新功能方便，对程序结构影响不大。

误区警示

void 并不意味着函数无类型，void 本身就是 C 语言的一种类型名，只不过这种类型的值为空集。函数类型是指函数名具有的类型，函数返回值类型是指函数调用表达式的类型。而 void 表示的是返回值为空的类型，并非是无类型。

6.2.3　形参与实参

函数定义时如果参数列表为空，说明函数是无参函数；如果不为空，则称为带参函数。带参函数中的参数在函数声明和定义时被称为形式参数，简称形参，在函数被调用时被赋予具体值，具体的值被称为实际参数，简称实参。形参与实参如图 6.2 所示。

实参与形参的个数应相等，类型应一致，并按顺序对应，函数被调用时会一一传递数据。

```
                 形参    形参
int function(int a,int b);
void main()
{
               实参 实参
    function( 3 , 4 );

    cout << "the loop end" << endl;
}
int function(int a,int b)
{
    return a+b;
}
```

图 6.2　形参与实参

形参与实参的区别如下：

（1）定义函数时指定的形参，在未出现函数调用前，并不占用内存中的存储单元。只有在发生函数调用时，函数的形参才被分配内存单元。在调用结束后，其所占的内存单元将被释放。

（2）实参是确定的值。在调用时将实参的值赋给形参，如果形参是指针类型，就将地址值传递给形参。

（3）实参与形参的类型相同。

（4）实参与形参之间是单项传递，只能由实参传递给形参，而不能由形参传回给实参。

实参与形参之间存在一个分配空间和参数值传递的过程，这个过程是在函数调用时发生的，C++支持引用型变量，但没有值传递的过程，这将在后文讲解。

说明

实际参数不但可以是常量、变量、数组或指针等，也可以是表达式。

6.2.4　默认参数

调用带参函数时，如果经常需要传递同一个值到调用函数，不妨在定义函数时为参数设置一个默认值。这样在调用函数时可以省略一些参数，此时程序将采用默认值作为函数的实际参数。下面的程序代码定义了一个带有默认参数值的函数。

```
void OutputInfo(const char *pchData = "One world,one dream!")
{
    cout << pchData << endl;                              //输出信息
}
```

【实例 6.2】 展示 2022 冬奥会口号。（**实例位置：资源包\TM\sl\6\2**）

输出两行字符串：一行是使用默认值作为函数实参，一行是将字符串作为函数实参。程序代码如下：

```
#include <iostream>
using namespace std;
void OutputInfo(const char *pchData = "纯洁的冰雪激情的约会")
{
    cout << pchData << endl;                              //输出信息
```

```
}
void main()
{
    OutputInfo();                              //利用默认值作为函数实际参数
    OutputInfo("Beijing 2022 冬奥会!");          //直接传递实际参数
}
```

程序运行结果如图 6.3 所示。

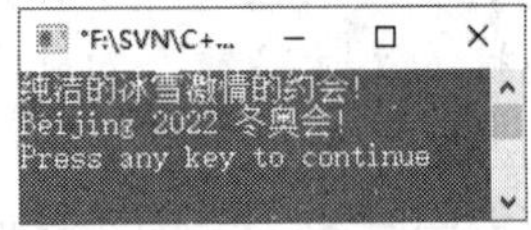

图 6.3　调用默认参数的函数

在定义函数默认值参数时，如果函数具有多个参数，应保证默认值参数出现在参数列表的右方，没有默认值的参数出现在参数列表的左方，即默认值参数不能出现在非默认值参数的左方。例如，下面的函数定义是非法的。

```
int GetMax(int x,int y=10 ,int z)            //非法的函数定义，默认参数 y 出现在参数 z 的左方
{
    if (x < y)                                //x 与 y 进行比较
        x = y;                                //赋值
    if (x < z)                                //x 与 z 进行比较
        x = z;                                //赋值
    return x;                                 //返回 x
}
```

程序中默认值参数 y 出现在非默认值参数 z 的左方，导致了编译错误，正确的做法是将默认值参数放置在参数列表的右方。例如：

```
int GetMax(int x,int y ,int z=10)            //定义默认值参数
{
    if (x < y)                                //x 与 y 进行比较
        x = y;                                //赋值
    if (x < z)                                //x 与 z 进行比较
        x = z;                                //赋值
    return x;                                 //返回 x
}
```

6.2.5　可变参数

库函数 printf 是一个可变参数的函数，它的参数列表中可使用省略号“...”。printf 函数原型的格式如下：

```
_CRTIMP int_cdecl printf(const char *, ...);
```

省略号代表的含义是函数的参数不固定，可以传递一个或多个参数。对于 printf 函数，可以输出一项信息，也可以同时输出多项信息，例如：

```
printf("%d\n",2008);                                  //输出一项信息
printf("%s-%s-%s\n","Beijing","2022","冬奥会！");      //输出多项信息
```

声明可变参数的函数和声明普通函数一样，只是参数列表中有一个省略号“...”，例如：

```
void OutputInfo(int num,...)                          //定义省略号参数的函数
```

对于可变参数的函数，在定义函数时需要一一读取用户传递的实际参数。可以使用 va_list 类型和 va_start、va_arg、va_end 3 个宏读取传递到函数中的参数值，同时，使用可变参数需要引用 STDARG.H 头文件。下面以一个具体的示例介绍可变参数的函数的定义及使用。

【实例 6.3】 关灯、开灯。（**实例位置：资源包\TM\sl\6\3**）

设计一个函数，当传递参数为 false 时，函数输出“关灯”；当不传递参数或传递参数为 true 时，函数输出“开灯”。代码如下：

```
#include <iostream>
using namespace std;
void Open(bool bOpen = true)
{
    if(bOpen)
    {
        cout << "开灯" << endl;
    }
    else
    {
        cout << "关灯" << endl;
    }
}
int main(int argc, char* argv[])
{
    Open(false);
    Open();
    Open(true);
    return 0;
}
```

程序运行结果如图 6.4 所示。

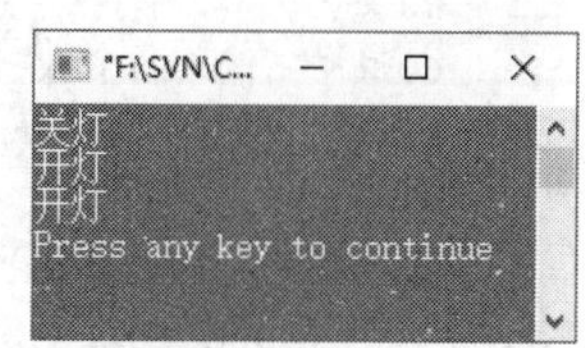

图 6.4　定义省略号形式的函数参数

编程训练（答案位置：资源包\TM\sl\6\编程训练\）

【训练 3】 种瓜得瓜　设计一个函数，该函数接受一个字符串参数，当传递参数时，输出该参数的值；当不传递参数时，输出“什么也不说，祖国知道我！”

【训练 4】 电梯是否超重　编写电梯测重函数，函数使用可变参数，传递电梯中所有乘客的体重。如果电梯中的质量超过 1000kg，则返回 0，否则返回 1。

6.3　函 数 调 用

声明函数后需要在源代码中调用该函数。整个函数的调用过程称为函数调用。标准 C++是一种强制类型检查的语言，在调用函数前，必须把函数的参数类型和返回值类型告知编译器。

函数调用的说明如下：

（1）被调用的函数必须是已经存在的函数（是库函数或用户自己定义的函数）。

（2）如果使用库函数，还需要将库函数对应的头文件引入，这需要使用预编译指令#include。

（3）如果使用用户自定义函数，一般还应在主调函数中对被调用的函数做声明。

注意

C++和 C 不同，简单地用不同的原型说明同一个函数是无法通过 C++语法检查的。

6.3.1 传值调用

主调函数和被调函数之间存在着数据传递关系。换句话说，主调函数将实参数值复制到被调用函数的形参处，这种调用方式称为传值调用。如果传递的实参是结构体对象，值传递方式的效率是低下的，可以通过传递指针或使用变量的引用来替换传值调用。

传值调用是函数调用的基本方式，下面来看一个例子。

【实例 6.4】 交换两个数值。（**实例位置：资源包\TM\sl\6\4**）

本实例中使用传值调用，实现两个数值的交换。代码如下：

```
#include <iostream.h>
void swap(int a,int b)
{
    int tmp;
    tmp=a;
    a=b;
    b=tmp;
}
void main()
{
    int x,y;
    cout << "输入两个数" << endl;
    cin >> x;
    cin >> y;
    if(x<y)
        swap(x,y);
    cout << "x=" << x <<endl;
    cout << "y=" << y <<endl;
}
```

程序运行结果如图 6.5 所示。程序本意是想实现当 x 小于 y 时交换 x 和 y 的值，但结果并没有实现，为什么呢？原因是调用 swap 函数时复制了变量 x 和 y 的值，而并非变量本身。如果将函数 swap 在调用处展开，x 和 y 就可以实现交换。例如，代码修改如下：

```
#include <iostream>
using namespace std;
void main()
{
    int x,y;
    cout << "输入两个数" << endl;
    cin >> x;
```

```
    cin >> y;
    int tmp;
    if(x<y)
    {
        tmp=x;
        x=y;
        y=tmp;
    }
    cout << "x=" << x <<endl;
    cout << "y=" << y <<endl;
}
```

程序运行结果如图 6.6 所示。

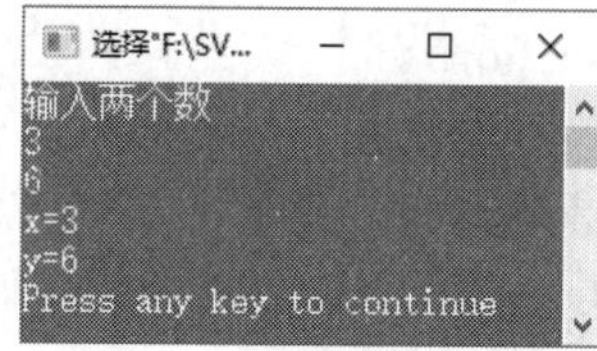

图 6.5　使用传值调用

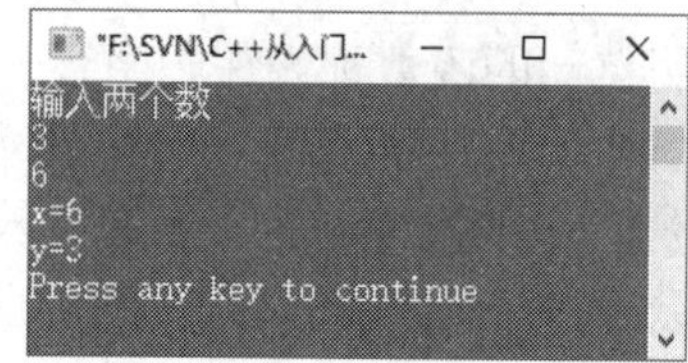

图 6.6　展开函数调用

注意，后一段程序代码是开发人员模拟函数调用时展开 swap 函数，而前一段代码中函数的调用是由编译器来完成的，但不是真的展开 swap 函数，而是移至 swap 函数处执行，执行过程类似于展开。调用函数时的值传递过程是单向的，只能把实参的值传递给形参，形参的值发生改变，却无法再传递回来，因此实参的值不会发生变化。要想通过函数调用的方式实现交换变量的值，可以通过使用指针传递地址和变量引用的方式实现，这在后面的章节会讲解。

6.3.2　嵌套调用

在自定义函数中调用其他自定义函数，这种调用方式称为嵌套调用，例如：

```
#include <iostream>
using namespace std;
void   ShowMessage()                                  /*定义函数*/
{
    cout <<"The ShowMessage function" << endl;
}
void   Display()
{
    ShowMessage();                                    /*嵌套调用*/
}
void main()
{
    Display();
}
```

在函数嵌套调用时要注意，不要在函数体内定义函数。例如，如下代码是错误的：

```
int main()
{
    void  Display()                                    /*错误!!!，不能在函数内定义函数*/
    {
        cout << "I want to show the Nesting function" << endl;
    }
    return 0;
}
```

嵌套调用对调用的层数是没有要求的，但个别的编译器可能会有一些限制，使用时应注意。

6.3.3 递归调用

直接或间接调用自己的函数称为递归函数（recursive funciton）。

使用递归方法解决问题的优点是：问题描述清楚，代码可读性强，结构清晰，代码量比使用非递归方法少。其缺点是：递归程序的运行效率比较低，无论是从时间角度还是从空间角度都比非递归程序差。对于时间复杂度和空间复杂度要求较高的程序，使用递归函数调用时要慎重。

递归函数必须定义一个停止条件，否则函数将永远递归下去。

【实例 6.5】 汉诺（Hanoi）塔问题。（**实例位置：资源包\TM\sl\6\5**）

有 3 个立柱垂直矗立在地面，给这 3 个立柱分别命名为 A、B、C。开始时立柱 A 上有 64 个圆盘，大小不一，并且按从小到大的顺序依次摆放在立柱 A 上，如图 6.7 所示。现在要将立柱 A 上的 64 个圆盘移到立柱 C 上，并且每次只允许移动一个圆盘，在移动过程中始终保持大盘在下，小盘在上。

分析程序：64 个圆盘的移动过于复杂，因此我们先来简化一下问题。

假设要移动的圆盘只有 4 个，它们初始都位于立柱 A 上，圆盘按由上到下的顺序分别命名为 a、b、c、d，如图 6.7 所示。

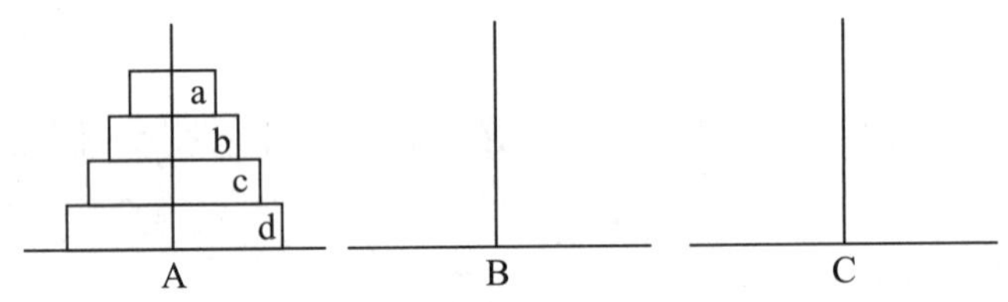

图 6.7　圆盘原始状态

首先，将 a、b 两个圆盘移动到立柱 C 上。移动顺序是 a→B，b→C，a→C，移动次数为 3 次，移动结果如图 6.8 所示。

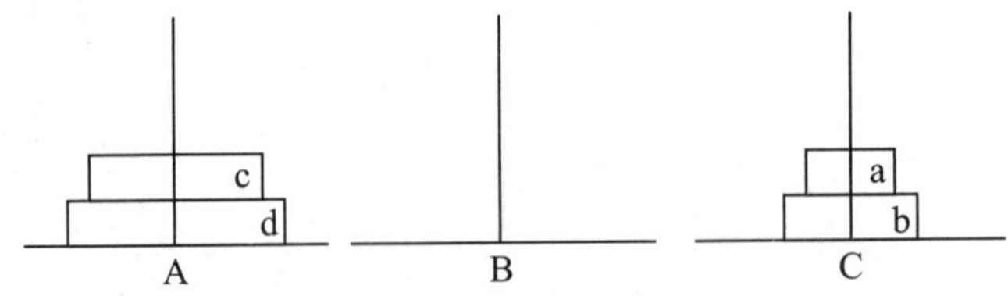

图 6.8　移动两个圆盘到 C

接下来，将 a、b、c 3 个圆盘移动到立柱 B 上。移动顺序是 c→B，a→A，b→B，a→B，移动次数

为 4 次，移动结果如图 6.9 所示。

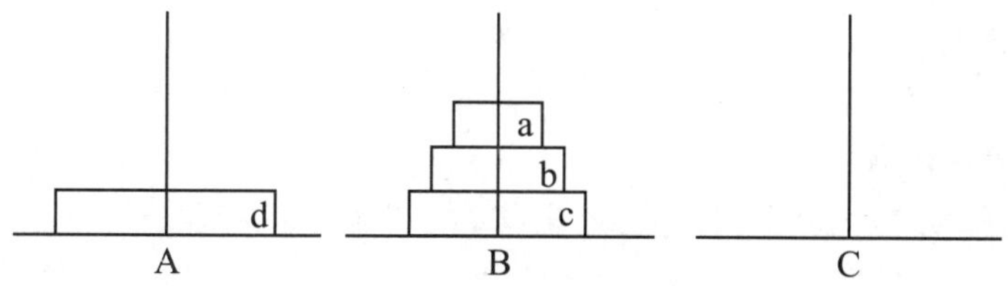

图 6.9　移动 3 个圆盘到 B

最后，将 4 个圆盘都移动到立柱 C 上。移动顺序是 d→C，a→C，b→A，a→A，c→C，a→B，b→C，a→C。

总结一下：

将 2 个圆盘移动到指定立柱，需要移动 3 次，分别是 a→B，b→C，a→C。

将 3 个圆盘移动到指定立柱，需要移动 7 次，分别是 a→B，b→C，a→C，c→B，a→A，b→B，a→B。其中，前 3 次移动重复的是将 2 个圆盘移动到指定立柱，后 4 次移动是将第 3 个圆盘移动到指定立体。

将 4 个圆盘移动到指定立柱，总共需要移动 15 次。同样，前 7 次重复的是将 3 个圆盘移动到指定立体，后 8 次是将第 4 个圆盘移动到指定立柱。

当有 n 个圆盘时，要将它们移动到指定立柱，移动次数可以总结为 2^n-1 次。

在移动过程中，可以将 a、b、c 3 个圆盘看成一个，移动 4 个圆盘的过程就像是在移动 2 个圆盘。还可以将 a、b、c 3 个圆盘中的 a、b 2 个圆盘看成一个，移动 3 个圆盘也像是在移动 2 个圆盘。因此，可以使用递归的思路来移动 n 个圆盘。

移动 n 个圆盘的过程可以分成 3 个步骤：

（1）把 A 上的 n−1 个圆盘移动到 B 上。

（2）把 A 上的 1 个圆盘移动到 C 上。

（3）把 B 上的 n−1 个圆盘移动到 C 上。

程序代码如下：

```
#include <iostream>
using namespace std;
long lCount;
void move(int n,char A,char B,char C)                    //将 n 个圆盘从 A 立柱借助 B 立柱，移动到 C 立柱上
{
        if(n==1)
                cout << "Times:" << ++lCount << A << "->" << C << endl;
        else
        {
                move(n-1,x,z,y);
                cout << "Times:" << ++lCount << A << "->" << C <<endl;
                move(n-1,y,x,z);
        }
}
void main()
{
        int n ;
        lCount=0;
```

```
    cout << "please input a number" << endl;
    cin >> n ;
    move(n,'a','b','c');
}
```

程序运行结果如图 6.10 所示。

输入数字 3，表示移动 3 个圆盘，程序打印出移动 3 个圆盘的步骤。可见，与前面的分析过程完全一致。

【实例 6.6】 求 n 的阶乘。（**实例位置：资源包\TM\sl\6\6**）

本实例中，首先定义一个利用递归调用求阶乘的函数，然后在主函数中定义一个变量保存用户输入的值，再调用阶乘函数，求用户输入数字的阶乘，最后打印结果。具体代码如下：

```
#include <iostream>
using namespace std;
long Fac(int n)
{
    if(n==0)
        return 1;
    else
        return n*Fac(n-1);
}
void main()
{
    int n ;
    long f;
    cout << "please input a number" << endl;
    cin >> n ;
    f=Fac(n);
    cout << "Result :" << f << endl;
}
```

程序运行结果如图 6.11 所示。

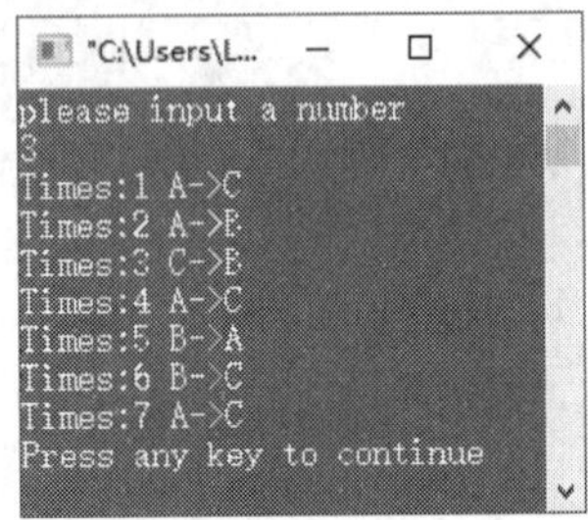

图 6.10　程序运行结果

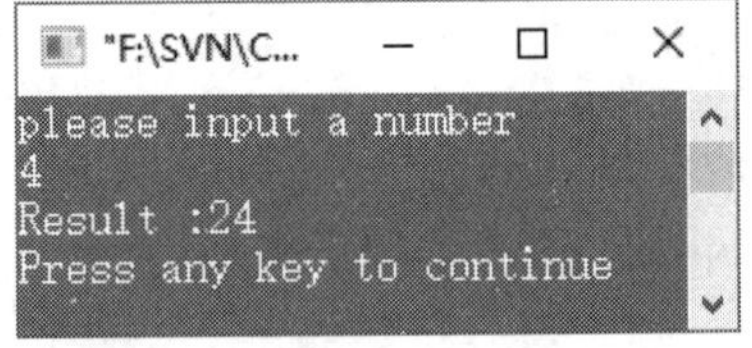

图 6.11　计算阶乘的运行结果

程序中 Fac 函数实现了计算 n 的阶乘。以 n 等于 4 为例，4!等于 4*3!，3!等于 3*2!，…1!等于 1。当计算 4 的阶乘时，只要知道 3 的阶乘，4*3!等于 4!。同理，计算 3 的阶乘，只要知道 2 的阶乘，以此类推。1 的阶乘为 1，知道了 1 的阶乘，就可以计算 2 的阶乘，知道 2 的阶乘就可以计算 3 的阶乘……

在上面的递归函数中，如果传递一个很大的数作为参数，会导致堆栈溢出，因为每调用一个函数，系统会为函数的参数分配堆栈空间。对于上述的递归函数 Fac，完全可以用连续乘积的方式实现。

【实例 6.7】 利用循环求 n 的阶乘。（**实例位置：资源包\TM\sl\6\7**）

在实例 6.6 中，是使用递归调用实现的阶乘。本实例要求定义一个使用循环求阶乘的函数，在主函数中调用此函数。代码如下：

```
#include <iostream>
using namespace std;
typedef unsigned int UINT;                    //自定义类型
long Fac(const UINT n)                        //定义函数
{
    long ret = 1;                             //定义结果变量
    for(int i=1; i<=n; i++)                   //累计乘积
    {
        ret *= i;
    }
    return ret;                               //返回结果
}
void main()
{
    int n ;
    long f;
    cout << "please input a number" << endl;
    cin >> n ;
    f=Fac(n);
    cout << "Result :" << f << endl;
}
```

程序运行结果如图 6.12 所示。

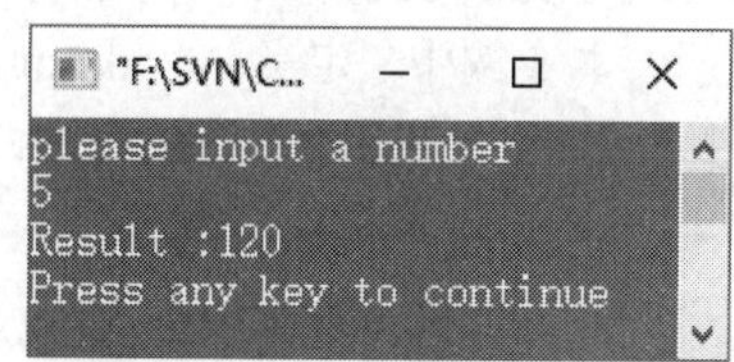

图 6.12　利用循环求 n 的阶乘的运行结果

编程训练（答案位置：资源包\TM\sl\6\编程训练\）

【训练 5】 兔子繁殖问题　设一对大兔子每月生一对小兔子，每对新生兔在出生一个月后又可以生小兔子。假若兔子都不死亡，问：一对兔子一年后可变成多少对兔子？

【训练 6】 你想如何走楼梯　楼梯有 10 阶台阶，上楼可以一步上 1 阶，也可以一步上 2 阶。编写程序，计算共有多少种不同的走法。

6.4　变量作用域

根据变量声明的位置，可以将变量分为局部变量和全局变量。在函数体内定义的变量称为局部变量，在函数体外定义的变量称为全局变量。例如：

```
#include <iostream>
using namespace std;
int iTotalCount;                    //全局变量
int GetCount();
void main()
{
```

```
    int iTotalCount=100;        //局部变量
    cout << iTotalCount << endl;
    cout << GetCount() << endl;
}
int GetCount()
{
    iTotalCount=200;            //给全局变量赋值
    return iTotalCount;
}
```

程序运行结果如图 6.13 所示。

图 6.13　局部变量与全局变量的运行结果

变量都有它的生命期，全局变量在程序开始时创建并分配空间，在程序结束时释放内存并销毁；局部变量是在函数调用时创建，并在栈中分配内存，在函数调用结束后销毁并释放。

6.5　重载函数

定义同名的变量，程序会编译出错；定义同名的函数，也会带来冲突的问题。C++中使用了名称重组技术，通过函数的参数类型来识别函数。所谓重载函数，是指多个函数具有相同的函数名，而参数类型或参数个数不同。函数调用时，编译器以参数的类型及个数来区分调用哪个函数。下面的实例定义了重载函数。

【实例 6.8】 使用重载函数。（**实例位置：资源包\TM\sl\6\8**）

本实例中，定义 int Add(int x ,int y)函数，再定义 double Add(double x,double y)函数，这两个函数名都是 Add，在主函数中调用这两个函数，输出结果。代码如下：

```
#include <iostream>
using namespace std;
int Add(int x ,int y)                //定义第一个重载函数
{
    cout << "int add" << endl;       //输出信息
    return x + y;                    //设置函数返回值
}
double Add(double x,double y)        //定义第二个重载函数
{
    cout << "double add" << endl;    //输出信息
    return x + y;                    //设置函数返回值
}
int main()
{
    int ivar = Add(5,2);             //调用第一个 Add 函数
    float fvar = Add(10.5,11.4);     //调用第二个 Add 函数
    return 0;
}
```

程序运行结果如图 6.14 所示。

程序中定义了两个相同函数名的函数 Add，在 main 调用 Add 函数时实参类型不同，语句“int ivar = Add(5,2);”的实参类型是整型，语句“float fvar = Add(10.5,11.4);”的实参类型是双精度，编译器可以区分这两个函数，正确调用相应的函数。

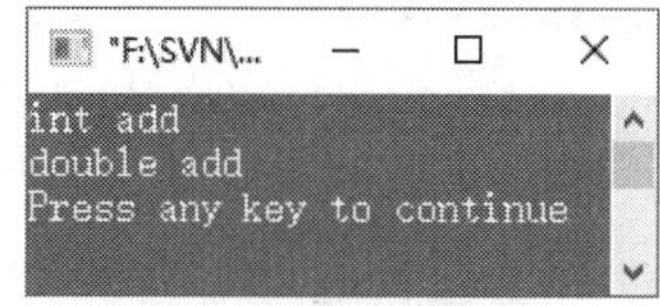

图 6.14　使用重载函数的运行结果

在定义重载函数时，应注意函数的返回值类型不作为区分重载函数的一部分。例如，下面的重载函数是非法的。

```
int Add(int x ,int y)                    //定义一个重载函数
{
    return x + y;
}
double Add(int x,int y)                  //定义第二个重载函数
{
    return x + y;
}
```

编程训练（答案位置：资源包\TM\sl\6\编程训练\）

【训练7】 警匪大片中嫌疑人可选择的状态　电影中，当嫌疑人被警方抓捕时，警方都会对嫌疑人说“你有权保持沉默，但你说的每一句话都会成为呈堂证供”。使用方法的重载，在控制台上输出嫌疑人可选择的状态。

【训练8】 选择相同类型的数据　利用重载函数特性定义函数 concat，该函数接受两个相同类型（int、short、long、char*）的参数，然后打印它们的连接形式。例如：

```
concat(1,2); 输出 12
concat(“I miss”, “you”); 输出 I miss you
```

6.6　内 联 函 数

通过 inline 关键字可以把函数定义为内联函数，编译器会在每个调用该函数的地方展开一个函数的副本。

在下面的程序中创建一个内联 IntegerAdd 函数，并进行调用。

```
#include <iostream>
using namespace std;
inline int IntegerAdd(int x,int y);
void main()
{
    int a;
    int b;
    int iresult=IntegerAdd(a,b);
}
inline int IntegerAdd(int x,int y)
{
    return x+y;
}
```

IntegerAdd 函数被定义为内联函数，其在计算机中的执行过程如下：

```
void main()
{
    int a;
    int b;
    int iresult= a+b;
}
```

使用内联函数可以减少函数调用带来的开销（在程序所在文件内移动指针寻找调用函数地址带来的开销），但它只是一种解决方案，编译器可以忽略内联的声明。

建议在函数实现代码很简短或者调用该函数次数相对较少的情况下将函数定义为内联函数，内联函数通常定义一条返回语句，不能包含循环或者 switch 语句。例如，一个递归函数不能在调用时完全展开，一个 1000 行代码的函数也不可能在调用时展开，内联函数只能在优化程序时使用。在抽象数据类设计中，它对支持信息隐藏起主要作用。

如果某个内联函数要作为外部全局函数，即它将被多个源代码文件使用，那么就把它定义在头文件里，在每个调用该内联函数的源文件中包含该头文件，这种方法保证对每个内联函数只有一个定义，以防止在程序的生命期中引起无意的不匹配。

6.7　变量的存储类别

存储类别是变量的属性之一，C++语言中定义了 4 种变量的存储类别，分别是 auto 变量、static 变量、register 变量和 extern 变量。变量存储方式不同会使变量的生存期不同，生存期表示变量存在的时间。生存期和变量作用域是从时间和空间两个不同的角度来描述变量的特性。

静态存储变量通常在变量定义时就分配固定的存储单元并一直保持不变，直至整个程序结束。前面讲过的全局变量即属于此类存储方式，它们存放在静态存储区中。动态存储变量是在程序执行过程中使用它时才分配存储单元，使用完毕立即将该存储单元释放。前面讲过的函数的形式参数，在函数定义时并不给形式参数分配存储单元，只是在函数被调用时才予以分配，调用函数完毕立即释放，此类变量存放在动态存储区中。

6.7.1　auto 变量

auto（自动）变量是 C ++语言程序中默认的存储类型。函数内未加存储类型说明的变量均视为 auto 变量，也就是说，auto 变量可省去关键字 auto。例如：

```
{
    int i,j,k;
    ...
}
```

等价于：

```
{
    auto int i,j,k;
```

```
    ...
}
```

auto 变量具有以下特点。

（1）auto 变量的作用域仅限于定义该变量的个体内。在函数中定义的 auto 变量，只在该函数内有效；在复合语句中定义的 auto 变量，只在该复合语句中有效，例如：

```
int Show()
{
    auto int x,y;
    if(true)
    {
        auto char ch;
        cout << ch << endl;             //正确
        cout << x << endl;              //正确
    }
    cout << ch << endl;                 //错误
    cout << x << endl;                  //正确
}
```

（2）auto 变量属于动态存储方式，变量分配的内存在栈中，当函数调用结束后，自动变量的值被释放。同样在复合语句中定义的 auto 变量，在退出复合语句后也不能再使用，否则将引起错误。

（3）auto 变量的作用域和生存期都局限于定义它的个体内（函数或复合语句内），因此不同的个体中允许使用同名的变量而不会混淆。即使在函数内定义的 auto 变量也可与该函数内部的复合语句中定义的 auto 变量同名。

【实例 6.9】 输出不同生命期的变量值。（**实例位置：资源包\TM\sl\6\9**）

本实例中，定义 auto 变量，分别在 if 语句内外使用此变量进行计算，观察结果，思考 auto 变量的作用。代码如下：

```
#include <iostream>
using namespace std;
void main()
{
    auto int i,j,k;
    cout <<"input the number:" << endl;
    cin >> i >> j;
    k=i+j;
    if( i!=0 && j!=0 )
    {
        auto int k;
        k=i-j;
        cout << "k :" << k << endl;     //输出变量 k 的值
    }
    cout << "k :" <<k << endl;          //输出变量 k 的值
}
```

程序运行结果如图 6.15 所示。

程序两次输出变量 k 为 auto 变量。第一次输出的是 i-j 的值，第二次输出的是 i+j 的值。虽然变量名都为 k，但其实是两个不同的变量。

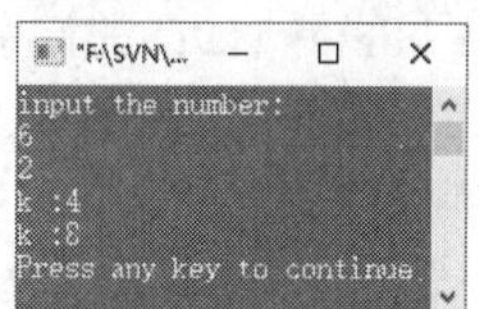

图 6.15　输出不同生命期的变量值

6.7.2 static 变量

在声明变量前加关键字 static，可以将变量声明成 static（静态）变量。静态局部变量的值在函数调用结束后不消失，静态全局变量只能在本源文件中使用。例如，声明变量为 static 变量：

```
static int a,b;
static float x,y;
static int a[3]={0,1,2};
```

static 变量属于静态存储方式，它具有以下特点。

（1）static 变量在函数内定义，在程序退出时释放，即在程序整个运行期间都不释放，也就是说它的生存期为整个源程序。

（2）static 变量的作用域与 auto 变量相同，在函数内定义在函数内使用，尽管该变量还继续存在，但不能使用。只有再次调用定义它的函数时，才可继续使用。

（3）编译器会为静态局部变量赋予 0 值。

下面通过实例介绍 static 变量的用法。

【实例 6.10】 记录点击率。（**实例位置：资源包\TM\sl\6\10**）

建立函数 click()，用于记录用户点击率。函数中定义 static 变量 sum=0，每次调用此方法，sum 的值都会加 1，并输出此时 sum 的值。调用 5 次 click()，查看此时点击量是多少。具体代码如下：

```
#include <iostream>
using namespace std;
void click()
{
    static int sum = 0;                         /*定义 static 整型变量*/
    sum = sum +1;                               /*变量加 1*/
    cout<<"此时点击率"<<sum<<endl;               /*显示结果*/
}

int main()
   {    /*调用 5 次 click()函数*/
   click();
   click();
   click();
   click();
   click();
    return 0;
}
```

程序运行结果如图 6.16 所示。

程序中 sum 是静态局部变量，每次调用函数 click 时，静态局部变量 sum 都保存了前次被调用后留下的值，所以调用 5 次时，变量 sum 每次都加 1，而不是每次都是 1。

如果去除 static 关键字，则程序运行结果如图 6.17 所示。

当调用 5 次时，变量 sum 每次都是 1。变量 sum 不再使用静态存储区空间，每次调用后变量 sum 的值都被释放，再次调用时 sum 的值为初始值 0。

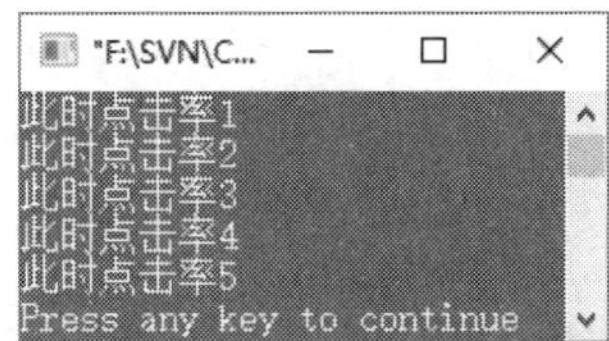

图 6.16　使用 static 变量实现累加

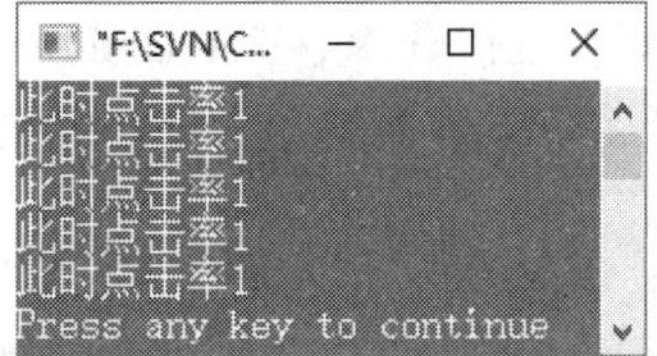

图 6.17　程序运行结果

6.7.3　register 变量

变量的值通常存放在内存中，当需要对一个变量频繁读写时，反复访问内存储器将花费大量的存取时间。为提高效率，C ++语言允许将变量声明为 register（寄存器）变量，这种变量将局部变量的值存放在 CPU 中的寄存器中，使用时不需要访问内存，而直接从寄存器中读写。register 变量的说明符是 register。

对 register 变量的说明如下。

（1）register 变量属于动态存储方式，凡需要采用静态存储方式的量不能定义为 register 变量。

（2）编译程序会自动决定哪个变量使用寄存器存储。Register 变量起到程序优化的作用。

6.7.4　extern 变量

在一个源文件中定义的变量和函数只能被本文件中的函数调用。一个 C++程序通常有许多源文件。在使用其他源文件的全局变量时，只需要在本源文件中使用 extern 关键字声明这个变量即可，示例如下。

在 Sample1.cpp 源文件中定义全局变量 a、b、c，程序代码如下：

```
int a,b;                                /*外部变量定义*/
char c;                                 /*外部变量定义*/
void main()
{
     cout << a << endl;
     cout << b << endl;
     cout << c << endl;
}
```

在 Sample2.cpp 源文件中要使用 Sample1.cpp 源文件中全局变量 a、b、c，程序代码如下：

```
extern int a,b;                         /*外部变量说明*/
extern char c;                          /*外部变量说明*/
func (int x,y)
{
     cout << a << endl;
     cout << b << endl;
     cout << c << endl;
}
```

在 Sample2.cpp 源文件中，编译系统不再为全局变量 a、b、c 分配内存空间，而是改变全局变量 a、b、c 的值，在 Sample1.cpp 源文件中输出值也会发生变化。

编程训练（答案位置：资源包\TM\sl\6\编程训练\）

【训练 9】 停车场还剩多少停车位　创建函数 park()，用于记录停车场中停车位的数量，每进入一辆车，则执行此方法一次。停车场共有 30 个停车位，进入 4 辆车之后，计算停车场还剩多少个停车位。

【训练 10】 数据清洗　定义一个 mul()函数，在函数中使用 auto 变量修饰变量 a，并对此变量每次都乘 2，调用 5 次，查看结果，发现每次都得到同一个结果，说明每次都将数据进行了清洗重置。结果如下：

```
第 1 次调用：6
第 2 次调用：6
第 3 次调用：6
第 4 次调用：6
第 5 次调用：6
```

6.8 小　　结

本章主要介绍函数的使用，调用函数要了解函数的返回值、参数以及调用方式。变量的作用域和函数有关，函数的递归调用可以帮助开发人员设计思路明晰的程序，内联函数可以提高程序的运算效率，函数重载则解决了代码复用中函数名冲突的问题。

6.9 实践与练习

答案位置：（资源包\TM\sl\6\实践与练习\）

综合练习 1：模拟 12306 抢票系统　12306 抢票系统，每售出一张票，全国各地的系统显示都会同步减少一张票。利用全局变量模拟 12306 抢票系统，输出效果如下：

```
始发地：上海　目的地：长春　时间：2021 年 4 月 10 日 16：20 出发
3 个城市剩余的票数分别为：
上海的 12306 系统剩余票数: 99 张
北京的 12306 系统剩余票数: 99 张
深圳的 12306 系统剩余票数: 99 张
我抢到一张票之后剩余票数：98 张
我抢到一张票之后 3 个城市剩余的票数分别为：
上海的 12306 系统剩余票数: 98 张
北京的 12306 系统剩余票数: 98 张
深圳的 12306 系统剩余票数: 98 张
```

综合练习 2：为“和尚”写诗　自定义一个 poetry()函数，为和尚写一首诗，诗句如下：

```
空门有路不知处
头白齿黄犹念经
何年饮着声闻酒
迄至如今醉未醒
```

综合练习 3: 确定女主角　某导演有一个剧本，需要找演员来演对应的角色。利用函数的实参和形参编写代码，实现为剧本选女主角的功能。效果如下：

```
导演选定女主角是：Lucy
➙*➙*➙*➙*➙*➙*➙*➙*➙*➙*➙*
    Lucy 开始参演李美丽角色
➙*➙*➙*➙*➙*➙*➙*➙*➙*➙*➙*
```

综合练习 4: 递归求年龄　使用递归调用求年龄。某一天，甲乙丙丁戊 5 个人坐在一起聊天，大家猜戊的年龄，他说比丁大 2 岁；问丁的年龄，他说比丙大 2 岁；问丙的年龄，他说比乙大 2 岁；问乙的年龄，他说比甲大 2 岁；问甲的年龄，他说他 10 岁。编写程序，求戊的年龄。效果如下：

```
--------------------------------
   戊的年龄是：18 岁
--------------------------------
```

综合练习 5: 你的心跳正常吗？　把函数作为参数使用，编写程序，判断输入的心跳数是否是正常。当心跳数在 60～100 次/min，显示心跳正常，运行结果如图 6.18 所示；当心跳数大于 100 次/min 或小于 60 次/min 时，显示心跳不正常。运行结果如图 6.19 所示。

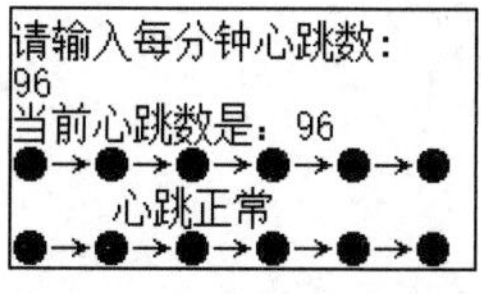

图 6.18　心跳正常

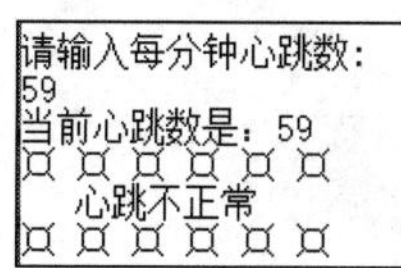

图 6.19　心跳不正常

第 7 章

数组、指针和引用

数组是有序数据的集合，可以减少同种类型变量的声明；指针是可以操作内存数据的变量；引用是变量的别名。数组的首地址可以看作指针，通过指针可以操作数组，指针和引用在函数的参数传递时可以替代。指针是一柄双刃剑，能够带来效率的提升，也会给程序带来意想不到的灾难。因此，大家在学习本章时一定要认真思考。

本章知识架构及重难点如下：

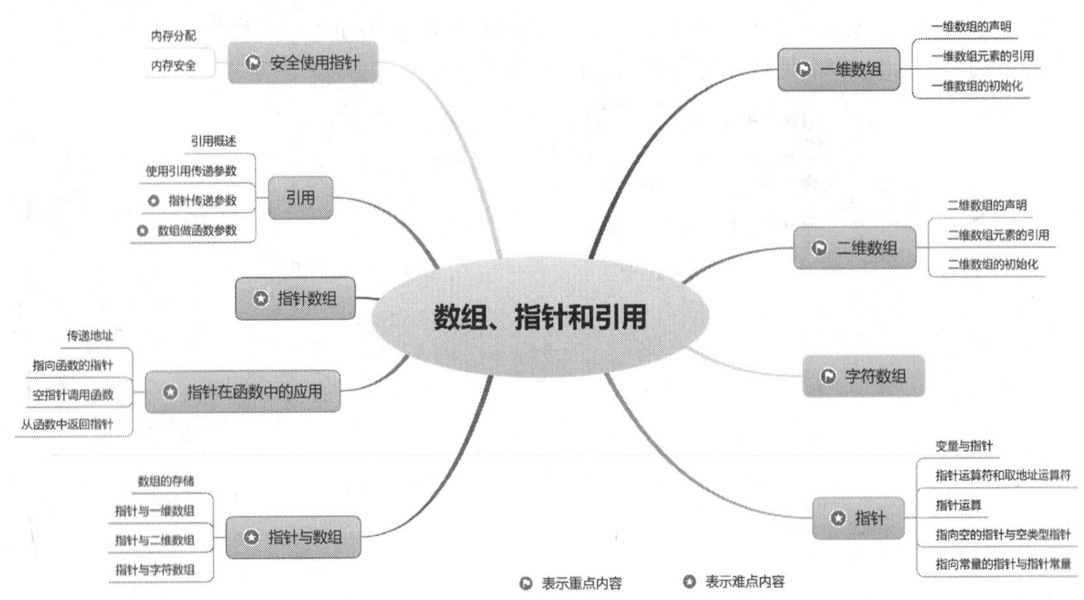

7.1 一维数组

7.1.1 一维数组的声明

在程序设计中，将同一数据类型的数据按一定形式有序地组织起来，这些有序数据的集合称为数组。一个数组有一个统一的数组名，可以通过数组名和下标来唯一确定数组中的元素。

一维数组的声明形式如下：

```
数据类型 数组名[常量表达式]
```

例如：

```
int a[10];              //声明一个整型数组，数组有 10 个元素
char name[128];         //声明一个字符数组，数组有 128 个元素
float price[20];        //声明一个浮点数组，数组有 20 个元素
```

使用一维数组的说明如下。

（1）数组名的命名规则和变量名相同。

（2）数组名后面的括号是方括号，方括号内是常量表达式。

（3）常量表达式表示元素的个数，即数组的长度。

（4）定义数组的常量表达式不能是变量，因为数组的大小不能动态地定义。

```
int a[i];               //不合法
```

7.1.2　一维数组元素的引用

引用一维数组元素的一般形式为“数组名[下标]”。

例如，有如下数组声明：

```
int a[10];              //声明数组
```

则 a[0]、a[1]、a[2]、a[3]、a[4]、a[5]、a[6]、a[7]、a[8]、a[9]，是对数组 a 中 10 个元素的引用。

误区警示

int[3]={1,3,4}，这样的定义是错误的。在定义数组时必须要有数组标识符。

引用一维数组元素时，要注意：

（1）数组元素的下标起始值是 0，而不是 1。

（2）a[10]是不存在的数组元素，引用 a[10]非法。

注意

a[10]属于下标越界，下标越界容易造成程序瘫痪。

7.1.3　一维数组的初始化

数组元素初始化的方式有两种：一种是对单个元素逐一赋值，另一种是使用聚合方式赋值。

1. 单一数组元素赋值

a[0]=0 就是对单一数组元素赋值，也可以通过变量控制下标的方式进行赋值，例如：

```
#include <iostream>
using namespace std;
void main()
{
```

```
    char a[3];
    a[0]='a';
    a[2]='c';
    int i=0;
    cout << a[i] << endl;
}
```

程序运行结果如图 7.1 所示。

2. 聚合方式赋值

数组不仅可以逐一对数组元素赋值，还可以通过大括号进行多个元素的赋值。例如：

```
int a[12]={1,2,3,4,5,6,7,,8,9,10,11,12};
int b[]={1,2,3,4,5,6,7,,8,9,10,11,12};                //编译器能够获得数组元素个数
int c[12]={1,2,3,4,5,6,7};                            //前 7 个元素被赋值，后面 5 个元素的值为 0
```

下面通过实例来介绍如何为一维数组的数组元素赋值。

【实例 7.1】 使用数组保存手机号。（**实例位置：资源包\TM\sl\7\1**）

在本实例中，使用数组保存用户输入的手机号。

```
#include<iostream>
using namespace std;
int main()
{
    int iArray[11], index;                            //定义数组及变量为基本整型
    printf("请输入手机号:\n");
    for (index= 0; index< 11; index++)                //逐个输入数组元素，用空格隔开
     {
         cin>>iArray[index];
     }
    printf("手机号是:\n");
    for (index = 0; index< 11; index++)               //显示数组中的元素
     {
         cout<<iArray[index];
     }
    printf("\n");
     return 0;
}
```

程序运行结果如图 7.2 所示。

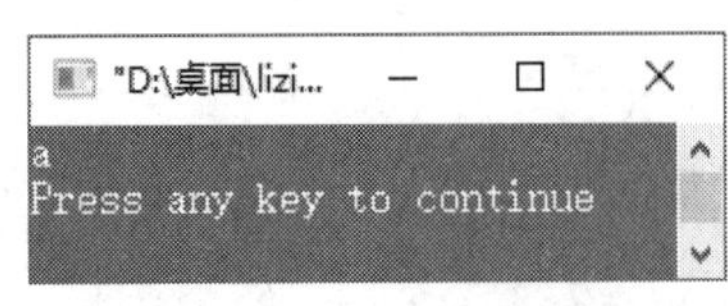

图 7.1　单一数组元素赋值

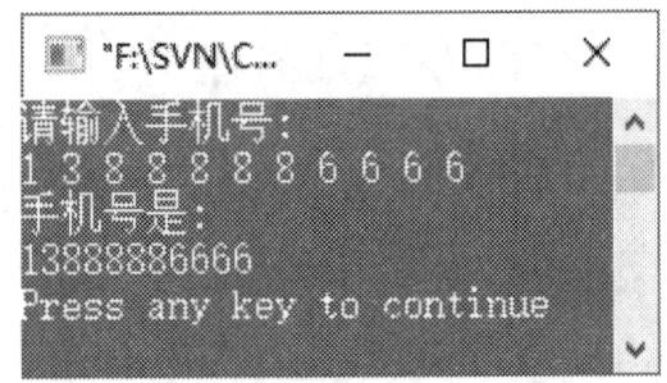

图 7.2　一维数组赋值

程序通过 for 循环为 int iArray [10]定义的数组中的每个元素赋值，再通过一个 for 循环用 cout 函数

将数组中的元素值输出到显示设备。

编程训练（答案位置：资源包\TM\sl\7\编程训练\）

【训练 1】 保存考试成绩　编写程序，该程序接收用户输入的考试成绩，保存在数组中，当用户输入“-1”，停止接收输入，并打印平均成绩。

【训练 2】 获取及格成绩　有一个数组 a[]保存了所有学生的成绩，打印所有及格的成绩。数组 a[]的值如下：

```
int a [5] = {59, 90, 45, 78, 20};
```

7.2 二 维 数 组

7.2.1 二维数组的声明

二维数组声明的一般形式如下：

```
数据类型 数组名[常量表达式 1][常量表达式 2]
```

例如：

```
int a[3][4];                    //声明具有 3 行 4 列元素的整型数组
float myArray[4][5];            //声明具有 4 行 5 列元素的浮点数组
```

一维数组描述的是一个线性序列，二维数组描述的是一个矩阵。常量表达式 1 代表行数，常量表达式 2 代表列数。

二维数组可以看作一种特殊的一维数组，如图 7.3 所示，虚线左侧为 3 个一维数组的首元素，二维数组由 A[0]、A[1]、A[2] 3 个一维数组组成，每个一维数组都包含 4 个元素。

A[0][0]	A[0][1]	A[0][2]	A[0][3]
A[1][0]	A[1][1]	A[1][2]	A[1][3]
A[2][0]	A[2][1]	A[2][2]	A[2][3]

图 7.3　二维数组

使用二维数组的说明如下。

（1）数组名的命名规则和变量名相同。

（2）二维数组有两个下标，所以有两个中括号。例如：

```
int a[3,4]                      //不合法
int a[3:4]                      //不合法
```

（3）下标运算符中的整数表达式代表数组每一维的长度，必须是正整数，其乘积决定了整个数组的长度。例如，数组 int a[3][4]，其长度就是 3×4=12。

（4）定义数组的常量表达式不能是变量，因为数组的大小不能动态地定义。

```
int a[i][j];                    //不合法
```

7.2.2 二维数组元素的引用

二维数组元素的引用形式如下：

```
数组名[下标][下标]
```

二维数组元素的引用和一维数组基本相同。例如：

```
a[2-1][2*2-1]                       //合法
a[2,3],a[2-1,2*2-1]                 //不合法
```

7.2.3　二维数组的初始化

二维数组元素初始化的方式和一维数组相同，也分为单个元素逐一赋值和使用聚合方式赋值。例如：

```
myArray[0][1]=12;                           //单个元素初始化
int a[3][4]={1,2,3,4,5,6,7,8,9,10,11,12};   //使用聚合方式赋值
```

使用聚合方式给数组赋值等同于分别对数组中的每个元素进行赋值。因此，上述第二行语句等同于：

```
a[0][0]=1;a[0][1]=2;a[0][2]=3;a[0][3]=4;
a[1][0]=5;a[1][1]=6;a[1][2]=7;a[1][3]=8;
a[2][0]=9;a[2][1]=10;a[2][2]=11;a[2][3]=12;
```

二维数组中元素排列的顺序是按行存放的，即在内存中先顺序存放第一行的元素，再存放第二行的元素。因此，“int a[3][4]={1,2,3,4,5,6,7,8,9,10,11,12};”的赋值顺序如下。

先给第一行元素赋值：a[0][0]->a[0][1]->a[0][2]->a[0][3]。

再给第二行元素赋值：a[1][0]->a[1][1]->a[1][2]->a[1][3]。

最后给第三行元素赋值：a[2][0]->a[2][1]->a[2][2]->a[2][3]。

数组元素的位置以及对应数值如图 7.4 所示。

A[0][0]	A[0][1]	A[0][2]	A[0][3]
A[1][0]	A[1][1]	A[1][2]	A[1][3]
A[2][0]	A[2][1]	A[2][2]	A[2][3]

数组元素的位置

1	2	3	4
5	6	7	8
9	10	11	12

数值的位置

图 7.4　数组元素的位置以及对应数值

使用聚合方式赋值，还可以按行进行赋值，例如：

```
int a[3][4]={{1,2,3,4},{5,6,7,8},{9,10,11,12}};
```

二维数组可以只对前几个元素赋值，例如：

```
a[3][4]={1,2,3,4};   //相当于给第一行赋值，其余数组元素全为 0
```

数组元素是左值，可以出现在表达式中，也可以对数组元素进行计算，例如：

```
b[1][2]=a[2][3]/2;
```

【实例 7.2】 将二维数组行列对换。（实例位置：资源包\TM\sl\7\2）

```
#include <iostream>
#include <iomanip>
using namespace std;
int fun(int array[3][3])
{
    int i,j,t;
    for(i=0;i<3;i++)
        for(j=0;j<i;j++)
        {
            t=array[i][j];
            array[i][j]=array[j][i];
            array[j][i]=t;
        }
        return 0;
}
void main()
{
    int i,j;
    int array[3][3]={{1,2,3},{4,5,6},{7,8,9}};
    cout << "Converted Front" <<endl;
    for(i=0;i<3;i++)
    {
        for(j=0;j<3;j++)
            cout << setw(7) << array[i][j] ;
        cout<< endl;
    }
    fun(array);
    cout << "Converted result" <<endl;
    for(i=0;i<3;i++)
    {
        for(j=0;j<3;j++)
            cout << setw(7) << array[i][j] ;
        cout<< endl;
    }
}
```

程序运行结果如图 7.5 所示。

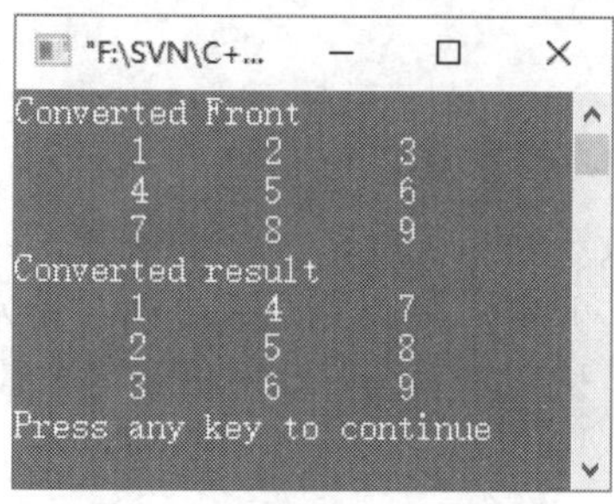

图 7.5　将二维数组行列对换

程序首先输出二维数组 array 中的元素，然后调用自定义函数 fun 将数组中的行元素转换为列元素，最后输出转换后的结果。

编程训练（答案位置：资源包\TM\sl\7\编程训练\）

【训练 3】 打印对角线字符　有如下二维数组：

```
char ccArray[5][5] = {
      {'a','b','c','d','e'},
      {'b','a','8','d','d'},
      {'c','d','a','e','c'},
      {'d','j','f','a','b'},
      {'e','d','a','f','a'},
};
```

编写程序，打印该数组对角线（左上至右下）上的字符。

【训练 4】 显示心形图案　利用二维数组打印心形图案，形状如下：

```
    *       *
  *     *     *
    *       *
        *
```

7.3 字 符 数 组

用来存放字符数据的数组是字符数组。字符数组中，一个元素存放一个字符。字符数组具有数组的共同属性。由于字符串应用广泛，C 和 C++专门为它提供了许多方便的用法和函数。

1. 声明一个字符数组

```
char pWord[11];
```

2. 字符数组赋值方式

☑ 数组元素逐一赋值

```
pWord[0]='H'; pWord[1]='E'; pWord[2]='L'; pWord[3]='L';
pWord[4]='O'; pWord[5]=' '; pWord[6]='W'; pWord[7]='O';
pWord[8]='R'; pWord[9]='L'; pWord[10]='D';
```

☑ 聚合方式赋值

```
char pWord[]={'H','E','L','L','O',' ','W','O','R','L','D'};
```

如果大括号中提供的初值个数大于数组长度，则按语法错误处理。如果初值个数小于数组长度，则只将这些字符赋给数组中前面那些元素，其余的元素自动定义为空字符。如果初值个数与预定的数组长度相同，在定义时可以省略数组长度，系统自动根据初值个数确定数组长度。

3. 字符数组的说明

聚合方式赋值只能在数组声明时使用，例如：

```
char pWord[5];
pWord={'H','E','L','L','O'};   //错误
```

字符数组不能给字符数组赋值。

```
char a[5]= {'H','E','L','L','O'};
char b[5];
a=b;                        //错误
a[0]=b[0];                  //正确
```

4. 字符串和字符串结束符

字符数组常用于存储字符串，此时要连同字符串结束符'\0'一起保存。

可以使用字符串为字符数组赋值，例如：

```
char a[]= "HELLO WORLD";
```

等同于：

```
char a[]= "HELLO WORLD\0";
```

字符串结束符'\0'的作用是提示字符串处理函数，该字符串已经结束，不需再输出。下面通过实例介绍使用字符串结束符'\0'和不使用字符串结束符'\0'的区别。

【实例 7.3】 非法字符出没。（**实例位置：资源包\TM\sl\7\3**）

使用字符串结束符'\0'主要是防止出现非法字符，程序中未使用字符串结束符'\0'，程序代码如下：

```
#include <iostream>
using namespace std;
void main()
{
    int i;
    char array[12];
    array[0]='a';
    array[1]='b';
    printf("%s\n",array);
}
```

程序运行结果如图 7.6 所示。

使用字符串结束符'\0'，程序代码如下：

```
#include <iostream>
using namespace std;
void main()
{
    int i;
    char array[12];
    array[0]='a';
    array[1]='b';
    array[2]='\0';
    printf("%s\n",array);
}
```

程序运行结果如图 7.7 所示。

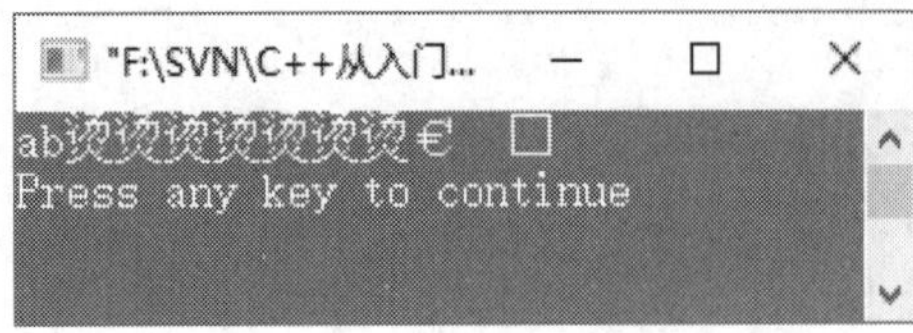

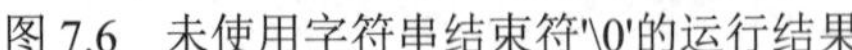
图 7.6　未使用字符串结束符'\0'的运行结果

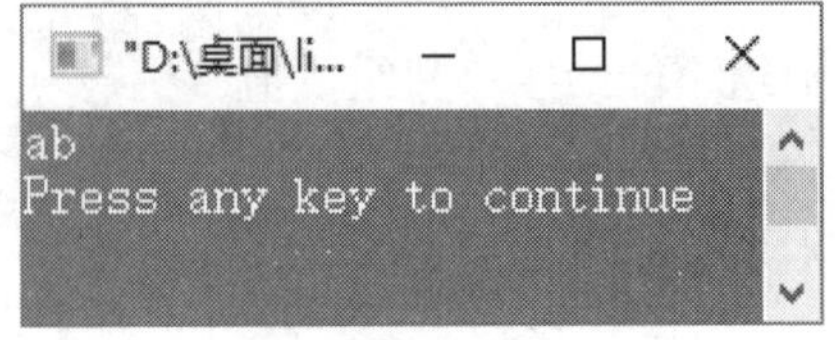

图 7.7　使用字符串结束符'\0'的运行结果

printf 函数使用%s 格式可以输出字符串，如果字符串中没有结束符，函数按整个字符数组输出。array 字符数组中只有前两个字符初始化了，所以未使用字符串结束符'\0'的程序会出现乱码。

下面通过实例介绍程序中对字符数组的操作。

【实例 7.4】 打印停车场标志。（**实例位置：资源包\TM\sl\7\4**）

某停车场在角落上写着“Park”的字样，利用字符串数组输出“Park”。在本实例中，定义一个字符数组，通过初始化操作保存一个字符串，然后通过循环引用将每一个数组元素进行输出操作。

```
#include<iostream>                              /*包含头文件*/
using namespace std;
int main()                                      /*主函数 main*/
{
        char cArray[5]={'P','a','r','k'};       /*定义字符数组并初始化*/
        int i;                                  /*循环控制变量*/
        for(i=0;i<5;i++)                        /*进行循环*/
        {
            cout<<cArray[i];                    /*输出字符数组元素*/
        }
        printf("\n");                           /*输出换行*/
        return 0;                               /*程序结束*/
}
```

程序运行结果如图 7.8 所示。

5. 字符串处理函数

1）strcat 函数

字符串连接函数 strcat 的语法格式如下：

```
strcat(字符数组名 1，字符数组名 2)
```

strcat 函数把字符数组 2 中的字符串连接到字符数组 1 中字符串的后面，并删去原字符数组 1 中的字符串结束符'\0'。下面通过实例使用 strcat 函数将两个字符串连接在一起。

【实例 7.5】 连接字符串。（**实例位置：资源包\TM\sl\7\5**）

在本实例中，使用字符连接函数 strcat，将输入的两个字符串连接在一起。具体代码如下：

```
#include <iostream>
#include <string>
using namespace std;
void main()
{
      char str1[30],str2[20];
      cout<<"please input string1:"<< endl;
      gets(str1);
```

```
    cout<<"please input string2:"<<endl;
    gets(str2);
    strcat(str1,str2);
    cout <<"Now the string1 is:"<<endl;
    puts(str1);
}
```

程序运行结果如图 7.9 所示。

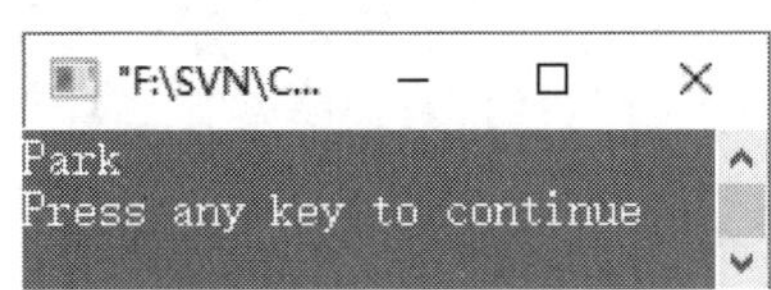

图 7.8　输出字符数组中内容

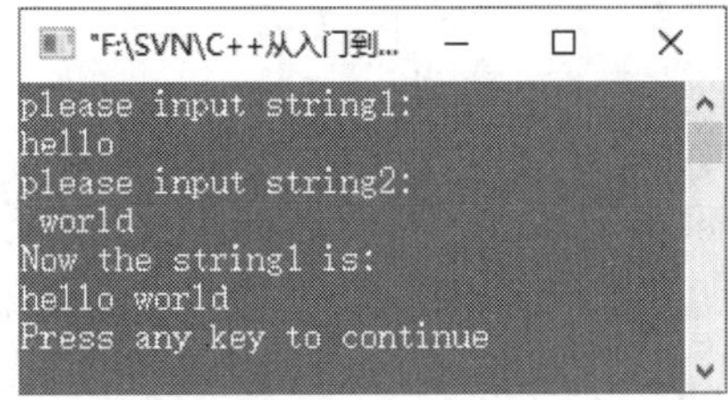

图 7.9　连接字符串

说明

在使用 strcat 函数时要注意，字符数组 1 的长度要足够大，以便能装下连接后的字符串。

【实例 7.6】 连接两个字符串。（**实例位置：资源包\TM\sl\7\6**）

不使用 string 函数库中的 strcat 函数，连接两个字符串。具体代码如下：

```
#include <iostream>
using namespace std;
void main()
{
    int i=0,j=0;                        //定义整型变量
    char a[100],b[50];                  //定义字符数组
    cout <<"please input string1:" << endl;
    cin >> a;                           //输入字符串存于数组 a 中
    cout   << "please input string2:" << endl;
    cin >> b;                           //输入字符串存于数组 b 中
    while(a[i]!='\0')                   //逐个遍历数组 a 中的元素，直到遇到字符串结束符
        i++;
    while(b[j]!='\0')                   //逐个遍历数组 b 中的元素，直到遇到字符串结束符
        a[i++]=b[j++];                  //将数组 b 中的元素存入数组 a 中，并从数组 a 原来存放'\0'位置开始覆盖
        a[i]='\0';                      //在合并后的两个字符串的最后加'\0'
    cout << a << endl;                  //输出合并后的字符串
}
```

本例的关键是在后一个字符串连接到前一个字符串时，要先判断前一个字符串的结束符在什么位置。只有找到前一个字符串的结束符，才能连接后一个字符串。

2）strcpy 函数

字符串复制函数 strcpy 的语法格式如下：

```
strcpy(字符数组名 1，字符数组名 2)
```

strcpy 函数把字符数组 2 中的字符串复制到字符数组 1 中，字符串结束符'\0'也一同复制。

说明

（1）要求字符数组 1 应有足够的长度，以便全部装入所复制的字符串。

（2）“字符数组 1”必须写成数组名形式，而“字符数组 2”可以是字符数组名，也可以是一个字符串常量，这时相当于把一个字符串赋予一个字符数组。

【实例 7.7】 复制字符串。（**实例位置：资源包\TM\sl\7\7**）

```
#include <iostream>
#include <string>
using namespace std;
void main()
{
	char str1[30],str2[20];
	cout<<"please input string1:"<< endl;
	gets(str1);
	cout<<"please input string2:"<<endl;
	gets(str2);
	strcpy(str1,str2);
	cout<<"Now the string1 is:\n"<<endl;
	puts(str1);
}
```

程序运行结果如图 7.10 所示。

提示

strcpy 函数实质上是用字符数组 2 中的字符串覆盖字符数组 1 中的内容，而 strcat 函数则不存在覆盖问题，只是单纯地将字符数组 2 中的字符串连接到字符数组 1 中的字符串后面。

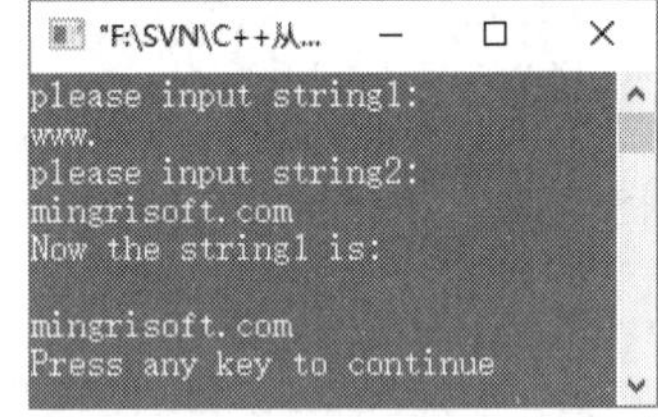

图 7.10　字符串复制

3）strcmp 函数

字符串比较函数 strcmp 的语法格式如下：

```
strcmp(字符数组名 1，字符数组名 2)
```

strcmp 函数按照 ASCII 码顺序比较两个数组中的字符串，并返回比较结果。

☑　字符串 1=字符串 2，返回值为 0。

☑　字符串 1>字符串 2，返回值为一正数。

☑　字符串 1<字符串 2，返回值为一负数。

strcmp 函数还可用于比较两个字符串常量，或比较数组和字符串常量。例如：

```
strcmp(str1,str2);            //两个数组进行比较。
strcmp(str1,"hello");         //数组与字符串进行比较
strcmp("hello","how");        //两个字符串进行比较
```

说明

进行比较时若出现不同的字符，则以第一个不同字符比较结果作为整个比较的结果。

【实例 7.8】 模拟银行取款。（**实例位置：资源包\TM\sl\7\8**）

银行输入密码取款，输入正确方能取款，正确的密码为 574824。只有 3 次输入机会，如果都错了，就提示“请到人工处办理解锁”。

```
#include<iostream>
#include<string.h>
using namespace std;
int main()
{
    char password[20] = {"574824"};                    /*保存密码字符串*/
    char pwstr[20];                                    /*保存输入密码字符串*/
    int i=1;
    while(i <= 3)                                      /*循环 3 次输入密码机会*/
   {
        cout<<"输入密码字符串:\n";
          gets(pwstr);                                 /*输入密码字符串*/
                if(strcmp(password,pwstr))             /*如果密码字符串不相等*/
                {
                cout<<"第"<<i<<"次，密码字符串输入错误！\n";   /*提示密码字符串输入错误*/
                }
                else                                   /*密码字符串都正确*/
                {
                        cout<<"密码正确，请选择服务！\n";    /*输出字符串*/
                        break;                         /*退出*/
                }
          i++;
    }
    if(i == 4)
    {
          cout<<"输入字符串错误 3 次！请到人工处办理解锁\n";   /*输入字符串错误 3 次*/
    }
    return 0;                                          /*程序结束*/
}
```

程序运行结果如图 7.11 所示。

误区警示

字符串比较不能使用关系运算符，也不能使用赋值运算符进行赋值得到数据。因此，下面的语句是错误的。

```
if(str[2]==mingri)…
str[2]=mingri;…
```

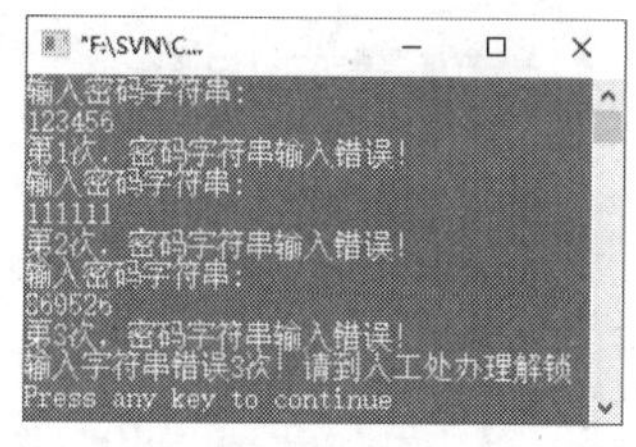

图 7.11　模拟银行取款的运行结果

4）strlen 函数

测字符串长度函数 strlen 的语法格式如下：

```
strlen(字符数组名)
```

strlen 函数测字符串的实际长度（不含字符串结束符'\0'），函数返回值为字符串的实际长度。

【实例 7.9】 判断用户输入的密码是否为 6 位。（**实例位置：资源包\TM\sl\7\9**）

在 main 函数体中定义两个字符数组，用来存储用户输入的字符串，然后调用 strlen()函数计算字符串长度，使用 if...else 判断长度是否等于 6。

```
#include<iostream>                                    /*包含头文件*/
#include<string.h>
using namespace std;
int main()                                            /*主函数 main*/
{
        char text[50];                                /*定义字符数组*/
        cout<<"输入一个密码:\n";
        gets(text);                                   /*获取输入的字符串*/
        if(strlen(text)==6)                           /*计算字符串长度并比较是否等于 6*/
            cout<<"输入密码是 6 位\n";
        else
            cout<<"输入密码不是 6 位\n";
        return 0;                                     /*程序结束*/
}
```

程序运行结果如图 7.12 所示。

图 7.12　密码长度

编程训练（答案位置：资源包\TM\sl\7\编程训练\）

【训练 5】 计算字符串长度　字符串是以'\0'结尾的字符数组，编写函数，根据这一特性，计算一个字符串的长度（不包括结束符'\0'）。

【训练 6】 输出文件全路径　编写程序，接收用户输入的目录和文件名，然后输出文件的全路径。

7.4　指　　针

7.4.1　变量与指针

内存就像许多带有编号的小房间，如果想使用内存，就需要得到房间号。如图 7.13 所示，定义一个整型变量 i，它需要 4 个字节，所以编译器为变量 i 分配了编号 4001～4004 的房间，每个房间代表一个字节。

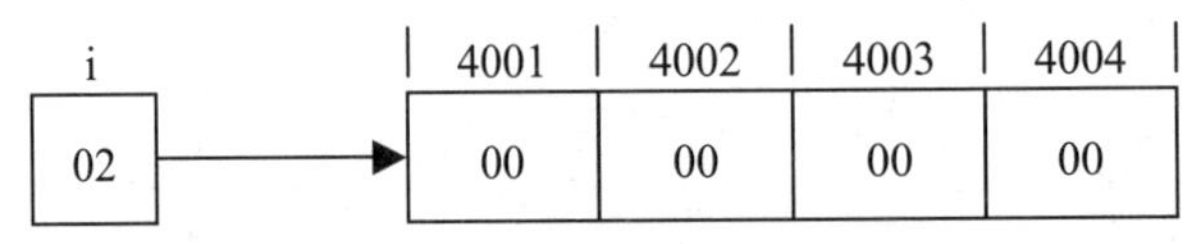

图 7.13　整型变量 i

各个变量连续地存储在内存中。如图 7.14 所示，两个整型变量 i 和 j 存储在内存中。

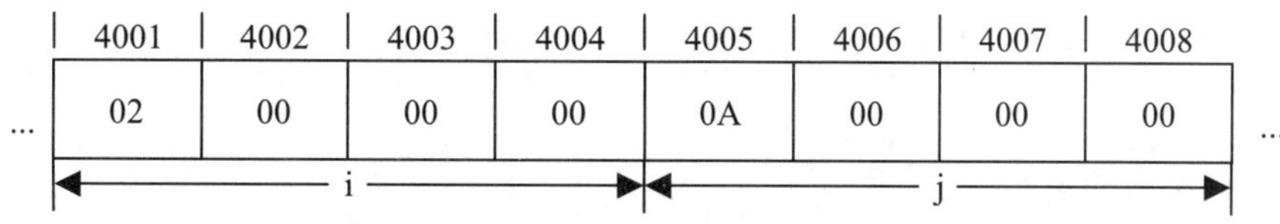

图 7.14　整型变量 i 和 j

在程序代码中通过变量名对内存单元进行存取操作，但是代码经过编译后已经将变量名转换为该变量在内存中的存放地址，对变量值的存取都是通过地址进行的。例如，语句“i+j;”的计算过程是根据变量名与地址的对应关系，找到变量 i 的地址 4001，然后从 4001 开始读取 4 个字节数据放到 CPU 寄存器中，再找到变量 j 的地址 4005，从 4005 开始读取 4 个字节的数据放到 CPU 另一个寄存器中，通过 CPU 的加法中断计算结果。

在低级语言的汇编语言中都是直接通过地址来访问内存单元的，而在高级语言中才使用变量名访问内存单元，C 语言作为高级语言却提供了通过地址来访问内存单元的方法，C++也继承了这一特性。

由于通过地址能访问指定的内存存储单元，可以说地址“指向”该内存单元。例如，房间号 4001 指向系统内存中的一个字节。地址可以形象地称为指针，意思是通过指针能找到内存单元。一个变量的地址称为该变量的指针。如果有一个变量专门用来存放另一个变量的地址，它就是指针变量。在 C++语言中有专门用来存放内存单元地址的变量类型，就是指针类型。

指针是一种数据类型，通常所说的指针就是指针变量，它是一个专门用来存放地址的变量，而变量的指针主要是指变量在内存中的地址。变量的地址在编写代码时无法获取，只有在程序运行时才能得到。

1. 指针的声明

声明指针的一般形式如下：

```
数据类型标识符 *指针变量名
```

例如：

```
int *p_iPoint;                    //声明一个整型指针
float *a,*b                       //声明两个浮点指针
```

2. 指针的赋值

指针可以在声明时进行初始化赋值，也可以后期再赋值。

在初始化时赋值：

```
int i=100;
int *p_iPoint=&i;
```

在后期赋值：

```
int i=100;
p_iPoint =&i;
```

说明

通过变量名访问一个变量是直接的，而通过指针访问一个变量是间接的。

3. 关于指针使用的说明

（1）指针变量名是 p，而不是*p，p=&i 的意思是取变量 i 的地址赋给指针变量 p。

下面的实例可以获取变量的地址，并将获取的地址输出。

【实例 7.10】 输出变量的地址。（**实例位置：资源包\TM\sl\7\10**）

定义一个指针并赋值，利用指针的方法将这个数的地址输出。实现代码如下：

```
#include <iostream>
using namespace std;
void main()
{
    int a=100;                    //定义一个变量 a
    int *p=&a;                    //定义一个指针变量 p 并初始化
    printf("%d\n",p);             //按十进制输出 a 的地址
}
```

程序运行结果如图 7.15 所示。本例通过 printf 函数直接将地址输出。变量是由系统分配空间，因此变量的地址不是固定不变的。

（2）指针变量不能直接赋值。例如：

```
int a=100;
int *p;
p=100;
```

上述代码编译不能通过，有 error C2440: '=' : cannot convert from 'const int' to 'int *'错误提示。

如果强行赋值，使用指针运算符*提取指针所指变量时会出错，例如：

```
int a=100;
int *p;
p=(int*)100;          //通过强制转换将 100 赋值给指针变量
printf("%d",p);       //输出地址
printf("%d",*p);      //输出指针指向的值，出错语句
```

（3）不能将*p 当变量使用。例如：

```
int a=100;
int *p;
*p=100;               //指针没有获得地址
printf("%d",p);       //输出地址，出错语句
printf("%d",*p);      //输出指针指向的值，出错语句
```

上面代码可以编译通过，但运行时会弹出错误对话框，如图 7.16 所示。

误区警示

什么是野指针？没有初始化的指针变量俗称“野指针”。这种没有初始化的指针变量并非不能使用，但是有一定错误危害（不合法内存空间），为了防止这种危害，良好的编程习惯是在定义指针变量时将其初始化为 NULL。由于 NULL 处禁止写入，所以一旦有错误，就可以将错误造成的危害降到最小。

【实例 7.11】 比较两个数大小。（**实例位置：资源包\TM\sl\7\11**）

使用指针比较两个数大小，实现代码如下：

```
#include <iostream>
using namespace std;
void main()
{
    int *p1,*p2;
    int *p;                          //临时指针
    int a,b;
    cout << "input a: " << endl;
    cin >> a;                        //给 a 赋值
    cout << "input b: " << endl;
    cin >> b;
    p1=&a;p2=&b;                     //p1 指向 a 地址，p2 指向 b 地址
    if(a<b)                          //如果 a<b，交换 p1 和 p2 所指向的地址
    {
        p=p1;
        p1=p2;
        p2=p;
    }
    cout << "a=" << a;
    cout << " ";
    cout << "b=" << b;
    cout << endl;
    cout << "较大的数:" << *p1 << "较小的数:" << *p2 <<endl;
}
```

程序运行结果如图 7.17 所示。

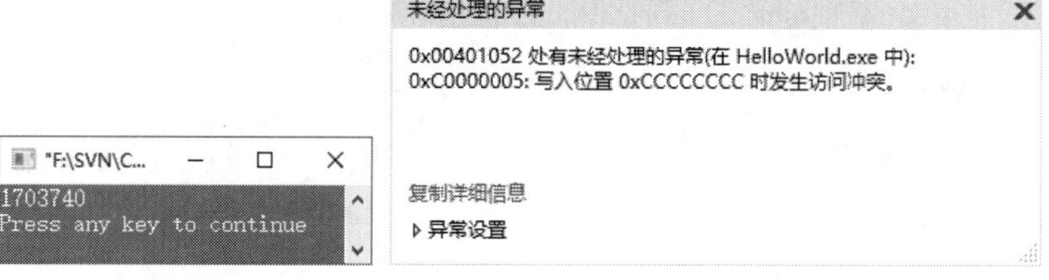

图 7.15　输出变量的地址值　　图 7.16　错误提示

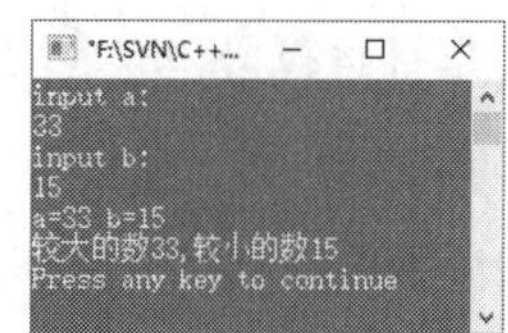

图 7.17　使用指针比较两个数的大小

7.4.2 指针运算符和取地址运算符

1. 指针运算符和取地址运算符简介

*和&是两个运算符，*是指针运算符，&是取地址运算符。

取地址运算符，如图 7.18 所示，变量 i 的值为 100，存储在内存地址为 4009 的地方，取地址运算符&使指针变量 p 得到地址 4009。

指针运算符，如图 7.19 所示，指针变量存储的是地址编号 4009，指针通过指针运算符可以得到地址。

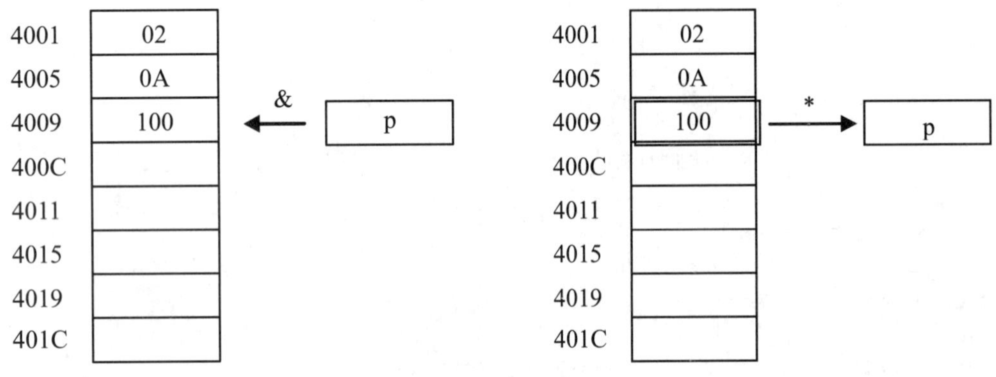

图 7.18　取地址　　　　图 7.19　通过地址取值

下面的实例通过指针实现输出指针对应的数值的功能。

【实例 7.12】 输出指针对应的数值。（**实例位置：资源包\TM\sl\7\12**）

本实例中，定义整型变量 a 并赋值，再定义一个指针变量 p，并将 a 的值赋给指针变量，最后用 cout 输出整型变量 a 的值和指针变量 p 的值。具体代码如下：

```
#include <iostream>
using namespace std;
void main()
{
	int a=100;
	int *p=&a;
	cout << " a=" << a <<endl;
	cout << "*p=" << *p <<endl;
}
```

2. 指针运算符和取地址运算符的说明

声明并初始化指针变量时，同时会用到*和&两个运算符，例如：

```
int *p=&a;
```

该语句等同于：

```
int   *(p=&a);
```

如果写成“*p=&a;”，程序会报错。

&*p 中的 p 只能是指针变量，如果将*放在变量名前，编译时会有逻辑错误。例如：

```
#include <iostream>
using namespace std;
void main()
{
    int a=100;
    int *p;
    printf("%d",&*a);
}
```

编译程序会出现 error C2100: illegal indirection 的错误提示。

3. &*p 和*&a 的区别

&和*的运算符优先级别相同，按自右而左的方向结合。因此，&*p 是先进行*运算，*p 相当于变量 a；再进行&运算，&*p 就相当于取变量 a 的地址。*&a 是先计算&运算符，&a 就是取变量 a 的地址，然后计算*运算，*&a 相当于取变量 a 所在地址的值，实际就是变量 a。

7.4.3　指针运算

指针变量存储的是地址，对指针做运算就等于对地址做运算。下面通过实例介绍指针的运算。

【实例 7.13】 输出整型变量变化地址。（**实例位置：资源包\TM\sl\7\13**）

定义指针变量和整型变量，并将整型变量的地址赋值指针变量，再进行指针自加，输出结果，比较自加前后的数值。代码如下：

```
#include <iostream>
using namespace std;
void main()
{
    int a=100;
    int *p=&a;
    printf("address:%d\n",p);
    p++;
    printf("address:%d\n",p);
    p--;
    printf("address:%d\n",p);
    p--;
    printf("address:%d\n",p);
}
```

程序运行结果如图 7.20 所示。程序首先输出的是指向变量 a 的指针地址 1703740，然后对指针分别进行自加运算和两次自减运算，输出的结果分别是 1703744、1703740、1703736。

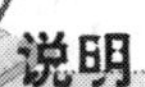说明

指针大小不是一样的。在有的编译器中，指向数据对象的指针可能比指向函数的指针更长或更短。在早期的编译器中，存在所谓的 near 指针和 far 指针，这两种指针的长度不相同，所以指针大小是不一样的。

指针进行一次加 1 运算，其地址并没有加 1，而是增加了 4，这和声明指针的类型有关。

p++是对指针做自加运算，相当于语句 p=p+1，地址是按字节存放数据的，但指针加 1 并不代表地址加 1 个字节，而是加上指针数据类型所占的字节宽度。要获取字节宽度，需要使用 sizeof 关键字。例如，整型的字节宽度是 sizeof(int)，值为 4。双精度整型的字节宽度是 sizeof(double)，其值为 8。将实例 7.13 中的 int 指针类型改为 double，看看运行结果。程序代码如下：

```
#include <iostream>
using namespace std;
void main()
{
    double a=100;
    double *p=&a;
    printf("address:%d\n",p);
    p++;
    printf("address:%d\n",p);
    p--;
    printf("address:%d\n",p);
    p--;
    printf("address:%d\n",p);
}
```

程序运行结果如图 7.21 所示。

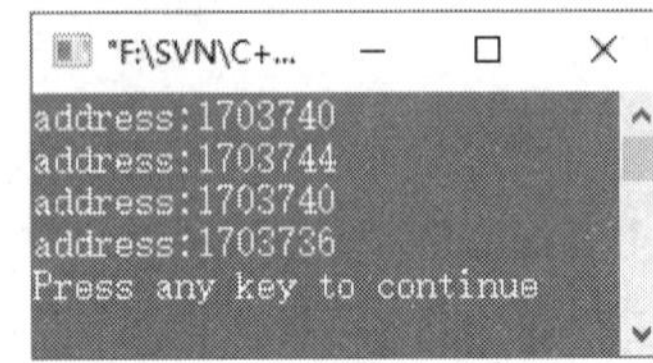

图 7.20　输出指针运算后地址

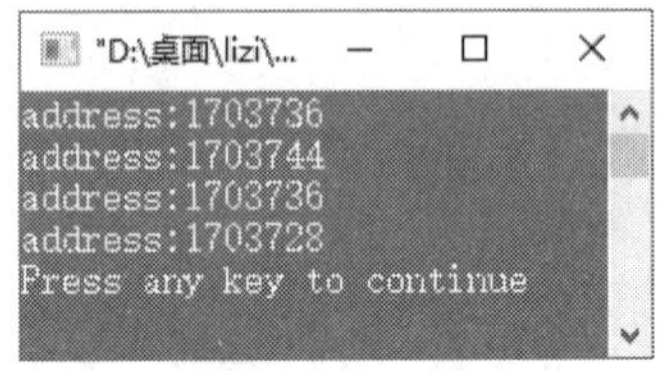

图 7.21　改变指针类型后程序运行结果

说明

定义指针变量时，必须指定一个数据类型。指针变量的数据类型用来指定该指针变量所指向数据的类型。

7.4.4　指向空的指针与空类型指针

指针可以指向任何数据类型的数据，包括空类型（void）：

```
void *p;        //定义一个指向空类型的指针变量
```

空类型指针可以接受任何类型的数据，可以将其强制转化为所对应的数据类型。

【实例 7.14】 空类型指针的使用。（**实例位置：资源包\TM\sl\7\14**）

本实例中，定义整型指针并赋值为 NULL，再定义整型变量并赋值，然后将整型变量赋给指针变量。具体代码如下：

```
#include <iostream>
using namespace std;
int main()
{
    int *pI = NULL;
    int i = 4;
    pI = &i;
    float f = 3.333f;
    bool b =true;
    void *pV = NULL;
    cout<<"依次赋值给空指针"<<endl;
    pV = pI;
    cout<<"pV = pI --------"<<*(int*)pV<<endl;
    cout<<"pV = pI ---------转为 float 类型指针"<<*(float*)pV<<endl;
    pV = &f;
    cout<<"pV = &f --------"<<*(float*)pV<<endl;
    cout<<"pV = &f --------转为 int 类型指针"<<*(int*)pV<<endl;
    return 0;
}
```

程序运行结果如图 7.22 所示。

可以看到空指针赋值后，转化为对应类型的指针才能得到期望的结果。若将它转换为其他类型的指针，得到的结果不可预知，非空类型指针同样具有这样的特性。在本实例中，出现了一个符号 NULL，表示空值。空值无法用输出语句表示，而且赋空的指针无法被使用，直到它被赋予其他的值。

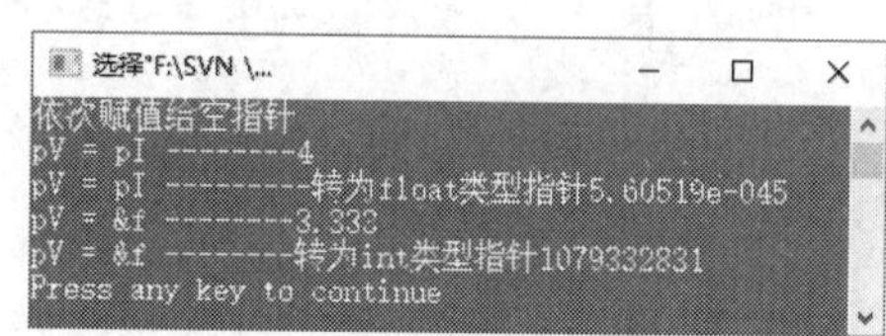

图 7.22　空类型指针程序运行结果

7.4.5　指向常量的指针与指针常量

同其他数据类型一样，指针也有常量，使用 const 关键字形式如下：

```
int i =9;
int*const p = &i;
*p = 3;
```

将关键字 const 放在标识符前，表示这个数据本身是常量，而数据类型是 int*，即整型指针。与其他常量一样，指针常量必须初始化。虽然无法改变它的内存指向，但是可以改变它指向内存的内容。

若将关键字 const 放到指针类型的前方，形式如下：

```
int i =9;
```

```
int cosnt *p = &i;
```

这是指向常量的指针，虽然它指向的数据可以通过赋值语句进行修改，但是通过该指针修改内存内容的操作是不被允许的。

当 const 以如下形式使用时：

```
int i =9;
int cosnt *const p = &i;
```

该指针是一个指针常量。既不能改变它的内存指向，也不能通过它修改指向内存的内容。

【实例 7.15】 指针与 const。（**实例位置：资源包\TM\sl\7\15**）

```
#include <iostream>
using std::cout;
using std::endl;
int main()
{
    int i = 5;
    const int c = 99;
    const int *pR = &i;                 //指针只能用来读内存数据，可以改变自己的地址
    int *const pC = &i;                 //指针本身是常量，不能改变指向，能够改变内存的内容
    const int *const pCR = &i;          //指针只能用来读内存数据，不能改变指向
    cout<<"三个指针都指向了同一个变量 i，同一块内存"<<endl;
    cout<<"指向常量的指针 pR 操作:"<<endl;
    //*pR = 6                           //去掉语句前方注释报错
    cout<<"通过赋值语句修改 i:"<<endl;
    i = 100;
    cout<<"i:"<<i<<endl;
    cout<<"将 pR 的地址变成常量 c 的地址:"<<endl;
    pR = &c;
    cout<<"*pR:"<<*pR<<endl;
    cout<<"指向常量的指针 pC 操作:"<<endl;
    //pC = &c;                          //去掉语句前方注释，将报错
    cout<<"通过 pC 改变 i 值:"<<endl;
    *pC = 6;
    cout<<"i:"<<i<<endl;
    cout<<"指向常量的指针常量 pCR 操作:"<<endl;
    //pCR =&c;                          //报错
    //*pCR =100;                        //报错
    cout<<"通过 pCR 无法改变任何东西，真正做到了只读"<<endl;
    return 0;
}
```

程序运行结果如图 7.23 所示。

编程训练（答案位置：资源包\TM\sl\7\编程训练\）

【训练 7】 获取单词的第一个元音　输出“wonderful”中第一个元音字母。

【训练 8】获取出生日期　找出身份证号“123456190001017890”中的出生年月日。

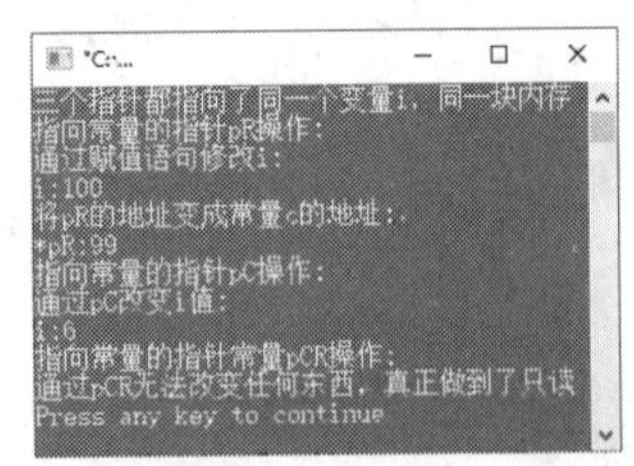

图 7.23　指针与 coust 程序运行结果

7.5　指针与数组

7.5.1　数组的存储

数组作为同名、同类型元素的有序集合，被顺序存放在一块连续的内存中，而且每个元素存储空间的大小相同。数组第一元素的存储地址就是整个数组的存储首地址，该地址放在数组名中。对于一维数组而言，其结构是线性的，所以数组元素按下标值由小到大的顺序依次存放在一块连续的内存中。在内存中存储一维数组如图 7.24 所示。对于二维数组而言，用矩阵方式存储元素，在内存中仍然是线性结构。

地址	元素
4001	a[0]
4005	a[1]
4009	a[2]
400C	a[3]
4011	a[4]
4015	a[5]
4019	a[6]
401C	a[7]

图 7.24　一维数组的存储

7.5.2　指针与一维数组

系统需要提供一定量连续的内存来存储数组中的各元素，内存都有地址，指针变量就是存放地址的变量，如果把数组的地址赋给指针变量，就可以通过指针变量引用数组。引用数组元素有两种方法：下标法和指针法。

通过指针引用数组，要先声明一个数组，再声明一个指针。

```
int a[10];
int*p;
```

然后通过&运算符获取数组中元素的地址，再将地址赋给指针变量。

```
p=&a[0];
```

把 a[0]元素的地址赋给指针变量 p，即 p 指向 a 数组的第 0 号元素，如图 7.25 所示。

下面通过实例介绍指针和数组间的操作，实现通过指针变量获取数组中元素的功能。

【实例 7.16】 指针与一维数组。（**实例位置：资源包\TM\sl\7\16**）

通过指针变量获取数组中元素。具体代码如下：

```
#include <iostream>
using namespace std;
void main()
{
    int i,a[10];
    int *p;
    for(i=0;i<10;i++)                    //利用循环，分别为 10 个元素赋值
        a[i]=i;
    p=&a[0];
    for(i=0;i<10;i++,p++)                //将数组中的 10 个元素输出到显示设备
        cout << *p << endl;
}
```

如果指针变量 p 已指向数组中的一个元素，则 p+1 指向同一数组中的下一个元素。p+i 和 a+i 是 a[i] 的地址。a 代表首元素的地址，a+i 也是地址，对应数组元素 a[i]。(p+i)或*(a+i)是 p+i 或 a+i 指向的数组元素，即 a[i]。

程序中使用指针获取数组首元素的地址，也可以将数组名赋给指针，然后通过指针访问数组。程序代码如下：

```
#include <iostream>
using namespace std;
void main()
{
    int i,a[10];
    int *p;
    for(i=0;i<10;i++)                    //利用循环，分别为 10 个元素赋值
        a[i]=i;
    p=a;                                 //让 p 指向数组 a 的首地址
    for(i=0;i<10;i++,p++)                //将数组中的 10 个元素输出到显示设备
        cout << *p << endl;
}
```

程序运行结果如图 7.26 所示。

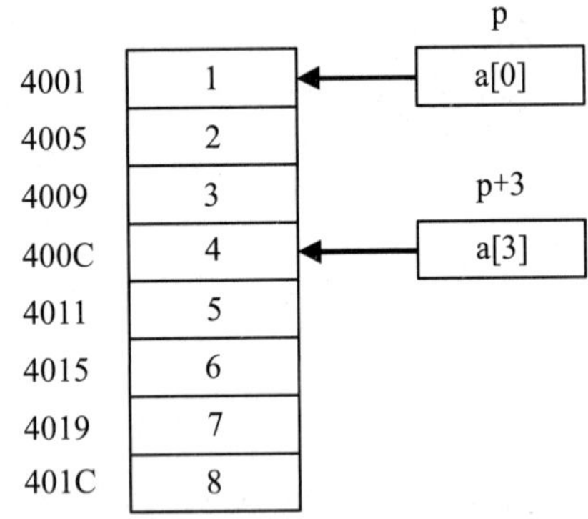

图 7.25　指针指向数组元素

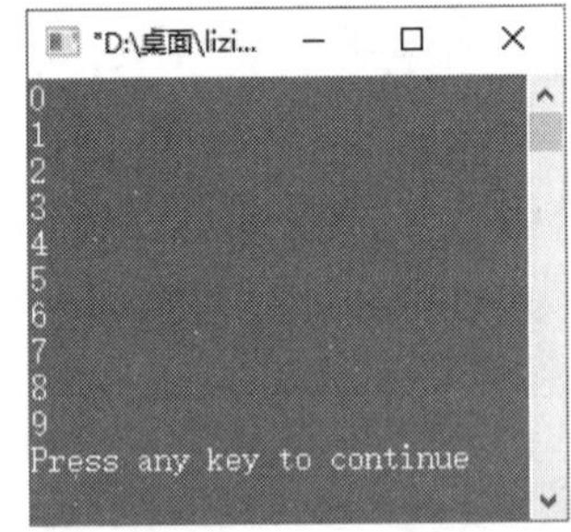

图 7.26　通过指针变量获取数组中元素

说明

在处理字符串函数的章节中，数组名能作为函数参数，因为它是一个指针常量。在数组声明之后，C++分配给数组一个常指针，始终指向数组的第一个元素。而本章中出现的字符串处理函数中接受数组名的参数列表，也接受字符指针。关于字符数组和指针的详细问题，在后边的章节还会介绍。

程序中使用数组地址进行计算，a+i 表示数组 a 中的第 i 个元素，通过指针运算符可以获得数组元素的值。

```
#include <iostream>
using namespace std;
void main()
```

```
{
    int i,a[10];
    int *p;
    for(i=0;i<10;i++)                    //利用循环，分别为 10 个元素赋值
        a[i]=i;
    p=a;                                 //p 指向 a 的首地址
    for(i=0;i<10;i++)                    //将数组中的 10 个元素输出到显示设备
        cout << *(a+i) << endl;          //指针向后移动 i 个单位，取出其中的值并输出
}
```

指针操作数组的说明如下。

（1）*(p--)相当于 a[i--]，先对 p 进行*运算，再使 p 自减。

（2）*(++p)相当于 a[++i]，先使 p 自加，再进行*运算。

（3）*(--p)相当于 a[--i]，先使 p 自减，再进行*运算。

7.5.3　指针与二维数组

可以将一维数组的地址赋给指针变量，同样也可以将二维数组的地址赋给指针变量，因为一维数组和二维数组的内存地址都是连续的，可以将二维数组看成一维数组。二维数组中各元素的地址如图 7.27 所示。

【实例 7.17】 将多维数组转换成一维数组。（**实例位置：资源包\TM\sl\7\17**）

本实例中，定义一个二维数组，再定义一个一维数组，然后用 for 循环将二维数组转换为一维数组。具体代码如下：

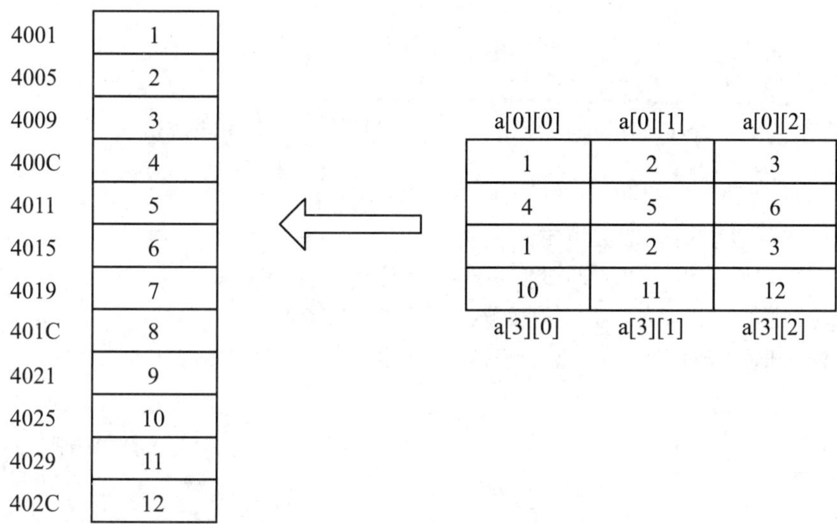

图 7.27　二维数组各元素的地址

```
#include <iostream>
using namespace std;
void main()
{
```

```
    int array1[3][4]={{1,2,3,4},                        //定义 3 行 4 列整型数组并初始化
    {5,6,7,8},
    {9,10,11,12}};
    int array2[12]={0};
    int row,col,i;
    cout << "array old" <<endl;
    for(row=0;row<3;row++)                              //遍历 array1
    {
        for(col=0;col<4;col++)
        {
            cout << array1[row][col];
        }
        cout << endl;
    }
    cout << "array new" << endl;
    for(row=0;row<3;row++)                              //将 3 行合并成一行
    {
        for(col=0;col<4;col++)
        {
            i=col+row*4;
            array2[i]=array1[row][col];
        }
    }
    for(i=0;i<12;i++)                                   //输出合并之后的数组
        cout << array2[i] << endl;
}
```

程序运行结果如图 7.28 所示。

使用指针引用二维数组的方法和引用一维数组相同。首先声明一个二维数组和一个指针变量：

```
int a[4][3];
int*p;
```

a[0]是二维数组的第一个元素的地址，可以将该地址直接赋给指针变量。

```
p=a[0];
```

此时使用指针 p 可以引用二维数组中的元素。

为了更好地理解二维数组，下面通过实例来实现使用指针变量遍历二维数组的功能。

【实例 7.18】 遍历二维数组。（**实例位置：资源包\TM\sl\7\18**）

本实例中，使用指针变量输出二维数组的各个元素，具体代码如下：

```
#include <iostream>
#include <iomanip>
using namespace std;
void main()
{
    int a[4][3]={1,2,3,4,5,6,7,8,9,10,11,12};
    int *p;
    p=a[0];
    for(int i=0;i<sizeof(a)/sizeof(int);i++)        //i<48/4,循环 12 次
    {
        cout << "address:";
```

```
        cout << a[i] ;
        cout << " is " ;
        cout << *p++ << endl;
    }
}
```

程序运行结果如图 7.29 所示。

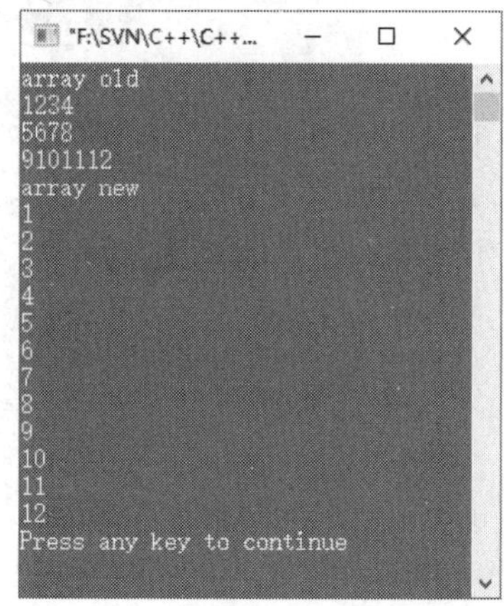

图 7.28　将多维数组转换成一维数组

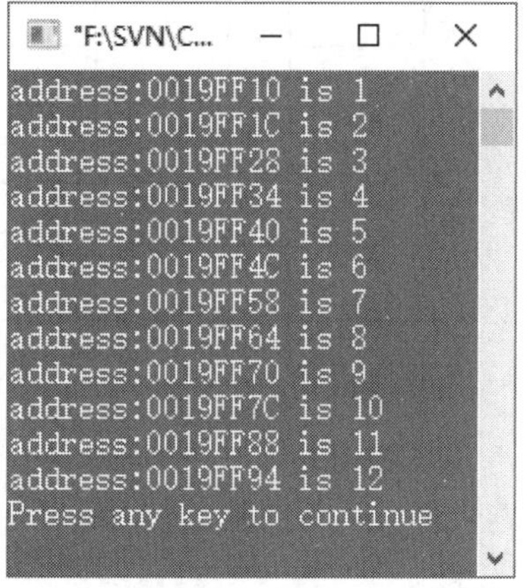

图 7.29　使用指针变量遍历二维数组

程序中通过*p 对二维数组中的所有元素都进行了引用，如果想对二维数组某一行中的某一列元素进行引用，就需要将二维数组不同行的首元素地址赋给指针变量。如图 7.30 所示，可以将 4 行首元素地址赋给变量 p。a 代表二维数组的地址，通过指针运算符可以获取数组中的元素。

（1）a+n 表示第 n 行的首地址。

（2）&a[0][0]既可以看作数组 0 行 0 列的首地址，还可以看作二维数组的首地址。&a[m][n]就是第 m 行第 n 列元素的地址。

（3）&a[0]是第 0 行的首地址，当然&a[n]就是第 n 行的首地址。

（4）a[0]+n 表示第 0 行第 n 个元素地址。

（5）*(*(a+n)+m)表示第 n 行第 m 列元素。

（6）*(a[n]+m)表示第 n 行第 m 列元素。

【实例 7.19】 使用数组地址输出二维数组。（**实例位置：资源包\TM\sl\7\19**）

利用指针对二维数组进行输出，具体代码如下：

```
#include <iostream>
using namespace std;
void main()
{
    int i,j;
    int a[4][3]={{1,2,3},{4,5,6},{7,8,9},{10,11,12}};
    cout << "the array is: " << endl;
    for(i=0;i<4;i++)                        //4 行
    {
        for(j=0;j<3;j++)                    //3 列
            cout <<*(*(a+i)+j) << endl;     //输出第 i 行的第 j 个元素
```

```
    }
}
```

程序运行结果如图 7.31 所示。

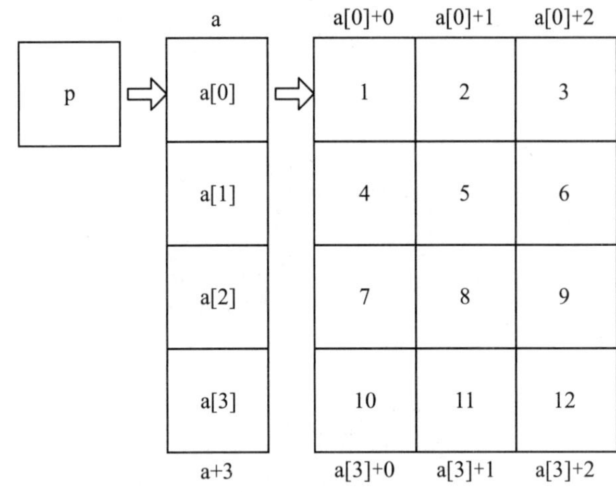

图 7.30　指针指向二维数组

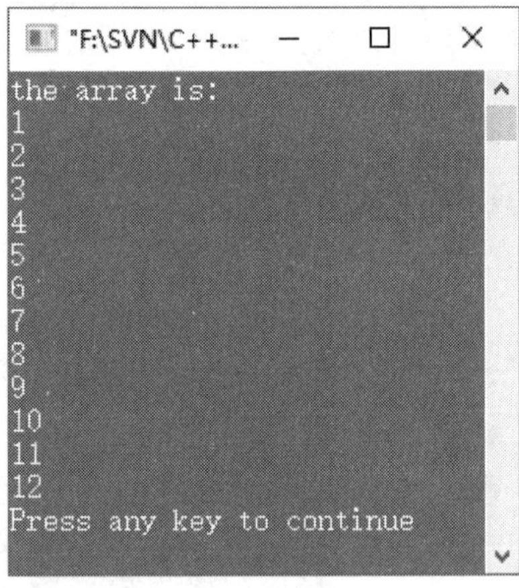

图 7.31　使用数组地址输出二维数组

函数名 a 是一个指向数组的指针，直接依照 a 偏移 a+n 得到的是行数组 a[n]的地址&a[n]，也就是行地址。a[n]是一个指针，它也是第 n 行的一维数组的名字。获得具体元素加上偏移求值，得到*(a[n]+m)，也就是*(*(a+n)+m)。

【实例 7.20】 数组指针与指针数组。（实例位置：资源包\TM\sl\7\20）

本实例定义(*b)[4]、*c[4]变量，利用代码查看这两种形式的含义。具体代码如下：

```
#include <iostream>
using namespace std;
void main()
{
    int i ;
    int j ;
    int a[3][4];
    int (*b)[4];                    //定义一个数组指针，指向一个含有 4 个整型变量的数组
    int *c[4];                      //定义一个指针数组，储存指针的数组最多只能储存 4 个指针
    int *p;
    p = a[0];                       //让 p 指向数组 a 第 0 行的行地址
    b = a;                          //让 b 指向数组 a
    cout<<"利用连续内存的特点，使用 int 指针将二维 int 数组初始化"<<endl;
    for( i = 0;i<12;i++)            //初始化二维数组
    {
        *(p+i) = i + 1;             //给第 i 行首元素赋值
        cout<<a[i/4][i%4]<<",";
        if((i+1)%4 == 0)            //每 4 列换行
        {
            cout<<endl;
        }
    }
```

```
    cout<<"使用指向数组的指针，二维数组的值改变"<<endl;
    for(int i = 0;i<3;i++)
    {
        for(j = 0;j<4;j++)
        {
            *(*(b+i)+j) += 10;          //通过数组指针修改二维数组内容
        }
    }
    cout<<"使用指针数组，再次输出二维数组"<<endl;
    for( i= 0;i<3;i++)
    {
        for( j = 0;j<4;j++)
        {
            c[j] = &a[i][j];            //用指针数组里的指针指向 a[i][j]
            cout<<*(c[j])<<",";
            if((j+1)%4 == 0)            //每 4 列换行
            {
                cout<<endl;
            }
        }
    }
}
```

程序运行结果如图 7.32 所示。

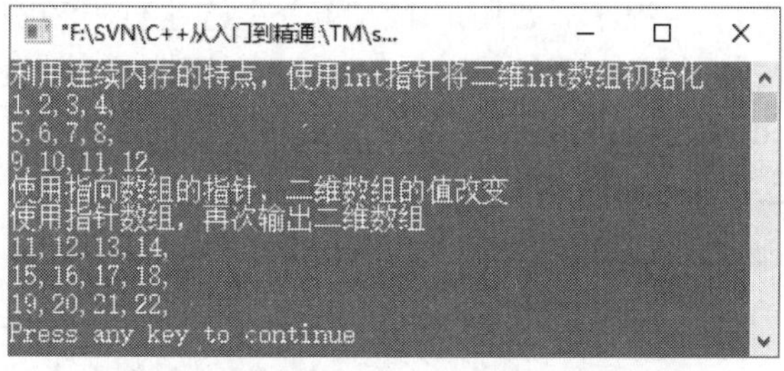

图 7.32　数组指针与指针数组的运行结果

7.5.4　指针与字符数组

字符数组是一个一维数组，使用指针同样可以引用字符数组。引用字符数组的指针为字符指针，字符指针是指向字符型内存空间的指针变量，其定义形式如下：

```
char *p;
```

字符数组就是一个字符串，通过字符指针可以指向一个字符串。例如：

```
char *string="www.mingri.book";
```

等价于下面两个语句：

```
char *string;
string="www.mingri.book";
```

为了更好地理解指针与字符数组间的操作，下面通过两个实例实现连接两个字符数组的功能。

【实例 7.21】 连接两个字符串。（**实例位置：资源包\TM\sl\7\21**）

本实例中，在不使用库函数 string 的前提下，通过指针偏移连接两个字符串，具体代码如下：

```
#include <iostream>
using namespace std;
void main()
{
	char str1[50],str2[30],*p1,*p2;
	p1=str1;				//让两个指针分别指向两个数组
	p2=str2;
	cout << "please input string1:"<< endl;
	gets(str1);				//给 str1 赋值
	cout << "please input string2:"<< endl;
	gets(str2);				//给 str2 赋值
	while(*p1!='\0')
	p1++;					//把 p1 移动到 str1 的末尾
	while(*p2!='\0')
	*p1++=*p2++;				//取 p2 指向的值赋到 p1 指向的地址(str1 的末尾)，即连接 str1 和 str2
	*p1='\0';
	cout << "the new string is:"<< endl;
	puts(str1);				//输出新的 str1
}
```

程序运行结果如图 7.33 所示。程序需要用户输入两个字符数组，然后通过字符指针将两个字符串连接起来。同样地，还可以使用处理字符串函数 strcat 来实现连接两个字符串。

【实例 7.22】 “mingribook 为您服务”。（**实例位置：资源包\TM\sl\7\22**）

通过字符串函数 strcat 连接两个字符串。具体代码如下：

```
#include <iostream>
using namespace std;
void main()
{
	char str1[50],str2[30],*p1,*p2;
	p1=str1;
	p2=str2;
	cout << "please input string1:"<< endl;
	gets(str1);
	cout << "please input string2:"<< endl;
	gets(str2);
	strcat(str1,str2);		//连接 str1 和 str2
	cout << "the new string is:"<< endl;
	puts(str1);
}
```

程序运行结果如图 7.34 所示。

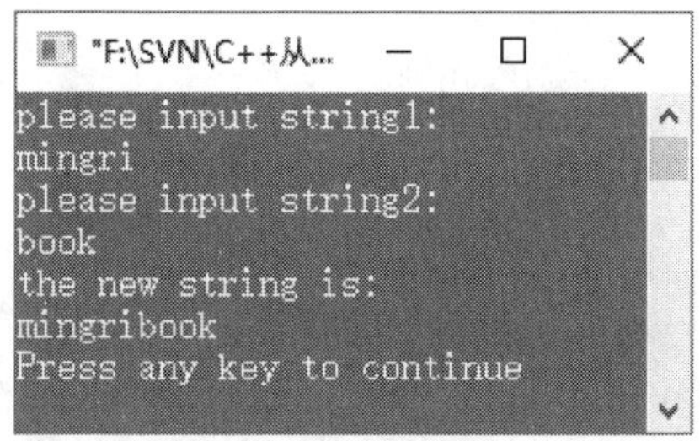

图 7.33　通过指针偏移连接两个字符串

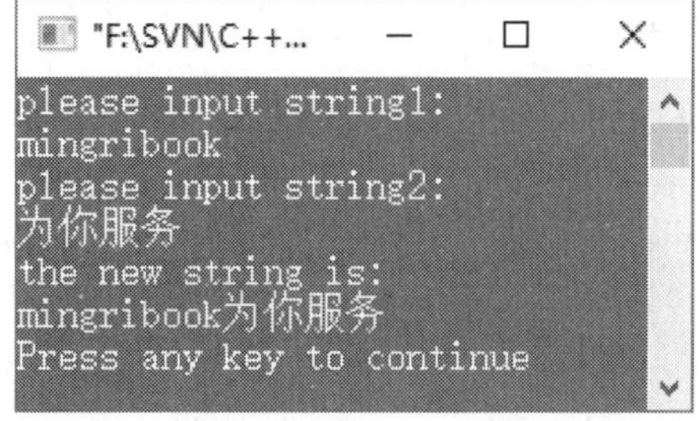

图 7.34　使用 strcat 函数连接两个字符串

编程训练（答案位置：资源包\TM\sl\7\编程训练\）

【训练 9】　获取第一个逗号位置　使用指针寻找字符串“Life is brief, and then you die, you know？”中第一个“,”的位置。

【训练 10】　超市国庆大促销　设计一个指针 p，指向超市价格表数组。日常使用的价格表为 price[][]，但国庆期间超市举办特价活动，使用新商品价格表 price_dis[][]。尝试将超市日常使用的价格表改为活动期间的价格表。

7.6　指针在函数中的应用

7.6.1　传递地址

在前面 6 章中，我们接触到的函数都是按值传递参数。也就是说，实参传递进函数体后生成的是实参的副本，在函数内改变副本的值并不会反过来影响到实参。而指针传递参数时，指针变量产生了副本，但副本与原变量指向的内存区域是同一个。对指针副本指向的变量进行改变，就是改变原指针变量指向的变量。

【实例 7.23】 交换两变量值。（**实例位置：资源包\TM\sl\7\23**）

本实例中，定义一个交换数值函数，参数是指针变量，再定义一个交换数值函数，参数是整型变量，然后在主函数中调用这两个函数，观察其传值方式。具体代码如下：

```
#include <iostream>
using namespace std;
void swap(int *a,int *b)                        //交换 a、b 指向的两个地址的值(指针传递)
{
    int tmp;                                    //定义一个临时变量
    tmp=*a;                                     //把 a 指向的值赋给 tmp
    *a=*b;                                      //把 b 指向的值赋到 a 指向的位置
    *b=tmp;                                     //把 tmp 赋给 b 指向的位置
}
void swap(int a,int b)                          //交换 a、b 的值(值传递)
{
    int tmp;
    tmp=a;
    a=b;
```

```
    b=tmp;
}
void main()
{
    int x,y;
    int *p_x,*p_y;                          //定义两个整型指针
    cout << " input two number " << endl;
    cin >> x;                               //给 x、y 赋值
    cin >> y;
    p_x=&x;p_y=&y;                          //两个指针分别指向 x、y 的地址
    cout<<"按指针传递参数交换"<<endl;
    swap(p_x,p_y);                          //执行的是参数列表都为指针的 swap 函数
    cout << "x=" << x <<endl;
    cout << "y=" << y <<endl;
    cout<<"按值传递参数交换"<<endl;
    swap(x,y);                              //执行的是参数列表都为整型变量的 swap 函数
    cout << "x=" << x <<endl;
    cout << "y=" << y <<endl;
}
```

程序运行结果如图 7.35 所示。可以看出，使用指针传递参数的函数真正实现了 x 与 y 的交换，而按值传递函数只是交换了 x 与 y 的副本。

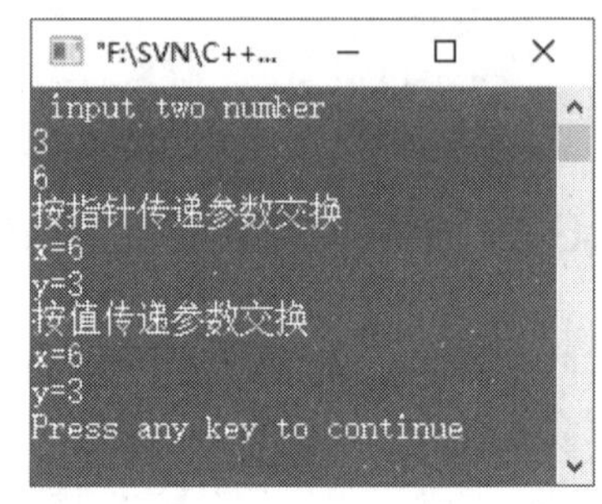

图 7.35　调用自定义函数交换两变量值

swap 函数是用户自定义的重载函数，在 main 函数中调用该函数交换变量 a 和 b 的值。按指针传参的 swap 函数的两个形参被传入两个地址，也就是传入了两个指针变量，在 swap 函数的函数体内使用整型变量 tmp 作为中转变量，将两个指针变量指向的数值进行交换。在 main 函数内首先获取输入的两个数值，分别传递给变量 x 和 y，将 x 和 y 的地址值传递给 swap 函数。在按指针传递的 swap 函数内，两个指针变量的副本 a 和 b 所指向的变量正是 x 与 y，而按值传递的 swap 函数并没有实现交换 x 与 y 的功能。

7.6.2　指向函数的指针

指针变量也可以指向一个函数。一个函数在编译时被分配给一个入口地址，这个入口地址称为函数的指针。可以用一个指针变量指向函数，然后通过该指针变量调用此函数。

一个函数可以带回一个整型值、字符值或实型值等，也可以带回指针型的数据，即地址。其概念与以前类似，只是带回的值的类型是指针类型而已。返回指针值的函数简称指针函数。

定义指针函数的一般形式如下：

```
类型名 *函数名(参数表列);
```

例如，定义一个具有两个参数和一个返回值的函数的指针，代码如下：

```
int sum(int x,int y)        //定义一个函数
int *a(int ,int );          //定义一个函数指针
```

```
a = sum;                    //让函数指针 a 指向函数 sum
```

函数指针能指向返回值与参数列表的函数，当使用函数指针时形式如下：

```
int c,d;                    //定义两个整型变量
(*a)(c ,d );                //调用指针 a 指向的函数
```

【实例 7.24】 计算平均值。（**实例位置：资源包\TM\sl\7\24**）

在未使用指针函数计算平均值时，可以通过自定义函数 avg 进行平均值计算。计算两个整型数的平均值，直接将其传递给 avg 函数，avg 函数完成计算后将计算结果传出。程序代码如下：

```
#include <iostream>
#include <iomanip>
using namespace std;
int avg(int a,int b);
void main()
{
    int iWidth,iLenght,iResult;
    int i=10;
    int j=30;
    iResult=avg(i,j);
    cout << iResult <<endl;
}
int avg(int a,int b)
{
    return (a+b)/2;
}
```

avg 函数具有两个参数和一个返回值，可以定义一个指针函数指向该函数，指针函数必须具有两个整型参数和一个整型返回值。使用指针函数进行平均值计算的程序代码如下：

```
#include <iostream>
#include <iomanip>
using namespace std;
int avg(int a,int b);
void main()
{
    int iWidth,iLenght,iResult;
    iWidth=10;
    iLenght=30;
    int (*pFun)(int,int);   //定义函数指针
    pFun=avg;

    iResult=(*pFun)(iWidth,iLenght);
    cout << iResult <<endl;
}
int avg(int a,int b)
{
    return (a+b)/2;
}
```

pFun 是指向 avg 函数的函数指针，调用 pFun 函数指针，就和调用函数 avg 一样。

7.6.3　空指针调用函数

空类型指针指向任意类型函数或者将任意类型的函数指针赋值空类型指针都是合法的。使用空指针调用自身指向的函数，仍然按照强制转换的形式使用。

【实例 7.25】 空类型指针。（**实例位置：资源包\TM\sl\7\25**）

本实例中，定义一个加一函数，然后在主函数定义一个指针类型，将其初始化为 NULL，再用指针做实参调用加一函数。具体代码如下：

```
#include <iostream>
using std::cin;
using std::cout;
using std::endl;
int plus(int b)
{
    return b+1;
}
int main()
{
    void *pV = NULL;                        //定义一个空类型指针
    int result = 0;
    pV = plus;                              //让指针指向函数 plus
    cout<<"执行 pV 指向的函数:"<<endl;
    result=((int(*)(int))pV)(10);           //将空类型指针 pV 强制转换返回值整型、参数整型的函数指针
    cout<<"result:"<<result<<endl;
    return 0;
}
```

程序运行结果如图 7.36 所示。

注意

当函数被重载时，不要使用直接将函数名赋给空类型指针的操作（如上例），这会使编译器无法确定将哪个重载函数交给空类型指针。

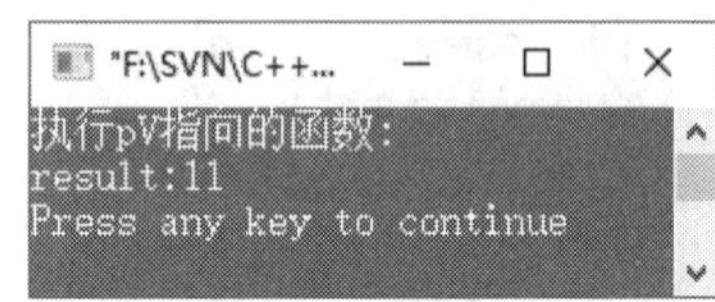

图 7.36　使用空类型指针执行函数

7.6.4　从函数中返回指针

定义一个返回指针类型的函数，形式如下：

```
int *function(参数列表)
{
    ...;                        //执行过程
    return p;
}
```

p 是一个指针变量，也可以是形式如 &value 的地址。当函数返回一个指针变量，得到的是地址。值得注意的是，返回指针的内存内容并不随返回的地址一样经过复制成为临时变量。如果操作不当，后果将难以预料。

【实例 7.26】 指针做返回值。（**实例位置：资源包\TM\sl\7\26**）

本实例中，定义一个指针类型函数，在函数结束时，需要返回指针值，在主函数中，调用此函数，具体代码如下：

```
#include <iostream>
using std::cout;
using std::endl;
int *pointerGet(int *p)
{
    int i = 9;
    cout<<"函数体中 i 的地址"<<&i<<endl;
    cout<<"函数体中 i 的值:"<<i<<endl;
    p = &i;
    return p;
}
int main()
{
    int *k = NULL;
    cout<<"k 的地址:"<<k<<endl;                //输出 k 的初始地址
    cout<<"执行函数，将 k 赋予函数返回值"<<endl;
    k = pointerGet(k);                        //调用函数获得一个指向变量 i 的地址的指针
    cout<<"k 的地址:"<<k<<endl;                //输出 k 的新地址(i 的地址)
    cout<<"k 所指向内存的内容:"<<*k<<endl;   //输出一个随机数
}
```

程序运行结果如图 7.37 所示。可以看到，函数返回的是函数中定义的 i 的地址。函数执行后，i 的内存被销毁，其值变成了一个不可预知的数。

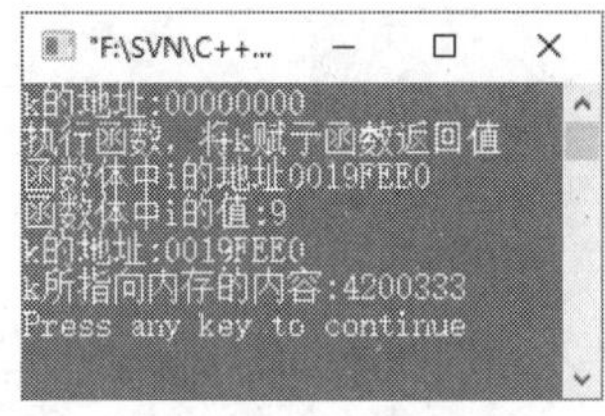

图 7.37　指针做返回值

注意

值为 NULL 的指针地址为 0，但并不意味着这块内存可以使用。将指针赋值为 NULL 也是基于安全考虑的，以后的章节还将详细讨论内存的安全问题。

编程训练（答案位置：资源包\TM\sl\7\编程训练\）

【训练 11】 将传入的字符变为大写　定义函数 to_up，该函数将传入的字符变为大写。

【训练 12】 判断子字符串出现在字符串中的位置　编写一个函数，判断“只有知道如何停止的人才知道如何加快速度。”中“加快”出现的位置，返回子字符串的指针。

7.7 指针数组

数组中的元素均为指针变量的数组称为指针数组。一维指针数组的定义形式如下：

```
类型名 *数组名[数组长度];
```

例如：

```
int *p[4];
```

指针数组中的数组名也是一个指针变量，该指针变量为指向指针的指针。例如：

```
int *p[4];
int a=1;
*p[0]=&a;
```

p 是一个指针数组，它的每一个元素是一个指针型数据（其值为地址），指针数组 p 的第一个值是变量 a 的地址。指针数组中的元素可以使用指向指针的指针来引用，例如：

```
int *(*p);
```

运算符表示 p 是一个指针变量，(*p)表示指向指针的指针，*运算符的结合性是从右到左，因此 int *(*p); 可写成 int **p;。

指向指针的指针获取指针数组中的元素和利用指针获取一维数组中的元素方法相同，如图 7.38 所示。

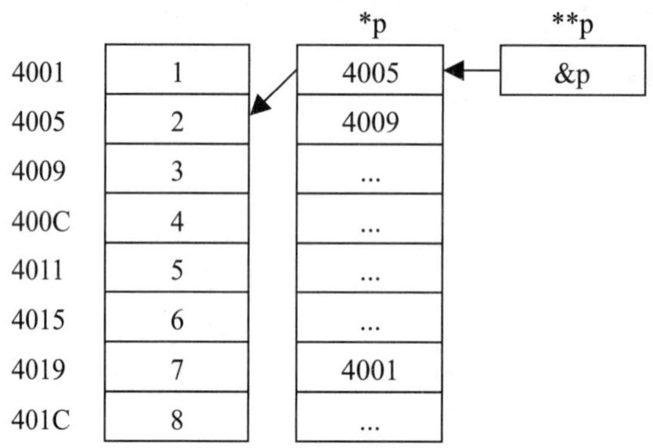

图 7.38　指向指针的指针

第一次*运算获取的是一个地址，再进行一次*运算，就可以获取具体值。

【实例 7.27】 字符串排序。（**实例位置：资源包\TM\sl\7\27**）

将指针数组中的各个元素分别指向若干个字符串。

```
#include <iostream>
using namespace std;
void sort(char *name[],int n)                                    //对字符串进行排序
{
        char *temp;
```

```
    int i,j,k;
    for(i=0;i<n-1;i++)
    {
        k=i;
        for(j=i+1;j<n;j++)
        if(strcmp(name[k],name[j])>0) k=j;
        if(k!=i)
        {
            temp=name[i];name[i]=name[k];name[k]=temp;
        }
    }
}
void print(char *name[],int n)                          //输出字符串数组中的元素
{
    int i=0;
    char *p;
    p=name[0];
    while(i<n)
    {
        p=*(name+i++);
        cout<<p<<endl;
    }
}
int main( )
{
    char *name[]={"mingri","soft","C++","mr"};          //定义指针数组
    int n=4;
    sort(name,n);
    print(name,n);
    return 0;
}
```

程序运行结果如图 7.39 所示。

程序中的 print 函数，数组名 name 代表该指针数组首元素的地址，name+i 是 name[i]的地址。name[i]的值是地址（即指针），因此 name+i 就是指向指针型数据的指针。还可以设置一个指针变量 p，指向指针数组的元素。p 就是指向指针型数据的指针变量，它指向的字符串如图 7.40 所示。

利用指针变量访问另一个变量是间接访问。如果在一个指针变量中存放一个目标变量的地址，就是单级间址。指向指针的指针用的是二级间址方法，还有三级间址和四级间址，但二级间址应用最为普遍。

编程训练（答案位置：资源包\TM\sl\7\编程训练\）

【训练 13】 根据函数名调用函数　定义函数，该函数可以根据函数名调用函数。如果不保存该函数，则输出“没有此函数”。

【训练 14】 获取指定单词位置　一个数组中存储了若干个英文单词，请编写一个函数，找到指定单词在数组中的位置。

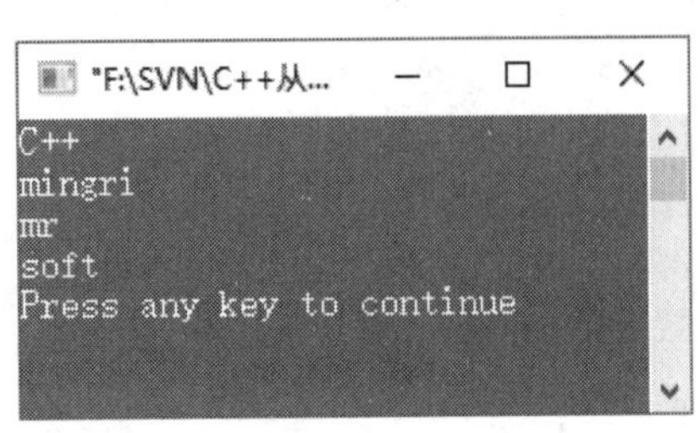

图 7.39　用指针数组中各个元素分别指向若干个字符串

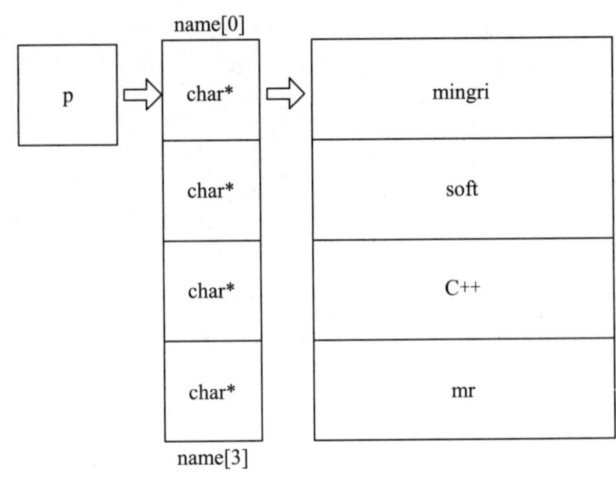

图 7.40　p 指向的字符串

7.8　安全使用指针

7.8.1　内存分配

1．堆与栈

在程序中定义一个变量，它的值会被放入内存中。如果没有申请动态分配的方式，它的值将被放到栈中。在栈中变量占用的内存大小是无法改变的，它们的占用与释放也与变量定义的位置和储存方式有关。与栈相对应，堆是一种动态分配的内存。当申请使用动态分配方式储存某个变量，那么这个变量会被放入堆中。根据需要，这个变量的内存大小可以改变，内存的申请和释放的时机则由编程者操作。

2．关键字 new 与 delete

创建变量之前，编译器没有获取变量名，只具有指向该变量的指针。那么，申请变量的堆内存即是申请自身指向堆。new 是 C++语言申请动态内存的关键字，形式如下：

```
p1 = new type;
```

其中，p1 表示指针，new 是关键字，type 是类型名。new 返回新分配的内存单元的地址。

这样，pI 指针就申请了动态方式，使用它在堆内申请的内存储存 int 类型的值。

【实例 7.28】 动态分配空间。（**实例位置：资源包\TM\sl\7\28**）

本实例中，定义一个指针变量，用 new 为指针变量分配内存空间，具体代码如下：

```
#include <iostream>
using namespace std;
int main()
{
```

```
    int *pl1 = NULL;
    pl1 = new int;                  //申请动态分配
    *pl1 = 111;                     //动态分配的内存储存的内容变成 111 的整型变量
    cout<<"pl 内存的内容"<<*pl1<<",pl 所指向的地址"<<pl1<<endl;
    int *pl2;
    //*pl2 = 222;                   //直接赋值会导致错误!!!
    int k ;                         //栈中的变量
    pl2 = &k;                       //分配栈内存
    *pl2 = 222;                     //分配内存后方可赋值
    cout<<"pl 内存的内容"<<*pl2<<",pl 所指向的地址"<<pl2<<endl;
    return 0;
}
```

可以看到，指针 pl1 创建后申请了动态分配，程序自动分配给它一块堆内存。而指针 pl2 则获取了栈中的内存地址，属于静态分配。程序运行结果如图 7.41 所示。

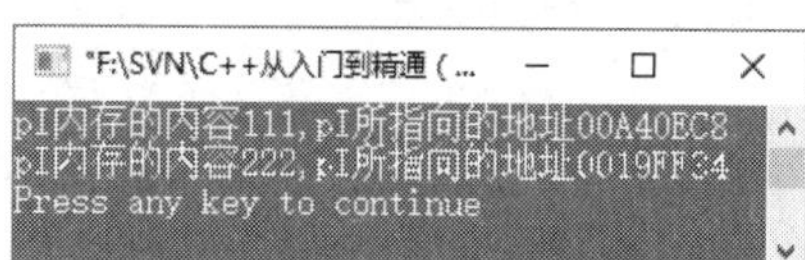

图 7.41 动态分配空间

动态分配方式虽然很灵活，但是也带来了新的问题。申请一块堆内存后，系统不会在程序执行时依据情况自动销毁它。若想释放该内存空间，则需要使用 delete 关键字。

【实例 7.29】 释放内存。(**实例位置：资源包\TM\sl\7\29**)

本实例中，使用 new 分配内存，用完之后进行释放，输出分配内存的地址以及释放内存之后的地址，具体代码如下：

```
#include <iostream>
using std::cout;
using std::endl;
int *newPointerGet(int *p1)
{
    int k1 = 55;
    p1 =new int;                    //变为堆内存
     *p1 = k1;                      //int 型变量赋值操作
    return p1;
}
int *PointerGet(int *p2)
{
    int k2 = 55;
    p2 =&k2;                        //指向函数中定义变量所在的栈内存，此段内存在函数执行后销毁
    return p2;
}
int main()
{
    cout<<"输出函数各自返回指针所指向的内存的值"<<endl;
    int *p =NULL;
    p = newPointerGet(p);                          //p 具有堆内存的地址
    int *i=NULL;
    i = PointerGet(i);                             //i 具有栈内存地址，内存内容被销毁
    cout<<"newGet: "<<*p<<" , get: "<<*i<<endl;
    cout<<"i 所指向的内存没有被立刻销毁,执行一个输出语句后:"<<endl;
                                                   //i 仍然为 55，但不代表程序不对它进行销毁
```

```
    cout<<"newGet: "<<*p<<" , get: "<<*i<<endl;          //执行其他语句后，程序销毁了栈空间
    delete p;                                              //依照 p 销毁堆内存
    cout<<"销毁堆内存后:"<<endl;
    cout<<"*p:   "<<*p<<endl;
    return 0;
}
```

程序运行结果如图 7.42 所示。

变量 p 接受了 newGet 返回的指针的堆内存地址，所以内存的内容并没有被销毁，而栈内存则由系统控制。程序最后使用 delete 语句释放堆内存。

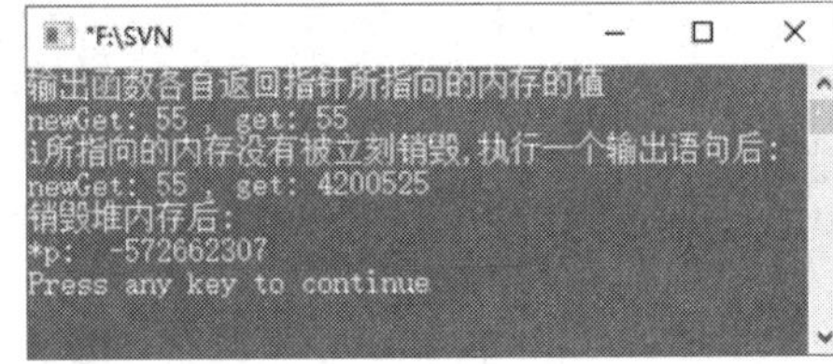

图 7.42　动态内存的销毁

7.8.2　内存安全

指针是 C++提供的强大而灵活的工具，如何使用它们对内存安全地操作是编程者必须掌握的。在前面的章节中讨论过指针指向内存销毁的问题，当一块内存被销毁时，该区域不可复用。若有指针指向该区域，则需要将该指针置空值（NULL）或者指向未被销毁的内存。

内存销毁实质上是系统判定该内存不是编程人员正常使用的空间，系统也会将它们分配给别的任务。若擅自使用被销毁内存的指针更改该内存的数据，很可能会造成意想不到的结果。

【实例 7.30】 被销毁的内存。（**实例位置：资源包\TM\sl\7\30**）

这是一个反例，也许会造成内存出错。

```
#include <iostream>
using std::cout;
using std::endl;
int *sum(int a,int b)
{
    int *pS =NULL;
    int c = a+b;
    pS = &c;
    return pS;
}
int main()
{
    int *pl = NULL;  //将指针初始化为空
    int k1 = 3;
    int k2 = 5;
    pl = sum(k1,k2);
    cout<<"*pl 的值:"<<*pl<<endl;
    cout<<"也许*pl 还保留着 i 值，但它已经被程序认定为销毁"<<endl;
    cout<<"*pl 的值:"<<*pl<<endl;
    cout<<"尝试修改*pl"<<endl;
    *pl = 3;
    for(int i= 0;i<3;i++)
    {
        cout<<"修改被销毁的内存后*pl 的值:"<<*pl<<endl;
```

```
    }
}
```

程序运行结果如图 7.43 所示。

指针 pI 从 sum 函数中得到一个临时指针，该临时指针是指针 pS 的临时复制品，操作完成后消失，它保留的地址交给了 pI。在函数 sum 执行完毕后，该域使用的栈内存会被系统销毁甚至挪用。本程序尝试通过 pI 继续使用、修改它，结果是系统再次销毁它。在某些场合下，该程序也许引起内存报错，甚至造成多个程序崩溃。所以对于栈内存的指针一定要明白其何时销毁，不再重复利用。

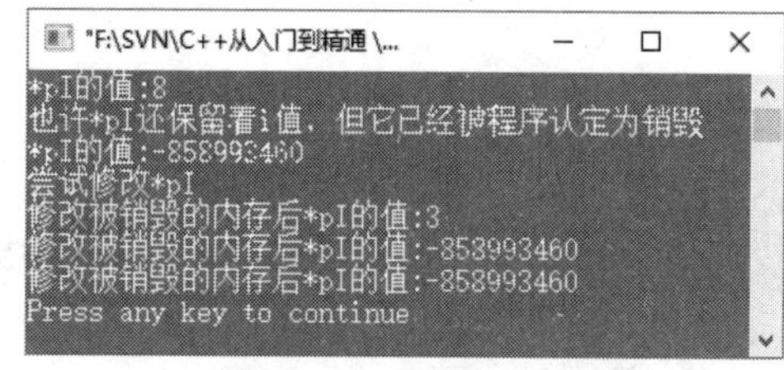

图 7.43　被销毁的内存

与此相对应的另一个安全问题是内存泄漏。在申请动态分配内存后，系统不会主动销毁该堆内存，需要编程者使用 delete 关键字通知系统销毁。否则，系统将浪费很多资源，使程序执行变得臃肿，只需占用数十 MB 内存的程序可能为此占用上百 MB 的内存。可见，回收堆内存空间是很重要的。销毁内存时，需要保留指向该堆内存的指针。当没有指针指向一块没被回收的堆内存时，此块内存犹如丢失一般，称为内存泄漏。

【实例 7.31】 丢失的内存。（**实例位置：资源包\TM\sl\7\31**）

这是一个反例，会造成内存出错。具体代码如下：

```
#include <iostream>
using namespace std;
int main()
{
    float *pF = NULL;
    pF = new float;         //动态申请一块内存，用 pF 去指向
    *pF = 4.321f;
    float f2 = 5.321f;
    cout<<"pF 指向的地址:"<<pF<<endl;
    cout<<"*pF 的值:"<<*pF<<endl;
    pF = &f2;               //让 pF 指向另一地址，此时上面申请的内存变为不可用
    cout<<"pF 指向了 f2 的地址:"<<pF<<endl;
    if(*pF>5)
    {
        cout<<"*pF 的值:"<<*pF<<endl;
    }
    return 0;
}
```

程序运行结果如图 7.44 所示。

程序中动态分配的内存开始由 pF 指向。当 pF 改变指向后，此块内存无法再回收。

一般情况下，无法通过调试程序发现内存泄漏。所以，使用动态分配时一定要注意形成良好的习惯。

【实例 7.32】 回收动态内存。（**实例位置：资源包\TM\sl\7\32**）

本实例中，展示回收动态内存的一般处理步骤。具体代码如下：

```
#include <iostream>
```

```
void swap(int *a,int *b)
{
    int temp = *a;
    *a = *b;
    *b = temp;
}
int main()
{
    int *pl =new int;
    *pl = 3;
    int k =5;
    swap(pl,&k);
    std::cout<<"*pl:"<<*pl<<std::endl;          //使用 std 名称空间
    std::cout<<"k:"<<k<<std::endl;
    delete pl ;                                 //回收动态内存
    pl = NULL;                                  //将 pl 置空，防止使用已销毁的内存；和上一条语句不可颠倒
                                                //否则将造成内存泄漏

    return 0;
}
```

程序运行结果如图 7.45 所示。

图 7.44　丢失的内存

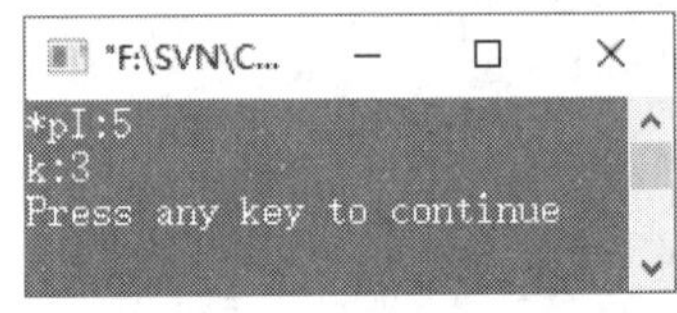

图 7.45　程序运行结果

注意

指针是一种灵活高效的内存访问机制，可以通过变量在内存中的地址对变量直接操作。指针不能访问寄存器变量，因为它并没有保存在内存中，而是保存在寄存器中（从寄存器中读取数据要比从内存中读取数据速度快，所以有些要求频繁使用的数据可以放在寄存器中）。指针只能访问内存，不能访问寄存器，所以指针访问不到寄存器变量。

编程训练（答案位置：资源包\TM\sl\7\编程训练\）

【训练 15】 动态分配学生数据　定义一个学生结构体，动态分配一块结构体存储区域，然后进行赋值并输出，运行结果如下：

```
Number=102
Name=狗蛋
Sex=M
Score=62.50
```

【训练 16】 用栈及递归计算多项式　已知如下多项式，试编写计算 $f_n(x)$值的递归算法。

$$f_n(x)=\begin{cases}1, & n=0\\ 2x, & n=1\\ 2xf_{n-1}(x)-2(n-1)f_{n-2}(x)\end{cases}$$

运行结果如下：

```
请输入 n:
4
请输入 x:
3
用递归算法得出的函数值是：876.00
用栈方法得出的函数值是：876.00
```

7.9 引　　用

7.9.1 引用概述

在 C++11 标准中提出了左值引用的概念，如果不加特殊声明，一般都是指左值引用。

引用实际上是一种隐式指针，它为对象建立一个别名，通过操作符&来实现。&是取地址操作符，通过它可以获得地址。引用的形式如下：

```
数据类型 & 表达式;
```

例如：

```
int a=10;
int & ia=a;
ia=2;
```

定义一个引用变量 ia，它是变量 a 的别名，对 ia 的操作与对 a 的操作完全一样。ia=2 把 2 赋给 a，&ia 返回 a 的地址。执行 ia=2 和执行 a=2 等价。

使用引用的说明如下。

（1）一个 C++引用被初始化后，无法使用它再去引用另一个对象，它不能被重新约束。

（2）引用变量只是其他对象的别名，对它的操作与对原来对象的操作具有相同作用。

（3）指针变量与引用有两点主要区别：一是指针是一种数据类型，而引用不是一种数据类型，指针可以转换为它指向变量的数据类型，以便赋值运算符两边的类型相匹配；而在使用引用时，系统要求引用和变量的数据类型必须相同，不能进行数据类型转换。二是指针变量和引用变量都用来指向其他变量，但指针变量使用的语法更复杂；在定义了引用变量后，其使用方法与普通变量相同。

例如：

```
int a;
int *pa = &a;
int & ia=a;
```

（4）引用须初始化，否则会报错。

例如：

```
int a;
int b;
int & a;
```

编译器会报出 references must be initialized 这样的错误，造成编译不能通过。

【实例 7.33】 输出引用。（**实例位置：资源包\TM\sl\7\33**）

本实例中，利用引用的形式，输出指针变量的值。具体代码如下：

```
#include <iostream>
using namespace std;
void main()
{
    int a;
    int & ref_a =a;
    a=100;
    cout << "a= "<< a <<endl;
    cout << "ref_a="<< ref_a << endl;
    a=2;
    cout << "a= "<< a <<endl;
    cout << "ref_a="<< ref_a << endl;
    int b=20;
    ref_a=b;
    cout << "a= "<< a <<endl;
    cout << "ref_a="<< ref_a << endl;
    ref_a--;
    cout << "a= "<< a <<endl;
    cout << "ref_a="<< ref_a << endl;
}
```

程序声明了变量 a 和一个对变量 a 的引用 ref_a，通过不断地改变变量 a 和引用 ref_a 的值，将改变的结果输出。程序运行结果如图 7.46 所示。

右值引用是 C++11（即 C++0x）新增加的一个非常量的引用类型，它的形式如下：

```
类型 &&   i = 被引用的对象;
```

左值与右值的区别在于，右值是临时变量，如函数的返回值，并且无法改变。例如：

```
#include <iostream>
int get()
{
    int i =4;
    return i;
}
int main()
{
    int k =3;
    //int a =++(get());              //编译出错
    //int a =++(get()+k);            //编译出错
    return 0;
}
```

右值引用可以理解为右值的引用，当右值引用初始化后，临时变量消失。

关于右值引用的定义，示例如下：

```
#include <iostream>
int get()
{
	int i = 4;
	return i;
}
int main()
{
	int && k = get()+4;
	// int & i = get()+4;	//出错
	k++;
	std::cout<<"k 的值"<<k<<std::endl;
	return 0;
}
```

程序运行结果如图 7.47 所示。

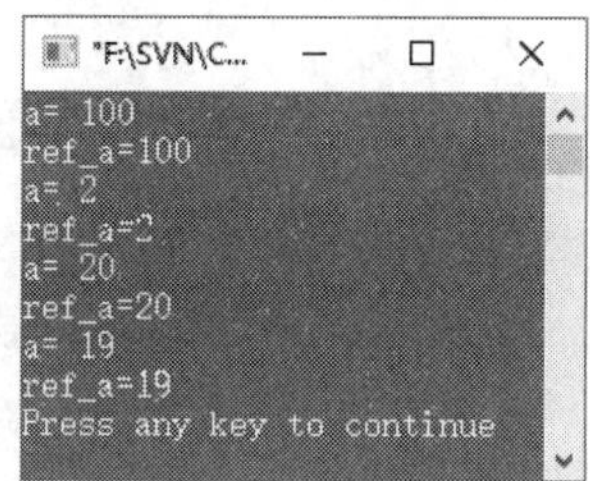

图 7.46　输出引用

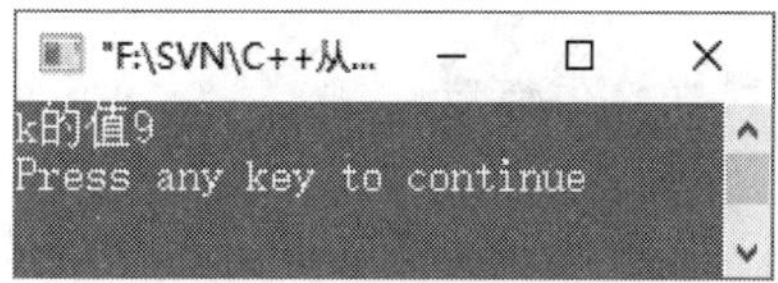

图 7.47　程序运行结果

右值引用只可以初始化于右值，但右值引用实质上是一个左值，它具有临时变量的数据类型。与左值引用相同的是：

☑　一个右值引用被初始化后，无法使用它再去引用另一个对象，它不能被重新约束。

☑　右值引用初始化后，具有该类型数据的所有操作。

7.9.2　使用引用传递参数

在 C++语言中，函数参数的传递方式主要有两种，分别为值传递和引用传递。所谓值传递，是指在函数调用时，将实际参数的值赋值调用函数，这样如果在调用函数中修改了参数的值，其改变不会影响实际参数的值。而引用传递则恰恰相反，如果函数按引用方式传递，在调用函数中修改了参数的值，其改变会影响实际参数。

【实例 7.34】 交换数值。（**实例位置：资源包\TM\sl\7\34**）

本实例中，通过引用传递数值，具体代码如下：

```
#include <iostream>
using namespace std;
void swap(int & a,int & b)
{
	int tmp;
```

```
    tmp=a;
    a=b;
    b=tmp;
}
void main()
{
    int x,y;
    cout << "请输入 x" << endl;
    cin >> x;
    cout << "请输入 y" << endl;
    cin >> y;
    cout<<"通过引用交换 x 和 y"<<endl;
    swap(x,y);
    cout << "x=" << x <<endl;
    cout << "y=" << y <<endl;
}
```

程序运行结果如图 7.48 所示。

程序中自定义函数 swap，函数定义了两个引用参数，用户输入两个值，如果第一次输入的数值比第二次输入的数值小，则调用 swap 函数交换用户输入的数值。如果使用值传递方式，swap 函数就不能实现交换。

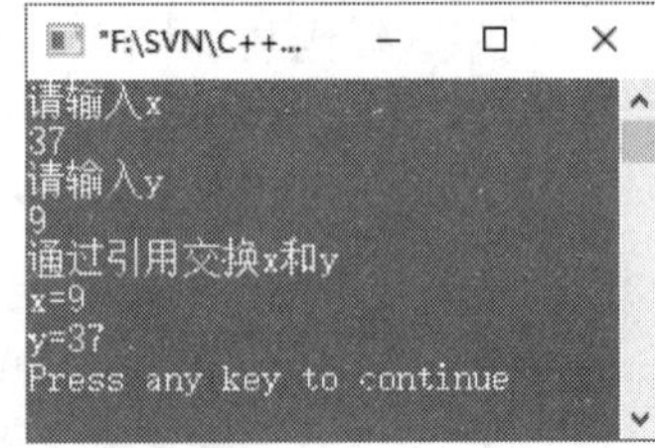

图 7.48　通过引用传递数值

7.9.3　指针传递参数

指针变量可以作为函数参数。使用指针变量传递参数和使用引用传递方式的执行效果相同，可以对同一个函数使用两种方式传递参数进行对比，观察程序的运行结果。

下面通过实例介绍指针作为参数实现变量值的交换。

【实例 7.35】 改进版交换数值。（**实例位置：资源包\TM\sl\7\35**）

本实例中，定义一个交换数值函数，在主函数中使用引用调用交换函数，完成交换数值，具体代码如下：

```
#include <iostream>
using std::cout;
using std::endl;
using std::cin;
swap(int *a,int *b)
{
    int tmp;
    tmp=*a;
    *a=*b;
    *b=tmp;
}
void main()
{
    int x,y;
    int *p_x,*p_y;
    cout << " input two number " << endl;
    cin >> x;
    cin >> y;
```

```
    p_x=&x;p_y=&y;
    if(x<y)
        swap(p_x,p_y);
    cout << "x=" << x <<endl;
    cout << "y=" << y <<endl;
}
```

程序运行结果如图 7.49 所示。可以看出，程序运行结果为输入 3、6，输出 6、3。

swap 函数是用户自定义函数，在 main 函数中调用该函数交换变量 x 和 y 的值。swap 函数的两个形参 a、b 被传入两个地址，也就是传入两个指针变量，在 swap 函数的函数体内使用整型变量 tmp 作为中转变量，将两个指针变量指向的数值进行交换。在 main 函数内首先获取输入的两个数，分别传递给变量 x 和 y，然后比较两者的大小，如果 x 小于 y，就将 x 和 y 的地址传递给 swap 函数，调用 swap 函数将变量 x 和 y 的数值互换。

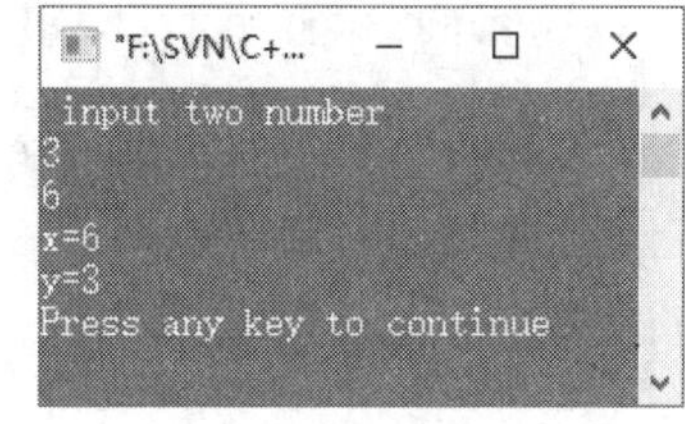

图 7.49　调用自定义函数交换两变量值

通过指针传递参数和使用引用方式传递参数一样，都可以减少值传递带来的开销。实际上，使用指针和引用类型作为函数参数各有优缺点，视具体环境而定。对于引用类型，引用必须被初始化为一个对象，并且不能使它再指向其他对象，因为对应用赋值实际上是对目标对象赋值。这是引用类型的缺点，也是引用类型的优点，因为在函数中不用验证引用参数的合法性，例如，下面的函数调用是非法的。

```
void ValuePass(int & var)                //定义一个函数，使用引用类型作为参数
{
    var = 10;                            //设置参数的值
    cout << var << endl;                 //输出参数
}
int main(int argc, char *argv[])
{
    ValuePass(0);                        //非法的函数调用
    return 0;
}
```

程序中，如果 ValuePass 采用指针作为函数参数，使用 ValuePass(0); 语句调用是合法的，但却带来了隐患，因为 0 被认为是空指针，对空指针操作必然会导致地址访问错误，因此对于指针对象作为函数参数，函数体中需要验证指针参数是否为空，这是使用指针类型作为函数参数的缺点。使用指针对象作为函数参数，用户可以随意修改指针参数指向的对象，这是引用类型参数所不具备的。

7.9.4　数组做函数参数

在函数调用过程中，有时需要传递多个参数，如果传递的参数都是同一类型，则可以通过数组的方式来传递参数，作为参数的数组可以是一维数组，也可以是多维数组。使用数组做函数参数最典型的就是 main 函数。带参数的 main 函数形式如下：

```
main(int argc,char *argv[])
```

main 函数中的参数可以获取程序运行的命令参数，命令参数是执行应用程序时后面带的参数。例

如，在 CMD 控制台执行 dir 命令，可以带上“/w”参数，“dir /w”命令是以多列的形式显示文件夹内的文件名。main 函数中参数 argc 获取命令参数的个数，argv 是字符指针数组，可以获取具体的命令参数。

【实例 7.36】 获取命令参数。（实例位置：资源包\TM\sl\7\36）

输出 main 函数的参数内容。代码如下：

```
#include <iostream>
using namespace std;
void main(int argc,char *argv[])
{
	cout << "the list of parameter:" << endl;
	while(argc>1)
	{
		++argv;
		cout << *argv << endl;
		--argc;
	}
}
```

上面的代码在工程 sample 中将生成 sample.exe 应用程序，在执行 sample.exe 时在后面加上参数，程序就会输出命令参数，例如，执行命令及运行结果如图 7.50 所示。

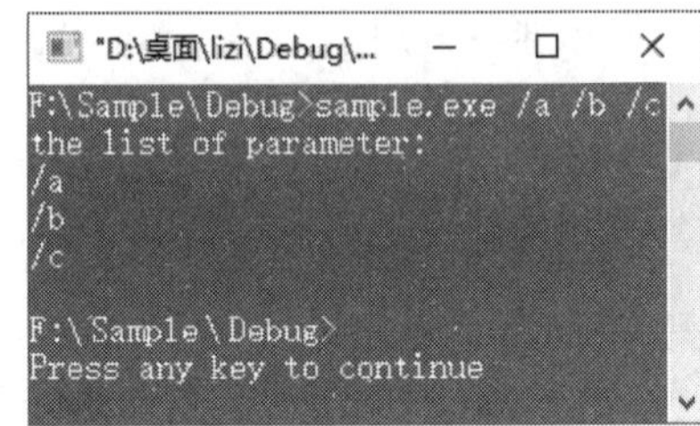

图 7.50　获取命令参数

程序执行时输入命令参数“/a /b /c”，程序运行以后将 3 个命令参数输出，每个参数都以空格隔开，应用程序后有 3 个空格，代表程序有 3 个命令参数，argc 的值为 3。

二维数组在作为函数参数时，可以将二维数组转换成一个一维的指针数组。main 函数中的 argv 数组就是一个二维的字符数组。

【实例 7.37】 寻找最小值。（实例位置：资源包\TM\sl\7\37）

本实例中，定义一个寻找每行数组中最小值的 mix 函数，在主函数中为数组赋值，然后调用 mix 函数，具体代码如下：

```
#include <iostream>
using namespace std;
#define N 4
void mix(int (*a)[N],int m)                                    //进行比较和交换的函数
{
	int value,i,j;
	for(i=0;i<m;i++)
	{
		value=*(*(a+i));
		for(j=0;j<N;j++)
		if(*(*(a+i)+j)<value)
		value=*(*(a+i)+j);
		cout <<"line " << i ;
		cout <<":the mix number is " << value << endl;          //输出最小值
	}
}
void main()
```

```
{
    int a[3][N],i,j;
    int (*p)[N];
    p=&a[0];
    cout << "please input:" << endl;
    for(i=0;i<3;i++)
    for(j=0;j<N;j++)
    cin >> a[i][j];
    mix(p,3);
}
```

程序运行结果如图 7.51 所示。

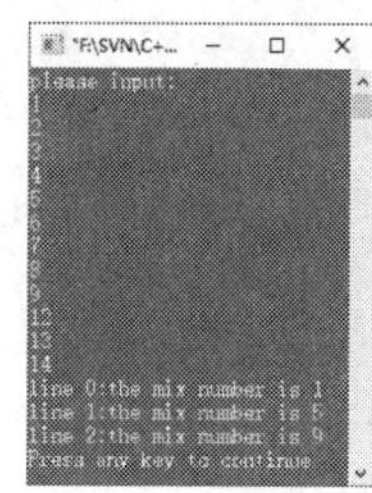

图 7.51　输出每行数组中的最小值

程序需要用户输入 12 个数值来作为一个 3 行 4 列数组的元素，然后按行进行比较，输出每行最小元素。*(a+i)代表数组每行第一个元素，*(*(a+i)+j)代表数组指定行中的某个列元素。函数 mix 对数组每行元素逐一进行比较，将最小值赋给变量 value，然后输出变量 value 的值。

编程训练（答案位置：资源包\TM\sl\7\编程训练\）

【训练 17】 从小到大排序　编写一个函数，该函数接受 3 个整型参数，调用此函数之后，3 个参数的值按照从小到大进行排序，例如：

```
int a = 3;
int b = 9;
int c = 1;
// 调用函数
sort_three(a,b,c);
// 调用之后:
// a = 1, b = 3, c = 9
```

【训练 18】 接受不定个数的整数并求和　设计一个程序，该程序接受不定个数的整型参数，输出这些参数的和。

7.10　小　　结

指针是 C++中的难点，它可以控制变量，操作数组，指向函数，所以一定要理解指针的基本用法。本章讲述的都是指针的基本用法，要从概念上区分指针与变量、指针和数组首元素，既要学会指针传递参数，也要学会使用引用传递参数。

7.11　实践与练习

答案位置：（资源包\TM\sl\7\实践与练习\）

综合练习 1：输出“王者荣耀”的游戏角色　“王者荣耀”游戏中有很多英雄，这些英雄分为法师、战士、坦克、刺客、射手和辅助。用数组输出不同类别的英雄，运行程序，输出结果如下：

```
"王者荣耀"游戏角色:
====坦克:====
苏烈,刘邦,钟馗,张飞,牛魔,程咬金,白起,刘禅,庄周,项羽,廉颇,巨灵神,安禄山,猪八戒
====战士:====
狂铁,裴擒虎,铠,孙悟空,哪吒,杨戬,橘右京,亚瑟,雅典娜,夏侯惇,关羽,吕布,韩信,老夫子,达摩,典韦,曹操,钟无艳,墨子,赵云,刑天,龙且
====刺客:====
百里玄策,庞统,花木兰,阿轲（荆轲）,不知火舞,李白,娜可露露,兰陵王,露娜,韩信,宫本武藏,盖聂,红拂
====法师:====
杨玉环,弈星,女娲,周瑜,鬼谷子,芈月,干将莫邪,东皇太一,大乔,诸葛亮,貂蝉,张良,安琪拉,不知火舞,姜子牙,武则天,王昭君,甄姬,扁鹊,高渐离,嬴政,妲己,小乔
====射手:====
公孙离,百里守约,后羿,刘备,黄忠,马可·波罗,成吉思汗,虞姬,李元芳,艾琳,狄仁杰,鲁班七号,孙尚香
====辅助:====
明世隐,梦奇,孙膑,太乙真人,蔡文姬
```

综合练习 2：统计数字出现的次数　用户可以输入 0~9 任意 10 个数，然后统计这 10 个数中每个数字出现的次数，运行结果如下：

```
请输入 10 个 0~9 的数组元素:
1 5 6 8 2 1 4 5 8 5
--------------------------------
|    0 出现的次数 0     |
|    1 出现的次数 2     |
|    2 出现的次数 1     |
|    3 出现的次数 0     |
|    4 出现的次数 1     |
|    5 出现的次数 3     |
|    6 出现的次数 1     |
|    7 出现的次数 0     |
|    8 出现的次数 2     |
|    9 出现的次数 0     |
--------------------------------
```

综合练习 3：输出 2022 冬季奥运会口号　利用两种方式输出字符串，第一种是采用 for 循环遍历字符数组，输出字符串；第二种是利用指针直接输出字符串，运行效果如下：

```
    ****************************************
2022 年重大项目是：北京冬季奥运会
2022 年冬季奥运会口号是：纯洁的冰雪，激情的约会
****************************************
```

综合练习 4：语文古诗词填空　某语文考试卷上有这样一道填空题：春眠不觉晓，处处闻啼鸟。___________，花落知多少。本实战利用指针将答案输出在控制台上，运行效果如下：

```
答案是:

夜来风雨声
```

综合练习 5：统计单词数量　利用指针，统计“I have a dream.”中单词个数。运行结果如下：

```
一共有 4 个单词
```

第 8 章

构造数据类型

结构体可以将不同的数据类型组合在一起，形成一个新的数据类型。结构体类型是对数据的整合，可使代码更加简洁。共用体和结构体很相近，它像一个存储空间可变的数据类型，可使程序设计更加灵活。枚举类型是特殊的常量，增加了代码的可读性。自定义类型则增加了代码的复用性。

本章知识架构及重难点如下：

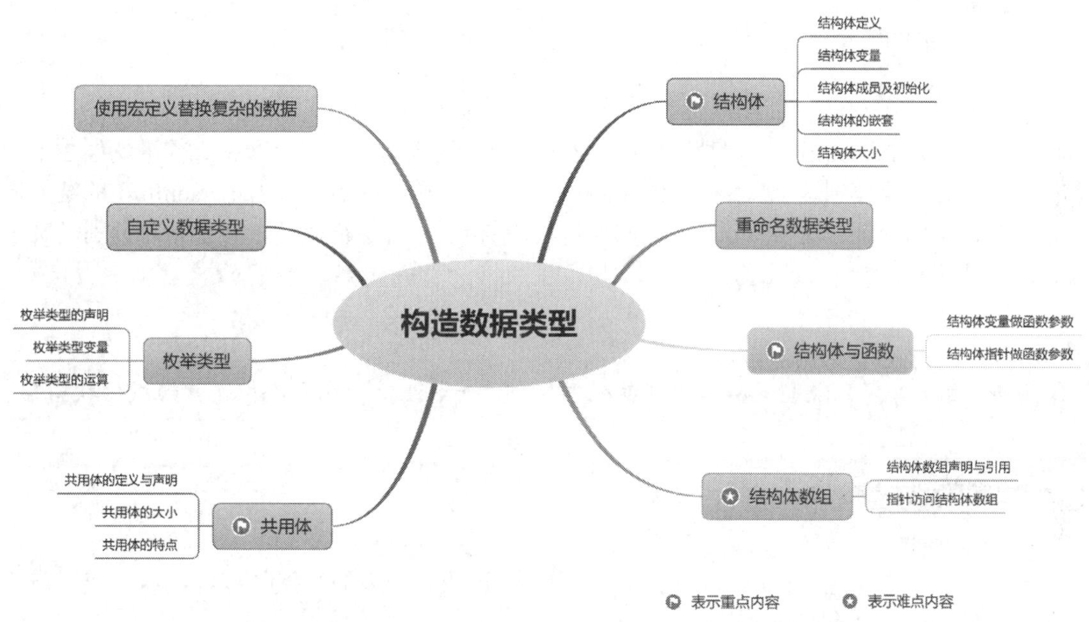

8.1 结 构 体

8.1.1 结构体定义

整型、长整型、字符型、浮点型等数据类型只能记录单一的数据，称作基本数据类型。如果描述一个人，就需要定义多个变量来记录这些信息，例如，身高、体重、姓名、年龄各需要一个变量。如果有一个类型可以将这些变量组合在一起，则会大大减少程序代码的离散性，使之更加符合逻辑，结构体则是实现这一功能的类型。

结构体的定义如下：

```
struct 结构体类型名
{
     成员类型 成员名;
     …
     成员类型 成员名;
};
```

struct 是定义结构体的关键字。结构体类型名是一种标识符，该标识符代表一个新的变量。结构体使用大括号将成员括起来，每个成员都有自己的类型，成员类型可以是常规的基础类型、自定义类型或类类型。

例如，定义一个简单员工信息的结构体，代码如下。

```
struct PersonInfo
 {
     int index;
     char name[30];
     short age;
};
```

结构体类型名是 PersonInfo，在结构体中定义了 3 个不同类型的变量。这 3 个变量就像 3 个球放到了一个盒子里，只要能找到这个盒子就能找到这 3 个球。同样，找到名字为 PersonInfo 的结构体，就可以找到结构体下的变量。这 3 个变量的数据类型各不相同，有字符串型，有整型，分别定义了员工的编号、姓名和年龄。

说明

结构体是由多个不同类型的数据组成的数据集合，而数组是由相同类型元素组成的数据集合。

8.1.2 结构体变量

结构体是一个构造类型，前面只是定义了结构体，形成一个新的数据类型，还需要使用该数据类型定义变量。结构体变量有两种声明形式。

一种是在定义结构体后，使用结构体类型名声明，例如：

```
struct PersonInfo
 {
     int index;
     char name[30];
     short age;
};
PersonInfo pInfo;
```

另一种是定义结构体时直接声明，例如：

```
struct PersonInfo
 {
```

```
    int index;
    char name[30];
    short age;
} pInfo;
```

直接声明结构体变量时，可以声明多个变量。例如：

```
struct PersonInfo
 {
    int index;
    char name[30];
    short age;
} pInfo1, pInfo2;
```

8.1.3　结构体成员及初始化

引用结构体成员有两种方式：一种是声明结构体变量后，通过成员运算符“.”引用；另一种是声明结构体指针变量，使用指向运算符“->”引用。

（1）使用成员运算符“.”引用，一般形式如下：

```
结构体变量名.成员名
```

例如：

```
struct PersonInfo
 {
    int index;
    char name[30];
    short age;
} pInfo;
pInfo. index
pInfo. name
pInfo.age
```

引用结构体成员后，分别对结构体成员赋值，对于每个结构体成员就和使用普通变量一样。

【实例 8.1】 展示一位老师的基本信息。（**实例位置：资源包\TM\sl\8\1**）

定义一个表示老师的结构体，结构体的成员有姓名、年龄、教龄；使用该结构体定义一位老师，并赋值，再输出。

```
#include <iostream>
using namespace std;
struct PersonInfo
{
    int index;
    char name[30];
    short age;
} pInfo;
void main()
{
```

```
    pInfo.index=10;
    strcpy(pInfo.name,"张三");
    pInfo.age=35;
    cout <<"教龄："<< pInfo.index << endl;
    cout <<"姓名："<< pInfo.name << endl;
    cout <<"年龄："<< pInfo.age << endl;
}
```

程序运行结果如图 8.1 所示。

注意

并不是所有的结构体成员都可以赋值，如果某个结构体变量的某个成员使用 const 限定，就不能对它赋值。

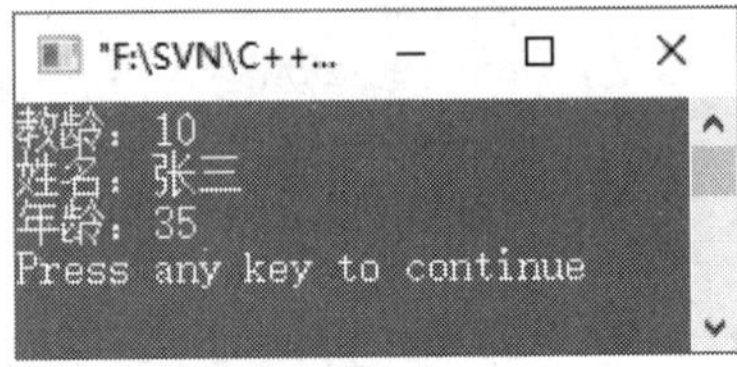

图 8.1　为结构体成员赋值

程序分别引用结构体的每个成员，然后赋值，其中为字符数组赋值需要使用 strcpy 字符串复制函数。结构体可以在定义时直接对其变量赋值，例如：

```
struct PersonInfo
{
    int index;
    char name[30];
    short age;
} pInfo= {10,"张三",3};
```

（2）在定义结构体时，可以同时声明结构体指针变量，例如：

```
struct PERSONINFO
{
    int index;
    char name[30];
    short age;
}*pPersonInfo;
```

如果要引用指针结构体变量的成员，需要使用指向运算符“->”，一般形式如下：

```
结构体指针变量->成员名
```

例如：

```
pPersonInfo-> index
pPersonInfo-> name
pPersonInfo-> age
```

注意

结构体指针变量只有初始化后才能使用。

下面通过实例介绍通过结构体指针变量引用结构体成员的方法。

【实例 8.2】 输出新来学生信息。（**实例位置：资源包\TM\sl\8\2**）

使用结构体指针变量引用结构体成员。输出学生信息，具体代码如下：

```
#include <iostream>
using namespace std;
struct PERSONINFO
{
	int index;
	char name[30];
	short age;
}*pPersonInfo, pInfo={6,"小明",13};
void main()
{

	pPersonInfo=&pInfo;
	cout << "年级"<<pPersonInfo->index << endl;
	cout << "名字"<<pPersonInfo->name << endl;
	cout << "年龄"<<pPersonInfo->age << endl;
}
```

程序运行结果如图 8.2 所示。

注意

不能直接将一个结构体变量作为一个整体进行输入和输出。例如，不能将 fruit 进行以下输出。

```
printf("%s%s%s%d%s",fruit);
```

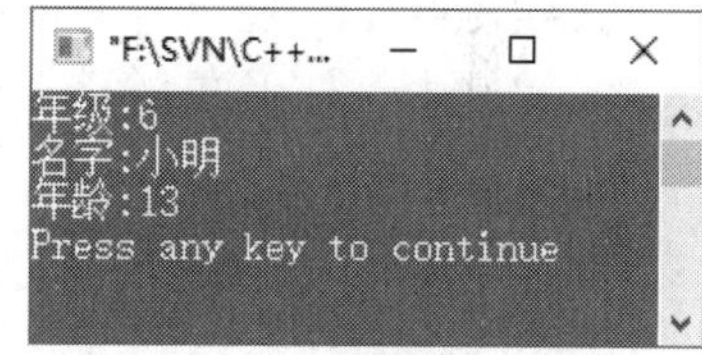

图 8.2　程序运行结果

8.1.4　结构体的嵌套

定义结构体后就形成一个新的数据类型，C++语言在定义结构体时可以声明其他已定义好的结构体变量，也可以在定义结构体时定义子结构体。

（1）在结构体中定义子结构体，例如：

```
struct PersonInfo
{
	int index;
	char name[30];
	short age;
	struct WorkPlace
	{
		char Address[150];
		char PostCode[30];
		char GateCode[50];
		char Street[100];
		char Area[50];
	};
```

```
};
```

（2）在定义时声明其他已定义好的结构体变量，例如：

```
struct WorkPlace
{
    char Address[150];
    char PostCode[30];
    char GateCode[50];
    char Street[100];
    char Area[50];
};
struct PersonInfo
{
    int index;
    char name[30];
    short age;
    WorkPlace myWorkPlace;
};
```

通过上面两种方式可以得到结构体的嵌套，下面通过第一种方式来实现。

【实例 8.3】 展示房间位置。（**实例位置：资源包\TM\sl\8\3**）

本实例中，使用嵌套的结构体，具体代码如下：

```
#include <iostream>
using namespace std;
struct PersonInfo
{
    int index;
    char name[30];
    short age;
    struct WorkPlace
    {
        char Address[150];
        char PostCode[30];
        char GateCode[50];
        char Street[100];
        char Area[50];
    }WP;
};
void main()
{
    PersonInfo pInfo;
    strcpy(pInfo.WP.Address,"House");
    strcpy(pInfo.WP.PostCode,"10000");
    strcpy(pInfo.WP.GateCode,"302");
    strcpy(pInfo.WP.Street,"Lan Tian");
    strcpy(pInfo.WP.Area,"china");
    cout << pInfo.WP.Address << endl;
    cout << pInfo.WP.PostCode << endl;
```

```
        cout << pInfo.WP.GateCode<< endl;
        cout << pInfo.WP.Street << endl;
        cout << pInfo.WP.Area << endl;
}
```

程序运行结果如图 8.3 所示。程序在 PersonInfo 结构体中嵌套了 WorkPlace 结构体，然后分别对 WorkPlace 子结构体中的成员进行赋值，最后将 WorkPlace 子结构体中的成员输出。

```
"F:\SVN\C...
House
10000
302
Lan Tian
china
Press any key to continue
```

图 8.3　使用嵌套的结构体

8.1.5　结构体大小

结构体是一种构造的数据类型，数据类型都与占用内存多少有关。在没有字符对齐要求或结构体成员对齐单位为 1 时，结构体变量的大小是定义结构体时各成员大小之和。例如：

```
struct PersonInfo
{
        int index;
        char name[30];
        short age;
};
```

PersonInfo 结构体的大小是成员 name、index 和 age 大小之和。name 是字符数组，一个字符占用 1 个字节，name 占用 30 个字节；index 是整型数据，在 32 位系统中占用 4 个字节；age 是短整型，在 32 位系统中占用 2 个字节，所以 PersonInfo 结构体的大小是 30+4+2=36 字节。

可以使用 sizeof 运算符获取结构体大小，例如：

```
#include <iostream>
using namespace std;
void main()
 {
        struct PersonInfo
         {
                int index;
                char name[30];
                short age;
        }pInfo;
        cout << sizeof(pInfo) <<endl;
}
```

程序使用 sizeof 运算符输出的结果仍然是 36 个字节。

如果更改结构体成员对齐单位，PersonInfo 结构体实际占用的内存空间就不是 36 个字节了。在 Visual C++6.0 中可以通过修改工程属性来改变结构体成员对齐单位。通过选择 Project→Settings 命令，打开 Project Settings 对话框，如图 8.4 所示，选择 C/C++选项卡，在 Category 下拉列表框中选择 Code Generation 选项，通过 Struct member alignment 下拉列表框就可以改变结构体成员对齐单位。

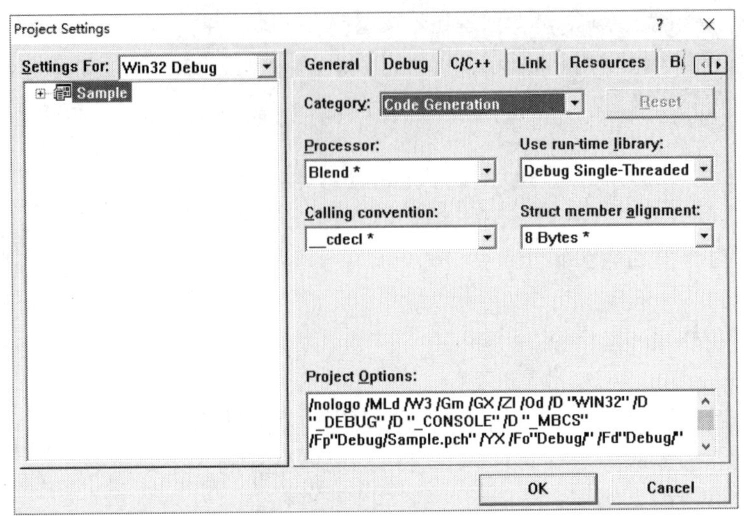

图 8.4　Project Settings 对话框

默认结构体成员对齐单位是 8 个字节，结构体成员对齐单位在使用结构体变量传送数据时能看到其差异。

编程训练（答案位置：资源包\TM\sl\8\编程训练\）

【训练 1】 输出某台汽车信息　定义一个表示汽车的结构体，输出汽车的品牌名、颜色、车长以及承载量信息。

【训练 2】 创建班级结构体　有一个班级，老师最多 10 位，学生最多 60 位，尝试设计一个结构体表示这个班级。

8.2　重命名数据类型

C++允许使用关键字 typedef 给一个数据类型定义一个别名，例如：

```
typedef int flag;                    //给 int 数据类型取一个别名
```

这样，程序中 flag 就可以作为 int 的数据类型来使用。例如：

```
flag a;
```

a 实质上是 int 类型的数据，此时 int 类型的别名就是 flag。

类或者结构在声明时，如果使用 typedef，例如：

```
typedef class asdfghj {
    成员列表
}myClass,ClassA;
```

这样就令声明的类拥有 myClass 和 ClassA 两个别名。

typedef 主要用途如下。

（1）代替很复杂的基本类型名称，例如函数指针 int (*)(int i)。

```
typedef int (*)(int i) pFun;        //用 pFun 代替函数指针 int (*)(int i)
```

（2）使用其他人开发的类型时，使它的类型名符合自己的代码习惯（规范）。

typedef 关键字具有作用域，范围是别名声明所在的区域（包含名称空间）。

【实例 8.4】 三只宠物犬。（**实例位置：资源包\TM\sl\8\4**）

本实例中，重命名一个 pet，具体实现代码如下：

```
#include <iostream>
#include <string>
using namespace std;
namespace pet
{
    typedef string kind;
    typedef string petname;
    typedef string voice;
    typedef class dog
    {
        private:
        kind m_kindName;                    //宠物狗种类
        protected:                          //假如有别的类需要此类继承，则不需要使用种类这个属性
        petname m_dogName;
        int m_age;
        voice m_voice;
        void setVoice(kind name);
        public:
        dog(kind name);
        void sound();
        void setName(petname name);
    }Dog,DOG;                               //声明了别名，用 Dog 和 DOG 代替类 dog
    void dog::setVoice(kind name)
    {
        if(name == "北京犬")
        {
            m_voice = "嗷嗷";
        }
        else if(name == "狼犬")
        {
            m_voice = "呜嗷";
        }
        else if(name == "黄丹犬")
        {
            m_voice = "喔嗷";
        }
    }
    dog::dog(kind name)
    {
        m_kindName = name;
        m_dogName = name;
        setVoice(name);
```

```
    }
    void dog::sound()
    {
        cout<<m_dogName<<"发出"<<m_voice<<"的叫声"<<endl;
    }
    void dog::setName(petname name)
    {
        m_dogName = name;
    }
}
using pet::dog;                                    //使用 pet 空间的宠物犬 dog 类
using pet::DOG;
int main()
{
    dog a = dog("北京犬");                          //名称空间的类被包含进来后，可以直接使用
    pet::Dog b = pet::Dog("狼犬");                   //别名仍需要使用名称空间
    pet::DOG c = pet::DOG("黄丹犬");
    a.setName("小白");
    c.setName("阿黄");
    a.sound();
    b.sound();
    c.sound();
    return 0;
}
```

程序运行结果如图 8.5 所示。在 pet 名称空间中定义了多种类型别名。这些别名的实际类型不发生改变，在主函数内演示了如何使用名称空间中的类别名。

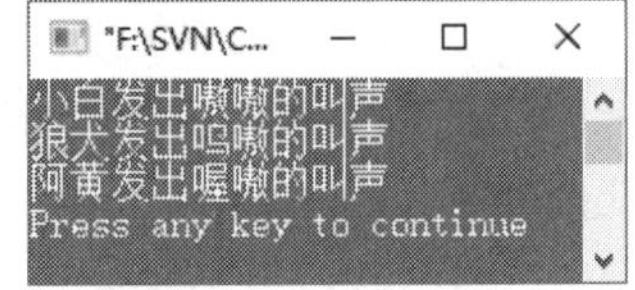

图 8.5　执行结果

宠物狗 dog 类中使用 string 类区分小狗的种类，通过 setVoice 函数设定每种小狗的声音，那么，有没有比使用 string 对象更简便的办法呢？除了建立 3 个子类之外，有没有更简便的方法呢？下一节将继续讨论。

编程训练（答案位置：资源包\TM\sl\8\编程训练\）

【训练 3】 保存年龄类型　自定义类型 t_age，使其拥有与 int 型相同的效果，用于保存年龄。

【训练 4】 保存性别类型　自定义类型 t_sex，使其拥有与 string 型相同的效果，用于保存性别。

8.3　结构体与函数

结构体数据类型在 C++语言中是可以作为函数参数传递的，可以直接使用结构体变量做函数的参数，也可以使用结构体指针变量做函数的参数。

8.3.1　结构体变量做函数参数

可以把结构体变量当作普通变量一样作为函数参数，这样可以减少函数参数的个数，使代码更简洁。

【实例 8.5】 小喵信息。(**实例位置：资源包\TM\sl\8\5**)

本实例使用结构体变量做函数参数，显示小喵的信息。具体代码如下：

```
#include <iostream>
using namespace std;
struct PersonInfo                                    //定义结构体
{
    char name[30];
    float weight;
    short age;
};
void ShowStuctMessage(struct PersonInfo MyInfo)  //自定义函数，输出结构体变量成员
{

    cout << "小喵的名字:"<<MyInfo.name << endl;
    cout <<"小喵的体重:"<< MyInfo.weight << endl;
    cout << "小喵的年龄:"<<MyInfo.age<< endl;
}
void main()
{

    PersonInfo pInfo;                                //声明结构体
    strcpy(pInfo.name,"草莓");
    pInfo.weight=2.5f;
    pInfo.age=2;
    ShowStuctMessage(pInfo);                         //调用自定义函数
}
```

程序运行结果如图 8.6 所示。程序自定义了函数 ShowStuctMessage，该函数使用 PersonInfo 结构体作为参数。如果不使用结构体作为参数，函数需要将 weight、name、age 3 个成员分别定义为参数。

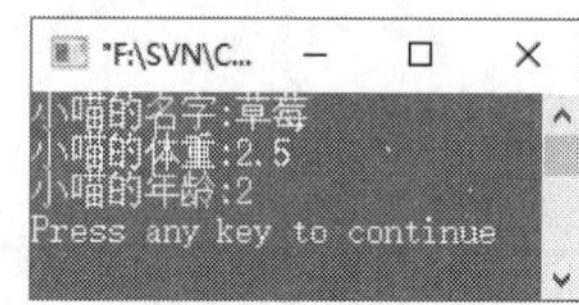

图 8.6　使用结构体变量做函数参数

8.3.2　结构体指针做函数参数

使用结构体指针做函数参数时传递的只是地址，减少了时间和空间上的开销，能够提高程序的运行效率。这种方式在实际应用中效果比较好。

【实例 8.6】 登记新员工信息。(**实例位置：资源包\TM\sl\8\6**)

本实例使用结构体指针变量做函数参数，显示新员工的信息。具体代码如下：

```
#include <iostream>
using namespace std;
struct PersonInfo
{
    char name[30];
    int index;
    char work[30];
};
void ShowStuctMessage(struct PersonInfo *pInfo)
{
```

```
        cout << "姓名："<<pInfo->name << endl;
        cout << "职员号："<<pInfo->index << endl;
        cout << "职位："<<pInfo->work<< endl;
}
void main()
{
        PersonInfo pInfo;
        strcpy(pInfo.name,"张伟");
        pInfo.index=14;
        strcpy(pInfo.work,"开发部");
        cout<<"----------信息如下----------"<<endl;
        ShowStuctMessage(&pInfo);
}
```

程序运行结果如图 8.7 所示。

在程序执行效率上，使用结构体指针做函数参数方式要快很多。

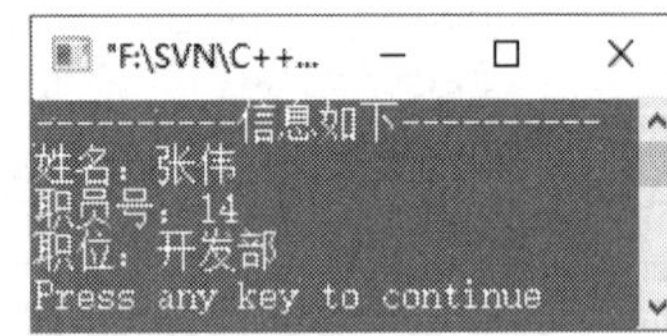

图 8.7　使用结构体指针变量做函数参数

编程训练（答案位置：资源包\TM\sl\8\编程训练\）

【训练 5】 给汽车加油　定义一个汽车的结构体，包含剩余汽油体积（单位：升）。定义一个加油的函数，将汽车当作参数，每执行一次该函数，汽车的剩余汽油体积都会加 2。

【训练 6】 模拟老师批改作业场景　定义一个代表老师的结构体 struct Teacher，它有一个成员变量 count，代表批改过的作业数量。并定义一个函数，该函数可以接受一个学生和一个老师作为参数，在函数中老师给学生打分，并增加批改过的作业数量。

8.4　结构体数组

数组的元素可以是结构体类型，因此可以构成结构体类型数组。结构体数组的每一个元素都是具有相同结构类型的下标结构变量。

8.4.1　结构体数组声明与引用

结构体数组可以在定义结构体时直接声明，也可以使用结构体变量声明，还可以直接声明结构体数组而无须定义结构体名。

（1）在定义结构体时直接声明，例如：

```
struct PersonInfo
{
        int index;
        char name[30];
        short age;
}Person[5];
```

（2）使用结构体变量声明，例如：

```
struct PersonInfo
{
    int index;
    char name[30];
    short age;
}pInfo;
PersonInfo Person[5]
```

（3）直接声明结构体数组，例如：

```
struct
{
    int index;
    char name[30];
    short age;
}Person[5];
```

可以在声明结构体数组时直接对数组进行初始化。

```
struct PersonInfo
{
    int index;
    char name[30];
    short age;
}Person[5]= { {1,"张三",20}, {2,"李可可",21}, {3,"宋桥",22}, {4,"元员",22}, {5,"王冰冰",22}};
```

说明

当对全部元素都进行初始化赋值时，也可不给出数组长度。

8.4.2　指针访问结构体数组

指针可以指向一个结构体数组，这时结构体指针的值是整个结构体数组的首地址。结构体指针也可指向结构体数组的一个元素，这时结构体指针的值是该结构体数组元素的首地址。

【实例 8.7】 显示销售前 5 名的产品。（**实例位置：资源包\TM\sl\8\7**）

某网站“双 11”做促销活动，利用结构体指针访问数组编写程序将销量前 5 名信息输出，具体代码如下：

```
#include <iostream>
using namespace std;
struct PersonInfo
{
    char cName[20];                             /*品牌名*/
    int   iNumber;                              /*销售量*/
}Person[5]={{"面膜",1458792365},                /*定义变量并初始化*/
            {"洁面",325656550},
            {"洗发露",324655854},
```

```
            {"护发素",256897412},
            {"卸妆膏",155655655}};
void main()
{
    struct PersonInfo *pPersonInfo;
    pPersonInfo=Person;
    for(int i=0;i<5;i++,pPersonInfo++)
    {
        cout <<"产品名："<<pPersonInfo->cName << "    ";
        cout << "销售量："<<pPersonInfo->iNumber << endl;
    }
}
```

程序运行结果如图 8.8 所示。程序的关键在于 pPersonInfo++ 的运算，pPersonInfo 指针开始指向数组的首元素，结构体指针自加 1，其结果使 pPersonInfo 指针指向了数组的下一个元素。

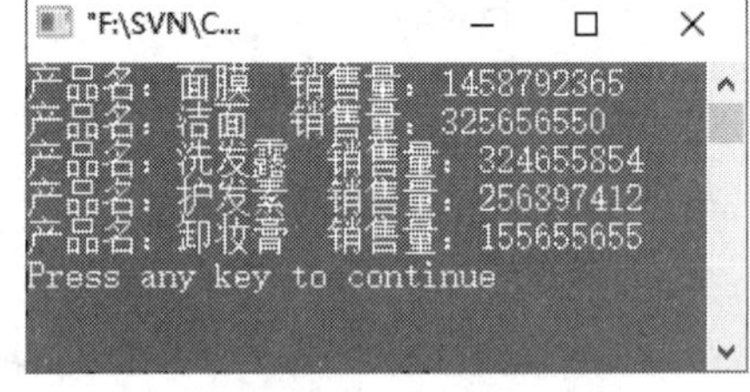

图 8.8　使用指针访问结构体数组

编程训练（答案位置：资源包\TM\sl\8\编程训练\）

【训练 7】 获取螺丝长度　定义一个冰箱结构体，它有一个成员类型是“螺丝”结构体数组，代表这台冰箱中的所有螺丝。编写代码，输出所有螺丝的长度。

【训练 8】 打印班级学生姓名　定义一个班级结构体，它有一个成员类型是“学生”结构体数组，代表这个班级中的所有学生。编写代码，输出所有学生的姓名。

8.5　共　用　体

共用体数据类型是指将不同的数据项组织为一个整体，它和结构体有些类似，但共用体在内存中占用首地址相同的一段存储单元。因为共用体的关键字为 union，即联合，所以共用体也称联合体。

8.5.1　共用体的定义与声明

定义共用体类型的一般形式如下：

```
union 共用体类型名
{
    成员类型 共用体成员名 1;
    成员类型 共用体成员名 2;
    …
    成员类型 共用体成员名 n;
};
```

union 是定义共用体数据类型的关键字，共用体类型名是一个标识符，该标识符就是一个新的数据类型，成员类型是常规的数据类型，用来设置共用体成员存储空间。

声明共用体数据类型变量有以下几种方式。

（1）先定义共用体，然后声明共用体变量，例如：

```
union myUnion
{
	int i;
	char ch;
	float f;
};
myUnion u;	//声明变量
```

（2）直接在定义时声明共用体变量，例如：

```
union myUnion
{
	int i;
	char ch;
	float f;
}u;			//直接声明变量
```

（3）直接声明共用体变量，例如：

```
union
{
	int i;
	char ch;
	float f;
}u;
```

第三种方式省略了共用体类型名，直接声明了变量 u。

引用共用体对象成员和引用结构体对象类型的方式相同，也是使用“.”运算符，例如，引用共用体 u 的成员可以使用 u.i、u.ch 和 u.f。

注意，不能引用共用体变量，只能引用共用体变量中的成员。例如，直接引用 u 是错误的。

说明

初学者可能会有疑惑：共用体变量名可以赋值吗？其实只要赋的值是一个相同类型的共用体类型即可。引用共用体变量名也可以得到一个值，这个值就是共用体对象本身的值。

8.5.2　共用体的大小

共用体每个成员分别占有自己的内存单元。共用体变量所占的内存长度等于最长的成员的长度。一个共用体变量不能同时存放多个成员的值，某一时刻只能存放最后赋予它的值。

【实例 8.8】 选择一种交通工具回家。（**实例位置：资源包\TM\sl\8\8**）

公司员工下班可以乘坐公交车或地铁，设计一个交通工具的共用体，让员工进行选择。在本实例中定义共用体变量，通过定义的函数引用共用体中的数据成员。

```
#include "stdio.h"
#include <string.h>
```

```
struct bus                                  /*声明公交车结构体类型*/
{
    char name[64];
};
structsubway                                /*声明地铁结构体类型*/
{
    char name[64];
};
union Transportation                        /*声明共用体类型*/
{
   struct bus p;
   struct subway c;
};
int main()
{
   union Transportation t;                  /*定义一个共用体*/
   strcpy(t.p.name, "地铁");                /*将相应的名字复制给相应的变量*/
   strcpy(t.c.name, "公交车");
   printf("员工选择%s\n",t.p.name);          /*输出信息*/
   printf("员工选择%s\n",t.c.name);
   return 0;
}
```

程序运行结果如图 8.9 所示。

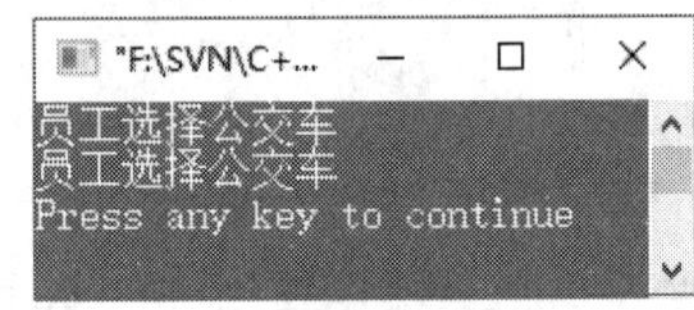

图 8.9　使用共用体变量

在程序中改变共用体的一个成员，其他成员也会随之改变。当给某个特定的成员赋值时，其他成员的值也具有一致的含义，这是因为它们的值的每一个二进制位都被新值覆盖。结果显示正确的只有最后赋值的成员。

8.5.3　共用体的特点

共用体数据类型有以下几个特点。

（1）使用共用体变量的目的是用同一个内存段存放几种不同类型的数据。注意，在同一时间只能存放其中的一种，而不能同时存放几种。

（2）能够访问的是共用体变量中最后一次被赋值的成员，在对一个新的成员赋值后，原有的成员将随之改变。

（3）共用体变量的地址和它的各成员的地址是一致的。

（4）不能对共用体变量名赋值，不能企图引用变量名来得到一个值，不能在定义共用体变量时对它初始化，不能用共用体变量名作为函数参数。

编程训练（答案位置：资源包\TM\sl\8\编程训练\）

【训练 9】 玻璃罐头瓶装什么　设计一个玻璃罐头瓶的共用体，这个罐头瓶可以装黄桃、椰子或山楂，但一次只能装一种水果。

【训练 10】 选择上班交通工具　公司员工上班乘车可以乘坐出租车、公交车或地铁，设计一个交通工具的共用体，让员工进行选择。

8.6 枚举类型

枚举就是一一列举的意思，在 C++语言中枚举类型是一些标识符的集合，从形式上看枚举类型就是用大括号将不同标识符名称放在一起。用枚举类型声明的变量，其值只能取自括号内的标识符。

8.6.1 枚举类型的声明

枚举类型定义有以下两种声明形式。

（1）枚举类型的一般声明形式如下：

```
enum 枚举类型名 {标识符列表};
```

例如：

```
enum weekday {Sunday,Monday,Tuesday,Wednesday,Thursday,Friday,Saturday};
```

enum 是定义枚举类型的关键字，weekday 是新定义的类型名，大括号内是枚举类型变量可取的值。

（2）带赋值的枚举类型声明形式如下：

```
enum 枚举类型名
{
    标识符[=整型常数],
    标识符[=整型常数],
    ...
    标识符[=整型常数],
} 枚举变量;
```

例如：

```
enum weekday {Sunday=0,Monday=1,Tuesday=2,Wednesday=3,Thursday=4,Friday=5,Saturday=6};
```

使用枚举类型的说明如下。

（1）编译器默认将标识符自动赋值整型常数。例如：

```
enum weekday {Sunday,Monday,Tuesday,Wednesday,Thursday,Friday,Saturday};
enum weekday {Sunday=0,Monday=1,Tuesday=2,Wednesday=3,Thursday=4,Friday=5,Saturday=6};
```

（2）可以自行修改整型常数的值。例如：

```
enum weekday {Sunday=2,Monday=3,Tuesday=4,Wednesday=5,Thursday=0,Friday=1,Saturday=6};
```

（3）如果只给前几个标识符赋整型常数，编译器会给后面标识符自动累加赋值。例如：

```
enum weekday {Sunday=7,Monday=1,Tuesday,Wednesday,Thursday,Friday,Saturday};
```

相当于：

```
enum weekday {Sunday=7,Monday=1,Tuesday=2,Wednesday=3,Thursday=4,Friday=5,Saturday=6};
```

8.6.2　枚举类型变量

在声明枚举类型后，可以用它定义变量。例如：

```
enum weekday {Sunday,Monday,Tuesday,Wednesday,Thursday,Friday,Saturday};
[enum] weekday myworkday;
```

myworkday 是 weekday 的变量。在 C++中，枚举类型名包括关键字 enum，因此允许不写 enum 关键字。

关于使用枚举类型变量的说明如下。

（1）枚举变量的值只能是从 Sunday 到 Saturday 之一，即只能是大括号内的值。例如：

```
myworkday = Tuesday;
myworkday = Saturday;
```

（2）一个整数不能直接赋给一个枚举变量。例如：

```
enum weekday {Sunday=7,Monday=1,Tuesday,Wednesday,Thursday,Friday,Saturday};
enum weekday day;
```

则“day=(enum weekday)3;”等价于“day=Wednesday;。day=3;”是错误的。

整型虽然不能直接为枚举变量赋值，但是可以通过强制类型转换，将整数转换为合适的枚举型数值。

【实例 8.9】 选择喜欢的颜色。（**实例位置：资源包\TM\sl\8\9**）

在本实例中，通过定义枚举类型观察其使用方式。其中，每个枚举常量在声明的作用域内都可以看作一个新的数据类型。

```
#include<iostream>
using namespace std;
enum Color{Red=1,Blue,Green} color;                    /*定义枚举变量，并初始化*/
int main()
{
    int icolor;                                        /*定义整型变量*/
   cout<<"1 代表红色，2 代表蓝色，3 代表绿色。\n";
    cout<<"请输入您要选择的数字：";
    cin>>icolor;                                       /*输入数据*/
    switch(icolor)                                     /*判断 icolor 值*/
    {
    case Red:                                          /*枚举常量，Red 表示 1*/
        cout<<"选择红色\n";
        break;
    case Blue:                                         /*枚举常量，Blue 表示 2*/
        cout<<"选择蓝色\n";
        break;
    case Green:                                        /*枚举常量，Green 表示 3*/
        cout<<"选择绿色\n";
        break;
    default:
```

```
        cout<<"???\n";
        break;
    }
    return 0;
}
```

程序运行结果如图 8.10 所示。程序中使用了各种形式的赋值，其原理都是一样的，即通过强制转换为枚举变量赋值。

（3）直接定义枚举变量。例如：

```
enum {sun，mon，tue，wed，thu，fri，sat} workday,week_end；
```

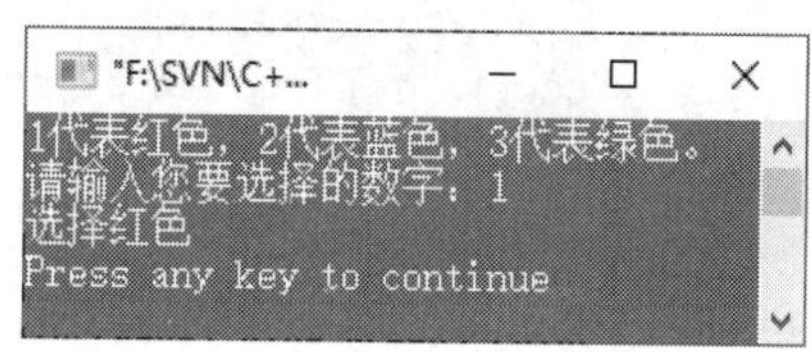

图 8.10　枚举变量的赋值

8.6.3　枚举类型的运算

枚举值相当于整型变量，可以进行运算。

（1）利用枚举值做判断比较。

枚举值可以和整型变量比较，枚举值之间也可以进行比较。

【实例 8.10】 枚举值的比较运算。（**实例位置：资源包\TM\sl\8\10**）

本实例中，定义枚举类型，再利用枚举值进行计算。具体代码如下：

```
#include <iostream>
using namespace std;
enum Weekday {Sunday,Monday,Tuesday,Wednesday,Thursday,Friday,Saturday};
void main()
{
    Weekday day1,day2;
    day1=Monday;
    day2=Saturday;
    int n;
    n=day1;
    n=day2+1;
    if(n>day1)                //可以比较
        cout << "n>day1" <<endl;
    if(day1<day2)
        cout << "day1<day2" <<endl;
}
```

程序运行结果如图 8.11 所示。这里，程序进行变量 n 和枚举变量 day1 的比较以及枚举变量 day1 和 day2 的比较。

（2）利用枚举值进行减法运算。

【实例 8.11】 利用枚举值进行减法运算。（**实例位置：资源包\TM\sl\8\11**）

本实例中，定义枚举类型，再利用枚举值进行减法计算。具体代码如下：

```
#include <iostream>
using namespace std;
```

```
void main()
{
    enum weekday {Sunday=2,Monday=3,Tuesday=4,Wednesday=5,Thursday=0,Friday=1,Saturday=6};
    weekday m_eType1;
    weekday m_eType2;
    m_eType1=Sunday;                //Sunday=2
    m_eType2=Friday;                //Friday=1
    cout << m_eType1-m_eType2 << endl;
}
```

程序运行结果如图 8.12 所示。

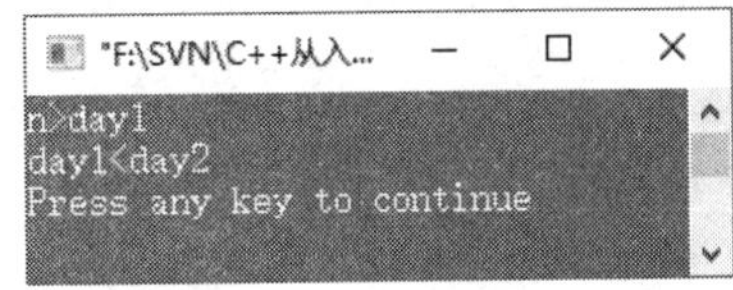

图 8.11　枚举值的比较运算

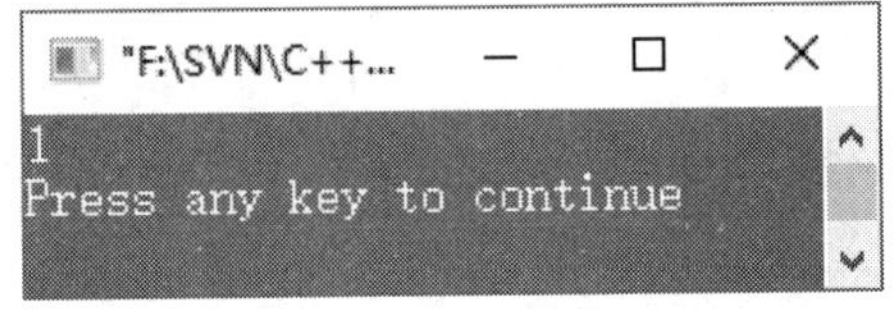

图 8.12　利用枚举值进行减法运算

程序直接将两个枚举变量 m_eType1 和 m_eType2 进行减法运算，然后将运算结果输出。

误区警示

枚举类型到底什么时候使用？

在实际问题中，有些变量被限定在一个有限的范围内。例如，一个星期有 7 天、一年有 12 个月等，把这些量声明为整型、字符型或其他类型显然是不妥的。为此，C++语言提供了枚举类型。枚举类型是一种基本数据类型，不能再分解为其他类型。

编程训练（答案位置：资源包\TM\sl\8\编程训练\）

【训练 11】 给一年四季赋值　定义枚举类型，代表一年中的四个季节。给“季节”枚举类型分别赋值，并用整型格式输出四个季节的值。

【训练 12】 判断十二生肖排序顺序　定义十二生肖的枚举，判断任意两个生肖谁排在前，谁排在后。

8.7　自定义数据类型

C++语言提供了丰富的数据类型，对于由用户自己定义的构造型数据类型，还允许用户自己定义类型说明符，即由用户为定义的数据类型名另外再取一个别名，以便简化对类型名的引用或增加程序的可读性。这个功能由类型定义符 typedef 完成。typedef 的使用形式如下：

```
typedef <原类型名> <新类型名>
```

原类型名是任意已定义的数据类型，包括系统的各种基本数据类型名以及用户自定义的构造类型名。新类型名是用户自己命名的标识符，在以后变量的声明中可以直接使用该名称。例如：

```
typedef int INTEGER;
```

```
INTEGER a,b;
```

等价于：

```
int a,b;
```

【实例 8.12】 打印“清华大学出版社”。(**实例位置：资源包\TM\sl\8\12**)

使用自定义数据类型打印“清华大学出版社”，具体代码如下：

```
typedef char *CString;
#include <iostream.h>
void main()
{
    CString str;
    char temp[]="清华大学出版社";
    str=temp;
    cout << str << endl;
}
```

程序运行结果如图 8.13 所示。

图 8.13　使用自定义数据类型

程序将字符指针重命名为 CString，CString 就代表字符指针。

自定义数据类型的大小同原数据类型一样。例如：

```
#include <iostream.h>
void main()
{
    typedef char *CString;
    cout << sizeof(CString) << endl;
    cout << sizeof(char *) << endl;
}
```

程序使用 sizeof 运算得到数据类型的大小，CString 同 char *一样，都是占用 4 个字节空间。

编程训练（答案位置：资源包\TM\sl\8\编程训练\）

【训练 13】 表示光速　光在真空中的速度为 299792458m/s，请用自定义类型输出光速（用科学计数法输出）。

【训练 14】 输出 1314　1314 的谐音“一生一世”是人们常用的一种爱情数字密码。请用自定义类型输出 1314。

8.8　使用宏定义替换复杂的数据

在前面的学习中，经常遇到用#define 命令定义符号常量的情况，其实使用#define 命令就是要定义一个可替换的宏，宏定义是预处理命令的一种。它提供了一种可以替换源代码中字符串的机制。根据宏定义中是否有参数，可以将其分为不带参数的宏定义和带参数的宏定义两种，下面分别进行介绍。

1. 不带参数的宏定义

宏定义指令#define 用来定义一个标识符和一个字符串，以这个标识符来代表这个字符串。在程序中每次遇到该标识符时，就用定义的字符串替换它。它的作用相当于给指定的字符串起一个别名。

不带参数的宏定义一般形式如下：

```
#define 宏名 字符串
```

“#”表示这是一条预处理命令。宏名是一个标识符，必须符合 C++语言标识符的规定。字符串可以是常数、表达式、格式字符串等。例如：

```
#define PI 3.14159
```

它的作用是在程序中用 3.14159 替代 PI。在编译预处理时，每当在源程序中遇到 PI，就自动用 3.14159 代替。

使用#define 进行宏定义的好处是：当需要改变一个常量时，只需改变#define 命令行，整个程序的常量都会改变，大大提高了程序的灵活性。

宏名要简单且意义明确，一般习惯用大写字母表示，以便与变量名相区别。

注意

宏定义不是 C++语句，不需要在行末加分号。

宏名定义后，即可成为其他宏名定义中的一部分。例如，下面的程序代码定义了正方形的边长 SIDE、周长 PERIMETER 及面积 AREA 的值。

```
#define SIDE 5
#define PERIMETER 4*SIDE
#define AREA SIDE*SIDE
```

前面强调过，宏替换是以字符串代替标识符。因此，如果希望定义一个标准的邀请语，可编写如下程序代码：

```
#define STANDARD "You are welcome to join us."
printf(STANDARD);
```

编译程序遇到标识符 STANDARD 时，就用字符串“You are welcome to join us.”替换。

对于以上的编译程序，与 printf 语句的如下形式是等效的：

```
printf("You are welcome to join us.");
```

关于不带参数的宏定义，要强调以下几点。

（1）如果在字符串中含有宏名，则不进行替换。例如：

```
#include <stdio.h>
#define TEST "this is an example"
void main()
 {
     char exp[30]="This TEST is not that TEST";     /*定义字符数组并赋初值*/
     printf("%s\n",exp);
}
```

程序运行结果如图 8.14 所示。

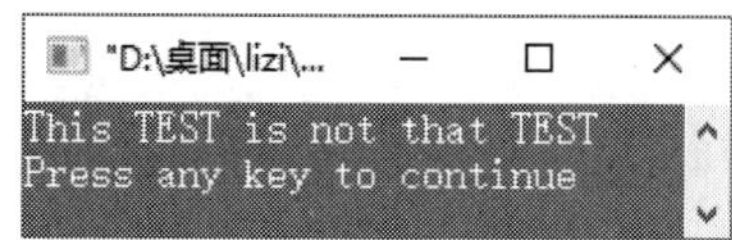

图 8.14　在字符串中含有宏名

注意

上面的程序字符串中的 TEST 并没有用 this is an example 来替换，所以如果字符串中含有宏名，则不进行替换。

（2）如果字符串长于一行，可以在该行末尾用一反斜杠“\”续行。

（3）#define 命令出现在程序中函数的外面，宏名的有效范围为定义命令之后到此源文件结束。

注意

在编写程序时通常将所有的#define 放到文件的开始处或独立的文件中，而不是将它们分散到整个程序中。

（4）可以用#undef 命令终止宏定义的作用域。

```
#include <stdio.h>
#define TEST "this is an example"
main()
{
	printf(TEST);
	#undef TEST
}
```

（5）宏定义用于预处理命令，它不同于定义的变量，只进行字符替换，不分配内存空间。

2. 带参数的宏定义

带参数的宏定义不是简单的字符串替换，它还要进行参数替换。一般形式如下：

```
#define  宏名(参数表)字符串
```

【实例 8.13】求两个数的乘积。（**实例位置：资源包\TM\sl\8\16**）

使用带参数的宏实现求两个数的乘积。具体代码如下：

```
#include<stdio.h>
#define MUL(x,y) ((x)*(y))                    //定义两个数的乘积
int main()
 {
	int a,b,c;
	printf("请输入两个整数：\n");
	scanf("%d%d",&a,&b);
	c=MUL(a,b);                               //调用宏定义
	printf("两数乘积为：%d\n",c);
	return 0;
```

```
}
```

程序运行结果如图 8.15 所示。

当编译该程序时，由 MUL(x,y)定义的表达式被替换，a 和 b 用作操作数，即“c=MUL(a,b);”语句被代替后变为如下形式：

```
c=((a)*(b));
```

用宏替换的一个好处是，因为不存在函数调用，所以可提高代码的速度。但提高速度也有代价，因为重复编码会增加代码的长度。

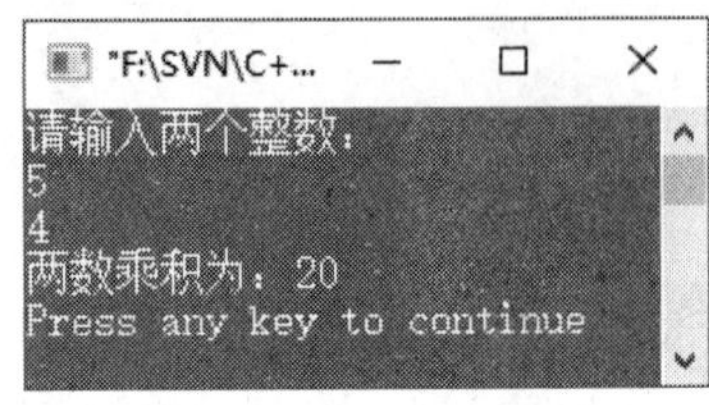

图 8.15　使用带参数的宏实现乘法运算

对于带参数的宏定义要强调以下几点。

（1）宏定义时参数要加括号。如不加括号，有时结果是正确的，有时结果便是错误的。

如实例 8.13 中，当参数 a=8，b=9 时，在参数不加括号的情况下调用 MUL(a,b)，可以正确地输出结果；当 a=8，b=5+4 时，若参数不加括号，即定义成#define MUL(a,b) a*b，这种情况下调用 MUL(a,b)，则输出的结果是错误的。此时调用的 MUL(a,b)执行情况如下：

```
c=8*5+4;
```

此时计算的结果是 44，而实际上希望得出的结果是 72。为了避免出现上面这种情况，在进行宏定义时，一定要在参数外面加上括号。

（2）宏扩展必须使用括号来保护表达式中低优先级的操作符，以确保调用时达到想要的效果。例如，有如下宏定义：

```
#define SUB(x,y) (x)+(y)
```

通过如下代码调用该宏定义时：

```
5*SUB(x,y);
```

则会被扩展为：

```
5*(x)+(y);
```

而本意是希望得到：

```
5*((x)+(y));
```

解决的办法是宏扩展时加上括号，此时就能避免这种错误发生。

（3）对带参数的宏的展开，只是将宏名后面括号内的实参字符串代替#define 命令行中的形参。

（4）在宏定义时，宏名与带参数的括号之间不能加空格，否则将空格以后的字符都作为替代字符串的一部分。

（5）在带参宏定义中，形式参数不分配内存单元，因此不必做类型定义。

编程训练（答案位置：资源包\TM\sl\8\编程训练\）

【训练 15】 *用宏计算长方形周长*　将长方形的长、宽用宏定义为 6、5，再用宏定义计算此长方形周长，最后在主函数中输出周长的标识符。

【训练 16】 *计算三角形的底和高对应的面积*　利用带参数的宏定义计算三角形的底和高对应的面积。

8.9　小　　结

本章主要介绍了两种构造类型——结构体和共用体，以及自定义类型及枚举类型。使用 C++语言开发的程序一般都大量使用结构体，这更增加了结构体的功能，程序设计阶段应多将关联紧密的数据组合成一个结构体，便于阅读及二次开发。

8.10　实践与练习

答案位置：（资源包\TM\sl\8\实践与练习\）

综合练习 1：身份证信息暴露　利用结构体指针变量输出身份证信息。输出效果如下：

```
第 1 个人:
姓名: 王囧, 出生日期: 19991212
性别: 男, 地址: 吉林省长春市
第 2 个人:
姓名: 李果, 出生日期: 19940505
性别: 女, 地址: 北京市
第 3 个人:
姓名: 张多, 出生日期: 20001111
性别: 男, 地址: 山东省济南市
第 4 个人:
姓名: 赵紫轩, 出生日期: 19900306
性别: 女, 地址: 辽宁省大连市
第 5 个人:
姓名: 钱小欠, 出生日期: 19920506
性别: 男, 地址: 江苏省苏州市
```

综合练习 2：输出手机基本信息　利用结构体输出手机的基本信息，包括产品名称、官方报价、主屏尺寸、CPU 型号以及电池容量等。输出效果如下：

```
产品名称:vivo NEX 双面屏
官方报价:4998 元
主屏尺寸:6.39 寸
CPU 型号:高通 骁龙 845
电池容量:3500mAh
```

综合练习 3：输出某月电子商品销售明细　利用结构体数组输出某月的商品销售情况，包括商品编号、商品名称以及销售数量。输出效果如下：

```
5 月的商品销售明细如下：
商品编号: T0001　商品名称：笔记本电脑　销售数量: 2 台
```

```
商品编号: T0002   商品名称：华为荣耀 6X   销售数量: 10 台

商品编号: T0003   商品名称：iPad   销售数量: 2 台

商品编号: T0004   商品名称：华为荣耀 V9   销售数量: 20 台

商品编号: T0005   商品名称：MacBock   销售数量: 5 台
```

综合练习 4: 选票系统　设计一个候选人的选票程序。假设有 3 个候选人，每次输入要选择的候选人姓名，最后输出每个人的得票结果。输出效果如下：

```
请输入唱票过程：
张三
张三
张三
刘六
苏武
刘六
刘六
苏武
苏武
张三
张三:4 票
刘六:3 票
苏武:3 票
```

综合练习 5: 输出某款面包信息　市面上面包种类很多，也分为各种品牌，用结构体变量输出面包的基本信息（包括品牌、零售价、质量），口味种类（包括原味、紫薯味、水果味）。输出结果如下：

```
基本信息：
品牌：桃李
零售价：5 元
质量：350g
口味种类：
口味 1：原味
口味 2：紫薯味
口味 3：水果味
```

第 2 篇

核心技术

从本篇开始，你将正式步入 C++面向对象编程领域。你将学会如何通过软件语言来描述这个复杂、多变的世界；如何将世间万物抽象为类，又将类实例化为一个个具体的对象；如何像自然界一样通过继承和派生，创造出一个纷繁复杂、姿态万千的世界。

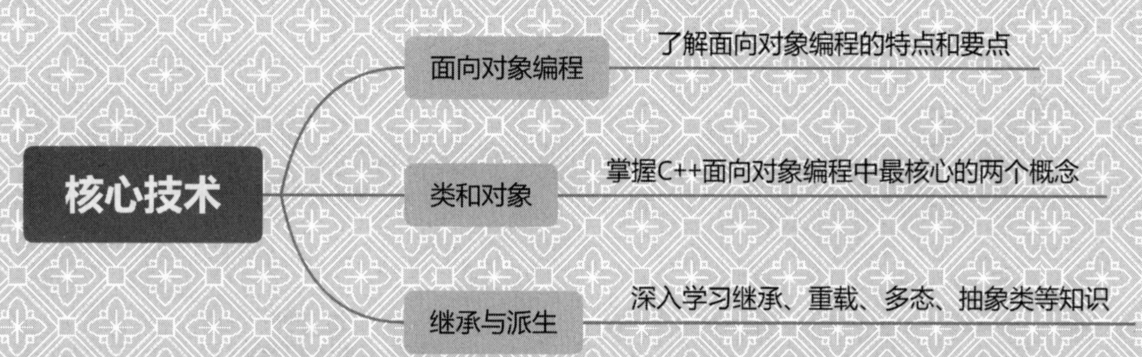

第 9 章

面向对象编程

面向对象编程可以有效解决大型项目开发中的代码复用问题。它不同于以往的面向过程编程，面向过程编程需要将功能细分，而面向对象编程需要将不同功能抽象到一起。本章通过具体统一建模语言（UML）演示面向对象编程思想，通过对一个程序的前期分析介绍如何使用面向对象编程。

本章知识架构及重难点如下：

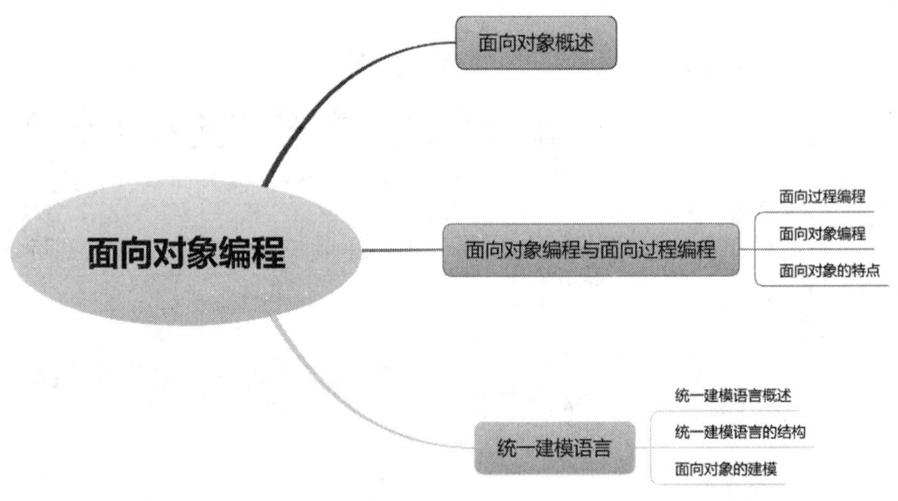

9.1　面向对象概述

面向对象（Object Oriented，OO）是一种设计思想，这种思想不仅应用在软件设计上，而且应用在数据库设计、计算机辅助设计（CAD）、网络结构设计、人工智能算法设计等领域。

对象（Object）指的是客观世界中存在的对象，这个对象具有唯一性，对象之间各不相同，各有各的特点。每一个对象都有自身的运动规律和内部状态，对象与对象之间又是可以相互联系、相互作用的。概括地讲，面向对象技术是一种从组织结构上模拟客观世界的方法。

针对面向对象思想应用的不同领域，面向对象又可以分为面向对象分析（Object Oriented Analysis，OOA）、面向对象设计（Object Oriented Design，OOD）、面向对象编程（Object Oriented Programming，OOP）、面向对象测试（Object Oriented Test，OOT）和面向对象软件维护（Object Oriented Soft Maintenance，OOSM）。

客观世界中任何一个事物都可以看成一个对象，每个对象都包括属性和行为两个要素。属性是对象的内部状态及自身的特点，行为是改变自身状态的动作。

面向对象中的“对象”可以是一个抽象的事物，即从类似的事物中抽象出一个对象。例如，圆形、正方形、三角形，可以抽象得出的对象是简单图形。简单图形就是一个对象，它有自己的属性和行为，图形中边的个数是它的属性，面积也是它的属性，输出图形的面积是它的行为。

面向对象有 3 个特点，即封装、继承性和多态性。

（1）封装。封装有两个作用，一个是将不同的小对象封装成一个大对象，另一个是把一部分内部属性和功能对外界屏蔽。例如，一辆汽车是一个大对象，它由发动机、底盘、车身和车轮等小对象组成。在设计时可以先对小对象进行设计，然后小对象之间通过相互联系确定大小等方面的属性，最后就可以安装成一辆汽车。

（2）继承性。继承性是和类密切相关的概念。继承性是子类自动共享父类数据结构和方法的机制，这是类之间的一种关系。在定义和实现一个类时，可以在一个已经存在的类的基础上进行，把这个已经存在的类定义的内容作为自己的内容，并加入若干新的内容。

在类层次中，子类只继承一个父类的数据结构和方法，称为单重继承；子类继承多个父类的数据结构和方法，称为多重继承。

在软件开发中，类的继承性使建立的软件具有开放性、可扩充性，这是信息组织与分类的行之有效的方法，它简化了对象、类的创建工作量，增加了代码的可重用性。

继承性是面向对象程序设计语言不同于其他语言的最重要的特点，是其他语言所没有的。采用继承性，使公共的特性能够共享，提高了软件的重用性。

（3）多态性。多态性是指相同的行为可作用于多种类型的对象上并获得不同的结果。不同的对象，收到同一消息可以产生不同的结果，这种现象称为多态性。多态性允许每个对象以适合自身的方式去响应共同的消息。

9.2　面向对象编程与面向过程编程

9.2.1　面向过程编程

面向过程编程的主要思想是先做什么后做什么，在一个过程中实现特定功能。一个大的实现过程可以分成各个模块，各个模块可以按功能进行划分，然后组合在一起实现特定功能。在过程编程中，程序模块可以是一个函数或整个源文件。

过程编程主要以数据为中心，传统的面向过程的功能分解法属于结构化分析方法。分析者将对象系统的现实世界看作一个大的处理系统，然后将其分解为若干个子处理过程，解决系统的总体控制问题。在分析过程中，用数据描述各子处理过程之间的联系，整理各个子处理过程的执行顺序。

面向过程编程的一般流程如下：现实世界→面向过程建模（流程图、变量、函数）→面向过程语言→执行求解。

面向过程编程涉及费解的数据结构、复杂的组合逻辑、详细的过程和数据之间的关系以及高深的算法，采用面向过程思想开发的程序可以描述成“算法+数据结构”，其可重用性、可维护性和可修改性都比较差。

（1）软件可重用性差。可重用性是指同一事物不经修改或稍加修改就可多次重复使用的性质，软件可重用性是软件工程追求的目标之一。处理不同的过程，需要有不同的结构，当过程改变时，结构也需要改变，因此前期开发的代码无法得到充分的再利用。

（2）软件可维护性差。软件工程强调软件的可维护性，强调文档资料的重要性，规定最终的软件产品应该由完整、一致的配置成分组成。在软件开发过程中，始终强调软件的可读性、可修改性和可测试性，它们是软件的重要质量指标。面向过程编程由于软件的重用性差，造成维护时其费用和成本也很高，而且大量修改的代码存在许多未知的漏洞。

（3）软件的可修改性差。大型软件系统一般涉及各种不同领域的知识，面向过程编程往往描述软件的最低层，针对不同领域设计不同的结构及处理机制。当用户需求发生变化时，就要修改最低层的结构。当用户需求变化较大时，过程编程将无法修改，可能导致软件重新开发。

9.2.2 面向对象编程

面向过程编程的核心是分析过程与数据之间的边界在哪里，进而解决问题。面向对象则是从另一种角度思考，将编程思维设计得无穷逼近人的思维逻辑。

面向对象程序设计的任务包括两个方面：一是设计所需的各种类和对象，即决定把哪些数据和操作封装在一起；二是考虑怎样向有关对象发送消息，以完成所需的任务。这时它如同一个总调度，不断地向各个对象发出消息，让这些对象活动起来（或者说激活这些对象），完成分配的工作。各个对象的操作完成，整体任务也就完成了。面向对象程序设计方法对大型任务十分有效，能降低程序设计人员的工作难度，减少出错机会。

面向对象开发的程序可以描述成“对象+消息”。面向对象编程的一般流程如下：现实世界→面向对象建模（类图、对象、方法）→面向对象语言→执行求解。

9.2.3 面向对象的特点

面向对象技术体现了分解、抽象、模块化和信息隐藏等思想，可有效提高软件生产率，缩短软件开发时间，提高软件质量，是控制复杂度的有效途径。

面向对象不仅适合普通人员，也适合管理人员。降低维护开销的技术可以释放管理者的资源，将其投入待处理的应用中。

面向对象编程主要有易维护、重用性高、效率高和易扩展 4 个特点。

（1）易维护。面向对象编程的代码都封装在类里，如果类的某个属性发生变化，只需要修改类中的成员函数即可，其他的程序函数不必发生改变。如果类中的属性变化较大，则使用继承的方法重新派生新类。

（2）重用性高。面向对象编程的类都是具有特定功能的封装，需要使用类中特定的功能，只需声明该类并调用其成员函数即可。如果需要的功能在不同类，还可以进行多重继承，将不同类的成员封装到一个类中。功能的实现可以像积木一样随意组合，大大提高了代码的重用性。

（3）效率高。在软件开发时，根据设计的需要对现实世界的事物进行抽象，产生类。使用这样的方法解决问题，接近于日常生活和自然的思考方式，势必提高软件开发的效率和质量。

（4）易扩展。由于继承、封装和多态的特性，能设计出高内聚、低耦合的系统结构，使得系统更灵活、更容易扩展，而且成本较低。

对象之间不存在类型转换。

9.3 统一建模语言

9.3.1 统一建模语言概述

统一建模语言（Unified Modeling Language，UML）是一种为面向对象系统的产品进行说明、可视化和编制文档的标准语言，是非专利的第三代建模和规约语言。UML 是面向对象设计的建模工具，独立于任何具体程序设计语言。

UML 作为一种软件建模语言，它具有广泛的建模能力。UML 打破了软件的限制，大量吸收其他领域的建模方法，具有坚实的理论基础和广泛性。UML 不仅可以用于软件建模，还可以用于其他领域的建模工作。

UML 可以对事物的实体、性质、关系、结构、状态和动态变化过程进行全程描述和反映。UML 不仅可以从不同角度描述人类观察到的软件视图，还可以描述在不同开发阶段中的软件形态。UML 可以建立需求模型、逻辑模型、设计模型和实现模型等，足以看出 UML 的强大。

UML 是一种图形化的文档描述性语言，解决的核心问题是沟通障碍问题。同时，UML 是总结了以往建模技术的经验并吸收当今优秀成果的标准建模方法。

9.3.2 统一建模语言的结构

UML 由图和元模型共同组成，其中图是 UML 的语法，而元模型则是给出的图的意思，它是 UML 的语义。UML 的语义定义在一个 4 层抽象级建模概念框架中，其 4 层结构如下。

☑ 元元模型层。该层描述基本的类型、属性和关系，这些元素都用于定义 UML 元模型。元元模型强调用少数功能较强的模型成分来组合表达复杂的语义。每一个方法和技术都在相对独立的抽象层次上。

☑ 元模型层。该层组成了 UML 的基本元素，包括面向对象和面向组件的概念，这一层的每个概念都在元介质模型的“事物”的实例中。

☑ 模型层。该层组成了 UML 的模型，层中的每个概念都是元模型层中概念的一个实例，该层的模型通常叫作类模型或类型模型。

☑ 用户模型层。该层中的所有元素都是 UML 模型的实例。其每个概念都是模型层的一个实例，也是元模型层的一个实例。这一层的模型通常叫作对象模型或实例模型。

UML 使用模型来描述系统的结构或静态特征，以及行为或动态特征，它通过不同的视图来体现行为或动态特征。UML 的视图通常由一个或多个图组成。单个图体现一个系统架构的某个功能，所有的图一起组成了系统的完整视图。UML 提供了 9 种不同的图，分别是用例图、类图、对象图、组件图、配置图、序列图、协作图、状态图和活动图。其中常用的视图有以下 6 种。

（1）用例图。该视图描述角色以及角色与用例之间的连接关系。说明是谁要使用系统，以及它们使用该系统可以做些什么。一个用例图包含了多个模型元素，如系统、参与者和用例，并且显示了这些元素之间的各种关系，如泛化、关联和依赖。

（2）类图。该视图是描述系统中的类，以及各类之间的关系的静态视图。通过该视图，用户可在正确编写代码以前对系统有一个全面的认识。类图是一种模型类型，确切地说，是一种静态模型类型。

（3）协作图。该视图的作用是解决建模对象之间的通信，是上下级关系的一种视图。

（4）组件视图。该视图描述代码构件的物理结构以及各种构件之间的依赖关系。用来建模软件的组件及其相互之间的关系，这些图由构件标记符和构件之间的关系构成。在组件图构建软件单个组成部分，它可以是一个文件、产品和脚本等。

（5）配置图，又称为部署图。该视图用来建模系统的物理部署。例如，计算机和设备，以及它们之间是如何连接的。配置图的使用者是开发人员、系统集成人员和测试人员。它用于表示一组物理结点的集合及结点间的相互关系，从而建立了系统物理层面的模型。

（6）活动图。活动图如图 9.1 所示。一名图书借阅者使用图书管理系统要先查找图书，然后确定图书，接着是取走图书，最后修改图书在系统中的状态。

UML 除提供了 9 种视图以外，还提供了包图和交互图。其中，包图描述了类的结构，如图 9.2 所示。

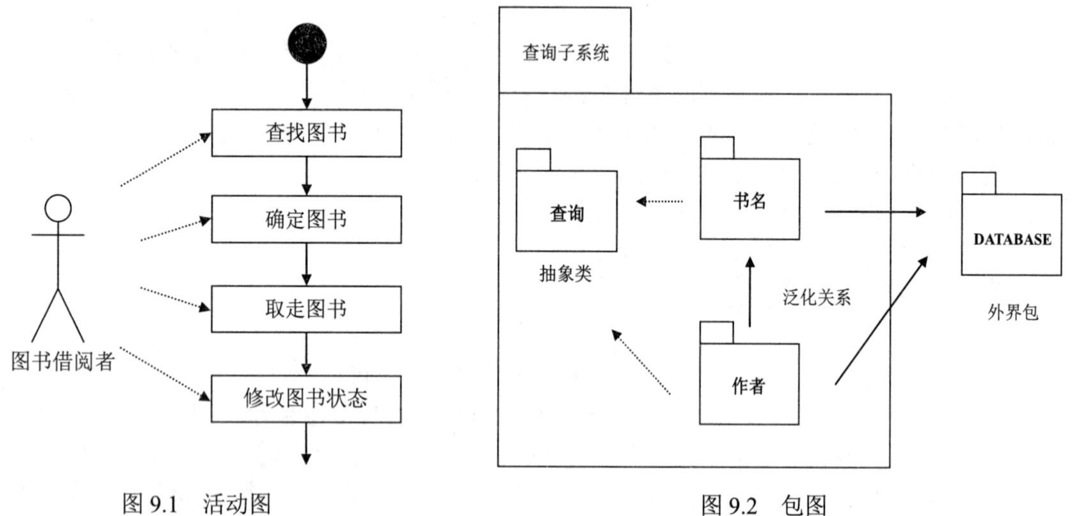

图 9.1　活动图　　　　图 9.2　包图

图书管理系统中的查询模块，包括查询抽象类包、通过书名查询包和通过作者查询包。通过书名查询包和通过作者查询包都派生于查询抽象类包，并且都调用其他子系统下的数据库包。

交互图则描述了类对象之间的交互步骤，如图 9.3 所示。该交互图中演示的是建立连接动作对象和连接对象的交互过程，首先发送“创建连接对象”消息，当连接对象创建完后，返回“连接建立消息”给建立连接动作对象。

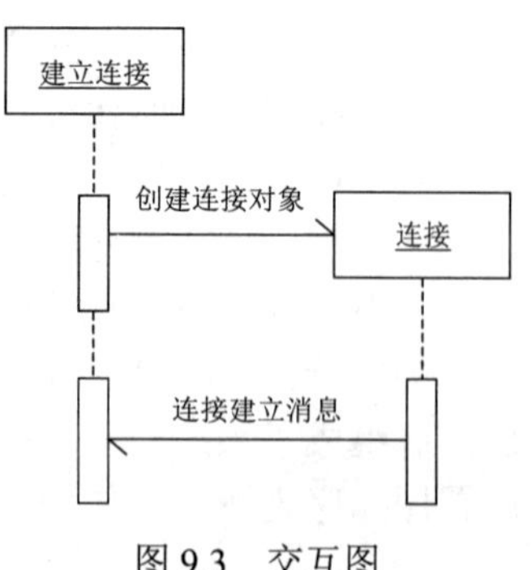

图 9.3　交互图

9.3.3　面向对象的建模

面向对象的建模是一种新的思维方式，是一种关于计算机和信息结构化的新思维。面向对象的建模，把系统看作相互协作的对象，这些对

象是结构和行为的封装，都属于某个类，这些类具有某种层次化的结构。系统的所有功能通过对象之间相互发送消息来获得。面向对象的建模可以视为一个包含以下元素的概念框架：抽象、封装、模块化、层次、分类、并行、稳定、可重用性和可扩展性。

9.4　小　　结

弄清楚面向对象编程与面向过程编程的区别，有助于更好地理解面向对象编程。面向对象编程需要通过好的模型才能发挥其优点，而好的模型需要大量的代码积累和反复的测试才能形成。读者可以通过本章了解面向对象编程的思路以及如何使用 UML 来描述编程思路，初步掌握面向对象编程的方法。

第 10 章

类 和 对 象

C++既可以开发面向过程的应用程序，也可以开发面向对象的应用程序。类是对象的实现，面向对象中的类是抽象概念；类是程序开发过程中定义的一个对象，用类定义的对象可以是现实生活中的真实对象，也可以是从现实生活中抽象的对象。

本章知识架构及重难点如下：

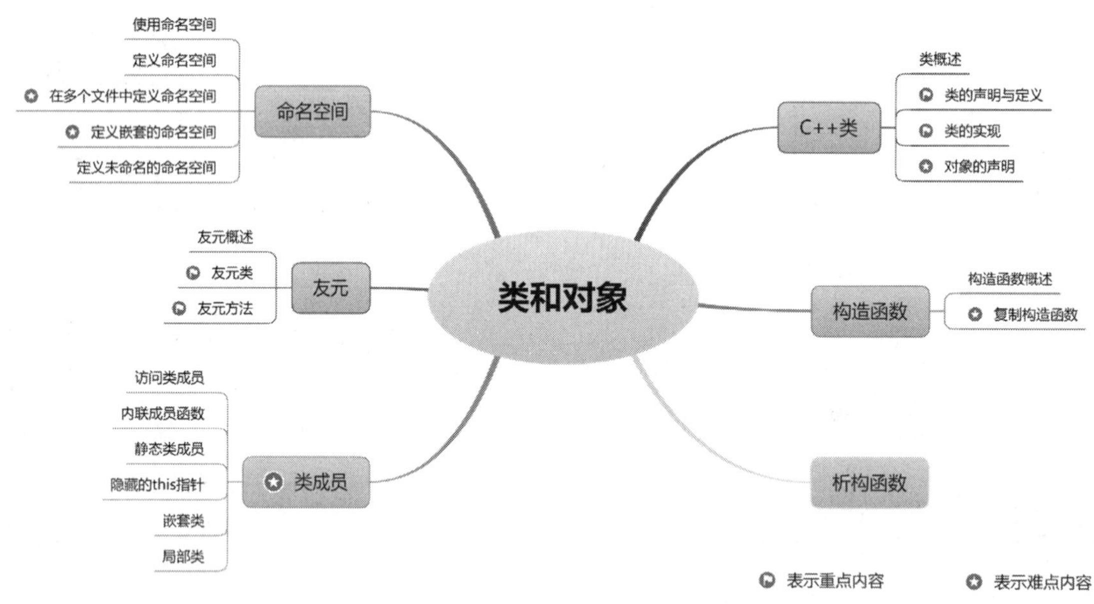

10.1 C++类

10.1.1 类的概述

C++中的类不同于汉语中的类、分类、类型，它是一个特殊的概念，可以是对同一类型事物进行抽象处理后的结果，也可以是一个层次结构中的不同层次节点。例如，将客观世界看成一个 Object 类，动物是客观世界中的一小部分，定义为 Animal 类；狗是一种哺乳动物，是动物中的一类，定义为 Dog 类；鱼也是一种动物，定义为 Fish 类。则上述各类之间的层次关系如图 10.1 所示。

类是一个新的数据类型，它和结构体有些相似，是由不同数据类型组成的集合体。不同的是，类比结构体增加了操作数据的行为，这个行为就是函数。

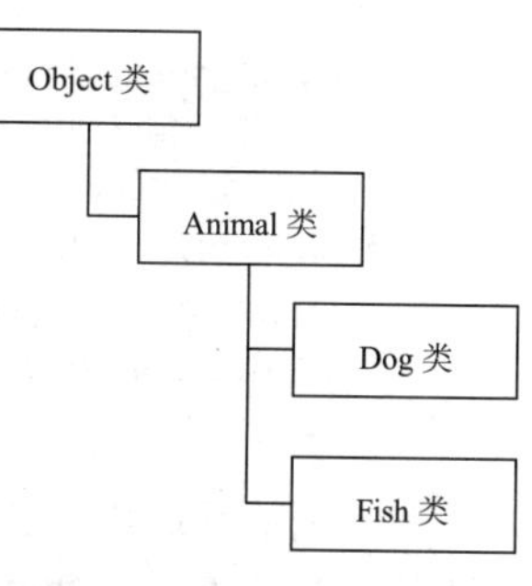

图 10.1 类的层次关系

10.1.2 类的声明与定义

类是用户自己指定的类型。如果程序中要使用类，就必须根据需要进行声明，或者使用别人设计好的类。类的声明格式如下：

```
class 类名标识符
{
    [public:]
    [数据成员的声明]
    [成员函数的声明]
    [private:]
    [数据成员的声明]
    [成员函数的声明]
    [protected:]
    [数据成员的声明]
    [成员函数的声明]
};
```

类的声明格式的说明如下：

- ☑ class 是定义类结构体的关键字，大括号内被称为类体或类空间。
- ☑ 类名标识符指定的就是类名，类名是一个新的数据类型，通过类名可以声明对象。
- ☑ 类的成员有数据和函数两种类型。
- ☑ 大括号内是定义和声明类成员的地方，关键字 public、private、protected 是类成员访问修饰符。

类中的数据成员类型可以是整型、浮点型、字符型、数组、指针和引用等，也可以是对象。注意，其他类的对象可以作为该类的成员，自身类的对象不可以作为该类的成员，但自身类的指针或引用可以作为该类的成员。

注意

定义类结构体和定义结构体时，大括号后要有分号。

例如，给出一个员工信息类声明，代码如下：

```
class CPerson
{
    /*数据成员*/
    int m_iIndex;                    //声明数据成员
    char m_cName[25];                //声明数据成员
    short m_shAge;                   //声明数据成员
    double m_dSalary;                //声明数据成员
    /*成员函数*/
    short getAge();                  //声明成员函数
    int setAge(short sAge)           //声明成员函数
```

```
    int getIndex();                              //声明成员函数
    int setIndex(int iIndex);                    //声明成员函数
    char *getName();                             //声明成员函数
    int setName(char cName[25]);                 //声明成员函数
    double getSalary();                          //声明成员函数
    int setSalary(double dSalary);               //声明成员函数
};
```

在上面的代码中，class 关键字是用来定义类这种类型的，CPerson 是定义的员工信息类名称。在大括号中包含了 4 个数据成员，分别表示 CPerson 类的 4 个属性；还包含 8 个成员函数，表示 CPerson 类的 8 种行为。

10.1.3　类的实现

CPerson 类中声明了类的成员，要使用这个类中的方法，即成员函数，还要对其进行具体的操作。下面介绍如何定义类中的方法。

（1）将类的成员函数都定义在类体内。

以下代码都在 Person.h 头文件内，类的成员函数都定义在类体内。

```
#include <stdio.h>
#include <stdlib.h>
#include <string.h>
class CPerson
{
    public:
    //数据成员
    int m_iIndex;
    char m_cName[25];
    short m_shAge;
    double m_dSalary;
    //成员函数
    short getAge() { return m_shAge; }
    int setAge(short sAge)
    {
        m_shAge=sAge;
        return 0;                                //执行成功返回 0
    }
    int getIndex() { return m_iIndex; }
    int setIndex(int iIndex)
    {
        m_iIndex=iIndex;
        return 0;                                //执行成功返回 0
    }
    char *getName() { return m_cName; }
    int setName(char cName[25])
    {
        strcpy(m_cName,cName);
        return 0;                                //执行成功返回 0
```

```
    }
    double getSalary() { return m_dSalary; }
    int setSalary(double dSalary)
    {
        m_dSalary=dSalary;
        return 0;                                   //执行成功返回 0
    }
};
```

（2）将类体内的成员函数的实现放在类体外。但如果类成员定义在类体外，需要用到域运算符“::”。放在类体内和类体外的效果是一样的。

```
#include <stdio.h>
#include <stdlib.h>
#include <string.h>
class CPerson
{
    public:
    //数据成员
    int m_iIndex;
    char m_cName[25];
    short m_shAge;
    double m_dSalary;
    //成员函数
    short getAge();
    int setAge(short sAge);
    int getIndex() ;
    int setIndex(int iIndex);
    char *getName() ;
    int setName(char cName[25]);
    double getSalary() ;
    int setSalary(double dSalary);
};
//类成员函数的实现部分
short CPerson::getAge()
{
    return m_shAge;
}
int CPerson::setAge(short sAge)
{
    m_shAge=sAge;
    return 0;                                       //执行成功返回 0
}
int CPerson::getIndex()
{
    return m_iIndex;
}
int CPerson::setIndex(int iIndex)
{
    m_iIndex=iIndex;
```

```
    return 0;                                    //执行成功返回 0
}
char *CPerson::getName()
{
    return m_cName;
}
int CPerson::setName(char cName[25])
{
    strcpy(m_cName,cName);
    return 0;                                    //执行成功返回 0
}
double CPerson::getSalary()
{
    return m_dSalary;
}
int CPerson::setSalary(double dSalary)
{
    m_dSalary=dSalary;
    return 0;                                    //执行成功返回 0
}
```

前面两种方法都是将代码存储在同一个文件内。C++语言可以实现将函数的声明和定义放在不同的文件内，一般在头文件中放入函数的声明，在实现文件中放入函数的实现文件。同样可以将类的定义放在头文件中，将类的成员函数的实现放在实现文件内。存放类的头文件和实现文件最好和类名相同或相似。例如，将 CPerson 类的声明部分放在 Person.h 文件内，程序代码如下：

```
#include <stdio.h>
#include <stdlib.h>
#include <string.h>
class CPerson
{
    public:
    //数据成员
    int m_iIndex;
    char m_cName[25];
    short m_shAge;
    double m_dSalary;
    //成员函数
    short getAge();
    int setAge(short sAge);
    int getIndex() ;
    int setIndex(int iIndex);
    char *getName() ;
    int setName(char cName[25]);
    double getSalary() ;
    int setSalary(double dSalary);
};
```

将 CPerson 类的实现部分放在 Person.cpp 文件内，程序代码如下：

```
#include "Person.h"
//类成员函数的实现部分
short CPerson::getAge()
{
    return m_shAge;
}
int CPerson::setAge(short sAge)
{
    m_shAge=sAge;
    return 0;                                   //执行成功返回 0
}
int CPerson::getIndex()
{
    return m_iIndex;
}
int CPerson::setIndex(int iIndex)
{
    m_iIndex=iIndex;
    return 0;                                   //执行成功返回 0
}
char *CPerson::getName()
{
    return m_cName;
}
int CPerson::setName(char cName[25])
{
    strcpy(m_cName,cName);
    return 0;                                   //执行成功返回 0
}
double CPerson::getSalary()
{
    return m_dSalary;
}
int CPerson::setSalary(double dSalary)
{
    m_dSalary=dSalary;
    return 0;                                   //执行成功返回 0
}
```

此时整个工程所有文件如图 10.2 所示。

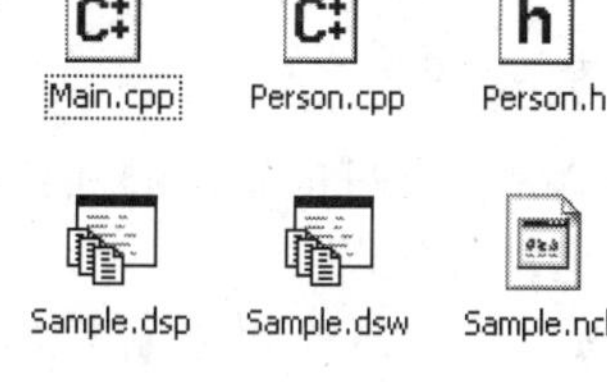

图 10.2　工程所有文件

误区警示

类的 h 文件名不需要和 cpp 文件名相同，但是在 cpp 使用头文件时，一定要和 h 文件名一致。

关于类的实现有以下两点说明：

（1）类的数据成员需要初始化，成员函数还要添加实现代码。另外，类的数据成员不能在类的声明中初始化。例如，下面的代码将无法通过编译。

```
class CPerson
{
    //数据成员
    int m_iIndex=1;                    //错误写法，不能在类的声明中初始化
    char m_cName[25]="Mary";           //错误写法，不能在类的声明中初始化
    short m_shAge=22;                  //错误写法，不能在类的声明中初始化
    double m_dSalary=1700.00;          //错误写法，不能在类的声明中初始化
    //成员函数
    short getAge();
    int setAge(short sAge)
    int getIndex();
    int setIndex(int iIndex);
    char *getName();
    int setName(char cName[25]);
    double getSalary();
    int setSalary(double dSalary);
};
```

（2）空类是 C++中最简单的类，其声明方式如下：

```
class CPerson{ };
```

空类只起到占位作用，需要时再定义其类成员及方法实现。

误区警示

不能同时有多个相同功能的 cpp 文件。当运用不同方法编写类（直接在类中定义函数或在类中声明，然后在另一个 cpp 中编写函数功能）时，不能编写两个用于运行的文件。

10.1.4 对象的声明

定义一个新类后，可以通过类名来声明一个对象。声明的形式如下：

```
类名 对象名表
```

类名是定义好的新类的标识符，对象名表中是一个或多个对象的名称，如果声明的是多个对象就用逗号运算符分隔。

例如，声明一个对象如下：

```
CPerson p;
```

声明多个对象如下：

```
CPerson p1,p2,p3;
```

声明完对象，就是对象的引用了。对象的引用有两种方式：一种是成员引用方式，一种是对象指针方式。

（1）成员引用方式。成员变量引用的表示如下：

```
对象名.成员名
```

这里“.”是一个运算符，该运算符的功能是表示对象的成员。

成员函数引用的表示如下：

```
对象名. 成员名(参数表)
```

例如：

```
CPerson p;
p.m_iIndex;
```

（2）对象指针方式。对象声明形式中的对象名表，除了是用逗号运算符分隔的多个对象名外，还可以是对象名数组、对象名指针和引用形式的对象名。例如，声明一个对象指针，代码如下：

```
CPerson *p;
```

要想使用对象的成员，需要通过“->”运算符，它是表示成员的运算符，与“.”运算符的意义相同。“->”用来表示对象指针所指的成员，对象指针就是指向对象的指针。例如：

```
CPerson *p;
p->m_iIndex;
```

下面的两种表示对象数据成员的形式是等价的：

```
对象指针名->数据成员
(*对象指针名).数据成员
```

同样，下面的两种表示成员函数的形式也是等价的：

```
对象指针名->成员名(参数表)
(*对象指针名).成员名(参数表)
```

例如：

```
CPerson *p;
(*p).m_iIndex;                                  //对类中的成员进行引用
p->m_iIndex;                                    //对类中的成员进行引用
```

【实例 10.1】 对象的引用。（**实例位置：资源包\TM\sl\10\1**）

在本实例中，利用前文声明的类定义对象，然后使用该对象引用其中成员。

```
#include <iostream.h>
#include "Person.h"
void main()
{
	int iResult=-1;
	CPerson p;
	iResult=p.setAge(25);
	if(iResult>=0)
```

```
        cout << "m_shAge is:" << p.getAge() << endl;

    iResult=p.setIndex(0);
    if(iResult>=0)
        cout << "m_iIndex is:" << p.getIndex() << endl;

    char bufTemp[]="Mary";
    iResult=p.setName(bufTemp);
    if(iResult>=0)
        cout << "m_cName is:" << p.getName() << endl;

    iResult=p.setSalary(1700.25);
    if(iResult>=0)
        cout << "m_dSalary is:" << p.getSalary() << endl;
}
```

在实例中可以看到，首先使用 CPerson 类定义对象 p，然后使用 p 引用类中的成员函数。

p.setAge(25)引用类中的 setAge 成员函数，将参数中的数据赋值给数据成员，设置对象的属性。函数的返回值赋给 iResult 变量，通过 iResult 变量值判断函数 setAge 为数据成员赋值是否成功。如果成功，再使用 p.getAge()得到赋值的数据，然后显示其输出。之后使用对象 p 依次引用成员函数 setIndex、setName 和 setSalary，然后通过对 iResult 变量的判断，决定是否引用成员函数 getIndex、getName 和 getSalary。

编程训练（答案位置：资源包\TM\sl\10\编程训练\）

【训练 1】 对账户密码赋值　声明用户账户类，用于保存用户的账户名和密码，使用引用对成员变量赋值。

【训练 2】 对学员类成员赋值　声明学生类“CStudent”，定义一个该类型的变量，使用引用对成员变量赋值，输出学生类成员的值。

10.2 构造函数

10.2.1 构造函数概述

在类的实例进入其作用域，也就是建立一个对象时，构造函数就会被调用。构造函数的作用有哪些呢？建立对象时常常需要做某些初始化的工作，如对数据成员进行赋值，设置类的属性等，这些操作需要在构造函数中完成。

前文介绍过结构的相关知识，在对结构进行初始化时，可以使用下面的方法。

```
struct PersonInfo
{
    int index;
    char name[30];
    short age;
};
```

```
void InitStruct()
{
    PersonInfo p={1,"mr",22};
}
```

类不能像结构体一样初始化，其构造方法如下：

```
class CPerson
{
    public:
    CPerson();                  //构造函数
    int m_iIndex;
    int getIndex();
};
//构造函数
CPerson::CPerson()
{
    m_iIndex=10;
}
```

CPerson()是默认构造函数，因此不显式地写上函数的声明也可以。

构造函数也可以有参数。修改上面的代码，使其构造函数带有参数，代码如下：

```
class CPerson
{
    public:
    CPerson(int iIndex);        //构造函数
    int m_iIndex;
    int setIndex(int iIndex);
};
//构造函数
CPerson::CPerson(int iIndex)
{
    m_iIndex= iIndex;
}
```

10.2.2　复制构造函数

在开发程序时有时需要保存对象的副本，以便在后面执行的过程中恢复对象的状态，使用复制构造函数来实现。复制构造函数时函数的参数是一个已经初始化的类对象。

【实例 10.2】 复制构造函数。（**实例位置：资源包\TM\sl\10\3**）

在头文件 Person.h 中声明和定义类，程序代码如下：

```
class CPerson
{
    public:
    CPerson(int iIndex,short shAge,double dSalary);     //构造函数
```

```
    CPerson(CPerson & copyPerson);                    //复制构造函数
    int m_iIndex;
    short m_shAge;
    double m_dSalary;
    int getIndex();
    short getAge();
    double getSalary() ;
};
//构造函数
CPerson::CPerson(int iIndex,short shAge,double dSalary)
{
    m_iIndex=iIndex;
    m_shAge=shAge;
    m_dSalary=dSalary;
}
//复制构造函数
CPerson::CPerson(CPerson & copyPerson)
{
    m_iIndex=copyPerson.m_iIndex;
    m_shAge=copyPerson.m_shAge;
    m_dSalary=copyPerson.m_dSalary;
}
short CPerson::getAge()
{
    return m_shAge;
}
int CPerson::getIndex()
{
    return m_iIndex;
}
double CPerson::getSalary()
{
    return m_dSalary;
}
```

在主程序文件中实现类对象的调用，程序代码如下：

```
#include <iostream>
#include "Person.h"
using namespace std;
void main()
{
    CPerson p1(20,30,100);
    CPerson p2(p1);
    cout < < "m_iIndex of p1 is:" < < p2.getIndex() < < endl;
    cout < < "m_shAge of p1 is:" < < p2.getAge() < < endl;
    cout < < "m_dSalary of p1 is:" < < p2.getSalary() < < endl;
    cout < < "m_iIndex of p2 is:" < < p2.getIndex() < < endl;
    cout < < "m_shAge of p2 is:" < < p2.getAge() < < endl;
    cout < < "m_dSalary of p2 is:" < < p2.getSalary() < < endl;
```

```
}
```

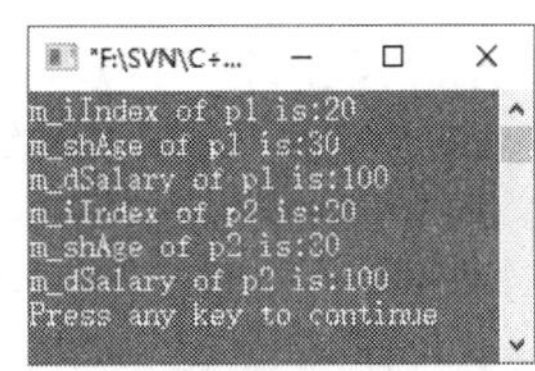

图 10.3 使用复制构造函数

程序运行结果如图 10.3 所示。

程序中先用带参数的构造函数声明对象 p1，然后通过复制构造函数声明对象 p2，因为 p1 已经是初始化完成的类对象，可以作为复制构造函数的参数，通过输出结果可以看出，两个对象是相同的。

误区警示

如果用户忘记定义显式声明的默认构造函数，会导致链接错误。因此，用户自定义的默认构造函数必须实现，哪怕是空实现。

编程训练（答案位置：资源包\TM\sl\10\编程训练\）

【训练 3】 创建学生构造函数　定义学生类 CStudent，有 3 个成员：姓名、年龄、班级。要求在声明该类的变量时可以对 3 个成员赋值，使这个类可以用如下方式使用。

```
CStudent stu("华安"," 14", "三年二班");
```

【训练 4】 复制图书类　声明一个图书类，并在此类中设计复制构造函数。

10.3 析构函数

构造函数和析构函数是类体定义中比较特殊的两个成员函数，因为它们都没有返回值、构造函数名和类名相同，析构函数名就是在类名前面加上“～”符号。

构造函数用来在创建对象时给对象中的数据成员赋值，主要目的是初始化对象。析构函数的功能与构造函数正好相反，用来释放对象。在对象删除前，常用它来做清理工作。

【实例 10.3】 创造析构函数。（**实例位置：资源包\TM\sl\10\2**）

使用构造函数进行初始化操作，输出调用析构函数前后的值，具体代码如下：

```
#include <iostream>
using namespace std;
//定义 CPerson 类
class CPerson
{
    public:
    CPerson();
    CPerson(int iIndex,short m_shAge,double m_dSalary);
    int m_iIndex;
    short m_shAge;
    double m_dSalary;
    int getIndex();
    short getAge();
    double getSalary();
```

```
};
//在默认构造函数中初始化
CPerson::CPerson()
{
    m_iIndex=0;
    m_shAge=10;
    m_dSalary=1000;
}
//在带参数的构造函数中初始化
CPerson::CPerson(int iIndex,short m_shAge,double m_dSalary)
{
    m_iIndex=iIndex;
    m_shAge=m_shAge;
    m_dSalary=m_dSalary;
}
int CPerson::getIndex()
{
    return m_iIndex;
}
//在 main 函数中输出类的成员值
void main()
{
    CPerson p1;
    cout < < "m_iIndex is:" < < p1.getIndex() < < endl;

    CPerson p2(1,20,1000);
    cout < < "m_iIndex is:" < < p2.getIndex() < < endl;
}
```

程序运行结果如图 10.4 所示。程序声明了两个对象 p1 和 p2，p1 使用默认构造函数初始化成员变量，p2 使用带参数的构造函数初始化，所以在调用同一个类成员函数 getIndex 时输出结果不同。

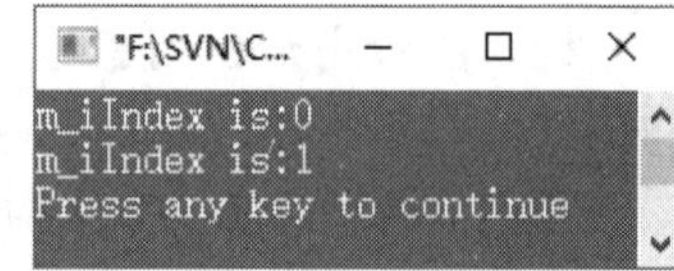

图 10.4　程序运行结果

【实例 10.4】 打印 Welcome to MR。（**实例位置：资源包\TM\sl\10\4**）

本实例使用析构函数输出“Welcome to MR”，实现过程如下。

（1）在头文件 Person.h 中声明和定义类，程序代码如下：

```
#include <iostream>
#include <string.h>
using namespace std;
class CPerson
{
    public:
    CPerson();
    ~CPerson();                    //析构函数
    char *m_pMessage;
    void ShowStartMessage();
    void ShowFrameMessage();
};
CPerson::CPerson()
```

```
{
     m_pMessage = new char[2048];
}
void CPerson::ShowStartMessage()
{
    strcpy(m_pMessage,"Welcome to MR");
    cout < < m_pMessage < < endl;
}
void CPerson::ShowFrameMessage()
{
    strcpy(m_pMessage,"**************");
    cout < < m_pMessage < < endl;
}
CPerson::~CPerson()
{
    delete[ ] m_pMessage;
}
```

（2）在主程序文件中实现类对象的调用，程序代码如下：

```
#include <iostream>
using namespace std;
#include "Person.h"
void main()
{
    CPerson p;
    p.ShowFrameMessage();
    p.ShowStartMessage();
    p.ShowFrameMessage();
}
```

程序运行结果如图 10.5 所示。程序在构造函数中使用 new 为成员 m_pMessage 分配空间；在析构函数中使用 delete 释放由 new 分配的空间。成员 m_pMessage 为字符指针，在 ShowStartMessage 成员函数中输出字符指针指向的内容。

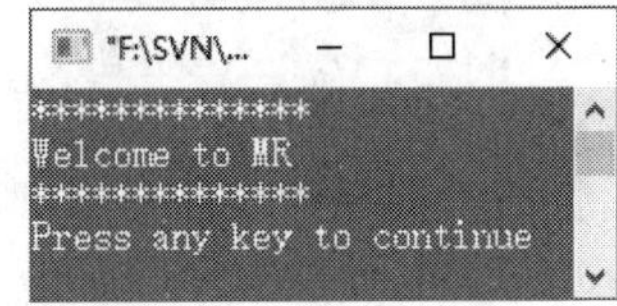

图 10.5　使用析构函数

使用析构函数时，有如下注意事项：

☑　一个类中只能定义一个析构函数。

☑　析构函数不能重载。

☑　构造函数和析构函数不能使用 return 语句返回值，不用加上关键字 void。

构造函数和析构函数的调用环境如下：

（1）自动变量的作用域是某个模块，当此模块被激活时，自动变量调用构造函数；当退出此模块时，调用析构函数。

（2）全局变量在进入 main 函数之前调用构造函数，在程序终止时调用析构函数。

（3）动态分配的对象在使用 new 为对象分配内存时调用构造函数，使用 delete 删除对象时调用析构函数。

（4）临时变量是编译器为支持计算自动产生的，临时变量生存期的开始和结束点会调用构造函数和析构函数。

编程训练（答案位置：资源包\TM\sl\10\编程训练\）

【训练 5】 释放内存　声明学生类，有一个保存性别的成员变量，类型为 char*；在析构函数中，删除这个指针，释放内存。

【训练 6】 销毁电话卡　声明电话卡类，为其声明构造函数和析构函数。在电话卡对象销毁时，清空此对象绑定的身份证号。（提示：身份证号用 char 数组，作为构造参数）

10.4　类　成　员

10.4.1　访问类成员

类具有封装性，封装在类里的数据可以设置成对外可见或不可见，通过关键字 public、private、protected 可以设置类中数据成员对外是否可见，即其他类是否可以访问该数据成员。

关键字 public、private 或 protected 说明类成员是公有的、私有的或受保护的。这 3 个关键字将类划分为 3 个区域，在 public 区域的类成员可以在类作用域外被访问，而 private 区域和 protected 区域只能在类作用域内被访问，如图 10.6 所示。

这 3 种类成员的属性如下：

- ☑ public 属性的成员对外可见，对内可见。
- ☑ private 属性的成员对外不可见，对内可见。
- ☑ protected 属性的成员对外不可见，对内可见，且对派生类是可见的。

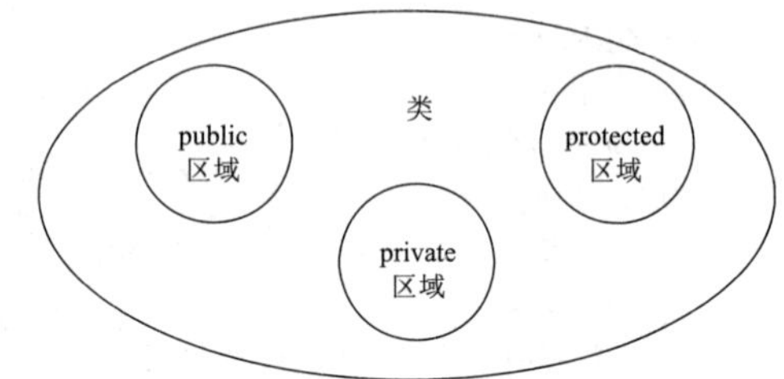

图 10.6　类成员属性

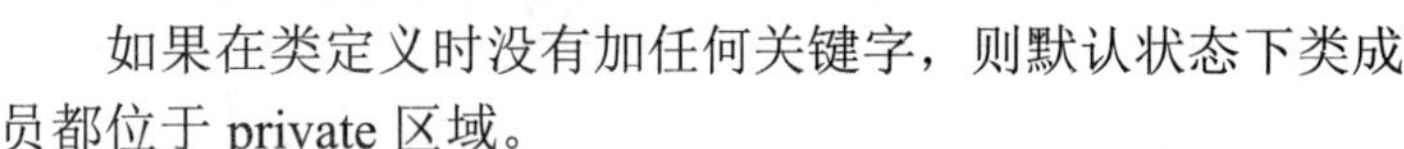

如果在类定义时没有加任何关键字，则默认状态下类成员都位于 private 区域。

例如，在头文件 Person.h 中有如下代码：

```
class CPerson
{
    int m_iIndex;
    int getIndex() { return m_iIndex; }
    int setIndex(int iIndex)
    {
        m_iIndex=iIndex;
        return 0;                                    //执行成功返回 0
    }
};
```

在实现文件 Person.cpp 中有如下代码：

```
#include <iostream.h>
#include "Person.h"
void main()
{
    CPerson p;
```

```
    p.m_iIndex=100;                                //错误
    cout < < "m_iIndex is:" < < p.getIndex() < < endl;    //错误
}
```

在编译上面的代码时，会发现编译不能通过，因为在默认状态下，类成员的属性为 private，只能被类中的其他成员访问，而不能被外部访问。例如，CPerson 类中的 m_iIndex 数据成员，只能在类体的作用域内被访问和赋值，数据类型为 CPerson 类的对象 p 就无法对 m_iIndex 数据成员进行赋值。

有了不同区域，开发人员可以根据需求进行封装，将不想让其他类访问和调用的类成员定义在 private 区域或 protected 区域，这就保证了类成员的隐蔽性。需要注意的是，如果将成员的属性设置为 protected，那么继承类也可以访问父类的保护成员，但是不能访问类中的私有成员。

关键字的作用范围是直到下一次出现另一个关键字为止。例如：

```
class CPerson
{
    private:
    int m_iIndex;                              //私有属性成员
    public:
    int getIndex() { return m_iIndex; }        //公有属性成员
    int setIndex(int iIndex)                   //公有属性成员
    {
        m_iIndex=iIndex;
        return 0;                              //执行成功返回 0
    }
};
```

在上面的代码中，private 访问权限控制符设置 m_iIndex 成员变量为私有。public 关键字下面的成员函数设置为公有，从中可以看出 private 的作用域到 public 出现时为止。

10.4.2　内联成员函数

在定义函数时，可以使用 inline 关键字将函数定义为内联函数。在定义类的成员函数时，也可以使用 inline 关键字将成员函数定义为内联成员函数。其实，对于成员函数，如果其定义是在类体中，即使没有使用 inline 关键字，该成员函数也是内联成员函数，例如：

```
class CUser                                    //定义一个 CUser 类
{
    private:
    char m_Username[128];                      //定义数据成员
    char m_Password[128];
    public:
    inline char *GetUsername()const;           //定义一个内联成员函数
};
char *CUser::GetUsername()const                //实现内联成员函数
{
    return (char *)m_Username;
}
```

程序中，使用 inline 关键字将类中的成员函数设置为内联成员函数。此外，也可以在类成员函数的实现部分使用 inline 关键字标识函数为内联成员函数。例如：

```
class CUser                                    //定义一个 CUser 类
{
    private:
    char m_Username[128];                      //定义数据成员
    char m_Password[128];
    public:
    char *GetUsername()const;                  //定义成员函数
};
inline char *CUser::GetUsername()const         //函数为内联成员函数
{
    return (char*)m_Username;                  //设置返回值
}
```

程序中的代码演示了在何处使用关键字 inline。对于内联函数，程序在函数调用的地方直接插入函数代码，如果函数体语句较多，则导致程序代码膨胀。如果将类的析构函数定义为内联函数，可能会导致潜在的代码膨胀。

10.4.3 静态类成员

本节之前定义的类成员，都需要通过对象来访问，不能通过类名直接访问。如果将类成员定义为静态类成员，则允许使用类名直接访问。静态类成员是在类成员定义前使用 static 关键字，例如：

```
class CBook
{
    public:
    static unsigned int m_Price;                   //定义一个静态类成员
};
```

在定义静态类成员时，通常需要在类体外部对静态类成员进行初始化。例如：

```
unsigned int CBook::m_Price = 10;                  //初始化静态类成员
```

静态类成员不仅可以通过对象访问，还可以直接使用类名访问。例如：

```
int main(int argc, char *argv[])
{
    CBook book;                                    //定义一个 CBook 类对象 book
    cout < <,CBook::m_Price < <endl;               //通过类名访问静态类成员
    cout < <book.m_Price < <endl;                  //通过对象访问静态类成员
    return 0;
}
```

在一个类中，静态类成员是被所有的类对象所共享的，即无论定义多少个类对象，类的静态类成员只有一份。同时，如果某一个对象修改了静态类成员，其他对象的静态类成员（实际上是同一个静态类成员）也将改变。

对于静态类成员，还需要注意以下两点。

（1）静态类成员可以是当前类的类型，而其他数据类成员只能是当前类的指针或应用类型。在定

义类成员时，对于静态类成员，其类型可以是当前类的类型，而非静态类成员则不可以，除非数据成员的类型为当前类的指针或引用类型。例如：

```
class CBook
{
    public:
    static unsigned int m_Price ;
    CBook m_Book;                          //非法的定义，不允许在该类中定义所属类的对象
    static CBook m_VCbook;                 //正确，静态类成员允许定义类的所属类对象
    CBook *m_pBook;                        //正确，允许定义类的所属类型的指针类型对象
};
```

（2）静态类成员可以作为成员函数的默认参数。在定义类的成员函数时，可以为成员函数指定默认参数，其参数的默认值也可以是类的静态类成员，但是不同的数据成员不能作为成员函数的默认参数。例如：

```
class CBook                                //定义 CBook 类
{
    public:
    static unsigned int m_Price ;          //定义一个静态类成员
    int m_Pages;                           //定义一个普通数据成员
    void OutputInfo(int data = m_Price)    //定义一个函数，以静态类成员作为默认参数
    {
        cout < <data < < endl;             //输出信息
    }
    void OutputPage(int page = m_Pages)    //错误的定义，类的普通数据成员不能作为默认参数
    {
        cout < < page < < endl;            //输出信息
    }
};
```

在介绍完类的静态类成员之后，下面介绍类的静态成员函数。定义类的静态成员函数与定义普通的成员函数类似，只是在成员函数前添加 static 关键字。例如：

```
static void OutputInfo();                  //定义类的静态成员函数
```

类的静态成员函数只能访问类的静态类成员，而不能访问普通的数据成员。例如：

```
class CBook                                //定义一个类 CBook
{
    public:
    static unsigned int m_Price ;          //定义一个静态类成员
    int m_Pages;                           //定义一个普通数据成员
    static void OutputInfo()               //定义一个静态成员函数
    {
        cout < < m_Price < < endl;         //正确的访问
        cout < < m_Pages < < endl;         //非法的访问，不能访问非静态类成员
    }
};
```

在上述代码中，语句 cout < < m_Pages < < endl; 是错误的，因为 m_Pages 是非静态类成员，不能

在静态成员函数中访问。

此外，静态成员函数不能定义为 const 成员函数，即静态成员函数末尾不能使用 const 关键字。例如，下面的静态成员函数的定义是非法的。

```
static void OutputInfo()const;                    //错误的定义，静态成员函数不能使用 const 关键字
```

在定义静态类成员函数时，如果函数的实现代码处于类体之外，则在函数的实现部分不能再标识 static 关键字。例如，下面的函数定义是非法的。

```
static void CBook::OutputInfo()                   //错误的函数定义，不能使用 static 关键字
{
    cout < < m_Price < < endl;                    //输出信息
}
```

上述代码如果去掉 static 关键字，则是正确的。例如：

```
void CBook::OutputInfo()                          //正确的函数定义
{
    cout < < m_Price < < endl;                    //输出信息
}
```

10.4.4 隐藏的 this 指针

对于类的非静态成员，每一个对象都有自己的一份拷贝，即每个对象都有自己的数据成员，不过成员函数却是每个对象共享的，调用共享的成员函数通过类中隐藏的 this 指针找到自己的数据成员。

例如，每一个对象都有自己的一份拷贝。

```
class CBook                                       //定义一个 CBook 类
{
    public:
    int m_Pages;                                  //定义一个数据成员
    void OutputPages()                            //定义一个成员函数
    {
        cout < <m_Pages < <endl;                  //输出信息
    }
};
int main(int argc, char *argv[])
{
    CBook vbBook,vcBook;                          //定义两个 CBook 类对象
    vbBook.m_Pages = 512;                         //设置 vbBook 对象的数据成员
    vcBook.m_Pages = 570;                         //设置 vcBook 对象的数据成员
    vbBook.OutputPages();                         //调用 OutputPages 方法输出 vbBook 对象的数据成员
    vcBook.OutputPages();                         //调用 OutputPages 方法输出 vcBook 对象的数据成员
    return 0;
}
```

程序运行结果如图 10.7 所示。可以发现，vbBook 和 vcBook 两个对象均有自己的数据成员 m_Pages，在调用 OutputPages 成员函数时输出的均是自己的数据成员。在 OutputPages 成员函数中只是访问了 m_Pages 数据成员，每个对象在调用 OutputPages 方法时通过 this 指针区分自己的数据成员。

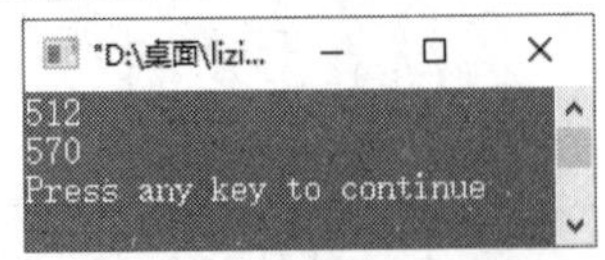

图 10.7 访问对象的数据成员

在每个类的成员函数（非静态成员函数）中都隐含一个 this 指针，指向被调用对象的指针，其类型为当前类类型的指针类型，在 const 方法中为当前类类型的 const 指针类型。当 vbBook 对象调用 OutputPages 成员函数时，this 指针指向 vbBook 对象；当 vcBook 对象调用 OutputPages 成员函数时，this 指针指向 vcBook 对象。在 OutputPages 成员函数中，用户可以显式地使用 this 指针访问数据成员。例如：

```
void OutputPages()
{
    cout < <this->m_Pages < <endl;                    //使用 this 指针访问数据成员
}
```

实际上，编译器为了实现 this 指针，在成员函数中自动添加了 this 指针对数据成员的方法，类似于上面的 OutputPages 方法。此外，为了将 this 指针指向当前调用对象，并在成员函数中使用，在每个成员函数中都隐含一个 this 指针作为函数参数，并在函数调用时将对象自身的地址隐含作为实际参数传递。例如，以 OutputPages 成员函数为例，编译器将其定义为：

```
void OutputPages(CBook *this)                        //隐含添加 this 指针
{
    cout < <this->m_Pages < <endl;
}
```

在对象调用成员函数时，传递对象的地址到成员函数中。以“vc.OutputPages();”语句为例，编译器将其解释为“vbBook.OutputPages(&vbBook);”，这就使 this 指针合法了，并能够在成员函数中使用。

10.4.5 嵌套类

C++语言允许在一个类中定义另一个类，称为嵌套类。例如，下面的代码在定义 CList 类时，在内部又定义了一个嵌套类 CNode。

```
#define MAXLEN 128                                   //定义一个宏
class CList                                          //定义 CList 类
{
    public:                                          //嵌套类为公有的
    class CNode                                      //定义嵌套类 CNode
    {
        friend class CList;                          //将 CList 类作为自己的友元类
        private:
        int m_Tag;                                   //定义私有成员
        public:
        char m_Name[MAXLEN];                         //定义公有数据成员
    };                                               //CNode 类定义结束
    public:
    CNode m_Node;                                    //定义一个 CNode 类型数据成员
    void SetNodeName(const char *pchData)            //定义成员函数
    {
        if (pchData != NULL)                         //判断指针是否为空
        {
            strcpy(m_Node.m_Name,pchData);           //访问 CNode 类的公有数据
```

```
        }
    }
    void SetNodeTag(int tag)                          //定义成员函数
    {
        m_Node.m_Tag = tag;                           //访问 CNode 类的私有数据
    }
};
```

上述代码在嵌套类 CNode 中定义了一个私有成员 m_Tag 和一个公有成员 m_Name，对于外围类 CList 来说，通常它不能访问嵌套类的私有成员，虽然嵌套类是在其内部定义的。但是，上述代码在定义 CNode 类时将 CList 类作为自己的友元类（详见 10.5 节），这使得 CList 类能够访问 CNode 类的私有成员。

对于内部的嵌套类来说，只允许其在外围的类域中使用，在其他类域或者作用域中是不可见的。例如，下面的定义是非法的。

```
int main(int argc, char *argv[])
{
    CNode node;                                       //错误的定义，不能访问 CNode 类
    return 0;
}
```

上述代码在 main 函数的作用域中定义了一个 CNode 对象，导致 CNode 没有被声明的错误。对于 main 函数来说，嵌套类 CNode 是不可见的，但是可以通过使用外围的类域作为限定符来定义 CNode 对象。如下的定义是合法的：

```
int main(int argc, char *argv[])
{
    CList::CNode node;                                //合法的定义
    return 0;
}
```

上述代码使用外围类域作为限定符访问 CNode 类，但这样做通常是不合理的，也是有限制条件的。因为既然定义了嵌套类，就不允许在外界访问，这违背了使用嵌套类的原则。其次，在定义嵌套类时，如果将其定义为私有的或受保护的，即使使用外围类域作为限定符，外界也无法访问嵌套类。

10.4.6 局部类

类的定义可以放在头文件中，也可以放在源文件中。还有一种情况，类的定义也可以放置在函数中，这样的类被称为局部类。

例如，定义一个局部类 CBook，代码如下。

```
void LocalClass()                                     //定义一个函数
{
    class CBook                                       //定义一个局部类 CBook
    {
        private:
        int m_Pages;                                  //定义一个私有数据成员
        public:
```

```
        void SetPages(int page)                       //定义公有成员函数
        {
            if (m_Pages != page)
                m_Pages = page;                       //为数据成员赋值
        }
        int GetPages()                                //定义公有成员函数
        {
            return m_Pages;                           //获取数据成员信息
        }
    };
    CBook book;                                       //定义一个 CBook 对象
    book.SetPages(300);                               //调用 SetPages 方法
    cout < < book.GetPages() < < endl;                //输出信息
}
```

上述代码在 LocalClass 函数中定义了一个局部类 CBook，在函数之外它是不能够被访问的，因为局部类被封装在了函数的局部作用域中。

10.5　友　　元

10.5.1　友元概述

在讲述类的内容时说明了隐藏数据成员的好处，但是有些时候，类会允许一些特殊的函数直接读写其私有数据成员。

使用 friend 关键字可以让特定的函数或者别的类的所有成员函数对私有数据成员进行读写，这既可以保持数据的私有性，又能够使特定的类或函数直接访问私有数据。

有时，为了提升效率，普通函数需要直接访问一个类的保护或私有数据成员。如果没有友元机制，则只能将类的数据成员声明为公共的，从而任何函数都可以无约束地访问它。

例如，没有使用友元函数的情况如下：

```
#include <iostream.h>
class CRectangle
{
    public:
    CRectangle()
    {
        m_iHeight=0;
        m_iWidth=0;
    }
    CRectangle(int iLeftTop_x,int iLeftTop_y,int iRightBottom_x,int iRightBottom_y)
    {
        m_iHeight=iRightBottom_y-iLeftTop_y;
        m_iWidth=iRightBottom_x-iLeftTop_x;
    }
```

```
    int getHeight()
    {
        return m_iHeight;
    }
    int getWidth()
    {
        return m_iWidth;
    }
    protected:
    int m_iHeight;
    int m_iWidth;
};
int ComputerRectArea(CRectangle & myRect)                //不是友元函数的定义
{
    return myRect.getHeight()*myRect.getWidth();
}
void main()
{
    CRectangle rg(0,0,100,100);
    cout < < "Result of ComputerRectArea is :" < < ComputerRectArea(rg) < < endl;
}
```

在代码中可以看到，ComputerRectArea 函数定义时只能对类中的函数进行引用，因为类中的函数属性为公有属性，对外是可见的，但是数据成员的属性为受保护属性，对外是不可见的，所以只能使用公有成员函数得到想要的值。

下面是使用友元函数的情况。

```
#include <iostream.h>
class CRectangle
{
    public:
    CRectangle()
    {
        m_iHeight=0;
        m_iWidth=0;
    }
    CRectangle(int iLeftTop_x,int iLeftTop_y,int iRightBottom_x,int iRightBottom_y)
    {
        m_iHeight=iRightBottom_y-iLeftTop_y;
        m_iWidth=iRightBottom_x-iLeftTop_x;

    }
    int getHeight()
    {
        return m_iHeight;
    }
    int getWidth()
    {
        return m_iWidth;
```

```
    }
    friend int ComputerRectArea(CRectangle & myRect);     //声明为友元函数
    protected:
    int m_iHeight;
    int m_iWidth;
};
int ComputerRectArea(CRectangle & myRect)                 //友元函数的定义
{
    return myRect.m_iHeight*myRect.m_iWidth;
}
void main()
{
    CRectangle rg(0,0,100,100);
    cout < < "Result of ComputerRectArea is :" < < ComputerRectArea(rg) < < endl;
}
```

在 ComputerRectArea 函数的定义中可以看到使用 CRectangle 的对象可以直接引用其中的数据成员，这是因为在 CRectangle 类中将 ComputerRectArea 函数声明为友元了。

从中可以看到使用友元保持了 CRectangle 类中数据的私有性，起到了隐藏数据成员的好处，又使特定的类或函数可以直接访问这些隐藏数据成员。

10.5.2　友元类

对于类的私有方法，只在该类中允许访问，其他类是不能访问的。在开发程序时，如果两个类的耦合度比较紧密，能够在一个类中访问另一个类的私有成员会带来很大的方便。C++语言提供了友元类和友元方法（或者称为友元函数）实现访问其他类的私有成员。当用户希望另一个类能够访问当前类的私有成员时，可以在当前类中将另一个类作为自己的友元类，这样在另一个类中就可以访问当前类的私有成员了。例如，定义如下友元类：

```
class CItem                                 //定义一个 CItem 类
{
    private:
    char m_Name[128];                       //定义私有的数据成员
    void OutputName()                       //定义私有的成员函数
    {
        printf("%s\n",m_Name);              //输出 m_Name
    }
    public:
    friend class CList;                     //将 CList 类作为自己的友元类
    void SetItemName(const char *pchData)   //定义公有成员函数，设置 m_Name 成员
    {
        if (pchData != NULL)                //判断指针是否为空
        {
            strcpy(m_Name,pchData);         //赋值字符串
        }
    }
    CItem()                                 //构造函数
    {
```

```
            memset(m_Name,0,128);                     //初始化数据成员 m_Name
        }
};
class CList                                           //定义类 CList
{
    private:
    CItem m_Item;                                     //定义私有的数据成员 m_Item
    public:
    void OutputItem();                                //定义公有成员函数
};
void CList::OutputItem()                              //OutputItem 函数的实现代码
{
    m_Item.SetItemName("BeiJing");                    //调用 CItem 类的公有方法
    m_Item.OutputName();                              //调用 CItem 类的私有方法
}
```

在定义 CItem 类时，使用 friend 关键字将 CList 类定义为 CItem 类的友元，这样 CList 类中的所有方法都可以访问 CItem 类中的私有成员了。在 CList 类的 OutputItem 方法中，语句 m_Item.OutputName()演示了调用 CItem 类的私有方法 OutputName。

10.5.3 友元方法

在开发程序时，有时需要控制另一个类对当前类的私有成员的方法。例如，假设需要实现只允许 CList 类的某个成员访问 CItem 类的私有成员，而不允许其他成员函数访问 CItem 类的私有数据，这可以通过定义友元函数来实现。在定义 CItem 类时，可以将 CList 类的某个方法定义为友元方法，这样就限制了只有该方法允许访问 CItem 类的私有成员。

【实例 10.5】 输出 Beijing。（**实例位置：资源包\TM\sl\10\5**）

本实例定义友元方法，输出 BeiJing，具体代码如下：

```
class CItem;                                          //前导声明 CItem 类
class CList                                           //定义 CList 类
{
    private:
    CItem   *m_pItem;                                 //定义私有数据成员 m_pItem
    public:
    CList();                                          //定义默认构造函数
    ~CList();                                         //定义析构函数
    void OutputItem();                                //定义 OutputItem 成员函数
};
class CItem                                           //定义 CItem 类
{
    friend void CList::OutputItem();                  //声明友元函数
    private:
    char m_Name[128];                                 //定义私有数据成员
    void OutputName()                                 //定义私有成员函数
    {
        printf("%s\n",m_Name);                        //输出数据成员信息
    }
```

```
    public:
    void SetItemName(const char *pchData)          //定义公有方法
    {
        if (pchData != NULL)                       //判断指针是否为空
        {
            strcpy(m_Name,pchData);                //赋值字符串
        }
    }
    CItem()                                        //构造函数
    {
        memset(m_Name,0,128);                      //初始化数据成员 m_Name
    }
};
void CList::OutputItem()                           //CList 类的 OutputItem 成员函数的实现
{
    m_pItem->SetItemName("BeiJing");               //调用 CItem 类的公有方法
    m_pItem->OutputName();                         //在友元函数中访问 CItem 类的私有方法 OutputName
}
CList::CList()                                     //CList 类的默认构造函数
{
    m_pItem = new CItem();                         //构造 m_pItem 对象
}
CList::~CList()                                    //CList 类的析构函数
{
    delete m_pItem;                                //释放 m_pItem 对象
    m_pItem = NULL;                                //将 m_pItem 对象设置为空
}
int main(int argc, char *argv[])                   //主函数
{
    CList list;                                    //定义 CList 对象 list
    list.OutputItem();                             //调用 CList 的 OutputItem 方法
    return 0;
}
```

在上面的代码中定义 CItem 类时，使用 friend 关键字将 CList 类的 OutputItem 方法设置为友元函数，在 CList 类的 OutputItem 方法中访问了 CItem 类的私有方法 OutputName。程序运行结果如图 10.8 所示。

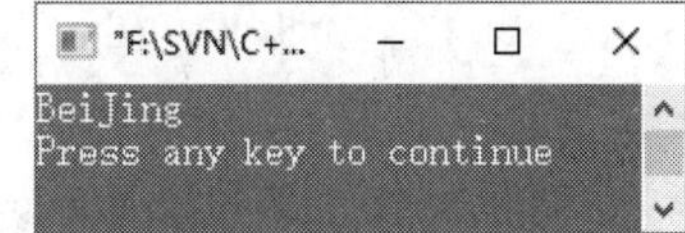

图 10.8 定义友元方法

对于友元函数来说，不仅可以是类的成员函数，还可以是一个全局函数。例如：

```
class CItem                                        //定义 CItem 类
{
    friend void OutputItem(CItem *pItem);          //将全局函数 OutputItem 定义为友元函数
    private:
    char m_Name[128];                              //定义数据成员
    void OutputName()                              //定义私有方法
    {
        printf("%s\n",m_Name);                     //输出信息
    }
    public:
```

```
    void SetItemName(const char *pchData)                    //定义公有方法
    {
        if (pchData != NULL)                                 //判断指针是否为空
        {
            strcpy(m_Name,pchData);                          //赋值字符串
        }
    }
    CItem()                                                  //定义构造函数
    {
        memset(m_Name,0,128);                                //初始化数据成员
    }
};
void OutputItem(CItem *pItem)                                //定义全局函数
{
    if (pItem != NULL)                                       //判断参数是否为空
    {
        pItem->SetItemName("同一个世界，同一个梦想\n");       //调用 CItem 类的公有方法
        pItem->OutputName();                                 //调用 CItem 类的私有方法
    }
}
int main(int argc, char *argv[])                             //主函数
{
    CItem Item;                                              //定义一个 CItem 类对象 Item
    OutputItem(&Item);                                       //通过全局函数访问 CItem 类的私有方法
    return 0;
}
```

在上面的代码中，定义全局函数 OutputItem，在 CItem 类中使用 friend 关键字将 OutputItem 函数声明为友元函数，而 CItem 类中 OutputName 函数的属性是私有的，对外是不可见的。因为 OutputItem 是 CItem 类的友元函数，所以可以引用类中的私有成员。

说明

友元函数访问类对象中的成员时，不需要通过对象名。友元函数没有 this 指针，如果不通过对象名就无法找到类对象中的非 static 成员，也就无法访问。但是当它访问类对象中的 static 成员时，就可以不用通过对象名访问。

编程训练（答案位置：资源包\TM\sl\10\编程训练\）

【训练 7】 明日科技　利用创建友元函数，输出“明日科技”。

【训练 8】 时间不等人　利用创建友元函数，输出“时间不等人”。

10.6 命名空间

10.6.1 使用命名空间

在同一应用程序的多个文件中，有时会存在同名的全局对象，这样会导致应用程序的链接错误。

使用命名空间是消除命名冲突的最佳方式。

例如，下面的代码定义了两个命名空间：

```
namespace MyName1
{
    int iInt1=10;
    int iInt2=20;
};
namespace MyName2
{
    int iInt1=10;
    int iInt2=20;
};
```

在上面的代码中，namespace 是关键字，MyName1 和 MyName2 是定义的两个命名空间名称，大括号中是所属命名空间的对象。虽然在两个大括号中定义的变量是一样的，但是因为在不同的命名空间中，所以避免了标识符的冲突，保证了标识符的唯一性。

总而言之，命名空间是一个命名的范围区域，程序员在这个特定的范围内创建的所有标识符都是唯一的。

10.6.2　定义命名空间

命名空间的定义格式如下：

```
namespace 名称
{
    常量、变量、函数等对象的定义
}
```

定义命名空间要使用关键字 namespace，例如：

```
namespace MyName
{
    int iInt1=10;
    int iInt2=20;
};
```

在上面的代码中，MyName 是定义的命名空间的名称，在大括号中定义了两个整型变量 iInt1 和 iInt2，这两个整型变量属于 MyName 命名空间。

命名空间定义完成后，该如何引用其中的成员呢？在讲解类时曾介绍过作用域限定符“::”，通过它可引用类中的成员，这里依然使用“::”引用空间中的成员。引用空间成员的一般形式如下：

```
命名空间名称::成员;
```

例如，引用 MyName 命名空间中的成员，代码如下：

```
MyName::iInt1=30;
```

【实例 10.6】 命名空间。（**实例位置：资源包\TM\sl\10\6**）

在本实例中，定义命名空间包含变量成员，使其具有唯一性。

```
#include <iostream>
using namespace std;
namespace MyName1                                  //定义命名空间
{
    int iValue=10;
};
namespace MyName2                                  //定义命名空间
{
    int iValue=20;
};
int iValue=30;                                     //全局变量
int main()
{
    cout< <MyName1::iValue< <endl;                 //引用 MyName1 命名空间中的变量
    cout< <MyName2::iValue< <endl;                 //引用 MyName2 命名空间中的变量
    cout< <iValue< <endl;
    return 0;
}
```

程序中使用 namespace 关键字定义了两个命名空间，分别是 MyName1 和 MyName2。在两个命名空间范围中都定义了变量 iValue，对其分别赋值为 10 和 20。

在源文件中又定义了一个全局变量 iValue，赋值为 30。在主函数 main 中分别调用命名空间中的 iValue 变量和全局变量，将值进行输出显示。MyName1::iValue 表示引用 MyName1 命名空间中的变量，MyName2::iValue 表示引用 MyName2 命名空间中的变量，iValue 是全局变量。程序运行结果如图 10.9 所示。

通过使用命名空间，可以定义相同名称的变量表示不同的值，而且可以正确地进行引用显示。

还有一种引用命名空间中成员的方法，就是使用 using namespace 语句，一般形式如下：

```
using namespace 命名空间名称;
```

例如，在源程序中包含 MyName 命名空间，代码如下：

```
using namespace MyName;
iInt=30;
```

如果使用 using namespace 语句，则在引用空间中的成员时直接使用。

【实例 10.7】 使用 using namespace 语句。（**实例位置：资源包\TM\sl\10\7**）

在本实例中，使用 using namespace 语句将命名空间包含在程序中，引用命名空间中的变量。

```
#include <iostream>

namespace MyName                                   //定义命名空间
{
    int iValue=10;                                 //定义整型变量
}

using namespace std;                               //使用命名空间 std
using namespace MyName;                            //使用命名空间 MyName

int main()
```

```
{
    cout < <iValue < <endl;                          //输出命名空间中的变量
    return 0;
}
```

在程序中先定义命名空间 MyName，之后使用 using namespace 语句和 MyName 命名空间，这样在 main 函数中使用的 iValue 变量就是指 MyName 命名空间中的 iValue 变量。程序运行结果如图 10.10 所示。

需要注意的是，如果定义多个命名空间，并且在这些命名空间中都有相同标识符的成员，那么使用 using namespace 语句进行包含在引用成员时就会产生歧义，这时最好使用作用域限定符来进行引用。

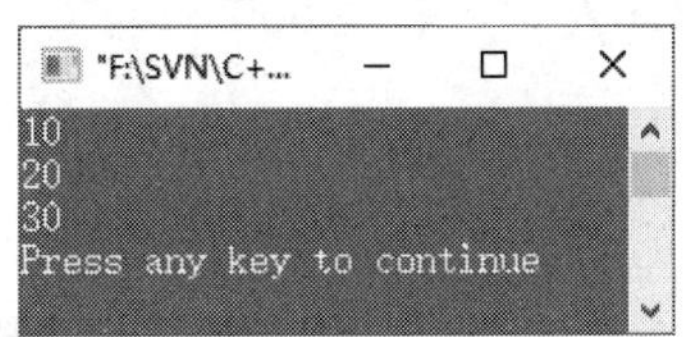

图 10.9　定义命名空间的运行结果

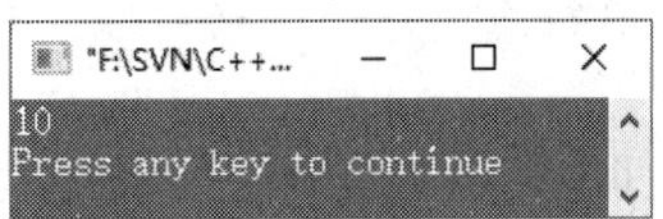

图 10.10　使用 using namespace 语句的运行结果

10.6.3　在多个文件中定义命名空间

在定义命名空间时，通常在头文件中声明命名空间中的函数，在源文件中定义命名空间中的函数，将程序的声明与实现分开。例如，在头文件中声明命名空间函数，代码如下：

```
namespace Output
{
    void Demo();                                     //声明函数
}
```

在源文件中定义函数，代码如下：

```
void Output::Demo()                                  //定义函数
{
    cout < <"This is a   function!\n";
}
```

在源文件中定义函数时，注意要使用命名空间名作为前缀，表明实现的是命名空间中定义的函数，否则将定义一个全局函数。

【实例 10.8】 在多个文件中定义命名空间。（**实例位置：资源包\TM\sl\10\8**）

在本实例中，将命名空间的定义放在头文件中，将命名空间中有关成员的定义放在源文件中。

```
///////////////////////////////////////////////////////////////////////////
//Detach.h 头文件中
///////////////////////////////////////////////////////////////////////////
namespace Output
{
    void Demo();                                     //声明函数
}
```

```
////////////////////////////////////////////////////////////////////////////
//Detach.cpp 源文件中
////////////////////////////////////////////////////////////////////////////
#include <iostream>
#include "Detach.h"
using namespace std;
void Output::Demo()                                    //定义函数
{
    cout < <"This is a   function!\n";
}
int main()
{
    Output::Demo();                                    //调用函数
    return 0;
}
```

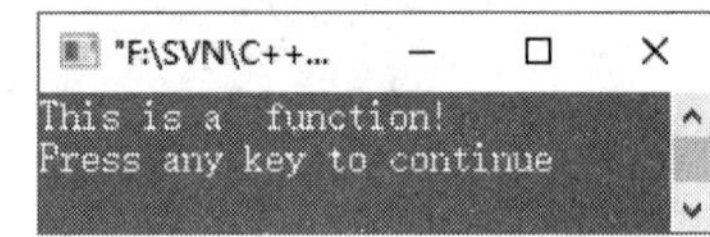

图 10.11　在多个文件中定义命名空间

将命名空间中的定义和命名空间中成员的具体操作分开，这样更符合程序编写规范，并且非常易于修改和观察。程序运行结果如图 10.11 所示。

在 Detach.cpp 源文件中如果定义 Output 命名空间：

```
namespace Output
{
    void show()
    {
        cout <<"This is show function" <<endl;
    }
}
```

此时，命名空间 Output 中的内容为两个文件 Output 命名空间内容的“总和”。因此，如果在 Detach.cpp 文件的 Output 命名空间中定义一个函数名称为 Demo 是非法的，因为进行了重复定义，这时编译器会提示 Demo 已经有一个函数体。

10.6.4　定义嵌套的命名空间

命名空间可以定义在其他的命名空间中，在这种情况下，仅仅通过使用外部的命名空间作为前缀，程序便可以引用在命名空间之外定义的其他标识符。然而，在命名空间内不定的标识符需要作为外部命名空间和内部命名空间名称的前缀出现。例如：

```
namespace Output
{
    void Show()                                        //定义函数
    {
        cout < <"Output's function!" < <endl;
    }
    namespace MyName
    {
        void Demo()                                    //定义函数
        {
```

```
            cout < <"MyName's function!" < <endl;
        }
    }
}
```

上述代码中，在 Output 命名空间中又定义了一个命名空间 MyName，如果程序访问 MyName 命名空间中的对象，可以使用外层和内层的命名空间作为前缀。例如：

```
Output::MyName::Demo();                          //调用 MyName 命名空间中的函数
```

用户也可以直接使用 using 命令引用嵌套的 MyName 命名空间。例如：

```
using namespace Output::MyName;                  //引用嵌套的 MyName 命名空间
Demo();                                          //调用 MyName 命名空间中的函数
```

上述代码中，“using namespace Output::MyName;”语句只是引用了嵌套在 Output 命名空间中的 MyName 命名空间，并没有引用 Output 命名空间，因此试图访问 Output 命名空间中定义的对象是非法的。例如：

```
using namespace Windows::GDI;
show();                                          //错误的访问，无法访问 Output 命名空间中的函数
```

【实例 10.9】 嵌套的命名空间。（**实例位置：资源包\TM\sl\10\9**）

在本实例中，定义嵌套命名空间，使用命名空间名称选择调用函数。

```
#include <iostream>
using namespace std;
namespace Output                                 //定义命名空间
{
    void Show()                                  //定义函数
    {
        cout < <"Output's function!" < <endl;
    }
    namespace MyName                             //定义嵌套命名空间
    {
        void Demo()                              //定义函数
        {
            cout < <"MyName's function!" < <endl;
        }
    }
}
int main()
{
    Output::Show();                              //调用 Output 命名空间中的函数
    Output::MyName::Demo();                      //调用 MyName 命名空间中的函数
    return 0;
}
```

在程序中定义命名空间 Output，又定义了命名空间 MyName。Show 函数属于 Output 命名空间中的成员，而 Demo 函数属于 MyName 命名空间中的成员。在 main 函数中调用 Show 和 Demo 函数时，要将所属的命名空间的作用范围写出。Output::Show 表示在 Output 命名空间范围的 Show 函数，

Output::MyName::Demo 表示在嵌套命名空间 MyName 中的成员函数。程序运行结果如图 10.12 所示。

10.6.5 定义未命名的命名空间

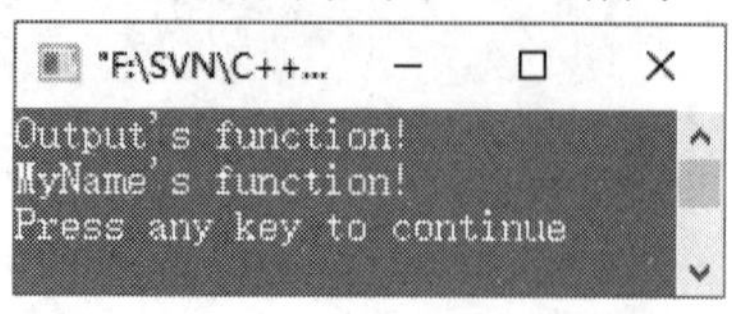

图 10.12 定义嵌套的命名空间

尽管为命名空间指定名称是有益的，但是 C++中也允许在定义中省略命名空间的名称，简单地定义未命名的命名空间。

例如，定义一个包含两个整型变量的未命名的命名空间，代码如下：

```
namespace
{
    int iValue1=10;
    int iValue2=20;
}
```

事实上，在无命名空间中定义的标识符被设置为全局命名空间，这样就违背了命名空间的设置原则。所以，未命名的命名空间没有得到广泛应用。

编程训练（答案位置：资源包\TM\sl\10\编程训练\）

【训练 9】北京和长春不同的“朝阳区” 北京和长春都有朝阳区，但两区的人口总数相差很大。将两市设置为命名空间，两个命名有同名的区。

【训练 10】模拟狗的分类 狗在生物学的分类中属于哺乳纲→食肉目→犬科，按照这个结构给狗类添加命名空间。

10.7 小 结

通过本章的学习，读者进入了面向对象的程序设计。在面向对象的程序设计中，其设计思路和人们日常生活中处理问题的方法相同，类是实现面向对象程序设计的基础。本章介绍了 C++中类的基础概念，讲解了如何声明类和实现类。之后介绍了类中构造函数和析构函数的作用，以及类成员的相关内容。最后介绍了使用友元访问类中不可见的成员，讲解了 C++语言中命名空间的使用。

10.8 实践与练习

答案位置：（资源包\TM\sl\10\实践与练习\）

综合练习 1：修改手机默认语言 有些智能手机的默认语言为英文，制造手机时可以将默认语言设置为中文。编写手机类，无参构造方法使用默认语言设计，利用有参构造方法修改手机的默认语言。

综合练习 2：求圆柱体体积 求解一个圆柱体的体积。编写一个基于对象的程序，要求根据输入得到圆柱体的半径、高（其中 π 为 3.14），计算圆柱体的体积并输出。程序运行效果如下：

```
输入圆柱的半径：
2
```

```
输入圆柱的高度：
6
圆柱的半径为：2
圆柱的高度为：6
圆柱的体积为：75
```

综合练习 3：显示学生信息　开发一个程序，分别定义学生类（CStudent）。要求：

（1）在 CStudent 类中包含“姓名”“性别”“年级”“班级”数据成员。

（2）在 CStudent 类中声明成员函数 SetInfor，该函数的作用是设置成员变量的数值。

（3）在 CStudent 类中声明 ShowInfor 函数，将其中数据信息输出。

第 11 章

继承与派生

继承与派生是面向对象程序设计的两个重要特性，继承是从已有的类得到其特性，已有的类为基类或父类，新类被称为派生类或子类。继承与派生是从不同角度说明类之间的关系，这种关系包含访问机制、多态和重载等。

本章知识架构及重难点如下：

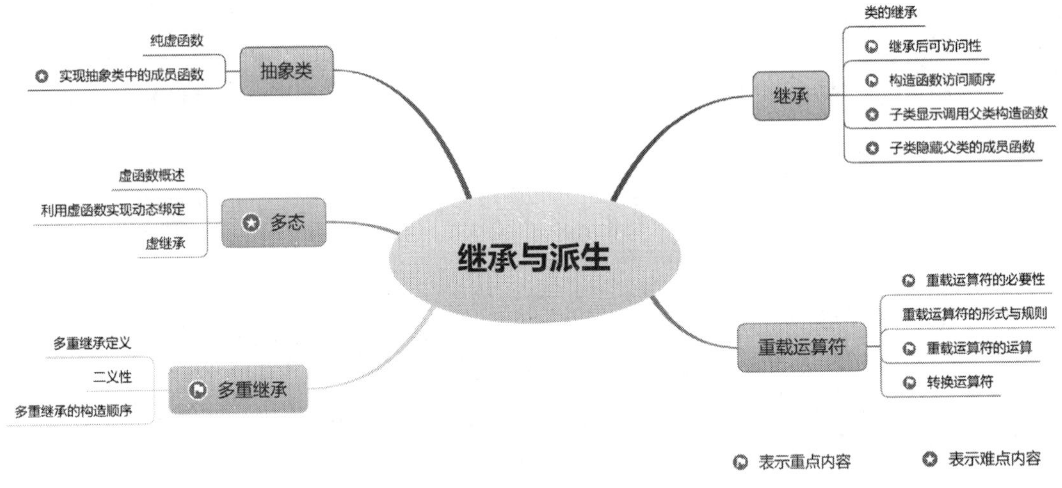

11.1 继　承

继承（inheritance）是面向对象的主要特征（此外还有封装和多态）之一，它使一个类可以从现有类中派生，而不必重新定义一个新类。继承的实质是用已有的数据类型创建新的数据类型，并保留已有数据类型的特点，以旧类为基础创建新类，新类包含旧类的数据成员和成员函数，并且可以在新类中添加新的数据成员和成员函数。旧类被称为基类或父类，新类被称为派生类或子类。

11.1.1 类的继承

类继承的形式如下：

```
class 派生类名标识符: [继承方式] 基类名标识符
{
```

```
    [访问控制修饰符:]
    [成员声明列表]
};
```

继承方式有 3 种派生类型，分别为公有（public）型、保护（protected）型和私有（private）型，访问控制修饰符也是 public、protected、private 3 种类型。成员声明列表中包含类的成员变量及成员函数，是派生类新增的成员。":"是一个运算符，表示基类和派生类之间的继承关系，如图 11.1 所示。

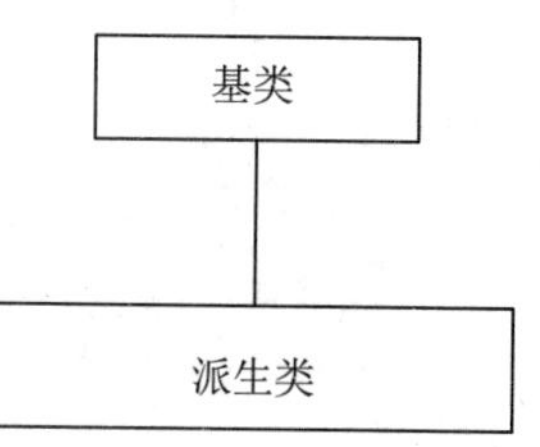

图 11.1　继承关系

例如，定义一个继承员工类的操作员类，步骤如下。

（1）定义一个员工类，它包含员工 ID、员工姓名和所属部门等信息。代码如下：

```
class CEmployee                         //定义员工类
{
    public:
    int m_ID;                           //定义员工 ID
    char m_Name[128];                   //定义员工姓名
    char m_Depart[128];                 //定义所属部门
};
```

（2）定义一个操作员类，通常操作员属于公司的员工，它包含员工 ID、员工姓名和所属部门等信息，此外还包含密码信息、登录方法等。代码如下：

```
class COperator :public CEmployee       //定义一个操作员类，从 CEmployee 类派生而来
{
    public:
    char m_Password[128];               //定义密码
    bool Login();
};
```

操作员类是从员工类派生的一个新类，新类中增加了密码信息、登录方法等信息，员工 ID、员工姓名、所属部门等信息直接从员工类中继承得到。

【实例 11.1】 继承操作员类并新增员工信息。（**实例位置：资源包\TM\sl\11\1**）

本实例要求以公有方式继承，具体代码如下：

```
#include <iostream>
using namespace std;
class CEmployee                         //定义员工类
{
    public:
    int m_ID;                           //定义员工 ID
    char m_Name[128];                   //定义员工姓名
    char m_Depart[128];                 //定义所属部门
    CEmployee()                         //定义默认构造函数
    {
        memset(m_Name,0,128);           //初始化 m_Name
        memset(m_Depart,0,128);         //初始化 m_Depart
    }
```

```
        void OutputName()                          //定义公有成员函数
        {
            cout <<"员工姓名"<<m_Name<<endl;       //输出员工姓名
        }
};
class COperator :public CEmployee                  //定义一个操作员类，从 CEmployee 类派生而来
{
    public:
    char m_Password[128];                          //定义密码
    bool Login()                                   //定义登录成员函数
    {
        if (strcmp(m_Name,"MR")==0 &&              //比较用户名
            strcmp(m_Password,"KJ")==0)            //比较密码
        {
        cout<<"登录成功!"<<endl;                   //输出信息
            return true;                           //设置返回值
        }
        else
        {
            cout<<"登录失败!"<<endl;               //输出信息
            return false;                          //设置返回值
        }
    }
};
int main(int argc, char *argv[])
{
    COperator optr;                                //定义一个 COperator 类对象
    strcpy(optr.m_Name,"MR");                      //访问基类的 m_Name 成员
    strcpy(optr.m_Password,"KJ");                  //访问 m_Password 成员
    optr.Login();                                  //调用 COperator 类的 Login 成员函数
    optr.OutputName();                             //调用基类 CEmployee 的 OutputName 成员函数
    return 0;
}
```

程序中 CEmployee 类是 COperator 类的基类，即父类。COperator 类将继承 CEmployee 类的所有非私有成员（private 类型成员不能被继承）。optr 对象初始化 m_Name 和 m_Password 成员后，调用了 Login 成员函数，程序运行结果如图 11.2 所示。

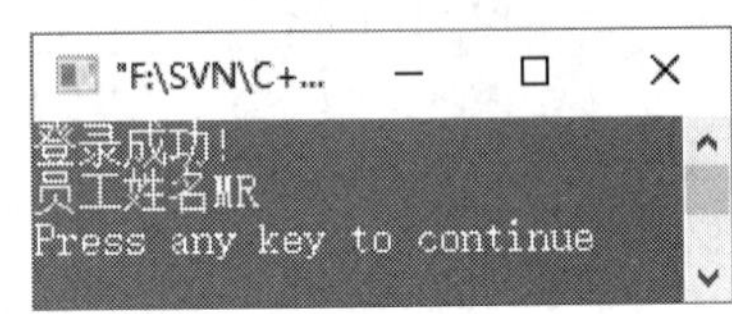

图 11.2　以公有方式继承

用户在父类中派生子类时，可能存在一种情况，即在子类中定义了一个与父类同名的成员函数，此时称子类隐藏了父类的成员函数，例如，重新定义 COperator 类，添加一个 OutputName 成员函数。

11.1.2　继承后可访问性

公有型、私有型和保护型派生 3 种继承方式的可访问性如下。

1. 公有型派生

公有型派生表示对于基类中的 public 数据成员和成员函数，在派生类中仍然是 public；对于基类中

的 private 数据成员和成员函数，在派生类中仍然是 private。例如：

```
class CEmployee
{
        public:
    void Output()
    {
        cout <<    m_ID << endl;
        cout <<    m_Name << endl;
        cout <<    m_Depart << endl;
    }
    private :
    int m_ID;
    char m_Name[128];
    char m_Depart[128];
};
class COperator :public CEmployee
{
    public:
    void Output()
    {
        cout <<    m_ID << endl;                    //引用基类的私有成员，错误
        cout <<    m_Name << endl;                  //引用基类的私有成员，错误
        cout <<    m_Depart << endl;                //引用基类的私有成员，错误
        cout <<    m_Password << endl;              //正确
    }
    private:
    char m_Password[128];
    bool Login();
};
```

COperator 类无法访问 CEmployee 类中的 private 数据成员 m_ID、m_Name 和 m_Depart，只有将 CEmployee 类中的所有成员都设置为 public 后，COperator 类才能访问 CEmployee 类中的所有成员。例如：

```
class CEmployee
{
    public:
    void Output()
    {
        cout <<    m_ID << endl;
        cout <<    m_Name << endl;
        cout <<    m_Depart << endl;
    }
    //private :
    int m_ID;
    char m_Name[128];
    char m_Depart[128];
};
```

```
class COperator :public CEmployee
{
    public:
    void Output()
    {
        cout <<    m_ID << endl;                //正确
        cout <<    m_Name << endl;              //正确
        cout <<    m_Depart << endl;            //正确
        cout <<    m_Password << endl;          //正确
    }
    private:
    char m_Password[128];
    bool Login();
};
```

2. 私有型派生

私有型派生表示对于基类中的 public、protected 数据成员和成员函数，在派生类中可以访问。基类中的 private 数据成员，在派生类中不能访问。例如：

```
class CEmployee
{
    public:
    void Output()
    {
        cout <<    m_ID << endl;
        cout <<    m_Name << endl;
        cout <<    m_Depart << endl;
    }

    int m_ID;
    protected:
    char m_Name[128];
    private :
    char m_Depart[128];
};
class COperator :private CEmployee
{
    public:
    void Output()
    {
        cout <<    m_ID << endl;                //正确
        cout <<    m_Name << endl;              //正确
        cout <<    m_Depart << endl;            //错误
        cout <<    m_Password << endl;          //正确
    }
    private:
    char m_Password[128];
```

```
    bool Login();
};
```

3. 保护型派生

保护型派生表示对于基类中的 public、protected 数据成员和成员函数，在派生类中均为 protected。protected 类型在派生类定义时可以访问，用派生类声明的对象不能访问，也就是说在类体外不能访问。protected 成员可以被基类的所有派生类使用，这一性质可以沿继承树无限向下传播。

因为保护类的内部数据不能被随意更改，实例类本身负责维护，这就起到很好的封装作用。把一个类分作两部分：一部分是公共的；另一部分是保护的，保护成员对于使用者来说是不可见的，也是不需了解的，这就减少了类与其他代码的关联程度。类的功能是独立的，它不依赖于应用程序的运行环境，既可以放到这个程序中使用，也可以放到那个程序中使用，这就能够非常容易地用一个类替换另一个类。类访问限制的保护机制使人们编制的应用程序更加可靠和易维护。

11.1.3　构造函数访问顺序

由于父类和子类中都有构造函数和析构函数，因此子类对象在创建时或释放时，将先调用父类的构造函数，然后调用当前类的构造函数来创建对象；在释放子类对象时，先调用的是当前类的析构函数，然后是父类的析构函数。

【实例 11.2】 父类和子类的构造函数访问顺序。（**实例位置：资源包\TM\sl\11\2**）

本实例主要观察构造函数访问顺序，具体代码如下：

```
#include <iostream>
using namespace std;
class CEmployee                                          //定义 CEmployee 类
{
    public:
    int m_ID;                                            //定义数据成员
    char m_Name[128];                                    //定义数据成员
    char m_Depart[128];                                  //定义数据成员
    CEmployee()                                          //定义构造函数
    {
        cout << "CEmployee 类构造函数被调用"<< endl;      //输出信息
    }
    ~CEmployee()                                         //析构函数
    {
        cout << "CEmployee 类析构函数被调用"<< endl;      //输出信息
    }
};
class COperator :public CEmployee                        //从 CEmployee 类派生一个子类
{
    public:
    char m_Password[128];                                //定义数据成员
    COperator()                                          //定义构造函数
    {
        strcpy(m_Name,"MR");                             //设置数据成员
```

```
        cout << "COperator 类构造函数被调用"<< endl;          //输出信息
    }
    ~COperator()                                              //析构函数
    {
        cout << "COperator 类析构函数被调用"<< endl;          //输出信息
    }
};
int main(int argc, char *argv[])                              //主函数
{
    COperator optr;                                           //定义一个 COperator 对象
    return 0;
}
```

程序运行结果如图 11.3 所示。可以发现，在定义 COperator 类对象时，首先调用的是父类 CEmployee 的构造函数，然后是 COperator 类的构造函数。子类对象的释放过程则与其构造过程恰恰相反，先调用自身的析构函数，然后再调用父类的析构函数。

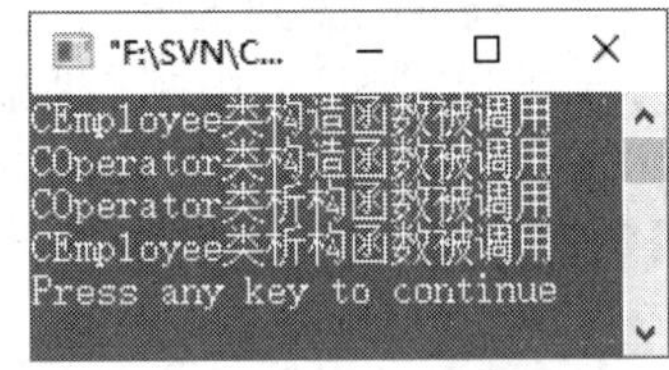

图 11.3　构造函数访问顺序

在分析完对象的构建、释放过程后，考虑这样一种情况：定义一个基类类型的指针，调用子类的构造函数为其构建对象，当对象释放时，需要调用父类的析构函数还是先调用子类的析构函数，再调用父类的析构函数呢？如果析构函数是虚函数，则先调用子类的析构函数，然后再调用父类的析构函数；如果析构函数不是虚函数，则只调用父类的析构函数。可以想象，如果在子类中为某个数据成员在堆中分配了空间，父类中的析构函数不是虚成员函数，将使子类的析构函数不被调用，其结果是对象不能被正确地释放，导致内存泄漏。因此，在编写类的析构函数时，其通常是虚函数。构造函数调用顺序不受基类在成员初始化表中是否存在以及被列出的顺序的影响。

11.1.4　子类显示调用父类构造函数

当父类含有带参数的构造函数时，子类创建时通过显示方式才可以调用它。

创建子类对象时，无论调用的是哪种子类构造函数，都会自动调用父类默认构造函数。若想使用父类带参数的构造函数，则需要显示的方式。

【实例 11.3】 子类调用父类。（**实例位置：资源包\TM\sl\11\3**）

本实例要求子类显示调用父类的构造函数。具体代码如下：

```
#include <iostream>
using namespace std;
class CEmployee                                     //定义 CEmployee 类
{
    public:
    int m_ID;                                       //定义数据成员
    char m_Name[128];                               //定义数据成员
    char m_Depart[128];                             //定义数据成员
    CEmployee(char name[])                          //带参数的构造函数
    {
        strcpy(m_Name,name);
```

```
        cout << m_Name<<"调用了 CEmployee 类带参数的构造函数"<< endl;
    }
    CEmployee()                                           //无参构造函数
    {
        strcpy(m_Name,"MR");
        cout << m_Name<<"CEmployee 类无参构造函数被调用"<< endl;
    }
    ~CEmployee()                                          //析构函数
    {
        cout << "CEmployee 类析构函数被调用"<< endl;         //输出信息
    }
};
class COperator :public CEmployee                         //从 CEmployee 类派生一个子类
{
    public:
    char m_Password[128];                                 //定义数据成员
    COperator(char name[ ]):CEmployee(name)               //显示调用父类带参数的构造函数
    {           //设置数据成员
        cout << "COperator 类构造函数被调用"<< endl;          //输出信息
    }
    COperator():CEmployee("JACK")                         //显示调用父类带参数的构造函数
    {           //设置数据成员
        cout << "COperator 类构造函数被调用"<< endl;          //输出信息
    }
    ~COperator()                                          //析构函数
    {
        cout << "COperator 类析构函数被调用"<< endl;          //输出信息
    }
};
int main(int argc, char *argv[])                          //主函数
{
    COperator optr1;                      //定义一个 COperator 对象，调用自身无参构造函数
    COperator optr2("LaoZhang");          //定义一个 COperator 对象，调用自身带参数的构造函数
    return 0;
}
```

程序运行结果如图 11.4 所示。

在父类无参构造函数中初始化成员字符串数组 m_Name 为 MR。从运行结果上看，子类对象创建时没有调用父类无参构造函数，调用的是带参数的构造函数。

误区警示

当父类只有带参数的构造函数时，子类才能以显示方法调用父类带参数的构造函数，否则编译将出现错误。

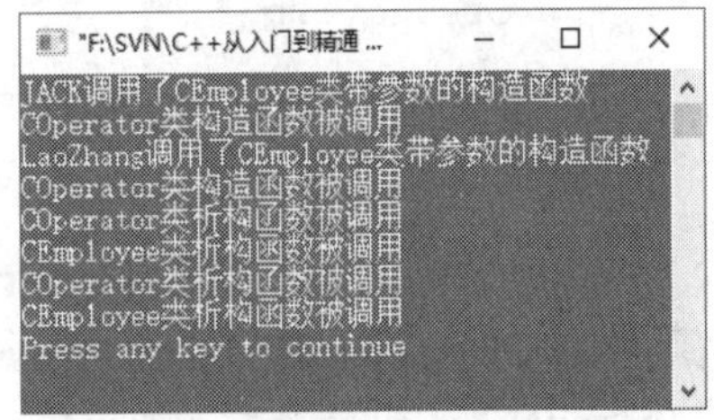

图 11.4　子类显示调用父类的构造函数

11.1.5 子类隐藏父类的成员函数

如果在子类中定义一个和父类一样的成员函数，那么子类对象将调用子类中的成员函数。

【实例 11.4】 隐藏父类成员。（**实例位置：资源包\TM\sl\11\4**）

本实例中，子类隐藏了父类的成员，具体代码如下：

```
#include <iostream>
using namespace std;
class CEmployee                                              //定义 CEmployee 类
{
    public:
    int m_ID;                                                //定义数据成员
    char m_Name[128];                                        //定义数据成员
    char m_Depart[128];                                      //定义数据成员
    CEmployee()                                              //定义构造函数
    {
    }
    ~CEmployee()                                             //析构函数
    {
    }
    void OutputName()                                        //定义 OutputName 成员函数
    {
        cout << "调用 CEmployee 类的 OutputName 成员函数: "<< endl;           //输出操作员姓名
    }
};
class COperator :public CEmployee                            //定义 COperator 类
{
    public:
    char m_Password[128];                                    //定义数据成员
    void OutputName()                                        //定义 OutputName 成员函数
    {
        cout << "调用 COperator 类的 OutputName 成员函数:"<< endl;             //输出操作员姓名
    }
};
int main(int argc, char *argv[])                             //主函数
{
    COperator optr;                                          //定义 COperator 对象
    optr.OutputName();                                       //调用 COperator 类的 OutputName 成员函数
    return 0;
}
```

程序运行结果如图 11.5 所示。可以发现，语句“optr.OutputName();”调用的是 COperator 类的 OutputName 成员函数，而不是 CEmployee 类的 OutputName 成员函数。如果用户想要访问父类的 OutputName 成员函数，需要显式使用父类名。例如：

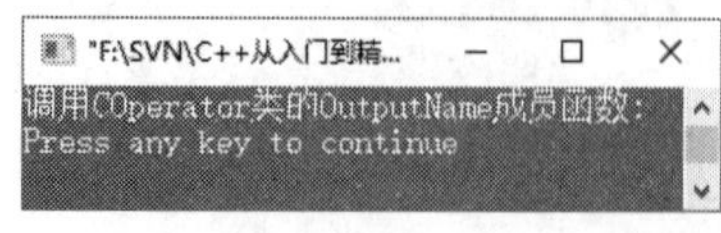

图 11.5 子类隐藏父类的成员函数

```
COperator optr;                        //定义一个 COperator 类
strcpy(optr.m_Name,"MR");              //赋值字符串
optr.OutputName();                     //调用 COperator 类的 OutputName 成员函数
optr.CEmployee::OutputName();          //调用 CEmployee 类的 OutputName 成员函数
```

如果子类中隐藏了父类的成员函数，则父类中所有同名的成员函数（重载的函数）均被隐藏，因此下面黑体部分代码是错误的。

```
class CEmployee                                         //定义 CEmployee 类
{
    public:
    int m_ID;                                           //定义数据成员
    char m_Name[128];                                   //定义数据成员
    char m_Depart[128];                                 //定义数据成员
    CEmployee()
    {
        memset(m_Name,0, 128);                          //初始化数据成员
        memset(m_Depart,0, 128);                        //初始化数据成员
        cout << "员工类构造函数被调用"<< endl;          //输出信息
    }
    void OutputName()                                   //定义重载成员函数
    {
        cout << "员工姓名: "<<m_Name<< endl;            //输出信息
    }
    void OutputName(const char *pchData)                //定义重载成员函数
    {
        if (pchData != NULL)                            //判断参数是否为空
        {
            strcpy(m_Name,pchData);                     //复制字符串
            cout << "设置并输出员工姓名:"<<pchData<< endl;   //输出信息
        }
    }
};
class COperator :public CEmployee                       //定义 COperator 类
{
    public:
    char m_Password[128];                               //定义数据成员
    void OutputName()                   //定义 OutputName 成员函数，隐藏基类的成员函数
    {
        cout << "操作员姓名: "<<m_Name<< endl;          //输出信息
    }
    bool Login()                                        //定义 Login 成员函数
    {
        if (strcmp(m_Name,"MR")==0 &&                   //比较用户名称
            strcmp(m_Password,"KJ")==0)                 //比较用户密码
        {
            cout << "登录成功"<< endl;                  //输出信息
            return true;                                //设置返回值
        }
        else
        {
```

```
                cout << "登录失败"<< endl;                          //输出信息
                return false;                                       //设置返回值
            }
        }
};
int main(int argc, char *argv[])
{
        COperator optr;                                             //定义 COperator 类对象
        optr.OutputName("MR");                                      //错误的代码，不能访问基类的重载成员函数
        return 0;
}
```

程序中，在 CEmployee 类中定义了重载的 OutputName 成员函数，在 COperator 类中又定义了一个 OutputName 成员函数，导致父类中的所有同名成员函数被隐藏。语句“optr.OutputName("MR");”是错误的。如果用户要访问被隐藏的父类成员函数，依然需要指定父类名称。例如：

```
COperator optr;                                 //定义一个 COperator 对象
optr.CEmployee::OutputName("MR");               //调用基类中被隐藏的成员函数
```

在派生完一个子类后，可以定义一个父类的类型指针，通过子类的构造函数为其创建对象。例如：

```
CEmployee *pWorker = new COperator ();          //定义 CEmployee 类型指针，调用子类构造函数
```

如果使用 pWorker 对象调用 OutputName 成员函数，例如执行“pWorker->OutputName();”语句，调用的是 CEmployee 类的 OutputName 成员函数。编译器对 OutputName 成员函数进行的是静态绑定，即根据对象定义时的类型来确定调用哪个类的成员函数。pWorker 属于 CEmployee 类型，因此调用的是 CEmployee 类的 OutputName 成员函数。通过定义虚函数可以执行“pWorker->OutputName();”语句调用 COperator 类的 OutputName 成员函数。虚函数会在后面章节讲解。

编程训练（答案位置：资源包\TM\sl\11\编程训练\）

【训练 1】 鸟类和哺乳类　定义“动物”类，再定义“鸟类”和“哺乳类”，以公有方式继承“动物”类。

【训练 2】 人类的延伸　定义“人”类，它有一个成员函数 SayHello()，输出“Hello，我是人类”；定义一个“教师”类，也有一个函数 SayHello()，输出“Hello，我是教师”。在 main 函数中定义“人”类和“教师”类的变量，并分别调用 SayHello()函数，观察输出结果。

11.2　重载运算符

运算符实际上是一个函数，运算符的重载是函数的重载。编译程序对运算符重载的选择，遵循函数重载的选择原则。当遇到模糊运算时，编译程序会去寻找与参数相匹配的运算符函数。

11.2.1　重载运算符的必要性

C++语言中的数据类型分为基本数据类型和构造数据类型，基本数据类型可以直接完成算术运算。例如：

```
#include <iostream>
using namespace std;
void main()
{
    int a=10;
    int b=20;
    cout << a+b << endl;        //两个整型变量相加
}
```

程序中实现了两个整型变量的相加，可以正确输出运行结果 30，通过两个浮点变量、两个双精度变量都可以直接运用加法运算符“+”求和，但是类属于新构造的数据类型，类的两个对象无法通过加法运算符求和。例如：

```
#include <iostream>
using namespace std;
class CBook
{
    public:
    CBook (int iPage)
    {
        m_iPage=iPage;
    }
    void display()
    {
        cout << m_iPage << endl;
    }
    protected:
    int m_iPage;
};
void main()
{
    CBook bk1(10);
    CBook bk2(20);
    CBook tmp(0);
    tmp=bk1+bk2;        //错误
    tmp.display();
}
```

当编译器编译到语句 bk1+bk2 时会报错，因为编译器不知道如何进行两个对象的相加。要实现两个类对象的加法运算，有两种方法：一种是通过成员函数，另一种是重载运算符。

下面的示例代码通过成员函数的方法实现求和。

```
#include <iostream>
using namespace std;
class CBook
{
    public:
    CBook (int iPage)
```

```
	{
		m_iPage=iPage;
	}
	int add(CBook a)
	{
		return m_iPage+a.m_iPage;
	}
	protected:
	int m_iPage;
};

void main()
{
	CBook bk1(10);
	CBook bk2(20);
	cout << bk1.add(bk2) << endl;
}
```

程序可以正确输出运行结果 30。使用成员函数实现求和形式比较单一，并且不利于代码复用。如果要实现多个对象的累加，其代码的可读性会大大降低。使用重载运算符方法就可以解决这些问题。

11.2.2 重载运算符的形式与规则

重载运算符的声明形式如下：

```
operator 类型名();
```

operator 是需要重载的运算符，整个语句没有返回类型，因为类型名代表了它的返回类型。重载运算符将对象转换成类型名规定的类型，转换时的形式就像强制转换一样，如果没有重载运算符定义，直接用强制转换编译器将无法通过编译。

重载运算符不是新创建的，只能是 C++语言中已有的运算符。可以重载的运算符如下。

☑ 算术运算符：+、−、*、/、%、++、−−。
☑ 位操作运算符：&、|、～、^、>>、<<。
☑ 逻辑运算符：!、&&、||。
☑ 比较运算符：<、>、>=、<=、==、!=。
☑ 赋值运算符：=、+=、−=、*=、/=、%=、&=、|=、^=、<<=、>>=。
☑ 其他运算符：[]、()、−>、逗号、new、delete、new[]、delete[]、−>*。

并不是所有 C++中已有的运算符都可以重载，不允许重载的运算符有“.”“.*”“::”“?”和“:”。

重载运算符时不能改变运算符操作数的个数、原有的优先级、结合性和语法结构，即单目运算符只能重载为单目运算符，双目运算符只能重载为双目运算符。重载运算符含义必须清楚，不能有二义性。

【实例 11.5】 求和。(**实例位置：资源包\TM\sl\11\5**)

本实例中，要求通过重载运算符实现求和功能。具体代码如下：

```
#include <iostream>
```

```
using namespace std;
class CBook
{
	public:
	CBook (int iPage)
	{
		m_iPage=iPage;
	}
	CBook operator+( CBook b)
	{
		return CBook (m_iPage+b.m_iPage);
	}
	void display()
	{
		cout << m_iPage << endl;
	}
	protected:
	int m_iPage;
};
void main()
{
	CBook bk1(10);
	CBook bk2(20);
	CBook tmp(0);
	tmp= bk1+bk2;
	tmp.display();
}
```

程序运行结果如图 11.6 所示。

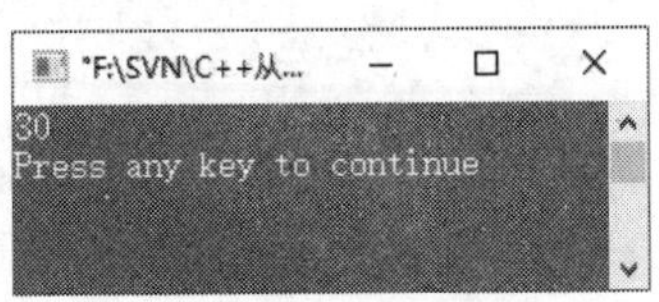

图 11.6　通过重载运算符实现求和

类 CBook 重载了求和运算符后，由它声明的两个对象 bk1 和 bk2 可以像两个整型变量一样相加。

误区警示

不建议重载&&和 || 运算符，因为这两个运算符具有短路现象，重载以后无法再具有该特性。例如：

```
int a = 0;
int b = 10;
if(a && (a+b))          //当左边表达式为 0 时，右边表达式不执行，相当于短路
{
	...
}
```

11.2.3 重载运算符的运算

重载运算符后可以完成对象和对象之间的运算，同样也可以通过重载运算实现对象和普通类型数据的运算。例如：

```
#include <iostream>
using namespace std;
class CBook
{
    public:
    int m_Pages;
    void OutputPages()
    {
        cout << m_Pages<< endl;
    }
    CBook()
    {
        m_Pages=0;
    }
    CBook operator+(const int page)
    {
        CBook bk;
        bk.m_Pages = m_Pages + page;
        return bk;
    }
};
void main()
{
    CBook vbBook,vfBook;
    vfBook = vbBook + 10;
    vfBook. OutputPages();
}
```

通过修改运算符的参数为整数类型，可以实现 CBook 对象与整数相加。

对于两个整型变量相加，用户可以调换两个加数的顺序，因为加法符合交换律。但是，对于通过重载运算符实现的两个不同类型的对象相加则不能。因此，下面的语句是非法的。

```
vfBook = 10 + vbBook;                              //非法的代码
```

++和--运算符涉及前置运算和后置运算，在重载这类运算符时如何区分呢？默认情况下，如果重载运算符没有参数，则表示是前置运算。例如：

```
void operator++()                                  //前置运算
{
    ++m_Pages;
}
```

如果重载运算符使用了整数作为参数，则表示是后置运算。此时的参数值可以被忽略，它只是一个标识，标识后置运算。

```
void operator++(int)                                    //后置运算
{
    ++m_Pages;
}
```

默认情况下，将一个整数赋值给一个对象是非法的，可以通过重载赋值运算符将其变为合法。例如：

```
void operator = (int page)                              //重载赋值运算符
{
    m_Pages = page;
}
```

10.2.2 节介绍了通过复制构造函数，将一个对象复制成另一个对象。通过重载赋值运算符，也可以将一个整型数复制给一个对象。例如：

```
#include <iostream>
using namespace std;
class CBook
{
    public:
    int m_Pages;
    void OutputPages()
    {
        cout << m_Pages<< endl;
    }
    CBook(int page)
    {
        m_Pages = page;
    }
    operator=(const int page)
    {
        m_Pages = page;
    }
};
void main()
{
    CBook mybk(0);
    mybk=100;
    mybk.OutputPages();
}
```

程序中重载了赋值运算符，给 mybk 对象赋值 100，并通过 OutputPages 成员函数将该值输出。

也可以通过重载构造函数将一个整数赋值给一个对象。例如：

```
#include <iostream>
using namespace std;
class CBook
```

```
{
    public:
    int m_Pages;
    void OutputPages()
    {
        cout <<m_Pages<< endl;
    }
    CBook()
    {
        ;
    }
    CBook(int page)
    {
        m_Pages = page;
    }
};
void main()
{
    CBook vbBook;
    vbBook = 200;
    vbBook.OutputPages();
}
```

程序中定义了一个重载的构造函数，以一个整数作为函数参数，这可以将一个整数赋值给一个 CBook 类对象。语句“vbBook = 200;”将调用构造函数 CBook(int page)重新构造一个 CBook 对象，并将其赋值给 vbBook 对象。

11.2.4 转换运算符

C++语言中普通的数据类型可以进行强制类型转换，例如：

```
int i=10;
double d;
d=(double)i;
```

程序中将整型数 i 强制转换成双精度。语句如下：

```
d=(double)i;;
```

等同于：

```
d= double(i);
```

double()在 C++语言中被称为转换运算符。通过重载转换运算符，可以将类对象转换成想要的数据。

【实例 11.6】 转换运算符。（**实例位置：资源包\TM\sl\11\6**）

本实例实现 CBook 的转换运算符，使其转换成 double 类型再计算。具体代码如下：

```
#include <iostream>
using namespace std;
class CBook
```

```
{
    public:
    CBook (double iPage=0);
    operator double()
    {
        return m_iPage;
    }

    protected:
    int m_iPage;
};
CBook:: CBook (double iPage)
{
    m_iPage=iPage;
}
void main()
{
    CBook bk1(10.0);
    CBook bk2(20.00);
    cout << "bk1+bk2=" << double(bk1)+double(bk2) << endl;
}
```

程序运行结果如图 11.7 所示。

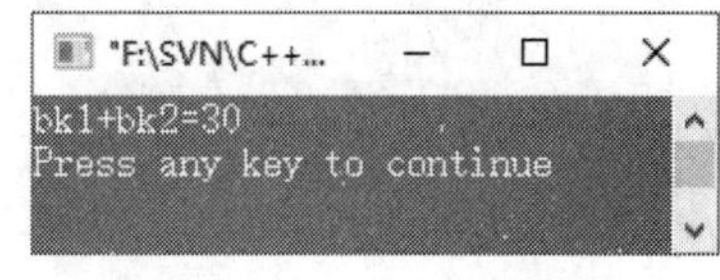

图 11.7　转换运算符的运行结果

程序重载了转换运算符 double()，然后将类 CBook 的两个对象强制转换为 double 类型后再求和，最后输出求和的结果。

编程训练（答案位置：资源包\TM\sl\11\编程训练\）

【训练 3】 哪列火车乘客更多　定义火车类，类中有一个变量 count 记录火车有多少节车厢，重载“>”运算符，判断两列火车中哪一列火车的载客数量更多。

【训练 4】 学生应征入伍　设计学生类和军人类，创建一个学生对象，将学生对象转换为军人对象。（×××应征入伍！）

11.3　多 重 继 承

前文介绍的继承方式属于单继承，即子类只从一个父类继承公有的和受保护的成员。与其他面向对象语句不同，C++语言允许子类从多个父类继承公有的和受保护的成员，称为多重继承。

11.3.1　多重继承定义

多重继承是指有多个基类名标识符，其声明形式如下：

```
class 派生类名标识符: [继承方式] 基类名标识符 1,...,访问控制修饰符 基类名标识符 n
{
```

```
    [访问控制修饰符:]
    [成员声明列表]
};
```

声明形式中有“:”运算符，基类名标识符之间用“,”运算符分开。

例如，鸟能够在天空飞翔，鱼能够在水里游，而水鸟既能够在天空飞翔，又能够在水里游，那么在定义水鸟类时，可以将鸟和鱼同时作为其基类。

```
class CBird                                          //定义鸟类
{
    public:
    void FlyInSky()                                  //定义成员函数
    {
        cout << "鸟能够在天空飞翔"<< endl;            //输出信息
    }
    void Breath()                                    //定义成员函数
    {
        cout << "鸟能够呼吸"<< endl;                  //输出信息
    }
};
class CFish                                          //定义鱼类
{
    public:
    void SwimInWater()                               //定义成员函数
    {
        cout << "鱼能够在水里游"<< endl;              //输出信息
    }
    void Breath()                                    //定义成员函数
    {
        cout << "鱼能够呼吸"<< endl;                  //输出信息
    }
};
class CWaterBird: public CBird, public CFish         //定义水鸟，从鸟和鱼类派生
{
    public:
    void Action()                                    //定义成员函数
    {
        cout << "水鸟既能飞又能游"<< endl;            //输出信息
    }
};
int main(int argc, char *argv[])                     //主函数
{
    CWaterBird waterbird;                            //定义水鸟对象
    waterbird.FlyInSky();                            //调用从鸟类继承而来的 FlyInSky 成员函数
    waterbird.SwimInWater();                         //调用从鱼类继承而来的 SwimInWater 成员函数
    return 0;
}
```

程序运行结果如图 11.8 所示。程序中定义了鸟类 CBird 和鱼类 Cfish，然后从鸟类和鱼类派生了一个子类水鸟类 CWaterBird。水鸟类自然继承了鸟类和鱼类的所有公有和受保护的成员，因此 CWaterBird 类对象能够调用 FlyInSky 和 SwimInWater 成员函数。在 CBird 类中提供了一个 Breath 成员函数，在 CFish 类中同样提供了 Breath 成员函数，如果 CWaterBird 类对象调用 Breath 成员函数，将会出现编译错误，因为编译器产生歧义，不知道具体调用哪个类的 Breath 成员函数。为了让 CWaterBird 类对象能够访问 Breath 成员函数，需要在 Breath 成员函数前具体指定类名。例如：

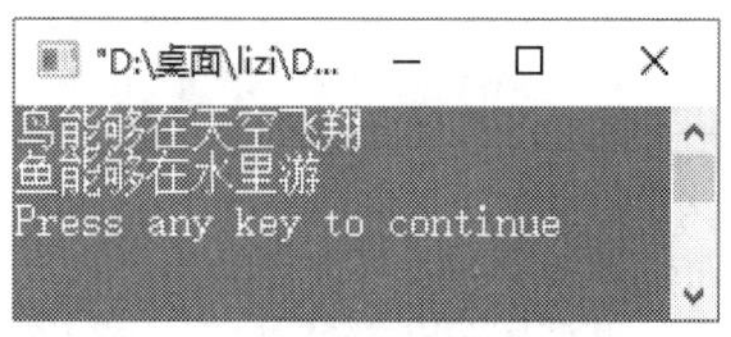

图 11.8　多重继承

```
waterbird.CFish::Breath();                    //调用 CFish 类的 Breath 成员函数
waterbird.CBird::Breath();                    //调用 CBird 类的 Breath 成员函数
```

在多重继承中存在这样一种情况，假如 CBird 类和 CFish 类均派生于同一个父类，如 CAnimal 类，那么当从 CBird 类和 CFish 类派生子类 CWaterBird 时，在 CWaterBird 类中将存在两个 CAnimal 类的复制。能否在派生 CWaterBird 类时，使其只存在一个 CAnimal 基类呢？为了解决该问题，C++语言提供了虚继承的机制，虚继承参见 11.4.3。

11.3.2　二义性

派生类在调用成员函数时，先在自身的作用域内寻找，如果找不到，会到基类中寻找。但当派生类继承的基类中有同名成员时，派生类中就会出现来自不同基类的同名成员。例如：

```
class CBaseA
{
    public:
    void function();
};
class CBaseB
{
    public:
    void function();
};
class CDeriveC:public CBaseA,public CBaseB
{
    public:
    void function();
};
```

CBaseA 和 CBaseB 都是 CDeriveC 的父类，并且两个父类中都含有 function 成员函数，CDeriveC 不知道调用哪个基类的 function 成员函数，这就产生了二义性。

11.3.3　多重继承的构造顺序

单一继承是先调用基类的构造函数，然后调用派生类的构造函数，多重继承中的基类构造函数被调用的顺序以类派生表中声明的顺序为准。派生表是多重继承定义中继承方式后面的内容，调用顺序是按照基类名标识符的前后顺序进行的。

【实例 11.7】 多重继承谁先输出。（**实例位置：资源包\TM\sl\11\7**）

本实例，主要查看多重继承的构造顺序，具体代码如下：

```
#include <iostream>
using namespace std;
class CBicycle
{
	public:
	CBicycle()
	{
		cout << "Bicycle Construct" << endl;
	}
	CBicycle(int iWeight)
	{
		m_iWeight=iWeight;
	}
	void Run()
	{
		cout << "Bicycle Run" << endl;
	}

	protected:
	int m_iWeight;
};

class CAirplane
{
	public:
	CAirplane()
	{
		cout << "Airplane Construct " << endl;
	};
	CAirplane(int iWeight)
	{
		m_iWeight=iWeight;
	}
	void Fly()
	{
		cout << "Airplane Fly " << endl;
	}

	protected:
	int m_iWeight;
};

class CAirBicycle : public CBicycle, public CAirplane
{
	public:
	CAirBicycle()
```

```
	{
		cout << "CAirBicycle Construct" << endl;
	}
	void RunFly()
	{
		cout << "Run and Fly" << endl;
	}
};
void main()
{
	CAirBicycle ab;
	ab.RunFly();
}
```

程序运行结果如图 11.9 所示。

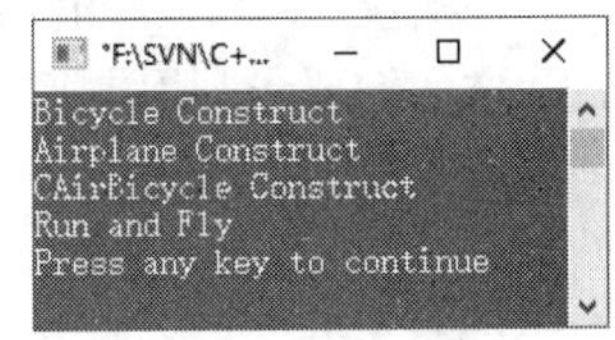

图 11.9　多重继承的构造顺序

程序中基类的声明顺序是先 CBicycle 类，后 CAirplane 类，所以对象的构造顺序是先 CBicycle 类，后 CAirplane 类，最后是 CAirBicycle 类。

编程训练（答案位置：资源包\TM\sl\11\编程训练\）

【训练 5】 多继承构造函数调用顺序 1　定义“男人”类和“教师”类，定义 “男教师”类，继承前两个类； 在 main 函数中定义“男教师”类的变量，查看两个类的构造函数的调用顺序。

【训练 6】 多继承构造函数调用顺序 2　定义“可移动类”和“可唱歌类”， 定义“精灵”类，继承前两个类； 在 main 函数中定义“精灵”类的变量，查看两类的构造函数的调用顺序。

11.4　多　　态

多态性（polymorphism）是面向对象程序设计的一个重要特征，利用多态性可以设计和实现一个易于扩展的系统。在 C++语言中，多态性是指具有不同功能的函数可以用同一个函数名，这样就可以用一个函数名调用不同内容的函数，发出同样的消息被不同类型的对象接收时，导致完全不同的行为。这里所说的消息主要指类的成员函数的调用，而不同的行为是指不同的实现。

多态性通过联编实现。联编是指一个计算机程序自身彼此关联的过程。按照进行的阶段不同，联编可分为静态联编和动态联编。在 C++中，根据联编的时刻不同，存在两种类型的多态性，即函数重载和虚函数。

11.4.1　虚函数概述

在类的继承层次结构中，不同的层次中可以出现名字、参数个数和类型都相同而功能不同的函数。编译器按照先自己后父类的顺序进行查找覆盖，如果子类有父类相同原型的成员函数，要调用父类的成员函数，需要对父类重新引用调用。虚函数则可以解决子类和父类相同原型成员函数的函数调用问题。虚函数允许在派生类中重新定义与基类同名的函数，并且可以通过基类指针或引用来访问基类和派生类中的同名函数。

在基类中用 virtual 声明成员函数为虚函数，在派生类中重新定义此函数，改变该函数的功能。在

C++语言中虚函数可以继承，当一个成员函数被声明为虚函数后，其派生类中的同名函数都自动成为虚函数，但如果派生类没有覆盖基类的虚函数，则调用时调用基类的函数定义。

覆盖和重载的区别：重载是同一层次函数名相同，覆盖是在继承层次中成员函数的函数原型完全相同。

11.4.2 利用虚函数实现动态绑定

多态主要体现在虚函数上，只要有虚函数存在，对象类型就在程序运行时动态绑定。动态绑定的实现方法是定义一个指向基类对象的指针变量，并使它指向同一类族中需要调用该函数的对象，通过该指针变量调用此虚函数。

【实例 11.8】 输出操作员姓名。（**实例位置：资源包\TM\sl\11\8**）

本实例要求利用虚函数实现动态绑定，具体代码如下：

```
#include <iostream>
using namespace std;
class CEmployee                                          //定义 CEmployee 类
{
    public:
    int m_ID;                                            //定义数据成员
    char m_Name[128];                                    //定义数据成员
    char m_Depart[128];                                  //定义数据成员
    CEmployee()                                          //定义构造函数
    {
        memset(m_Name,0,128);                            //初始化数据成员
        memset(m_Depart,0,128);                          //初始化数据成员
    }
    virtual void OutputName()                            //定义一个虚成员函数
    {
        cout << "员工姓名: "<<m_Name << endl;             //输出信息
    }
};
class COperator :public CEmployee                        //从 CEmployee 类派生一个子类
{
    public:
    char m_Password[128];                                //定义数据成员
    void OutputName()                                    //定义 OutputName 虚函数
    {
        cout << "操作员姓名: "<<m_Name<< endl;            //输出信息
    }
};
int main(int argc, char *argv[])
{
    CEmployee *pWorker = new COperator();            //定义 CEmployee 类型指针，调用 COperator 类构造函数
    strcpy(pWorker->m_Name,"MR");                    //设置 m_Name 数据成员信息
    pWorker->OutputName();                           //调用 COperator 类的 OutputName 成员函数
    delete pWorker;                                  //释放对象
    return 0;
```

```
}
```

上述代码中，在 CEmployee 类中定义了一个虚函数 OutputName，在子类 COperator 中改写了 OutputName 成员函数，其中 COperator 类中的 OutputName 成员函数即使没有使用 virtual 关键字仍为虚函数。接着定义了一个 CEmployee 类型的指针，调用 COperator 类的构造函数构造对象。

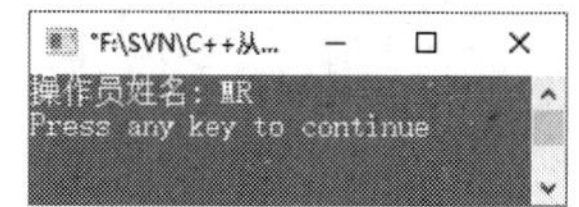

图 11.10　利用虚函数实现动态绑定

程序运行结果如图 11.10 所示。可以发现，“pWorker->OutputName();”语句调用的是 COperator 类的 OutputName 成员函数。

虚函数有以下几方面限制。

（1）只有类的成员函数才能成为虚函数。

（2）静态成员函数不能是虚函数，因为静态成员函数不受限于某个对象。

（3）内联函数不能是虚函数，因为内联函数不能在运行中动态确定其位置。

（4）构造函数不能是虚函数，析构函数通常是虚函数。

11.4.3　虚继承

11.3.1 节讲解从 CBird 类和 CFish 类派生子类 CWaterBird 时，在 CWaterBird 类中存在两个 CAnimal 类的复制，C++语言提供的虚继承机制，解决了在派生 CWaterBird 类时使其只存在一个 CAnimal 基类的问题。

【实例 11.9】 哪个类被构造了（**实例位置：资源包\TM\sl\11\9**）

本实例要求使用虚继承，输出类被构造的顺序。具体代码如下：

```
#include <iostream>
using namespace std;
class CAnimal                                           //定义一个动物类
{
    public:
    CAnimal()                                           //定义构造函数
    {
        cout << "动物类被构造"<< endl;                  //输出信息
    }
    void Move()                                         //定义成员函数
    {
        cout << "动物能够移动"<< endl;                  //输出信息
    }
};
class CBird : virtual public CAnimal                    //从 CAnimal 类虚继承 CBird 类
{
    public:
    CBird()                                             //定义构造函数
{
    cout << "鸟类被构造"<< endl;                        //输出信息
}
    void FlyInSky()                                     //定义成员函数
```

```
    {
        cout << "鸟能够在天空飞翔"<< endl;                //输出信息
    }
    void Breath()                                       //定义成员函数
    {
        cout << "鸟能够呼吸"<< endl;                      //输出信息
    }
};
class CFish: virtual public CAnimal                     //从 CAnimal 类虚继承 CFish
{
    public:
    CFish()                                             //定义构造函数
    {
        cout << "鱼类被构造"<< endl;                      //输出信息
    }
    void SwimInWater()                                  //定义成员函数
    {
        cout << "鱼能够在水里游"<< endl;                  //输出信息
    }
    void Breath()                                       //定义成员函数
    {
        cout << "鱼能够呼吸"<< endl;                      //输出信息
    }
};
class CWaterBird: public CBird, public CFish            //从 CBird 和 CFish 类派生子类 CWaterBird
{
    public:
    CWaterBird()                                        //定义构造函数
    {
        cout << "水鸟类被构造"<< endl;                    //输出信息
    }
    void Action()                                       //定义成员函数
    {
        cout << "水鸟既能飞又能游"<< endl;                //输出信息
    }
};
int main(int argc, char *argv[])                        //主函数
{
    CWaterBird waterbird;                               //定义水鸟对象
    return 0;
}
```

程序运行结果如图 11.11 所示。上述代码在定义 CBird 类和 CFish 类时使用了关键字 virtual 从基类 CAnimal 派生而来。实际上，虚继承对于 CBird 类和 CFish 类影响不大，却对 CWaterBird 类产生了很大影响。CWaterBird 类中不再有两个 CAnimal 类的复制，而只存在一个 CAnimal 的复制。

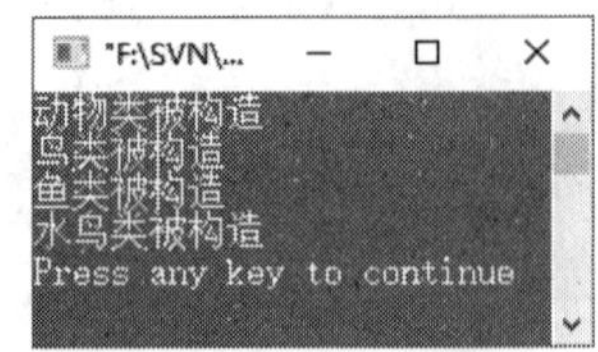

图 11.11　虚继承

通常，在定义一个对象时，先依次调用基类的构造函数，最后才调用自身的构造函数，但是对于虚继承来说，情况不同。在定义 CWaterBird 类对象

时，先调用基类 CAnimal 的构造函数，然后调用 CBird 类的构造函数，这里 CBird 类虽然为 CAnimal 的子类，但是在调用 CBird 类的构造函数时将不再调用 CAnimal 类的构造函数。对于 CFish 类也是同样的道理。

在程序开发过程中，多继承虽然能带来很多方便，但却很少有人愿意使用。这是因为它会带来更多复杂的问题，并且它能够完成的功能通过单继承同样可以实现。如今流行的 C#、Delphi、Java 等面向对象编程语言都没有提供多继承的功能，而是只采用了单继承，这是设计者经过充分考虑的。因此，在开发应用程序时，如果能够使用单继承实现，尽量不要使用多继承。

误区警示

重写虚函数时，函数原型必须保持一致。例如，基类为 int 类型，子类重写时也必须为 int 类型。

编程训练（答案位置：资源包\TM\sl\11\编程训练\）

【训练 7】 人类和学生类的行为　定义“人”类，它有一个成员函数“virutal void SayHello()”，该函数中输出“我是人类”；再定义一个“学生”类，也有一个成员函数“SayHello()”，该函数中输出“我是一个学生”；在 main 函数中，声明“人”类的指针“p”，并分别用“人”类和“学生”类的变量对该指针进行赋值；之后调用“p->SayHello()”,观察当赋值的变量不同时，函数的输出。

【训练 8】 鸭嘴兽类是真的吗　定义“动物”类；定义“鸟”类和“哺乳”类，它们继承“动物”类；定义“鸭嘴兽”类，继承前两个类，验证“鸭嘴兽”类是否存在两个“动物”类的副本，如果存在，通过虚继承改正。

11.5 抽　象　类

包含有纯虚函数的类称为抽象类，一个抽象类至少具有一个纯虚函数。抽象类只能作为基类派生出的新的子类，而不能在程序中被实例化（即不能说明抽象类的对象），但是可以使用指向抽象类的指针。在开发程序过程中并不是所有代码都是由软件构造师自己写的，有时需要调用库函数，有时分给别人写。一名软件构造师可以通过纯虚函数建立接口，让程序员填写代码实现接口，而自己主要负责建立抽象类。

11.5.1　纯虚函数

纯虚函数（pure virtual function）是指被标明为不具体实现的虚成员函数，它不具备函数的功能。许多情况下，在基类中不能给虚函数一个有意义的定义，这时可以在基类中将它说明为纯虚函数，由派生类实现。纯虚函数不能被直接调用，仅起到提供一个与派生类相一致的接口的作用。声明纯虚函数的形式如下：

```
virtual  类型  函数名(参数表列)=0;
```

纯虚函数不能被继承。当基类是抽象类时，在派生类中必须给出基类中纯虚函数的定义，或在该类中再声明其为纯虚函数。只有在派生类中给出基类所有纯虚函数的实现时，该派生类才不再成为抽象类。

【实例 11.10】 计算圆形、矩形的面积。（**实例位置：资源包\TM\sl\11\10**）

本实例要求使用纯虚函数分别计算圆形面积和矩形面积。具体代码如下：

```
#include <iostream>
using namespace std;
class CFigure
{
    public:
    virtual double getArea() =0;
};
const double PI=3.14;
class CCircle : public CFigure
{
    private:
    double m_dRadius;
    public:
    CCircle(double dR){m_dRadius=dR;}
    double getArea()
    {
        return m_dRadius*m_dRadius*PI;
    }
};
class CRectangle : public CFigure
{
    protected:
    double m_dHeight,m_dWidth;
    public:
    CRectangle(double dHeight,double dWidth)
    {
        m_dHeight=dHeight;
        m_dWidth=dWidth;
    }
    double getArea()
    {
        return m_dHeight*m_dWidth;
    }
};
void main()
{
    CFigure *fg1;
    fg1= new CRectangle(4.0,5.0);
    cout << fg1->getArea() << endl;
    delete fg1;
    CFigure *fg2;
    fg2= new CCircle(4.0);
    cout << fg2->getArea() << endl;
    delete fg2;
}
```

程序运行结果如图 11.12 所示。程序定义了矩形类 CRectangle 和圆形类 CCircle，两个类都派生于图形类 CFigure。图形类是一个在现实生活中不存在的对象，抽象类面积的计算方法不确定。所以，将图形类 CFigure 的面积计算方法设置为纯虚函数，这样圆形有圆形面积的计算方法，矩形

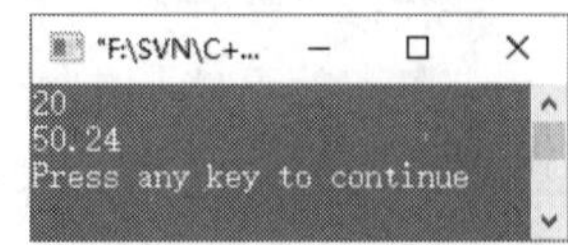

图 11.12　输出矩形和圆形面积

有矩形面积的计算方法，每个继承自 CFigure 的对象都有自己的面积，通过 getArea 成员函数就可以获取面积。

注意

包含纯虚函数的类是不能实例化的，因此“CFigure figure;”是错误的。

11.5.2　实现抽象类中的成员函数

抽象类通常用于作为其他类的父类，从抽象类派生的子类如果不是抽象类，则子类必须实现父类中的所有纯虚函数。

【实例 11.11】 输出操作员和系统管理员姓名。（**实例位置：资源包\TM\sl\11\11**）

本实例实现抽象类中的成员函数，输出操作员和系统管理员姓名。具体代码如下：

```
#include <iostream>
using namespace std;

class CEmployee                                          //定义 CEmployee 类
{
    public:
    int m_ID;                                            //定义数据成员
    char m_Name[128];                                    //定义数据成员
    char m_Depart[128];                                  //定义数据成员
    virtual void OutputName() = 0;                       //定义抽象成员函数
};

class COperator :public CEmployee                        //定义 COperator 类，派生于 CEmployee 类
{
    public:
    char m_Password[128];                                //定义数据成员
    void OutputName()                                    //实现父类中的纯虚成员函数
    {
        cout << "操作员姓名: "<<m_Name<< endl;          //输出信息
    }
    COperator()                                          //定义 COperator 类的默认构造函数
    {
        strcpy(m_Name,"MR");                             //设置数据成员 m_Name 信息
    }
};
class CSystemManager :public CEmployee                   //定义 CSystemManager 类
{
    public:
    char m_Password[128];                                //定义数据成员
    void OutputName()                                    //实现父类中的纯虚成员函数
    {
        cout << "系统管理员姓名: "<<m_Name<< endl; //输出信息
    }
```

```
        CSystemManager()                                  //定义 CSystemManager 类的默认构造函数
        {
            strcpy(m_Name,"SK");                          //设置数据成员 m_Name 信息
        }
};
int main(int argc, char *argv[])                          //主函数
{
    CEmployee *pWorker;                                   //定义 CEmployee 类型指针对象
    pWorker = new COperator();                            //调用 COperator 类的构造函数为 pWorker 赋值
    pWorker->OutputName();                                //调用 COperator 类的 OutputName 成员函数
    delete pWorker;                                       //释放 pWorker 对象
    pWorker = NULL;                                       //将 pWorker 对象设置为空
    pWorker = new CSystemManager();                       //调用 CSystemManager 类的构造函数为 pWorker 赋值
    pWorker->OutputName();                                //调用 CSystemManager 类的 OutputName 成员函数
    delete pWorker;                                       //释放 pWorker 对象
    pWorker = NULL;                                       //将 pWorker 对象设置为空
    return 0;
}
```

程序中从 CEmployee 类派生了两个子类，分别为 COperator 和 CSystemManager。这两个类分别实现了父类的纯虚成员函数 OutputName。同样的一条语句“pWorker->OutputName();”，由于 pWorker 指向的对象不同，其行为也不同。程序运行结果如图 11.13 所示。

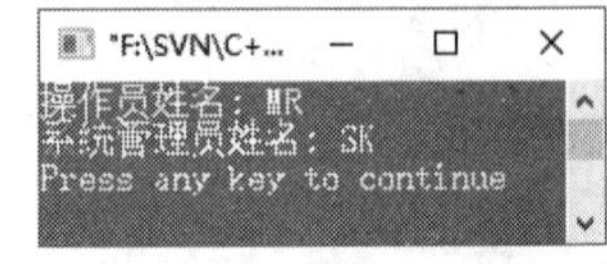

图 11.13　输出操作员和系统管理员姓名

注意

如果某函数不是抽象类中的成员函数，不能用基类指针调用。

编程训练（答案位置：资源包\TM\sl\11\编程训练\）

【训练 9】 汽车厂和鞋厂分工　创建“工厂”类，“工厂”类中有一个抽象的生产方法，创建“汽车厂”和“鞋厂”，汽车厂生产的是汽车，鞋厂生产的是鞋。

【训练 10】 圆形和矩形面积的计算公式　创建 Graphical（图形）类，该类中有一个计算面积的方法。圆形和矩形都继承图形类，输出圆形和矩形的面积。

11.6　小　　结

本章介绍了面向对象程序设计中的关键技术——继承与派生，它们在使用上还涉及二义性、访问顺序、运算符重载等许多技术问题，正确地理解和处理这些问题有利于掌握继承的使用方法。继承中还涉及多重继承，这增加了面向对象开发的灵活性。面向对象可以建立抽象类，由抽象类派生新类，可以形成对类的一定管理。

11.7 实践与练习

答案位置：（资源包\TM\sl\11\实践与练习\）

综合练习 1：交通工具在哪里行驶 自定义一个 Vehicle（交通工具）类作为基类，在该类中自定义一个 move()方法；然后自定义 Train（火车）类和 Car（汽车）类，都继承自 Vehicle 类，在这两个派生类中重写基类中的 move()方法，输出“交通工具都可以移动”“火车在铁轨上行驶”以及“汽车在公路上行驶”。

综合练习 2：显示商品信息 编写一个程序，定义一个类，包含“商品”和“售价”两个成员变量，要求重载运算符“<<”，使之可对类中的成员进行输出。

综合练习 3：英语老师个人信息 编写一个程序，分别定义 Teacher 类（教师）和 Level 类（个人信息），采用多重继承方式由这两个类派生出新类 Teacher_Level（教师和个人信息）要求：在 Teacher 类中包含“年龄”数据成员，在 Level 类中包含“身高”数据成员，在 Teacher_Level 类中包含“体重”数据成员，使用 Show 函数将信息输出。结果如下：

```
我的英语老师个人信息如下：
年龄:35 岁
身高:186cm
体重:65kg
```

第 3 篇

高级应用

本篇将介绍 C++的一些高级特性和高级应用，为开发大型项目奠定坚实的基础。这里，你将了解模板和 C++标准模板库的构造，学会处理各类异常，快速进行程序调试，灵活操作文件，并能开发简单的网络应用程序。这些都是开发大型 C++项目必须具备的知识根基。

高级应用
- 模板：学习函数模板、类模板，提高大规模软件开发效率
- 标准模板库：掌握标准模板，为标准化组件提供类模板，进行范型编程
- RTTI与异常处理：熟悉异常，对程序运行时可能发生的错误进行控制
- 程序调试：掌握正确的程序调试方法，提高工作效率
- 文件操作：能够使用C++程序对文件及文件夹进行操作
- 网络通信：学习TCP/IP协议，了解套接字，实现简单协议通信等

第 12 章 模　　板

模板是 C++的高级特性，分为函数模板和类模板。对于程序员来说，要完全掌握 C++模板的用法并不容易。模板使程序员能够快速建立具有类型安全的类库集合和函数集合，它的实现大大方便了大规模软件的开发。本章将介绍 C++模板的基本概念、函数模板和类模板，使读者有效地掌握模板的用法，正确使用 C++系统日益庞大的标准模板库（STL）。

本章知识架构及重难点如下：

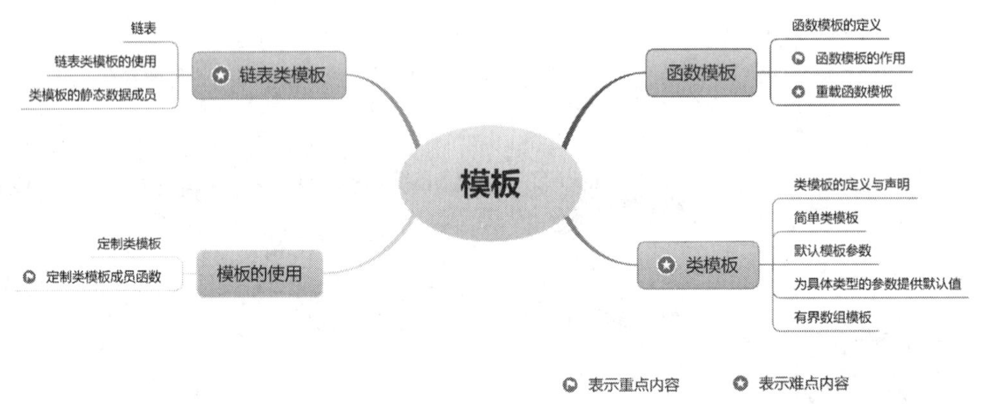

12.1　函 数 模 板

函数模板不是一个实在的函数，编译器不能为其生成可执行代码。函数模板是对函数功能框架的描述，当它具体执行时，将根据传递的实际参数决定其功能。

12.1.1　函数模板的定义

函数模板定义的一般形式如下：

```
template <类型形式参数表> 返回类型  函数名(形式参数表)
{
   ...                                    //函数体
}
```

template 为关键字，表示定义一个模板，尖括号“< >”表示模板参数。模板参数主要有两种：一种是模板类型参数，另一种是模板非类型参数。上述代码中定义的模板使用的是模板类型参数，它使用关键字 class 或 typedef 开始，其后是一个用户定义的合法标识符。模板非类型参数与普通参数定义相同，通常为一个常数。

可以将声明函数模板分成 template 部分和函数名部分，例如：

```
template <class T>
void fun(T t)
{
    ...                                       //函数实现
}
```

定义一个求和的函数模板，例如：

```
template <class type>                         //定义一个模板类型
type Sum(type xvar,type yvar)                 //定义求和函数模板
{
    return xvar + yvar;
}
```

在定义函数模板后，可在程序中调用函数模板。下面的代码演示了 Sum 函数模板的调用。

```
int iret = Sum(10,20);                        //实现两个整数的相加
double dret = Sum(10.5,20.5);                 //实现两个实数的相加
```

如果采用如下的形式调用 Sum 函数模板，将会出现错误。

```
int iret = Sum(10.5,20);                      //错误的调用
double dret = Sum(10,20.5);                   //错误的调用
```

上述代码中为函数模板传递了两个类型不同的参数，编译器产生了歧义。如果用户在调用函数模板时显式标识模板类型，就不会出现错误。例如：

```
int iret = Sum<int>(10.5,20);                 //正确地调用函数模板
double dret = Sum<double>(10,20.5);           //正确地调用函数模板
```

用函数模板生成实际可执行的函数又称模板函数。函数模板与模板函数不是一个概念，从本质上讲，函数模板是一个框架，它不是真正可以编译生成代码的程序；模板函数是把函数模板中的类型参数实例化后生成的函数，它和普通函数本质是相同的，可以生成可执行代码。

误区警示

与普通函数和类不同，函数模板或类在其他类作为友元之前必须先声明（不用定义，声明即可），否则无法通过编译。

12.1.2　函数模板的作用

假设求两个函数之中最大者，如果想求整型数和实型数需要定义两个函数，方法如下：

```
int max(int a，int b)
{
```

```
    return a>b?a:b;             //返回最大值
}
float max(float a，float b)
{
    return a>b?a:b;             //返回最大值
}
```

使用函数模板和#define 宏定义，可以实现通过 max 函数求解整型数之间最大者以及实型数之间最大者的功能。

#define 宏定义可以在预编译期对代码进行替换，例如：

```
#define max(a,b) ((a) > (b) ? (a) : (b))
```

上述代码可以求整数最大值和实型数最大值。但宏定义#define 只能进行简单替换，它无法对类型进行检查，有时计算结果可能不是预计的。例如：

```
#include <iostream>
#include <iomanip>
using namespace std;
#define max(a,b) ((a) > (b) ? (a) : (b))
void main()
{
    int m=0,n=0;
    cout << max(m,++n) << endl;
    cout << m << setw(2) << endl;
}
```

程序运行结果如图 12.1 所示。

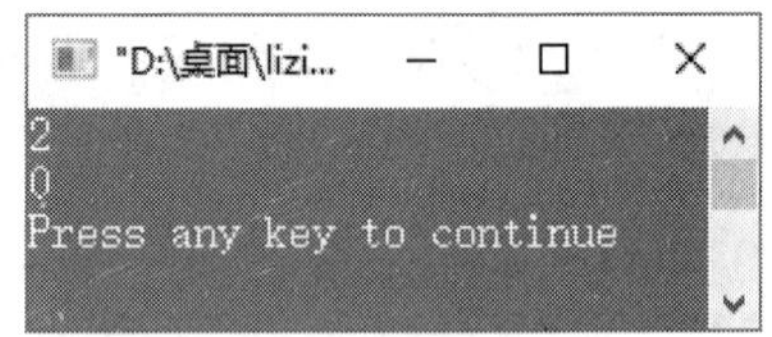

图 12.1　利用宏定义求最大值

程序运行的预期结果应该是 1 和 0，输出这样的结果原因在于宏替换之后++n 被执行了两次，因此 n 的值是 2 不是 1。

宏是预编译指令，很难调试，无法单步进入宏的代码中。模板函数和#define 宏定义相似，但模板函数是用模板实例化得到的函数，它与普通函数没有本质区别，可以重载模板函数。

使用模板求最大值的代码如下：

```
template <class Type>
Type max(Type a,Type b)
{
    if(a > b)
        return a;
    else
        return b;
}
```

调用 max 可以正确计算整型数和实型数最大值，例如：

```
cout << "最大值：" << max(10,1) << endl;
cout << "最大值：" << max(200.05,100.4) << endl;
```

【实例 12.1】 寻找最大值。（**实例位置：资源包\TM\sl\12\1**）

本实例使用数组作为模板参数，寻找几个数据中的最大值。具体代码如下：

```
#include <iostream>
using namespace std;
template <class type,int len>                    //定义一个模板类型
type Max(type array[len])                        //定义函数模板
{
	type ret = array[0];                         //定义一个变量
	for(int i=1; i<len; i++)                     //遍历数组元素
	{
		ret = (ret > array[i])? ret : array[i];  //比较数组元素大小
	}
	return ret;                                  //返回最大值
}
void main()
{
	int array[5] = {1,2,3,4,5};                  //定义一个整型数组
	int iret = Max<int,5>(array);                //调用函数模板 Max
	double dset[3] = {10.5,11.2,9.8};            //定义实数数组
	double dret = Max<double,3>(dset);           //调用函数模板 Max
	cout << dret << endl;
}
```

程序运行结果如图 12.2 所示。

程序中定义一个函数模板 Max，用来求数组中元素的最大值，其中模板参数使用模板类型参数 type 和模板非类型参数 len，参数 type 声明了数组中的元素类型，参数 len 声明了数组中的元素个数，给定数组元素后，程序将输出数组中的最大值。

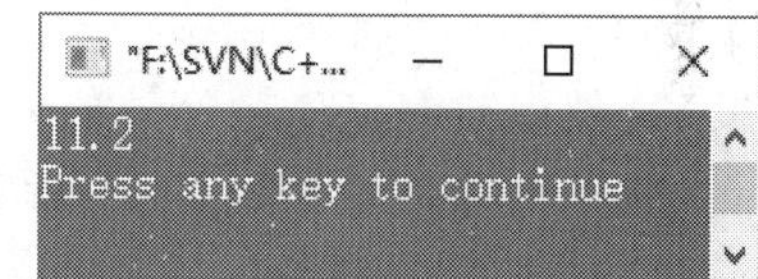

图 12.2　使用数组作为模板参数

说明

模板只作用于其下方的类或者函数，所以在类外实现成员函数时要对每一个函数在使用前进行模板的声明（即使这个函数没有用到这个模板类型，类名里也要加上<Type>）。

12.1.3　重载函数模板

整型数和浮点数编译器可以直接进行比较，所以使用函数模板后也可以直接进行比较，字符指针指向的字符串通过重载函数模板来实现。通常字符串需要库函数来进行比较，通过重载函数模板实现字符串的比较。

【实例 12.2】 求出字符串的最小值。（**实例位置：资源包\TM\sl\12\2**）

本实例中，首先定义一个函数模板，此函数模板实现的功能是寻找字符串中的最小值，再重载函数模板，最后在主函数中调用函数。具体代码如下：

```
#include <iostream >
#include <string >
using namespace std;
template <class Type>
Type min(Type a,Type b)                //定义函数模板
```

```
{
	if(a < b)
		return a;
	else
		return b;
}
char *min(char *a,char *b)			//重载函数模板
{
	if(strcmp(a,b))
		return b;
	else
		return a;
}
void main ()
{
	cout << "最小值：" << min(10,1) << endl;
	cout << "最小值：" << min('a','b') << endl;
	cout << "最小值：" << min("hi","mr") << endl;
}
```

程序运行结果如图 12.3 所示。

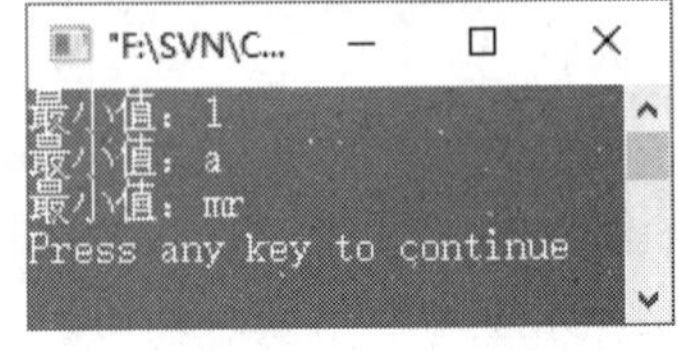

图 12.3 输出字符串的最小值

程序在重载的函数模板 min 的实现中，使用 strcmp 库函数来完成字符串的比较，此时使用 min 函数可以比较整型数据、实型数据、字符数据和字符串数据。

编程训练（答案位置：资源包\TM\sl\12\编程训练\）

【训练 1】 计算数组中所有元素和 定义一个函数，该函数可以接收一个数组作为参数，并求得数组中所有元素之和（要求可以接收整型数及浮点型数组）。

【训练 2】 获取数组中所有正数 定义一个函数，该函数可以接收一个数组作为参数，并输出数组中所有的正数（要求可以接收整型数及浮点型数组）。

12.2 类 模 板

使用 template 关键字不但可以定义函数模板，也可以定义类模板。类模板代表一族类，是用来描述通用数据类型或处理方法的机制，它使类中的数据成员和成员函数的参数或返回值可以取任意数据类型。类模板可以说是用类生成类，减少了类的定义数量。

12.2.1 类模板的定义与声明

类模板的一般定义形式如下：

```
template <类型形式参数表> class 类模板名
{
	...				//类模板体
```

```
};
```

类模板成员函数定义形式如下：

```
template <类型形式参数表>
返回类型 类模板名 <类型名表>::成员函数名(形式参数列表)
{
    ...                                                  //函数体
}
```

template 是关键字，类型形式参数表与函数模板定义相同。类模板的成员函数定义时的类模板名与类模板定义时要一致，类模板不是一个真实的类，需要重新生成类。生成类的形式如下：

```
类模板名<类型实际参数表>
```

用新生成的类定义对象的形式如下：

```
类模板名<类型实际参数表> 对象名
```

其中，类型实际参数表应与该类模板中的类型形式参数表匹配。用类模板生成的类称为模板类。类模板和模板类不是同一个概念，类模板是模板的定义，不是真实的类，定义中要用到类型参数；模板类本质上与普通类相同，它是类模板的类型参数实例化之后得到的类。

定义一个容器的类模板，程序代码如下：

```
template <class Type>
class Container
{
    Type tItem;
    public:
    Container(){};
    void begin(const Type& tNew);
    void end(const Type& tNew);
    void insert(const Type& tNew);
    void empty(const Type& tNew);
};
```

和普通类一样，需要对类模板成员函数进行定义，程序代码如下：

```
void Container<Type>:: begin (const Type& tNew)          //容器的第一个元素
{
    tItem=tNew;
}
void Container<Type>:: end (const Type& tNew)            //容器的最后一个元素
{
    tItem=tNew;
}
void Container<Type>::insert(const Type& tNew)           //向容器中插入元素
{
    tItem=tNew;
}
void Container<Type>:: empty (const Type& tNew)          //清空容器
{
    tItem=tNew;
```

```
}
```

将模板类的参数设置为整型，然后用模板类声明对象。程序代码如下：

```
Container<int> myContainer;                                //声明 Container<int>类对象
```

声明对象后，就可以调用类成员函数。程序代码如下：

```
int i=10;
myContainer.insert(i);
```

在类模板定义中，类型形式参数表中的参数也可以是其他类模板。例如：

```
template < template <class A> class B>
class CBase
{
    private:
    B<int> m_n;
}
```

类模板也可以继承，例如：

```
template <class T>
class CDerived public T
{
    public:
    CDrived();
};
template <class T>
CDerived<T>::CDerived() : T()
{
    cout << "" <<endl;
}
void main()
{
    CDerived<CBase1> D1;
    CDerived<CBase1> D1;
}
```

T 是一个类，CDerived 继承该类，它可以对类 T 进行扩展。

误区警示

使用类模板时要注意，定义成员函数时，类型名之后都要加<T>，其他和普通成员函数的定义完全一样，尤其在类外定义时不要出错。

12.2.2 简单类模板

类模板中的类型形式参数表可以在执行时指定，也可以在定义类模板时指定。下面介绍类型参数如何在执行时指定。

【实例 12.3】 展示类模板。（实例位置：资源包\TM\sl\12\3）

本实例中，定义一个简单的类模板，输出模板的变量值，在主函数中调用类模板，输出数据。具体代码如下：

```
#include <iostream>
using namespace std;
template <class T1,class T2>
class MyTemplate
{
    T1 t1;
    T2 t2;
    public:
    MyTemplate(T1 tt1,T2 tt2)
    {t1 =tt1, t2=tt2;}
    void display()
    { cout << t1 << ' ' << t2 << endl;}
};
void main()
{
    int a=123;
    double b=3.1415;
    MyTemplate<int ,double> mt(a,b);
    mt.display();
}
```

程序运行结果如图 12.4 所示。

程序中的 MyTemplate 是一个类模板，它使用整型类型和双精度作为参数。

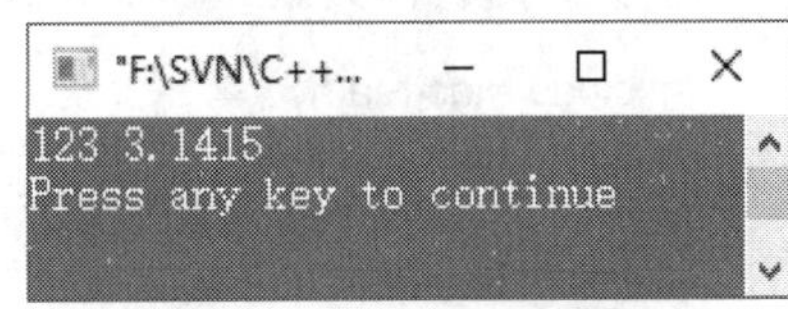

图 12.4　输出简单类模板

12.2.3　默认模板参数

默认模板参数是在类模板定义时设置类型形式参数表中一个类型参数的默认值，该默认值是一个数据类型，有默认的数据类型参数后，在定义模板新类时就可以不进行指定。

【实例 12.4】 默认模板参数。（实例位置：资源包\TM\sl\12\4）

本实例中，定义一个带参数的模板，在主函数中，调用类模板，输出数据，具体代码如下：

```
#include <iostream>
using namespace std;
template <class T1,class T2 = int>
class MyTemplate
{
    T1 t1;
    T2 t2;
    public:
    MyTemplate(T1 tt1,T2 tt2)
    {t1=tt1;t2=tt2;}
    void display()
```

```
    {
    cout<< t1 << ' ' << t2 << endl;
    }
};
void main()
{
    int a=123;
    double b=3.1415;
    MyTemplate<int ,double> mt1(a,b);
    MyTemplate<int> mt2(a,b);
    mt1.display();
    mt2.display();
}
```

程序运行结果如图 12.5 所示。

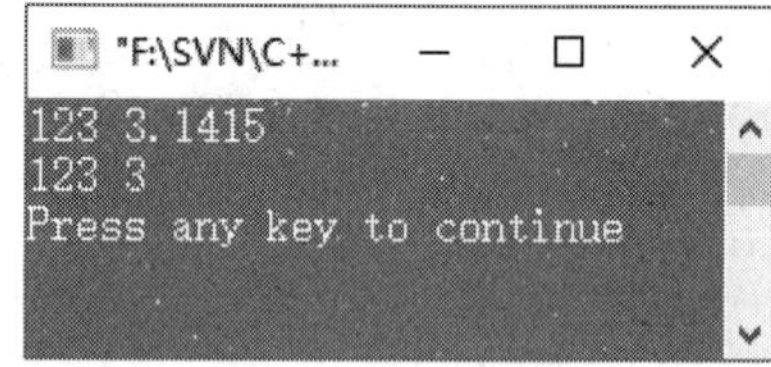

图 12.5　默认模板参数

12.2.4　为具体类型的参数提供默认值

默认模板参数是类模板中由默认的数据类型做参数，在模板定义时还可以为默认的数据类型声明变量，并且为变量赋值。

【实例 12.5】 类型默认值。（**实例位置：资源包\TM\sl\12\5**）

本实例为具体类型的参数提供默认值，具体代码如下：

```
#include <iostream>
using namespace std;
template <class T1,class T2,int num= 10 >
class MyTemplate
{
    T1 t1;
    T2 t2;
    public:
    MyTemplate(T1 tt1,T2 tt2)
    {t1 =tt1+num, t2=tt2+num;}
    void display()
    { cout << t1 << ' ' << t2 <<endl;}
};
void main()
{
    int a=123;
    double b=3.1415;
    MyTemplate<int ,double> mt1(a,b);
    MyTemplate<int ,double ,100> mt2(a,b);
    mt1.display();
    mt2.display();
}
```

程序运行结果如图 12.6 所示。

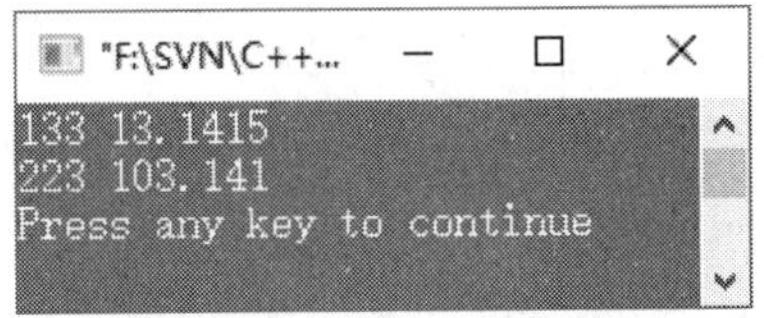

图 12.6　为具体类型的参数提供默认值

12.2.5　有界数组模板

C++语言中，如果下标越界，会造成程序崩溃。程序员在编辑代码时很难找到下标越界错误。建立数组模板，在模板定义时对数组的下标进行检查。

在模板中想要获取下标值，需要重载数组下标运算符“[]”，然后使用模板类实例化数组，就可以进行下标越界检测。例如：

```
#include <cassert>
template <class T,int b>
class Array
{
    T& operator[] (int sub)
    {
        assert(sub>=0 && sub<b);
    }
};
```

程序中使用 assert 来进行警告处理，当有下标越界情况发生时，弹出对话框警告，然后输出出现错误的代码位置。assert 函数需要使用 cassert 头文件。

数组模板的应用示例如下：

```
#include <iostream>
#include <iomanip>
#include <cassert>
using namespace std;

class Date
{
    int iMonth,iDay,iYear;
    char Format[128];
    public:
    Date(int m=0,int d=0,int y=0)
    {
        iMonth=m;
        iDay=d;
        iYear=y;
    }
    friend ostream& operator<<(ostream& os,const Date t)
    {
        cout << "Month: " << t.iMonth << ' ';
        cout << "Day: " << t.iDay<< ' ';
        cout << "Year: " << t.iYear<< ' ' ;
        return os;

    }
```

```
    void Display()
    {
        cout << "Month: " << iMonth;
        cout << "Day: " << iDay;
        cout << "Year: " << iYear;
        cout << endl;
    }
};

template <class T,int b>
class Array
{
    T elem[b];
    public:
    Array(){}
    T& operator[] (int sub)
    {
        assert(sub>=0 && sub<b);
        return elem[sub];
    }

};
void main()
{
    Array<Date,3> dateArray;
    Date dt1(1,2,3);
    Date dt2(4,5,6);
    Date dt3(7,8,9);
    dateArray[0]=dt1;
    dateArray[1]=dt2;
    dateArray[2]=dt3;
    for(int i=0;i<3;i++)
        cout << dateArray[i] << endl;
    Date dt4(10,11,13);
    dateArray[3] = dt4;                    //弹出警告
    cout << dateArray[3] << endl;
}
```

程序运行结果如图 12.7 所示。

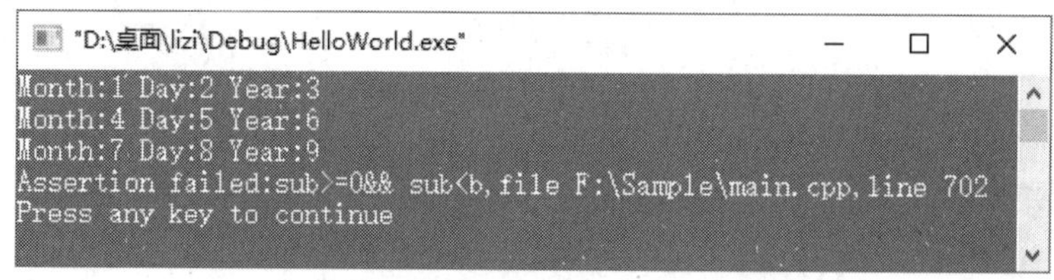

图 12.7　数组模板

程序能够及时发现 dateArray 已经越界，因为定义数组时指定其长度为 3，当数组下标为 3 时说明数组中有 4 个元素，所以程序执行到 dateArray[3]时，将弹出错误警告。

编程训练（答案位置：资源包\TM\sl\12\编程训练\）

【训练 3】 比较字符串　定义一个能够比较的模板函数，并重载该模板函数，使其可以比较字符串的大小。

【训练 4】 小鸟变飞机　定义“鸟”类，该类有一个函数 fly()；定义模板函数 DoFly，该函数可以调用“鸟”类的 fly 函数；重载该模板函数，使其可以接收一个“飞机”类的参数，并调用飞机的飞行函数 fly。

12.3　模板的使用

定义模板类后如果想扩展模板新类的功能，需要对类模板进行覆盖，使模板类能够完成特殊功能。覆盖操作可以针对整个类模板、部分类模板以及类模板的成员函数，这种覆盖操作称为定制。

12.3.1　定制类模板

定制一个类模板，覆盖类模板中定义的所有成员。

【实例 12.6】 输出 Month、Day、Year 的值。（**实例位置：资源包\TM\sl\12\6**）

本实例中，定制一个类模板，覆盖类模板中定义的 Month、Day、Year 成员，具体代码如下：

```
#include <iostream>
using namespace std;
class Date
{
    int iMonth,iDay,iYear;
    char Format[128];
    public:
    Date(int m=0,int d=0,int y=0)
    {
        iMonth=m;
        iDay=d;
        iYear=y;
    }
    friend ostream& operator<<(ostream& os,const Date t)
    {
        cout << "Month: " << t.iMonth << ' ' ;
        cout << "Day: " << t.iDay<< ' ';
        cout << "Year: " << t.iYear<< ' ' ;
        return os;

    }
    void Display()
    {
        cout << "Month: " << iMonth;
        cout << "Day: " << iDay;
```

```
            cout << "Year: " << iYear;
            cout << endl;
        }
};

template <class T>
class Set
{
        T t;
        public:
        Set(T st) : t(st) {}
        void Display()
        {
            cout << t << endl;
        }
};
class Set<Date>
{
        Date t;
        public:
        Set(Date st): t(st){}
        void Display()
        {
            cout << "Date :" << t << endl;
        }
};
void main()
{
        Set<int> intset(123);
        Set<Date> dt =Date(1,2,3);
        intset.Display();
        dt.Display();
}
```

程序运行结果如图 12.8 所示。

程序中定义了 Set 类模板，该模板中有一个构造函数和一个 Display 成员函数。Display 成员函数负责输出成员的值。使用类 Date 定制了整个类模板，即模板类构造函数中的参数是 Date 对象，Display 成员函数输出的也是 Date 对象。定制类模板相当于实例化一个模板类。

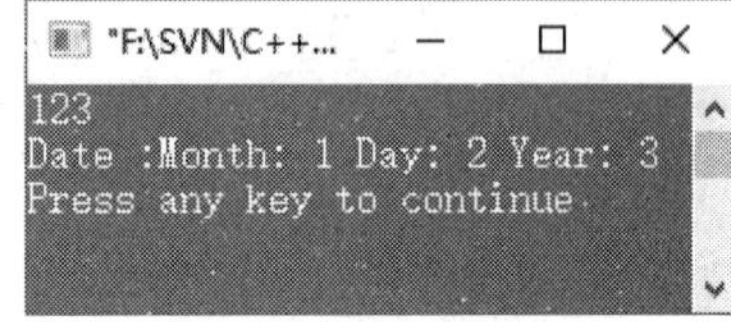

图 12.8　定制类模板

12.3.2　定制类模板成员函数

定制一个类模板，覆盖类模板中指定的成员。

【实例 12.7】 定制类模板成员函数。（**实例位置：资源包\TM\sl\12\7**）

本实例中，定制一个类模板，覆盖类模板所定义的 Month、Day、Year 指定的成员，具体代码如下：

```
#include <iostream>
using namespace std;
```

```
class Date
{
	int iMonth,iDay,iYear;
	char Format[128];
	public:
	Date(int m=0,int d=0,int y=0)
	{
		iMonth=m;
		iDay=d;
		iYear=y;
	}
	friend ostream& operator<<(ostream& os,const Date t)
	{
		cout << "Month: " << t.iMonth << ' ' ;
		cout << "Day: " << t.iDay<< ' ';
		cout << "Year: " << t.iYear<< ' ' ;
		return os;

	}
	void Display()
	{
		cout << "Month: " << iMonth;
		cout << "Day: " << iDay;
		cout << "Year: " << iYear;
		cout << std::endl;
	}
};
template <class T>
class Set
{
	T t;
	public:
	Set(T st) : t(st) { }
	void Display();
};
template <class T>
void Set<T>::Display()
{
	cout << t << endl;
}
void Set<Date>::Display()
{
	cout << "Date: " << t << endl;
}
void main()
{
	Set<int> intset(123);
	Set<Date> dt =Date(1,2,3);
	intset.Display();
	dt.Display();
}
```

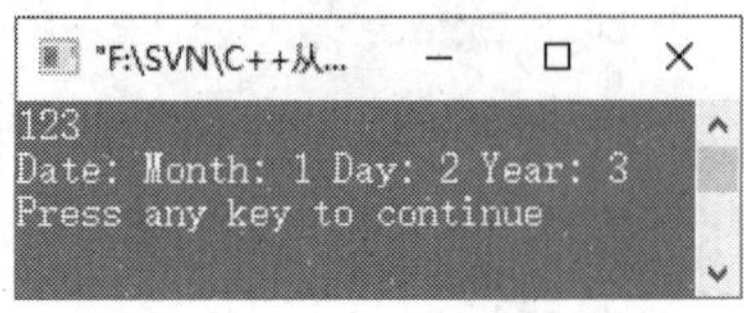

图 12.9　定制类模板成员函数

程序运行结果如图 12.9 所示。

程序中定义了 Set 类模板，该模板中有一个构造函数和一个 Display 成员函数。程序对模板类中的 Display 函数进行覆盖，使其参数类型设置为 Date 类，这样在使用 Display 函数输出时就会调用 Date 类中的 Display 函数进行输出。

在同一个类或函数中可以使用多个模板，放在一条语句中声明即可。例如：

```
template<typename T1,T2>
```

编程训练（答案位置：资源包\TM\sl\12\编程训练\）

【训练 5】 显示当前时间　定制一个类模板，用来保存当前时间。例如，保存的变量分别是 hour（小时）、minute（分钟）、second（秒）。

【训练 6】 展示个人生辰八字　定制一个类模板，用来保存个人的出生日期。例如，保存的变量分别是 year（年）、month（月）、day（日）。

12.4　链表类模板

链表是一种常用的数据结构，创建链表类模板就是创建一个对象的容器，在容器内可以对不同类型的对象进行插入、删除和排序等操作。C++标准模板库中有链表类模板，本节将主要实现简单的链表类模板。

12.4.1　链表

在介绍类模板之前，先设计一个简单的单向链表。链表的功能包括向尾节点添加数据、遍历链表中的节点和在链表结束时释放所有节点。例如，定义一个链表类，程序代码如下：

```
class CNode                                     //定义一个节点类
{
    public:
    CNode *m_pNext;                             //定义一个节点指针，指向下一个节点
    int m_Data;                                 //定义节点的数据
    CNode()                                     //定义节点类的构造函数
    {
        m_pNext = NULL;                         //将 m_pNext 设置为空
    }
};
class CList                                     //定义链表类 CList 类
{
    private:
```

```
CNode *m_pHeader;                                  //定义头节点
int m_NodeSum;                                     //节点数量
public:
CList()                                            //定义链表类的构造函数
{
      m_pHeader = NULL;                            //初始化 m_pHeader
      m_NodeSum = 0;                               //初始化 m_NodeSum
}
CNode *MoveTrail()                                 //移动到尾节点
{
      CNode *pTmp = m_pHeader;                     //定义一个临时节点，将其指向头节点
      for (int i=1;i<m_NodeSum;i++)                //遍历节点
      {
            pTmp = pTmp->m_pNext;                  //获取下一个节点
      }
      return pTmp;                                 //返回尾节点
}
void AddNode(CNode *pNode)                         //添加节点
{
      if (m_NodeSum == 0)                          //判断链表是否为空
      {
            m_pHeader = pNode;                     //将节点添加到头节点中
      }
      else                                         //链表不为空
      {
            CNode *pTrail = MoveTrail();           //搜索尾节点
            pTrail->m_pNext = pNode;               //在尾节点处添加节点
      }
      m_NodeSum++;                                 //使链表节点数量加 1
}
void PassList()                                    //遍历链表
{
      if (m_NodeSum > 0)                           //判断链表是否为空
      {
            CNode *pTmp = m_pHeader;               //定义一个临时节点，将其指向头节点
            printf("%4d",pTmp->m_Data);            //输出节点数据
            for (int i=1;i<m_NodeSum;i++)          //遍历其他节点
            {
                  pTmp = pTmp->m_pNext;            //获取下一个节点
                  printf("%4d",pTmp->m_Data);      //输出节点数据
            }
      }
}
~CList()                                           //定义链表类的析构函数
{
      if (m_NodeSum > 0)                           //链表不为空
      {
            CNode *pDelete = m_pHeader;            //定义一个临时节点，指向头节点
            CNode *pTmp = NULL;                    //定义一个临时节点
```

```
            for(int i=0; i< m_NodeSum; i++)            //遍历节点
            {
                pTmp = pDelete->m_pNext;               //获取下一个节点
                delete pDelete;                        //释放当前节点
                pDelete = pTmp;                        //将下一个节点设置为当前节点
            }
            m_NodeSum = 0;                             //将 m_NodeSum 设置为 0
            pDelete = NULL;                            //将 pDelete 设置为空
            pTmp = NULL;                               //将 pTmp 设置为空
        }
        m_pHeader = NULL;                              //将 m_pHeader 设置为空
    }
};
```

链表类 CList 以 CNode 作为元素，通过 MoveTrail 成员函数将链表指针移动到末尾，通过 AddNode 成员函数添加一个节点。

声明一个链表对象，向其中添加节点，并遍历链表节点，程序代码如下：

```
int main(int argc, char *argv[])
{
    CList list;                                        //定义链表对象
    for(int i=0; i<5; i++)                             //利用循环向链表中添加 5 个节点
    {
        CNode *pNode = new CNode();                    //构造节点对象
        pNode->m_Data = i;                             //设置节点数据
        list.AddNode(pNode);                           //添加节点到链表
    }
    list.PassList();                                   //遍历节点
    cout << endl;                                      //输出换行
    return 0;
}
```

程序运行结果如图 12.10 所示。

程序向链表中添加了 5 个节点，调用 PassList 成员函数完成对链表节点的遍历。

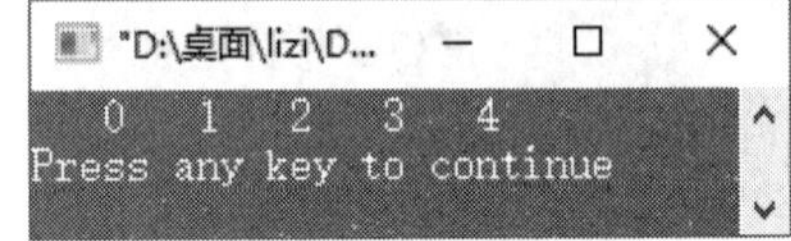

图 12.10　简单链表

12.4.2　链表类模板的使用

链表类 CList 的最大缺陷是链表不够灵活，其节点只能是 CNode 类型。让 CList 能够适应各种类型的节点的最简单方法就是使用类模板。类模板的定义与函数模板类似，以关键字 template 开始，其后是由尖括号“< >”构成的模板参数。下面重新修改链表类 CList，以类模板的形式进行改写，程序代码如下：

```
template <class Type>                                  //定义类模板
class CList                                            //定义 CList 类
{
    private:
    Type *m_pHeader;                                   //定义头节点
```

```
int m_NodeSum;                                     //节点数量
public:
CList()                                            //定义构造函数
{
    m_pHeader = NULL;                              //将 m_pHeader 置为空
    m_NodeSum = 0;                                 //将 m_NodeSum 置为 0
}
Type *MoveTrail()                                  //获取尾节点
{
    Type *pTmp = m_pHeader;                        //定义一个临时节点，将其指向头节点
    for (int i=1;i<m_NodeSum;i++)                  //遍历链表
    {
        pTmp = pTmp->m_pNext;                      //将下一个节点指向当前节点
    }
    return pTmp;                                   //返回尾节点
}
void AddNode(Type *pNode)                          //添加节点
{
    if (m_NodeSum == 0)                            //判断链表是否为空
    {
        m_pHeader = pNode;                         //在头节点处添加节点
    }
    else                                           //链表不为空
    {
        Type *pTrail = MoveTrail();                //获取尾节点
        pTrail->m_pNext = pNode;                   //在尾节点处添加节点
    }
    m_NodeSum++;                                   //使节点数量加 1
}
void PassList()                                    //遍历链表
{
    if (m_NodeSum > 0)                             //判断链表是否为空
    {
        Type *pTmp = m_pHeader;                    //定义一个临时节点，将其指向头节点
        printf("%4d",pTmp->m_Data);                //输出头节点数据
        for (int i=1;i<m_NodeSum;i++)              //利用循环访问节点
        {
            pTmp = pTmp->m_pNext;                  //获取下一个节点
            printf("%4d",pTmp->m_Data);            //输出节点数据
        }
    }
}
~CList()                                           //定义析构函数
{
    if (m_NodeSum > 0)                             //判断链表是否为空
    {
        Type *pDelete = m_pHeader;                 //定义一个临时节点，将其指向头节点
        Type *pTmp = NULL;                         //定义一个临时节点
        for(int i=0; i< m_NodeSum; i++)            //利用循环遍历所有节点
```

```
                {
                    pTmp = pDelete->m_pNext;            //将下一个节点指向当前节点
                    delete pDelete;                     //释放当前节点
                    pDelete = pTmp;                     //将当前节点指向下一个节点
                }
                m_NodeSum = 0;                          //设置节点数量为 0
                pDelete = NULL;                         //将 pDelete 置为空
                pTmp = NULL;                            //将 pTmp 置为空
            }
            m_pHeader = NULL;                           //将 m_pHeader 置为空
        }
};
```

上述代码利用类模板对链表类 CList 进行了修改，实际上是在原来链表的基础上将链表中出现 CNode 类型的地方替换为模板参数 Type。下面再定义一个节点类 CNet，演示模板类 CList 是如何适应不同的节点类型的。例如，使用 CList 类模板，程序代码如下：

```
class CNet                                              //定义一个节点类
{
    public:
    CNet *m_pNext;                                      //定义一个节点类指针
    char m_Data;                                        //定义节点类的数据成员
    CNet()                                              //定义构造函数
    {
        m_pNext = NULL;                                 //将 m_pNext 置为空
    }
};
int main(int argc, char *argv[])
{
    CList<CNode> nodelist;                              //构造一个类模板实例
    for(int n=0; n<5; n++)                              //利用循环向链表中添加节点
    {
        CNode *pNode = new CNode();                     //创建节点对象
        pNode->m_Data = n;                              //设置节点数据
        nodelist.AddNode(pNode);                        //向链表中添加节点
    }
    nodelist.PassList();                                //遍历链表
    cout <<endl;                                        //输出换行
    CList<CNet> netlist;                                //构造一个类模板实例
    for(int i=0; i<5; i++)                              //利用循环向链表中添加节点
    {
        CNet *pNode = new CNet();                       //创建节点对象
        pNode->m_Data = 97+i;                           //设置节点数据
        netlist.AddNode(pNode);                         //向链表中添加节点
    }
    netlist.PassList();                                 //遍历链表
    cout << endl;                                       //输出换行
    return 0;
}
```

程序运行结果如图 12.11 所示。

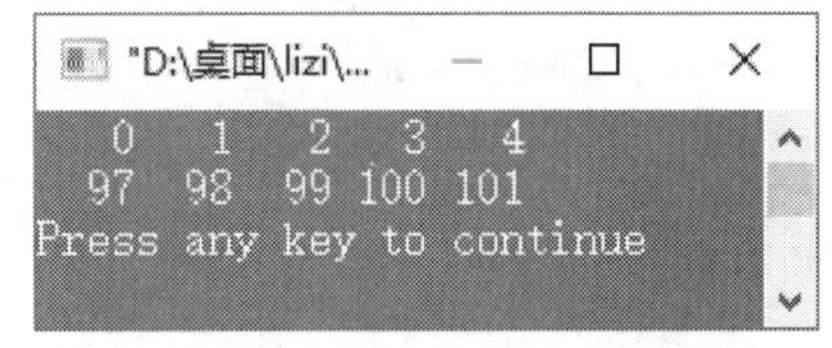

图 12.11　使用 CList 类模板

类模板 CList 虽然能够使用不同类型的节点，但是对节点的类型是有一定要求的。第一，节点类必须包含一个指向自身的指针类型成员 m_pNext，因为在 CList 中访问了 m_pNext 成员；第二，节点类中必须包含数据成员 m_Data，其类型被限制为数字类型或有序类型。

12.4.3　类模板的静态数据成员

在类模板中可以定义静态数据成员，类模板中的每个实例都有自己的静态数据成员，而不是所有的类模板实例共享静态数据成员。这里对模板类 CList 进行简化，向其中添加一个静态数据成员，并初始化静态数据成员。

【实例 12.8】 输出年份和“我爱你”数字。(**实例位置：资源包\TM\sl\12\8**)

本实例中，在类模板中使用静态数据成员，输出年份和“我爱你”数字，具体代码如下：

```
#include <iostream>
using namespace std;
template <class Type>
class CList                                    //定义 CList 类
{
	private:
	Type *m_pHeader;
	int m_NodeSum;
	public:
	static int m_ListValue;                    //定义静态数据成员
	CList()
	{
		m_pHeader = NULL;
		m_NodeSum = 0;
	}
};
class CNode                                    //定义 CNode 类
{
	public:
	CNode *m_pNext;
	int m_Data;
	CNode()
	{
		m_pNext = NULL;
	}
};
class CNet                                     //定义 CNet 类
{
	public:
```

```
    CNet *m_pNext;
    char m_Data;
    CNet()
    {
        m_pNext = NULL;
    }
};
template <class Type>
int CList<Type>::m_ListValue = 10;          //初始化静态数据成员
int main(int argc, char *argv[])
{
    CList<CNode> nodelist;
    nodelist.m_ListValue = 2021;
    CList<CNet> netlist;
    netlist.m_ListValue = 520;
    cout<<"今年年份：";
    cout<<nodelist.m_ListValue<< endl;
    cout<<"代表“我爱你”的数字是：";
    cout<<netlist.m_ListValue<<endl;
    return 0;
}
```

程序运行结果如图 12.12 所示。

图 12.12　在类模板中使用静态数据成员

模板实例 nodelist 和 netlist 均有各自的静态数据成员，因此 m_ListValue 的值是不同的，但是对于同一类型的模板实例，其静态数据成员是共享的。

编程训练（答案位置：资源包\TM\sl\12\编程训练\）

【训练 7】 冬季奥运会时间　使用静态数据成员，显示第 24 届北京冬季奥运会举办的年份。
【训练 8】 家人出生年份　使用静态数据成员，显示父母和自己的出生年份。

12.5　小　　结

模板是 C++的高级特性，一个模板可以定义一组函数或类，它使用数据类型和类名作为参数，建立具有类型安全的类库集合和函数集合。模板可以对作为模板参数的数据类型进行相同的操作，大大减少代码量，提高代码效率，方便大规模软件的开发。标准 C++库在很大程度上依赖于模板。通过本章的学习，读者可对 C++语言有一个更深入的了解。

12.6　实践与练习

答案位置：（资源包\TM\sl\12\实践与练习\）

综合练习 1：求数组元素之和　定义一个函数，该函数可以接收一个数组作为参数，并求得数组中所有元素之和（要求可以接收整型数及浮点型数组）。

综合练习 2：求和　设计一个函数模板，该函数模板的功能是计算两个数相加的结果，并将结果返回。再重载函数模板，功能是连接字符串。最后调用重载函数，返回结果。

综合练习 3：展示最大值　设计一个类模板，在类模板中声明一个成员函数，用该函数得到两个数据，再设计成员函数 max 得到两个数据间的最大值。

第 13 章

标准模板库

标准模板库（Standard Template Library，STL）为标准化组件提供类模板，目的是进行范型编程。STL 技术是对原有 C++技术的一种补充，具有通用性好、效率高、数据结构简单、安全机制完善等特点。STL 是容器的集合，这些容器在算法库的支持下使程序开发变得更加简单和高效。

本章知识架构及重难点如下：

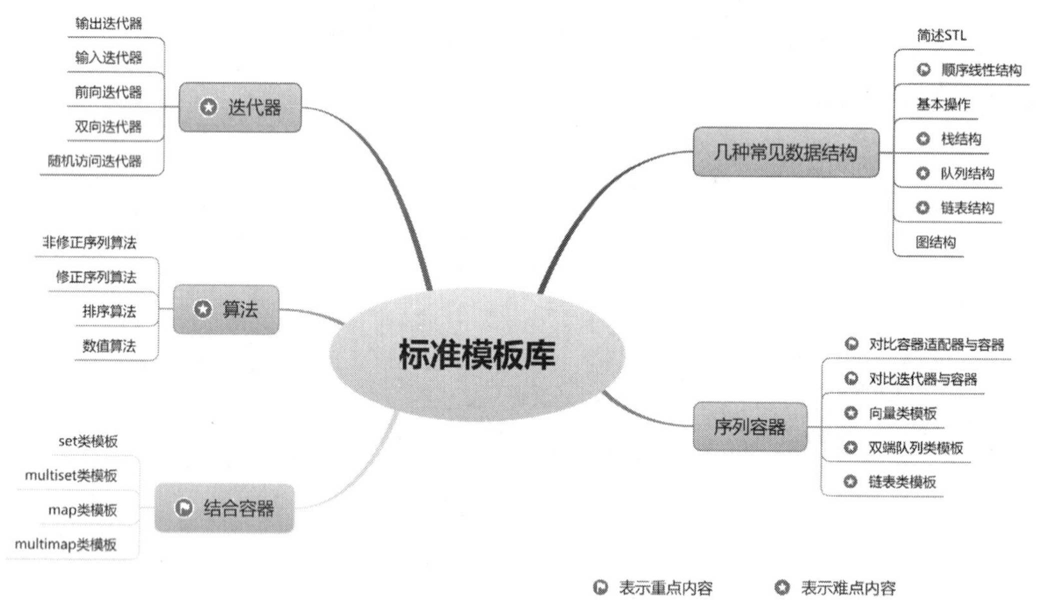

13.1 几种常见数据结构

13.1.1 简述 STL

STL 是根据本地 C++标准规范定义的一套功能强大、适用范围广的函数模板和类模板库。它主要包含容器、算法和函数对象等内容。

☑ 容器实现了多个类型的数据结构和一些相关操作。

☑ 算法提供了排序、查找、替换功能等函数。

☑ 函数对象是 C++运算符重载的进一步应用，类模板实例化后很多工作都需要它的支持。

首先简单介绍数据结构的基本概念。如果学习过数据结构，请跳过本节。

13.1.2　顺序线性结构

数据结构本身是一种集合，包含的各项称为元素。数组是顺序线性结构的实现，如图 13.1 所示，通过指针访问所有元素（对象），之后对它执行相应的操作。

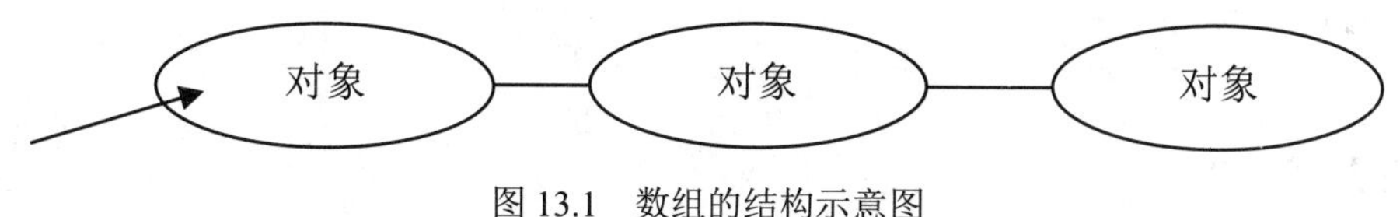

图 13.1　数组的结构示意图

13.1.3　基本操作

数据结构的基本操作主要分为以下 4 种。

- ☑ 查询：通过输入或者已知条件，在数据结构中找到相应的元素。
- ☑ 插入：在各个元素之间，逻辑插入一个元素。
- ☑ 删除：在各个元素中，逻辑删除一个元素。
- ☑ 修改：通过输入或者已知条件在数据结构中修改相应的元素。

注意

逻辑插入意味着元素所在的存储单元并不一定真的发生插入操作，例如，数组本身所在的内存分布是连续的，无法在中间插入任何内存单元。实现插入的方法如下：将数组所有元素和待插入的元素依照相应的次序复制给另外一个容量+1 的数组，之后销毁原来的内存空间。新的数组可以被认为是插入完成之后的数组（一般需要动态分配）。逻辑删除与它的原理相同。

13.1.4　栈结构

栈的结构如图 13.2 所示。它很像一个从上方打开的箱子，所有的对象都遵循着“后进先出”的原则。在栈中随机位置实现对象的插入或删除，通常需要辅助其他方法，相对较为缓慢。若所存储的对象超过自身容量，则会出现栈溢出。

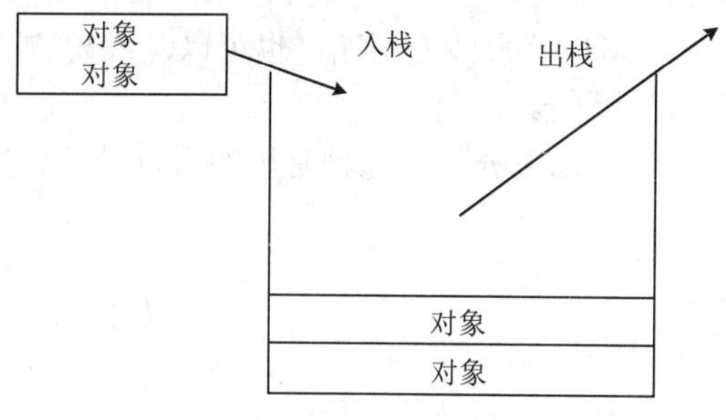

图 13.2　栈结构示意图

13.1.5　队列结构

队列的结构和现实生活中的排队一样。所有对象只能从队列的后方加入，从前方离开，即遵循“先进先出”的原则，如图 13.3 所示。和栈相似的是，队列不擅长处理随机位置的插入和删除操作。

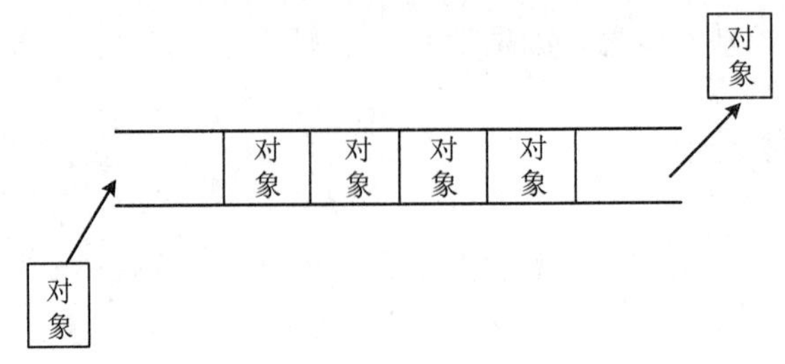

图 13.3　队列结构示意图

13.1.6　链表结构

链表与以上几种数据结构都是线性的结构。与它们不同的是，链表的存储方式不是顺序的。每个对象中含有下一个对象所在位置的信息（可认为是地址），链表的第一个元素的位置由头指针（也称 Head）存储，链表尾部的元素存储的位置信息为空。链表的存储区不是连续的，因此无法通过指针偏移量的方案查找相应对象，只能通过遍历的方法访问：链表由头指针所存储的地址信息访问到第一个元素，之后依次由所存储的位置信息（地址）访问后面的元素，如图 13.4 所示。链表的优点是在随机位置进行插入和删除较为迅速。

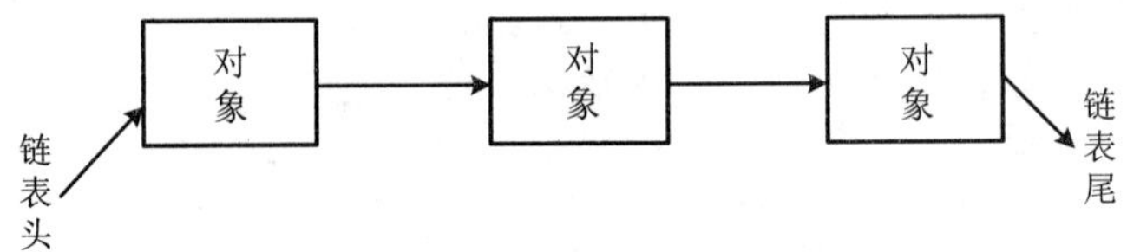

图 13.4　链表结构示意图

链表可分为单向链表、双向链表和循环链表。

13.1.7　图结构

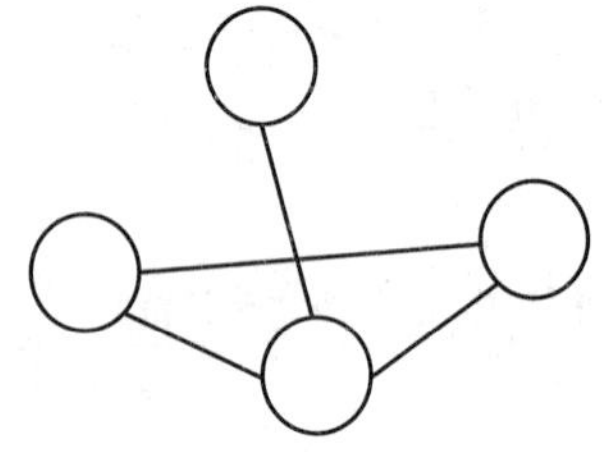

图 13.5　图结构示意图

图结构是一种复杂的数据结构，每个对象都可以和其他对象相关联，如图 13.5 所示。图一般采取映射的方式表示内部元素。映射通常是指事物间的联系，每条边代表着两个物体所对应的关系。使用表达式<k,t>表示这种关系，k 和 t 可以代表线的两端，也可以是线与物体，随着不同的定义，所代表的关系也不同。

以上简单介绍了几种常用的数据结构，在 STL 中容器类对它们进行了实现、扩展和封装。

13.2　序列容器 

STL 提供了很多容器，每种容器都提供一组操作行为。序列（sequence）容器提供插入功能，其中的元素都是有序的，但并未排序。序列容器包括向量（vector）类模板、双端队列（deque）类

模板和链表（list）类模板。

13.2.1　对比容器适配器与容器

STL 的容器适配器与容器主要用来存储和组织对象的模板类。与容器相比，容器适配器的限制条件更多。容器适配器通常定义在相应的头文件中，如表 13.1 所示。

表 13.1　容器适配器头文件内容

头　文　件	内　　容
queue	定义具有队列结构特征的类模板。其中包含的 queue<T>是一种单向队列。priority_queue 排列自身对象，最大的值被放在队列前端
stack	包含 statck<T>类模板，具有栈数据结构的特征

容器适配器还可以被定义在容器的头文件中，通常与容器的内部实现有关。容器头文件内容如表 13.2 所示。

表 13.2　容器头文件内容

头　文　件	内　　容
vector	vector<T>是一个在必要时能够自动增大容量的数组，在随机位置上插入元素会花费很大的系统开销。其中定义了对应的适配器 queue
dqueue	dqueue<T>是一个双向队列，与 vector 作用相似。但增加了从队列前加入元素的特性。其中也定义了对应的适配器 queue 和 stack
list	list<T>是一种双向的链表。定义了适配器 stack
map	map<K,T>是一种关联容器。K 表示关联的对象 T 所在 map 中位置的信息，值必须唯一
set	set<T>表示的是一种对应的关系。T 是这种关系的象征，它在 set 中唯一并且不能被直接修改，只能删除，之后加入新的对象来达到目的

在 C++中使用 STL 提供的容器，需要加入相应的头文件并使用名称空间 std。容器适配器与容器在使用限制上的最大区别为是否支持迭代器。迭代器的行为类似于指针，通过它能够遍历容器中的所有元素，但容器适配器不支持它。通常情况下，更倾向于使用容器而非容器适配器。

13.2.2　对比迭代器与容器

STL 中提供了 4 种迭代器，其功能如表 13.3 所示。

表 13.3　STL 中 4 种迭代器的功能

迭　代　器	功　　能
输入和输出迭代器	支持对象序列的读/写，仅能使用一次（不可重用）。支持自加运算符“++”获得一个新的迭代，进行下一次读/写
前向迭代器	支持输入和输出迭代器的功能，还可进行对象的访问和存储操作。前向迭代器可以重用，用来遍历容器

续表

迭　代　器	功　　能
双向迭代器	包含前向迭代器的功能。支持自减运算符“--”，使它能够反向遍历容器
随机访问迭代器	包含了以上所有迭代器的功能。重载了加、减运算符，可以对容器内任何元素进行随机访问。还支持索引运算符“[ ]”和比较运算符

这 4 种迭代器在功能上都是向上兼容的，越来越强大。容器自身的迭代器种类是依照容器的结构来决定的，vector 包含的是随机访问迭代器，list 包含的是双向迭代器，在 queue 中是前向迭代器。

13.2.3　向量类模板

向量是一种随机访问的数组类型，提供了对数组元素的快速、随机访问，以及在序列尾部快速、随机的插入和删除操作。它是大小可变的向量，在需要时可以改变其大小。

使用向量类模板需要创建 vector 对象，创建方法有以下几种。

☑　std::vector<type> name;

该方法创建一个名为 name 的空 vector 对象，该对象可容纳类型为 type 的数据。例如，为整型值创建一个空 std::vector 对象，可以使用如下语句：

```
std::vector<int> intvector;
```

☑　std::vector<type> name(size);

该方法创建一个大小为 size 的 vector 对象。

☑　std::vector<type> name(size,value);

该方法创建一个大小为 size 的 vector 对象，并将对象的初始值设为 value。

☑　std::vector<type> name(myvector);

该方法使用复制构造函数，用现有的向量 myvector 创建一个 vector 对象。

☑　std::vector<type> name(first,last);

该方法创建元素在指定范围内的向量，first 代表起始范围，last 代表结束范围。

vector 对象的主要成员继承于随机接入容器和反向插入序列，主要成员函数及说明如表 13.4 所示。

表 13.4　vector 对象主要成员函数及说明

函　　数	说　　明
assign(first,last)	用迭代器 first 和 last 所辖范围内的元素替换向量元素
assign(num.val)	用 val 的 num 个副本替换向量元素
at(n)	返回向量中第 n 个位置元素的值
back	返回对向量末尾元素的引用
begin	返回指向向量中第一个元素的迭代器
capcity	返回当前向量最多可以容纳的元素个数
clear	删除向量中所有元素
empty	如果向量为空，则返回 true 值
end	返回指向向量中最后一个元素的迭代器

续表

函　数	说　明
erase(start,end)	删除迭代器 start 和 end 所辖范围内的向量元素
erase(i)	删除迭代器 i 所指向的向量元素
front	返回对向量起始元素的引用
insert(i,x)	把值 x 插入向量中由迭代器 i 所指明的位置
insert(i,start,end)	把迭代器 start 和 end 所辖范围内的元素插入向量中由迭代器 i 指明的位置
insert(i,n,x)	把 x 的 n 个副本插入向量中由迭代器 i 指明的位置
max_size	返回向量的最大容量（最多可以容纳的元素个数）
pop_back	删除向量最后一个元素
push_back(x)	把值 x 放在向量末尾
rbegin	返回一个反向迭代器，指向向量末尾元素之后
rend	返回一个反向迭代器，指向向量起始元素
reverse	颠倒元素的顺序
resize(n,x)	重新设置向量大小 n，新元素的值初始化为 x
size	返回向量的大小（元素的个数）
swap(vector)	交换两个向量的内容

【实例 13.1】 vector 类模板的使用。（**实例位置：资源包\TM\sl\13\1**）

本实例创建 vector 类模板，并将 vector<int>容器初始化，实现插入、删除等操作。具体代码如下：

```
#include "stdafx.h"
#include <iostream>
#include <vector>
#include <tchar.h>
int main(int argc, _TCHAR *argv[])
{
    vector<int> v1,v2;                          //定义两个容器
    v1.resize(10);                              //手动分配空间，设置容器元素最小值
    v2.resize(10);
    v1 = vector<int>(8,7);
    int array[8]= {1,2,3,4,5,6,7,8};            //定义数组
    v2 = vector<int>(array,array+8);            //给 v2 赋值
    cout<<"v1 容量"<<v1.capacity()<<endl;
    cout<<"v1 当前各项:"<<endl;
    for(decltype(v2.size()) i = 0;i<v1.size();i++)
    {
        cout<<" "<<v1[i];
    }
    cout<<endl;
    cout<<"v2 容量"<<v2.capacity()<<endl;
        cout<<"v2 当前各项:"<<endl;
    for(vector<int>::size_type i = 0;i<v1.size();i++)
    {
        cout<<" "<<v2[i];
    }
```

```
cout<<endl;
v1.resize(0);
cout<<"v1 的容量通过 resize 函数变成 0"<<endl;
if(!v1.empty())
    cout<<"v1 容量"<<v1.capacity()<<endl;
else
    cout<<"v1 是空的"<<endl;
cout<<"将 v1 容量扩展为 8"<<endl;
v1.resize(8);
cout<<"v1 当前各项:"<<endl;
for(decltype(v1.size()) i = 0;i<v1.size();i++)
{
    cout<<" "<<v1[i];
}
cout<<endl;
v1.swap(v2);
cout<<"v1 与 v2 swap 了"<<endl;
cout<<"v1 当前各项:"<<endl;
cout<<"v1 容量"<<v1.capacity()<<endl;
for(decltype(v1.size()) i = 0;i<v1.size();i++)
{
    cout<<" "<<v1[i];
}
cout<<endl;
v1.push_back(3);
cout<<"从 v1 后边加入了元素 3"<<endl;
cout<<"v1 容量"<<v1.capacity()<<endl;
for(decltype(v1.size()) i = 0;i<v1.size();i++)
{
    cout<<" "<<v1[i];
}
cout<<endl;
v1.erase(v1.end()-2);
cout<<"删除了倒数第二个元素"<<endl;
cout<<"v1 容量"<<v1.capacity()<<endl;
cout<<"v1 当前各项:"<<endl;
for(vector<int>::size_type i = 0;i<v1.size();i++)
{
    cout<<" "<<v1[i];
}
cout<<endl;
v1.pop_back();
cout<<"v1 通过栈操作 pop_back 放走了最后的元素"<<endl;
cout<<"v1 当前各项:"<<endl;
cout<<"v1 容量"<<v1.capacity()<<endl;
for(vector<int>::size_type i = 0;i<v1.size();i++)
{
    cout<<" "<<v1[i];
}
```

```
    cout<<endl;
    return 0;
}
```

程序运行结果如图 13.6 所示。

实例演示了 vector<int>容器的初始化，以及插入、删除等操作。在本例中 v1 和 v2 均用 resize 分配了空间。当分配的空间小于自身原来的空间时，删除原来的末尾元素。当分配的空间大于自身原来的空间时，自动在末尾元素后添加相应个数的 0 值。同理，若 vector 模板使用的是某一个类，则增加的是以默认构造函数创建的对象。同时可以看到，向 v1 添加元素时，v1 的容量从 8 增加到 12，这就是 vector 提供的特性，在需要时可以扩大自身的容量。

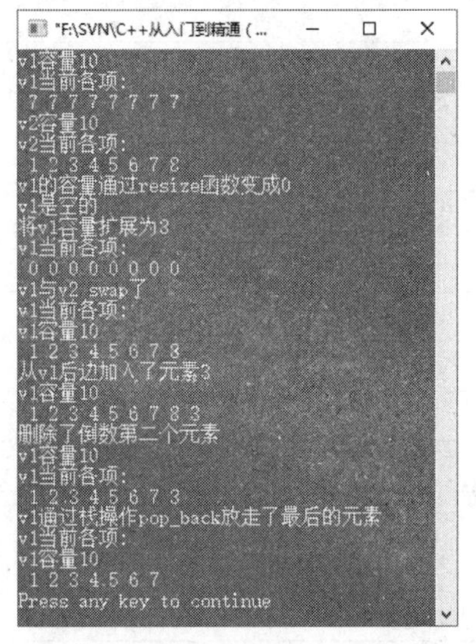

图 13.6　vector 模板类的操作方法

注意

值得注意的是：虽然 vector 支持 insert 函数插入，但与链表数据结构的容器比较，效率较差，不推荐经常使用。

13.2.4　双端队列类模板

双端队列是一种支持随机访问的数据类型，提供了在序列两端快速插入和删除操作的功能。它可以在需要时修改其自身的大小，完成标准 C++数据结构中队列的功能。

使用双端队列类模板需要创建 deque 对象，创建方法有以下几种。

☑　std::deque<type> name;

该方法创建一个名为 name 的空 deque 对象，该对象可容纳数据类型为 type 的数据。例如，为整型值创建一个空 std:: deque 对象，可以使用如下语句：

```
std:: deque<int> intdeque;
```

☑　std::deque<type> name(size);

该方法创建一个大小为 size 的 deque 对象。

☑　std::deque<type> name(size,value);

该方法创建一个大小为 size 的 deque 对象，并将对象的每个值设为 value。

☑ std::deque<type> name(mydeque);

该方法使用复制构造函数，用现有的双端队列 mydeque 创建一个 deque 对象。

☑ std::deque<type> name(first,last);

该方法创建元素在指定范围内的双端队列，first 代表起始范围，last 代表结束范围。

deque 对象主要成员函数及说明如表 13.5 所示。

表 13.5 deque 对象主要成员函数及说明

函　　数	说　　明
assign(first,last)	用迭代器 first 和 last 所辖范围内的元素替换双端队列元素
assign(num.val)	用 val 的 num 个副本替换双端队列元素
at(n)	返回双端队列中第 n 个位置元素的值
back	返回一个对双端队列最后一个元素的引用
begin	返回指向双端队列中第一个元素的迭代器
clear	删除双端队列中所有元素
empty	如果双端队列为空，则返回 true 值
end	返回指向双端队列最后一个元素的迭代器
erase(start,end)	删除迭代器 start 和 end 所辖范围内的双端队列元素
erase(i)	删除迭代器 i 指向的双端队列元素
front	返回一个对双端队列第一个元素的引用
insert(i,x)	把值 x 插入向量中由迭代器 i 指明的位置
insert(i,start,end)	把迭代器 start 和 end 所辖范围内的元素插入双端队列中由迭代器 i 指明的位置
insert(i,n,x)	把 x 的 n 个副本插入双端队列中由迭代器 i 指明的位置
max_size	返回双端队列的最大容量（最多可以容纳的元素个数）
pop_back	删除双端队列最后一个元素
pop_front	删除双端队列第一个元素
push_back(x)	把值 x 放在双端队列末尾
push_front(x)	把值 x 放在双端队列开始
rbegin	返回一个反向迭代器，指向双端队列最后一个元素之后
rend	返回一个反向迭代器，指向双端队列第一个元素
resize(n,x)	重新设置双端队列大小 n，新元素的值初始化为 x
size	返回双端队列的大小（元素的个数）
swap(vector)	交换两个双端队列的内容

【实例 13.2】 双端队列类模板应用。（**实例位置：资源包\TM\sl\13\2**）

本实例定义了一个空的，类型为 int 的 deque 对象，然后插入数值，再部分删除数值。具体代码如下：

```
#include <iostream>
#include <deque>
using namespace std;
```

```
int main()
{
    deque<int > intdeque;
    intdeque.push_back(2);
    intdeque.push_back(3);
    intdeque.push_back(4);
    intdeque.push_back(7);
    intdeque.push_back(9);
    cout << "Deque: old" <<endl;
    for(int i=0;i< intdeque.size();i++)
    {
        cout << "intdeque[" << i << "]:";
        cout << intdeque[i] << endl;
    }
    cout << endl;
    intdeque.pop_front();
    intdeque.pop_front();
    intdeque[1]=33;
    cout << "Deque: new" <<endl;
    for(i=0;i<intdeque.size();i++)
    {
        cout << "intdeque[" << i << "]:";
        cout << intdeque[i] << " ";
    }
    cout << endl;
    return 0;
}
```

程序运行结果如图 13.7 所示。

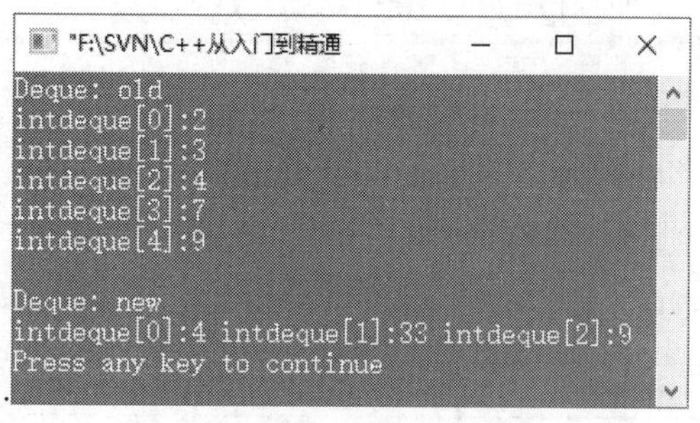

图 13.7　双端队列类模板应用

程序定义了一个空的，类型为 int 的 deque 对象，用函数 push_back 把值插入 deque 对象中，把 deque 对象显示出来，最后删除 deque 对象中的第一个元素，并把删除后的 deque 对象中的第二个元素赋值。

13.2.5　链表类模板

链表，即双向链表容器，它不支持随机访问。访问链表元素要指针从链表的某个端点开始，插入和删除操作所花费的时间是固定的，和该元素在链表中的位置无关。list 在任何位置插入和删除动作都很快，不像 vector 只在末尾进行操作。

使用链表类模板需要创建 list 对象，创建方法有以下几种。

☑ std::list<type> name;

该方法创建一个名为 name 的空 list 对象，该对象可容纳数据类型为 type 的数据。例如，为整型值创建一个空 std::list 对象，可以使用如下语句：

```
std::list <int> intlist;
```

☑ std::list<type> name(size);

该方法创建一个大小为 size 的 list 对象。

☑ std::list<type> name(size,value);

该方法创建一个大小为 size 的 list 对象，并将对象的每个元素设为 value。

☑ std::list<type> name(mylist);

该方法使用复制构造函数，用现有的链表 mylist 创建一个 list 对象。

☑ std::list<type> name(first,last);

该方法创建元素在指定范围内的链表，first 代表起始范围，last 代表结束范围。

list 对象主要成员函数及说明如表 13.6 所示。

表 13.6　list 对象主要成员函数及说明

函　　数	说　　明
assign(first,last)	用迭代器 first 和 last 所辖范围内的元素替换链表元素
assign(num.val)	用 val 的 num 个副本替换链表元素
back	返回一个对链表最后一个元素的引用
begin	返回指向链表中第一个元素的迭代器
clear	删除双链表中所有元素
empty	如果链表为空，则返回 true 值
End	返回指向链表最后一个元素的迭代器
erase(start,end)	删除迭代器 start 和 end 所辖范围内的链表元素
erase(i)	删除迭代器 i 指向的链表元素
front	返回一个对链表第一个元素的引用
insert(i,x)	把值 x 插入链表中由迭代器 i 指明的位置
insert(i,start,end)	把迭代器 start 和 end 所辖范围内的元素插入链表中由迭代器 i 指明的位置
insert(i,n,x)	把 x 的 n 个副本插入链表中由迭代器 i 指明的位置
max_size	返回链表的最大容量（最多可以容纳的元素个数）
pop_back	删除链表最后一个元素
pop_front	删除链表第一个元素
push_back(x)	把值 x 放在链表末尾
push_front(x)	把值 x 放在链表开始
rbegin	返回一个反向迭代器，指向链表最后一个元素之后
rend	返回一个反向迭代器，指向链表第一个元素

续表

函　　数	说　　明
resize(n,x)	重新设置链表大小 n，新元素的值初始化为 x
reverse	颠倒链表元素的顺序
size	返回链表的大小（元素的个数）
swap(listref)	交换两个链表的内容
swap(vector)	交换两个容器的内容

可以发现，list<T>支持的操作与 vector<T>很相近，但这些操作的实现原理不尽相同，执行效率也不一样。list（双向链表）的优点是插入元素的效率很高，缺点是不支持随机访问，也就是说，链表无法像数组一样通过索引来访问。例如：

```
list<int> list1 (first,last);                    //初始化
list[i] = 3;                                     //错误！！无法使用数组符号 []
```

对 list 各个元素的访问，通常使用的是迭代器。迭代器的使用方法类似于指针，下面以实例演示用迭代器访问 list 中的元素。

【实例 13.3】 从小到大排序。(**实例位置：资源包\TM\sl\13\3**)

本实例，使用 list 和 vector 中的迭代器，将数据进行排序。具体代码如下：

```
#include <iostream>
#include <list>
#include <vector>
using namespace std;
int main()
{
    cout<<"使用未排序存储 0-9 的数组初始化 list1"<<endl;
    int array[10] = {1,3,5,7,8,9,2,4,6,0};
    list<int> list1(array,array+10);
    cout<<"list1 调用 sort 方法排序"<<endl;
    list1.sort();
    list<int>::iterator iter = list1.begin();
    // iter =iter+5     list 的 iter 不支持+运算符
    cout<<"通过迭代器访问 list 双向链表中从头开始向后的第 4 个元素"<<endl;
    for(int i = 0;i<3;i++)
    {
        iter++;
    }
    cout<<*iter<<endl;
    list1.insert(list1.end(),13);
    cout<<"在末尾插入数字 13"<<endl;
    for(list<int>::iterator it = list1.begin();it != list1.end();it++)
    {
        cout<<" "<<*it;
    }
}
```

程序运行结果如图 13.8 所示。

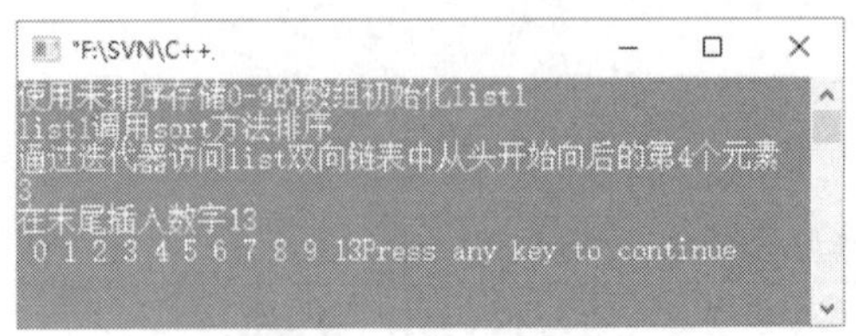

图 13.8　迭代器的应用

通过程序可以观察到，迭代器 iterator 类和指针用法很相似，支持自增操作符，并且通过“*”可以访问相应的对象内容，但 list 中的迭代器不支持“+”运算符，而指针与 vector 中的迭代器都支持。

编程训练（答案位置：资源包\TM\sl\13\编程训练\）

【训练 1】 存储学生信息　试着使用 vector 模板类，存储学生的成绩和姓名信息，并输出。

【训练 2】 存储库存信息　试着使用 vector 模板类，存储仓库物品信息，包括物品的数量、单价和产地。

13.3　结合容器

结合（associative）容器是 STL 提供的一种容器，其中的元素都是经过排序的，可通过关键码的方式来提高查询的效率。结合容器包括 set、multiset、map、multimap 和 hash table 类模板，本章主要介绍前 4 类。

13.3.1　set 类模板

set 类模板又称集合类模板，一个集合对象像链表一样顺序地存储一组值。在一个集合中，集合元素既充当存储的数据，又充当数据的关键码。可以使用下面几种方法创建 set 对象。

☑ std::set<type,predicate> name;

该方法创建一个名为 name，并且包含 type 类型数据的 set 空对象，该对象使用 predicate（谓词）指定的函数对集合中的元素进行排序。例如，要给整数创建一个空 set 对象，可以这样写：

```
std::set<int,std::less<int>> intset;
```

☑ std::set<type,predicate> name(myset);

该方法使用复制构造函数，从一个已存在的集合 myset 中生成一个 set 对象。

☑ std::set<type,predicate> name(first,last);

该方法从一定范围的元素中，根据多重指示器指示的起始与终止位置，创建一个集合。

set 类中的方法说明如表 13.7 所示。

表 13.7　set 类中的方法说明

函　数	说　明
begin	返回指向集合中第一个元素的迭代器
clear	删除集合中所有元素
cout(x)	返回集合中值为 x（0 或 1）的元素个数

续表

函　　数	说　　明
Empty	如果集合为空，则返回 true 值
end	返回指向集合中最后一个元素的迭代器
equal_range(x)	返回表示 x 下界和上界的两个迭代器，下界表示集合中第一个值等于 x 的元素，上界表示集合中第一个值大于 x 的元素
erase(i)	删除由迭代器 i 指向的集合元素
erase(start,end)	删除由迭代器 start 和 end 所指范围内的集合元素
erase(x)	删除集合中值为 x 的元素
find(x)	返回一个指向 x 的迭代器。如果 x 不存在，返回的迭代器等于 end
insert(i,x)	把值 x 插入集合。x 的插入位置从迭代器 i 指向的元素处开始查找
insert(start,end)	把迭代器 start 和 end 所指范围内的值插入集合中
insert(x)	把 x 插入集合
lower_bound(x)	返回一个迭代器，指向位于 x 之前且紧邻 x 的元素
max_size	返回集合的最大容量
rbegin	返回一个反向迭代器，指向集合最后一个元素
rend	返回一个反向迭代器，指向集合的第一个元素
size	返回集合的大小
swap(set)	交换两个集合的内容
upper_bound(x)	返回一个指向 x 的迭代器
value_comp	返回 value_compare 类型的对象，该对象用于判断集合中元素的先后次序

下面通过一些实例实现对 set 对象的应用。

【实例 13.4】 set 集合应用。(**实例位置：资源包\TM\sl\13\4**)

本实例中，创建整型类集合，并插入数据。具体代码如下：

```
#include <iostream>
#include <set>
using namespace std;
void main()
{
    set<int> iSet;                              //创建一个整型集合
    iSet.insert(1);                             //插入数据
    iSet.insert(3);
    iSet.insert(5);
    iSet.insert(7);
    iSet.insert(9);
    cout << "set:" << endl;
    set<int>::iterator it;                      //循环并输出集合中的数据
    for(it=iSet.begin();it!=iSet.end();it++)
        cout << *it << endl;
}
```

程序运行结果如图 13.9 所示。

【实例 13.5】 删除元素。(**实例位置：资源包\TM\sl\13\5**)

本实例中，首先用 set 创建一个整型集合，然后向集合插入元素，最后用 erase 删除数据，再分别输出删除前、后结果。具体代码如下：

```
#include <iostream>
#include <set>
using namespace std;
void main()
{
    set<int> iSet;                                  //创建一个整型集合
    iSet.insert(1);                                 //向集合中插入元素
    iSet.insert(3);
    iSet.insert(5);
    iSet.insert(7);
    iSet.insert(9);
    cout << "old set:" << endl;
    set<int>::iterator it;                          //循环集合显示元素值
    for(it=iSet.begin();it!=iSet.end();it++)
        cout << *it << endl;
    it=iSet.begin();
    iSet.erase(++it);                               //删除集合中的元素
    cout << "new set:" << endl;
    for(it=iSet.begin();it!=iSet.end();it++)        //循环集合，显示元素删除后的集合
        cout << *it << endl;
}
```

程序运行结果如图 13.10 所示。

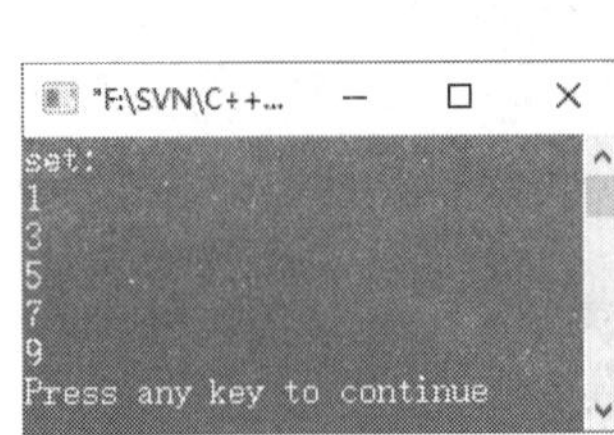

图 13.9　插入数据

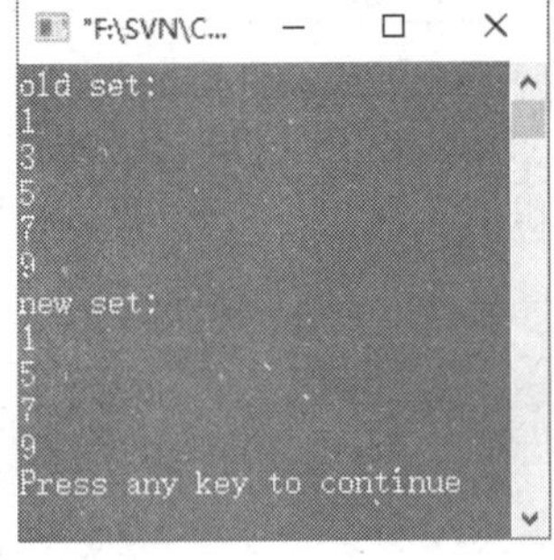

图 13.10　删除元素

【实例 13.6】 查找元素。（**实例位置：资源包\TM\sl\13\6**）

本实例创建一个字符型的 set 对象，插入元素值，并通过指定的字符在集合中查找元素。具体代码如下：

```
#include <iostream>
#include <set>
using namespace std;
void main()
{
    set<char> cSet;                                 //创建字符类型的集合
    cSet.insert('B');                               //插入元素
    cSet.insert('C');
```

```
    cSet.insert('D');
    cSet.insert('A');
    cSet.insert('F');
    cout << "old set:" << endl;
    set<char>::iterator it;                        //循环显示集合中的元素
    for(it=cSet.begin();it!=cSet.end();it++)
        cout << *it << endl;
    char cTmp;
    cTmp='D';
    it=cSet.find(cTmp);                            //在集合中查找指定的元素
    cout << "start find:" << cTmp << endl;
    if(it==cSet.end())                             //没找到元素
        cout << "not found" << endl;
    else                                           //找到元素
        cout << "found" << endl;
    cTmp='G';
    it=cSet.find(cTmp);                            //查找指定的元素
    cout << "start find:" << cTmp << endl;
    if(it==cSet.end())                             //没找到元素
        cout << "not found" << endl;
    else                                           //找到元素
        cout << "found"   << endl;
}
```

程序运行结果如图 13.11 所示。

【实例 13.7】 对集合进行比较。（**实例位置：资源包\TM\sl\13\7**）

本实例中，首先创建集合 1，向集合 1 中插入元素；再创建集合 2，并向集合 2 中插入元素；最后用关系运算符对两个集合进行比较。具体代码如下：

```
#include <iostream>
#include <set>
using namespace std;
void main()
{
    set<char> cSet1;                               //创建集合 1
    cSet1.insert('C');                             //向集合 1 插入元素
    cSet1.insert('D');
    cSet1.insert('A');
    cSet1.insert('F');
    cout << "set1:" << endl;
    set<char>::iterator it;
    for(it=cSet1.begin();it!=cSet1.end();it++)     //显示集合 1 中元素
        cout << *it << endl;
    set<char> cSet2;                               //创建集合 2
    cSet2.insert('B');                             //向集合 2 插入元素
    cSet2.insert('C');
    cSet2.insert('D');
    cSet2.insert('A');
    cSet2.insert('F');
    cout << "set2:" << endl;
```

```
    for(it=cSet2.begin();it!=cSet2.end();it++)   //显示集合 2 中元素
        cout << *it << endl;
    if(cSet1==cSet2)
        cout << "set1= set2";
    else if(cSet1 < cSet2)
        cout << "set1< set2";
    else if(cSet1 > cSet2)
        cout << "set1> set2";
    cout << endl;
}
```

程序运行结果如图 13.12 所示。

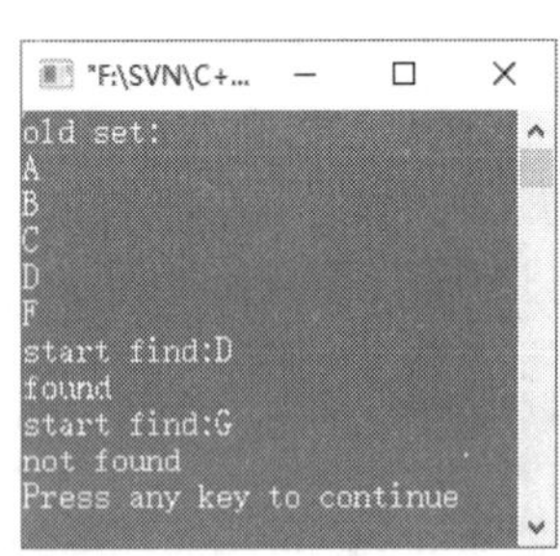

图 13.11　查找元素

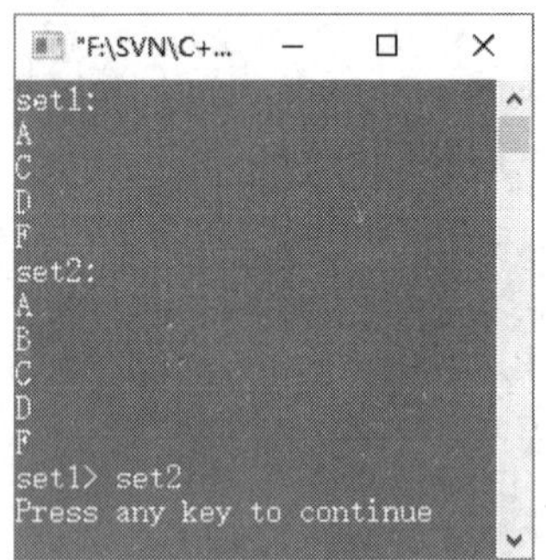

图 13.12　比较集合

13.3.2　multiset 类模板

multiset（多重集合）使程序能顺序存储一组数据。与集合类类似，多重集合的元素既可以作为存储的数据，又可以作为数据的关键码。然而，与集合类不同的是，多重集合类可以包含重复的数据。下面列出了几种创建多重集合的方法。

☑　std::multiset<type,predicate> name;

该方法创建一个名为 name，并且包含 type 类型数据的 multiset 空对象。该对象使用 predicate（谓词）指定的函数对集合中的元素进行排序。例如，要给整数创建一个空 multiset 对象，可以这样写：

```
std:: multiset<int, std::less<int> > intset;
```

注意

less<int>表达式后要有空格。

☑　std:: multiset <type,predicate> name(mymultiset);

该方法使用复制构造函数，从一个已经存在的集合 mymultiset 中生成一个 multiset 对象。

☑　std:: multiset <type,predicate> name(first,last);

该方法从一定范围的元素中，根据指示器指示的起始与终止位置，创建一个集合。

multiset 类中的方法说明如表 13.8 所示。

表 13.8　multiset 类中的方法说明

函　　数	说　　明
begin	返回指向集合中第一个元素的迭代器
clear	删除集合中所有元素
cout(x)	返回集合中值为 x（0 或 1）的元素个数
empty	如果集合为空，则返回 true 值
end	返回指向集合中最后一个元素的迭代器
equal_range(x)	返回表示 x 下界和上界的两个迭代器，下界表示集合中第一个值等于 x 的元素，上界表示集合中第一个值大于 x 的元素
erase(i)	删除由迭代器 i 指向的集合元素
erase(start,end)	删除由迭代器 start 和 end 所指范围内的集合元素
erase(x)	删除集合中值为 x 的元素
find(x)	返回一个指向 x 的迭代器。如果 x 不存在，返回的迭代器等于 end
insert(i,x)	把值 x 插入集合。x 的插入位置从迭代器 i 指明的元素处开始查找
insert(start,end)	把迭代器 start 和 end 所指范围内的值插入集合中
insert(x)	把 x 插入集合
lower_bound(x)	返回一个迭代器，指向位于 x 之前且紧邻 x 的元素
max_size	返回集合的最大容量
rbegin	返回一个反向迭代器，指向集合最后一个元素
rend	返回一个反向迭代器，指向集合的第一个元素
Size	返回集合的大小
swap(set)	交换两个集合的内容
upper_bound(x)	返回一个指向 x 的迭代器
value_comp	返回 value_compare 类型的对象，该对象用于判断集合中元素的先后次序

下面通过一些实例实现对 multiset 对象的应用。

【实例 13.8】 多重集合的数据插入。（**实例位置：资源包\TM\sl\13\8**）

本实例中，创建一个整型多重集合，向此集合插入数据，最终用循环输出集合中的数据。具体代码如下：

```
#include "stdafx.h"
#include <iostream>
#include <set>
using namespace std;
void main()
{
    multiset<int> imultiset;                    //创建一个整型多重集合
    imultiset.insert(1);                        //插入数据
    imultiset.insert(3);
    imultiset.insert(5);
    imultiset.insert(5);
    imultiset.insert(9);
    cout << "multiset:" << endl;
    multiset<int>::iterator it;                 //循环并输出集合中的数据
```

```
        for(it=imultiset.begin();it!=imultiset.end();it++)
                cout << *it << endl;
}
```

程序运行结果如图 13.13 所示。

【实例 13.9】 删除集合中的元素。（**实例位置：资源包\TM\sl\13\9**）

本实例中，创建一个整型多重集合，并向集合中插入元素，循环显示集合元素，再使用 erase 删除集合，并输出删除后的集合内容。具体代码如下：

```
#include "stdafx.h"
#include <iostream>
#include <set>
using namespace std;
void main()
{
        multiset<int> imultiset;                                  //创建一个整型多重集合
        imultiset.insert(1);                                      //向集合中插入元素
        imultiset.insert(3);
        imultiset.insert(5);
        imultiset.insert(7);
        imultiset.insert(9);
        cout << "old multiset:" << endl;
        multiset<int>::iterator it;                               //循环集合，显示元素值
        for(it=imultiset.begin();it!=imultiset.end();it++)
                cout << *it << endl;
        it=imultiset.begin();
        imultiset.erase(++it);                                    //删除集合中的元素
        cout << "new multiset:" << endl;
        for(it=imultiset.begin();it!=imultiset.end();it++)    //循环集合，显示元素删除后的集合
                cout << *it << endl;
}
```

程序运行结果如图 13.14 所示。

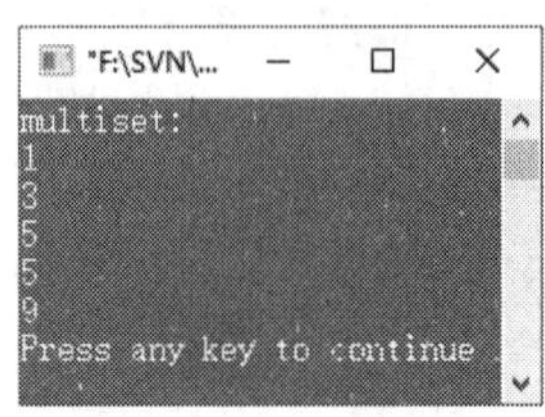

图 13.13　数据插入

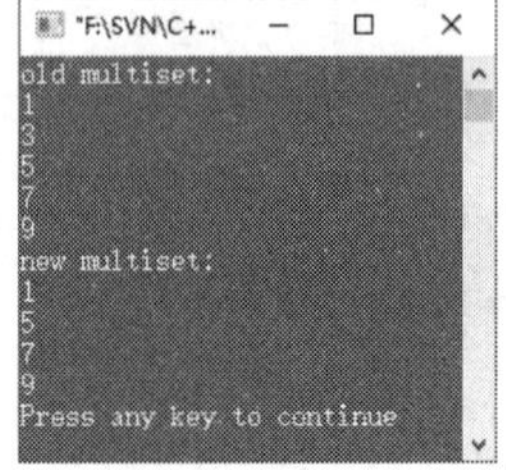

图 13.14　删除元素

【实例 13.10】 在集合中查找元素。（**实例位置：资源包\TM\sl\13\10**）

本实例中，创建一个字符型的 multiset 对象，并向此集合插入元素，再使用 find 查找集合中的元素。具体代码如下：

```
#include "stdafx.h"
#include <iostream>
#include <set>
using namespace std;
```

```
void main()
{
    multiset<char> cmultiset;                                //创建字符类型的集合
    cmultiset.insert('B');                                   //插入元素
    cmultiset.insert('C');
    cmultiset.insert('D');
    cmultiset.insert('A');
    cmultiset.insert('F');
    cout << "old multiset:" << endl;
    multiset<char>::iterator it;                             //循环显示集合中的元素
    for(it=cmultiset.begin();it!=cmultiset.end();it++)
        cout << *it << endl;
    char cTmp;
    cTmp='D';
    it=cmultiset.find(cTmp);                                 //在集合中查找指定的元素
    cout << "start find:" << cTmp << endl;
    if(it==cmultiset.end())                                  //没找到元素
        cout << "not found" << endl;
    else                                                     //找到元素
        cout << "found" << endl;
    cTmp='G';
    it=cmultiset.find(cTmp);                                 //查找指定的元素
    cout << "start find:" << cTmp << endl;
    if(it==cmultiset.end())                                  //没找到元素
        cout << "not found" << endl;
    else                                                     //找到元素
        cout << "found"   << endl;
}
```

程序运行结果如图 13.15 所示。

【实例 13.11】 比较集合。（**实例位置：资源包\TM\sl\13\11**）

本实例中，使用 multiset 类模板创建集合 cmultiset1，并插入元素，再创建集合 cmultiset2，并添加元素，然后用关系运算符比较这两个集合。具体代码如下：

```
#include "stdafx.h"
#include <iostream>
#include <set>
using namespace std;
void main()
{
    multiset<char> cmultiset1;                               //建立集合 1
    cmultiset1.insert('C');                                  //向集合 1 插入元素
    cmultiset1.insert('D');
    cmultiset1.insert('A');
    cmultiset1.insert('F');
    cout << "multiset1:" << endl;
    multiset<char>::iterator it;
    for(it=cmultiset1.begin();it!=cmultiset1.end();it++)     //显示集合 1 中元素
        cout << *it << endl;
```

```
    multiset<char> cmultiset2;                              //建立集合 2
    cmultiset2.insert('B');                                 //向集合 2 插入元素
    cmultiset2.insert('C');
    cmultiset2.insert('D');
    cmultiset2.insert('A');
    cmultiset2.insert('F');
    cout << "multiset2:" << endl;
    for(it=cmultiset2.begin();it!=cmultiset2.end();it++)    //显示集合 2 中元素
        cout << *it << endl;
    if(cmultiset1==cmultiset2)
        cout << "multiset1= multiset2";
    else if(cmultiset1 < cmultiset2)
        cout << "multiset1< multiset2";
    else if(cmultiset1 > cmultiset2)
        cout << "multiset1> multiset2";
    cout << endl;
}
```

程序运行结果如图 13.16 所示。

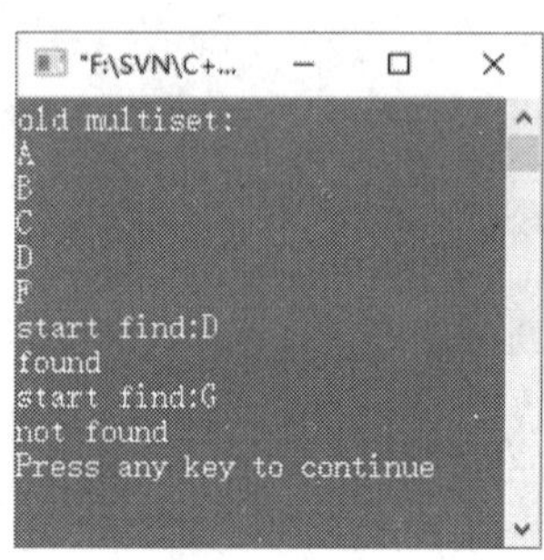

图 13.15　查找元素

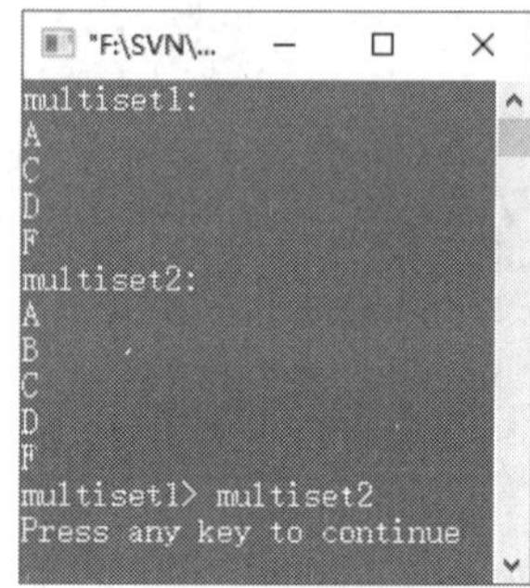

图 13.16　比较集合

13.3.3　map 类模板

map 对象按顺序存储一组值，其中每个元素与一个检索关键码关联。map 与 set 和 multiset 不同，set 和 multiset 中元素既被作为存储的数据，又被作为数据的关键码，而 map 中元素的数据和关键码是分开的。创建 map 对象的方法如下：

☑　map<key,type,predicate> name;

该方法创建一个名为 name，并且包含 type 类型数据的 map 空对象。该对象使用 predicate（谓词）指定的函数对集合中的元素进行排序。例如，要给整数创建一个空 map 对象，可以这样写：

```
std::map<int,int,std::less<int>> intmap;
```

☑　map<key,type,predicate> name(mymap);

该方法使用复制构造函数，从一个已存在的映射 mymap 中生成一个 map 对象。

☑　map<key,type,predicate> name(first,last);

该方法从一定范围的元素中，根据多重指示器指示的起始与终止位置，创建一个映射。

map 类中的方法说明如表 13.9 所示。

表 13.9　map 类中的方法说明

函　　数	说　　明
begin	返回指向集合中第一个元素的迭代器
clear	删除集合中所有元素
empty	如果集合为空，则返回 true 值
end	返回指向集合中最后一个元素的迭代器
equal_range(x)	返回表示 x 下界和上界的两个迭代器，下界表示集合中第一个值等于 x 的元素，上界表示集合中第一个值大于 x 的元素
erase(start,end)	删除由迭代器 start 和 end 所指范围内的集合元素
erase(x)	删除集合中值为 x 的元素
find(x)	返回一个指向的迭代器。如果 x 不存在，返回的迭代器等于 end
lower_bound(x)	返回一个迭代器，指向位于 x 之前且紧邻 x 的元素
max_size	返回集合的最大容量
rbegin	返回一个反向迭代器，指向集合最后一个元素
rend	返回一个反向迭代器，指向集合的第一个元素
size	返回集合的大小
swap()	交换两个集合的内容
upper_bound()	返回一个指向 x 的迭代器
value_comp	返回 value_compare 类型的对象，该对象用于判断集合中元素的先后次序

下面通过一个案例来实现对 map 对象的应用。

【实例 13.12】 使用下标插入新元素。（**实例位置：资源包\TM\sl\13\12**）

本实例中，使用 map 类模板创建对象，再向其添加元素，具体代码如下：

```
#include <iostream>
#include <map>
using namespace std;
void main()
{
    map<int,char> cMap;                              //创建 map 对象
    cMap[1]='B';                                     //插入新元素
    cMap[2]='C';
    cMap[3]='D';
    cMap[4]='G';
    cMap[5]='F';
    cout << "map" << endl;
    map<int ,char>::iterator it;                     //循环映射对象中的元素，并显示值
    for(it=cMap.begin();it!=cMap.end();it++)
    {
        cout << (*it).first << "->";
        cout << (*it).second << endl;
    }
}
```

程序运行结果如图 13.17 所示。

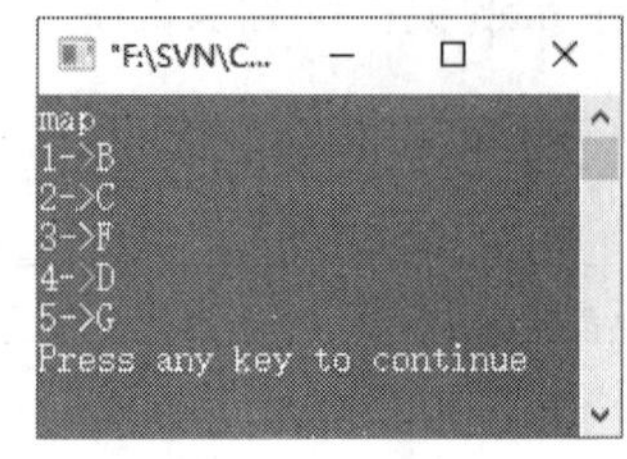

图 13.17　使用下标插入元素

13.3.4　multimap 类模板

multimap 能够顺序存储一组值，它与 map 相同的是每一个元素都包含一个关键码以及与之联系的数据项，与 map 不同的是多重映射可以包含重复的数据值，并且不能使用[]操作符向多重映射中插入元素。创建 multimap 对象的方法如下：

☑　multimap<key,type,predicate> name;

该方法创建一个名为 name，并且包含 type 类型数据的 multimap 空对象。该对象使用 predicate（谓词）指定的函数来对集合中的元素进行排序。例如，要给整数创建一个空 multimap 对象，可以这样写：

```
std:: multimap<int,int, std::less<int> > intmap;
```

☑　multimap<key,type,predicate> name(mymap);

该方法使用复制构造函数，从一个已存在的映射 mymap 中生成一个 multimap 对象。

☑　multimap<key,type,predicate> name(first,last);

该方法从一定范围的元素中，根据多重指示器指示的起始与终止位置，创建一个多重映射。

【实例 13.13】 插入新元素。（**实例位置：资源包\TM\sl\13\13**）

本实例中，利用 multimap 创建一个映射对象，向 multimap 映射中插入新元素，具体代码如下：

```
#include <iostream>
#include <map>
using namespace std;
void main()
{
    multimap <int ,char> cMap;                              //创建 multimap 对象
    cMap.insert(map<int,char>::value_type(1,'B'));          //插入新元素
    cMap.insert(map<int,char>::value_type(2,'C'));
    cMap.insert(map<int,char>::value_type(4,'C'));
    cMap.insert(map<int,char>::value_type(5,'G'));
    cMap.insert(map<int,char>::value_type(3,'F'));
    cout << " multimap " << endl;
    multimap <int ,char>::iterator it;                      //循环 multimap 映射，显示元素值
    for(it=cMap.begin();it!=cMap.end();it++)
    {
        cout << (*it).first << "->";
        cout << (*it).second << endl;
    }
}
```

程序运行结果如图 13.18 所示。

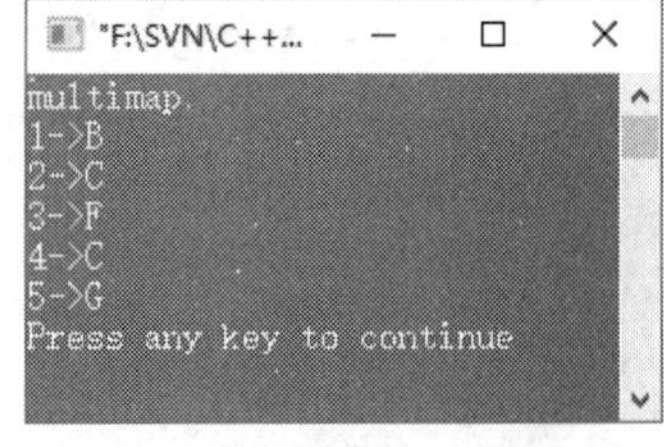

图 13.18　插入新元素

编程训练（答案位置：资源包\TM\sl\13\编程训练\）

【训练 3】 找单词　在集合中存储一些单词，然后根据用户的输入，查找该单词。

【训练 4】 学生姓名查找　在集合中存储一些学生姓名，然后根据

学生姓名，查找该学生。

13.4　算　　法

算法（algorithm）是 STL 的中枢，STL 提供了算法库，算法库中都是模板函数。迭代器主要负责从容器中获取一个对象，算法与具体对象在容器中的位置等细节无关。每种算法都是参数化一个或多个迭代器类型的函数模板。

标准算法分 4 种类别：非修正序列算法、修正序列算法、排序算法和数值算法。

13.4.1　非修正序列算法

非修正序列算法不修改它们作用的容器，如计算元素个数或查找元素的函数。STL 中提供的非修正序列算法如表 13.10 所示。

表 13.10　STL 的非修正序列算法

函　　数	说　　明
adjacent_find(first,last)	搜索相邻的重复元素
count(first,last,val)	计数
equal(first,last,first2)	判断是否相等
find(first,last,val)	搜索
find_end(first,last,first2,last2)	搜索某个子序列的最后一次出现地点
find_first(first,last,first2,last2)	搜索某些元素的首次出现地点
for_each(first,last,func)	对 first 到 last 范围内的各个元素执行函数 func 定义的操作
mismatch(first,last,first2)	找出不吻合点
search(first,last,first2,last2)	搜索某个子序列

1. adjacent_find(first,last)

该模板函数的作用是返回一个迭代器，指向第一对同值元素对的第一个元素。函数在迭代器 first 和 last 指明的范围内查找。此函数还有一个谓词版本，其第 3 个实参是一个比较函数。

【实例 13.14】 搜索重复元素。（**实例位置：资源包\TM\sl\13\14**）

本实例使用 adjacent_find 算法搜索相邻的重复元素。具体代码如下：

```
//adjacent_find
#include <iostream>
#include <set>
#include <algorithm>
using namespace std;
void main()
{
```

```
    multiset<int , less<int> > intSet;
    intSet.insert(7);
    intSet.insert(5);
    intSet.insert(1);
    intSet.insert(5);
    intSet.insert(7);
    cout << "Set:" << " ";
    multiset<int , less<int> >::iterator it =intSet.begin();
    for(int i=0;i<intSet.size();++i)
        cout << *it++ << ' ';
    cout << endl;
    cout << "第一次匹配：";
    it=adjacent_find(intSet.begin(),intSet.end());
    cout << *it++ << ' ';
    cout<< *it << endl;
    cout << "第二次匹配：";
    it=adjacent_find(it,intSet.end());
    cout << *it++ << ' ';
    cout << *it << endl;
}
```

程序运行结果如图 13.19 所示。程序中定义了整型的 multiset 容器，以及该容器的迭代器 it，在 multiset 容器中有两个重复的值，使用 adjacent_find 算法输出两个元素。

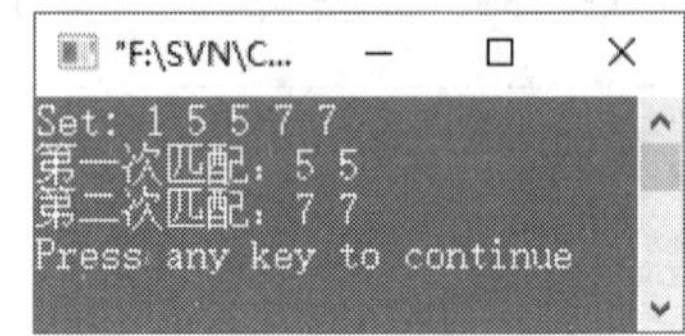

图 13.19　使用 adjacent_find 算法搜索相邻的重复元素

2. count(first,last,val)

该模板函数的作用是返回容器中值为 val 的元素个数。函数在迭代器 first 和 last 指定的范围内查找。

【实例 13.15】 计算相同元素的个数。（**实例位置：资源包\TM\ sl\13\15**）

本实例使用 count 算法计算相同元素的个数。具体代码如下：

```
#include <iostream>
#include <set>
#include <algorithm>
using namespace std;
void main()
{
    multiset<int ,less<int> > intSet;
    intSet.insert(7);
    intSet.insert(5);
    intSet.insert(1);
    intSet.insert(5);
    intSet.insert(7);
    cout << "Set:";
    multiset<int ,less<int> >::iterator it =intSet.begin();
    for(int i=0;i<intSet.size();++i)
        cout << *it++ << ' ';
    cout << endl;
```

```
    int cnt =count(intSet.begin(),intSet.end(),5);
    cout << "相同元素数量:" << cnt <<endl;
}
```

程序运行结果如图 13.20 所示。程序中 multiset 容器有两个相同元素，使用 count 算法获取容器中重复的元素。

3. for_each(first,last,func)

该模板函数的作用是对 first 到 last 范围内的各个元素执行函数 func 定义的操作。

【实例 13.16】 显示容器内的元素。（**实例位置：资源包\TM\sl\13\16**）

本实例使用 for_each 算法输出容器内的元素，具体代码如下：

```
#include <iostream>
#include <set>
#include <algorithm>
using namespace std;
void Output(int val)
{
    cout << val << ' ';
}
void main()
{
    multiset<int ,less<int> > intSet;
    intSet.insert(7);
    intSet.insert(5);
    intSet.insert(3);
    cout << "Set:";
    for_each(intSet.begin(),intSet.end(),Output);
    cout << endl;
}
```

程序运行结果如图 13.21 所示。

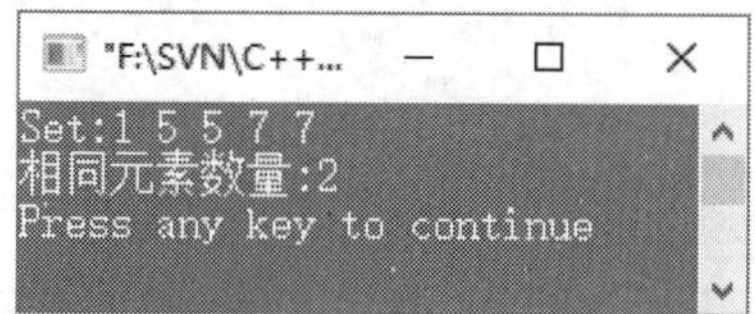

图 13.20　使用 count 算法计算相同元素的个数

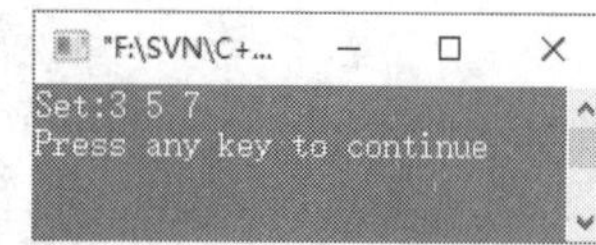

图 13.21　使用 for_each 算法输出容器内的元素

程序定义 Output 函数输出变量值，调用 for_each 算法将 multiset 容器中的值不断地传输给 Output 函数，执行 for_each 算法相当于执行了一个循环语句。

13.4.2　修正序列算法

修正序列算法的有些操作会改变容器的内容，例如，把一个容器的部分内容复制到同一个容器的另一部分，或者用指定值填充容器。STL 的修正序列算法提供的这类操作如表 13.11 所示。

表 13.11　STL 的修正序列算法

函　　数	算　　法
copy(first,last,first2)	复制
copy_backward(first,last,first2)	逆向复制
fill(first,last,val)	改填元素值
generate(first,last,func)	以指定动作的运算结果填充特定范围内的元素
partition(first,last,pred)	切割
random_shuffle(first,last)	随机重排
remove(first,last,val)	移除某种元素，但不删除
replace(first,last,val1,val2)	取代某种元素
rotate(first,middle,last)	旋转
reverse(first,last)	颠倒元素次序
swap(it1,it2)	置换
swap_ranges(first,last,first2)	置换指定范围
transform(first,last,first2,func)	以两个序列为基础，交互作用产生第 3 个序列
unique(first,last)	将重复的元素折叠缩编成一个

1. fill(first,last,val)

该模板函数的作用是把值 val 复制到迭代器 first 和 last 指定范围内的各个元素中。

【实例 13.17】 对容器元素赋值。（实例位置：资源包\TM\sl\13\17）

本实例使用 fill 算法对容器元素赋值，具体代码如下：

```
#include <iostream>
#include <vector>
#include <algorithm>
using namespace std;
void Output(int val)
{
    cout << val << ' ';
}
void main()
{
    vector<int > intVect;
    for(int i=0;i<10;++i)
        intVect.push_back(i);
    cout << "Vect :";
    for_each(intVect.begin(),intVect.end(),Output);
    fill(intVect.begin(),intVect.begin()+5,0);
    cout << endl;
    cout << "Vect :";
    for_each(intVect.begin(),intVect.end(),Output);
```

```
    cout << endl;
}
```

程序运行结果如图 13.22 所示。程序向 vector 容器中添加 0～9 共 10 个元素，然后使用 fill 算法将前 5 个元素的值全改为 0，通过在修改前输出全部元素和在修改后输出全部元素，可以观察到 fill 算法的执行效果。

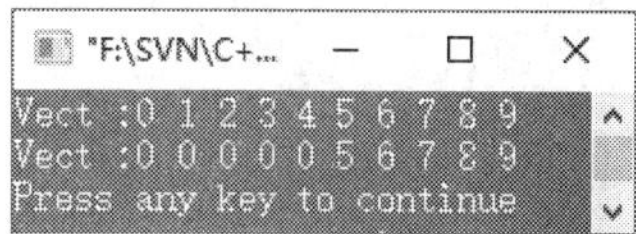

图 13.22　使用 fill 算法对容器元素赋值

2. random_shuffle(first,last)

该模板函数的作用是把迭代器 first 和 last 指定范围内的元素顺序随机打乱。

【实例 13.18】 打乱数据顺序。（**实例位置：资源包\TM\sl\13\18**）

本实例使用 random_shuffle 算法将元素顺序随机打乱，具体代码如下：

```
#include <iostream>
#include <vector>
#include <algorithm>
using namespace std;
void Output(int val)
{
    cout << val << ' ';
}
void main()
{
    vector<int > intVect;
    for(int i=0;i<10;++i)
        intVect.push_back(i);
    cout << "Vect :";
    for_each(intVect.begin(),intVect.end(),Output);
    random_shuffle(intVect.begin(),intVect.end());
    cout << endl;
    cout << "Vect :";
    for_each(intVect.begin(),intVect.end(),Output);
}
```

程序运行结果如图 13.23 所示。程序中使用 random_shuffle 算法将 vector 容器内元素的排列顺序打乱，原来 vector 容器内的元素是从 0～9 顺序排列的，打乱后元素顺序没有任何规律。

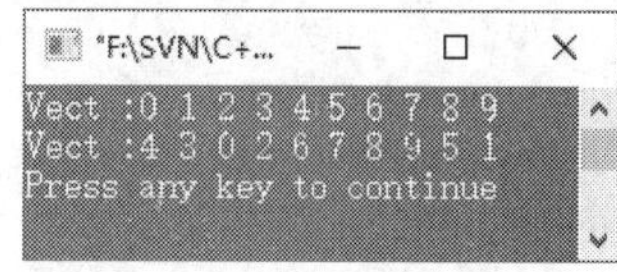

图 13.23　使用 random_shuffle 算法将元素顺序随机打乱

3. partition(first,last,pred)

该模板函数的作用是把一个容器划分成两个部分。第一部分包含令谓词 pred 返回 true 值的元素，第二部分包含令谓词 pred 返回 false 值的元素。函数返回的迭代器指向两个部分的分界点元素。

【实例 13.19】 将容器分组。（**实例位置：资源包\TM\sl\13\19**）

本实例使用 partition 算法将容器分组，具体代码如下：

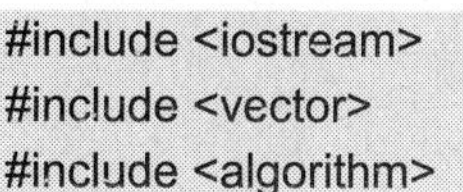

```
#include <iostream>
#include <vector>
#include <algorithm>
```

```
using namespace std;
void Output(int val)
{
    cout << val << ' ';
}
bool equals5(int val)
{
    return val==5;
}
void main()
{
    vector<int > intVect;
    intVect.push_back(7);
    intVect.push_back(3);
    intVect.push_back(5);
    cout << "Vect :";
    for_each(intVect.begin(),intVect.end(),Output);
    partition(intVect.begin(),intVect.end(),equals5);
    cout << endl;
    cout << "Vect :";
    for_each(intVect.begin(),intVect.end(),Output);
    cout << endl;
}
```

程序运行结果如图 13.24 所示。

```
Vect :7 3 5
Vect :5 3 7
Press any key to continue
```

图 13.24　使用 partition 算法将容器分组

4. rotate(first,middle,last)

该模板函数的作用是把从 middle 到 last 范围内的元素做旋转运算，并放置到从 first 开始的子序列中。

【实例 13.20】 利用旋转运算排序。（**实例位置：资源包\TM\sl\13\20**）

本实例使用 rotate 算法，对容器内的元素重新排序，具体代码如下：

```
//rotate
#include <iostream>
#include <vector>
#include <algorithm>
using namespace std;
void Output(int val)
{
    cout << val << ' ';
}
void main()
{
    vector<char > charVect;
    charVect.push_back('B');
    charVect.push_back('A');
    charVect.push_back(' ');
    charVect.push_back('M');
    charVect.push_back('R');
```

```
    charVect.push_back(' ');
    charVect.push_back('K');

    cout << "Vect :";
    for_each(charVect.begin(),charVect.end(),Output);
    rotate(charVect.begin(),charVect.begin()+6,charVect.end());
    cout << endl;
    cout << "Vect :";
    for_each(charVect.begin(),charVect.end(),Output);
    cout << endl;
}
```

程序运行结果如图 13.25 所示。

rotate 算法是程序使用旋转运算对容器内的元素重新排序。旋转运算是以一个元素为中心、前后对应的两个元素对调位置。

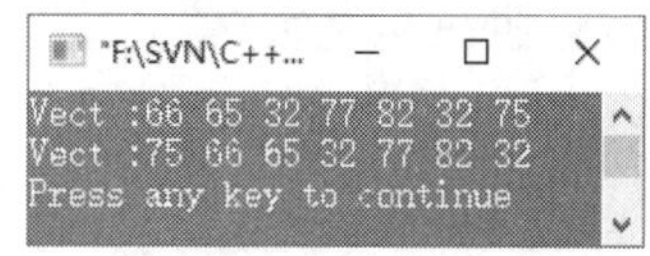

图 13.25　使用 rotate 算法将元素重新排序

13.4.3　排序算法

排序算法的特点是对容器的内容进行不同方式的排序，如 sort()。STL 中提供的排序算法如表 13.12 所示。

表 13.12　STL 的排序算法

函　　数	说　　明
binary_search(first,last,val)	二元搜索
equal_range(first,last,val)	判断是否相等，并返回一个区间
includes(first,last,first2,last2)	包含于
lexicographical_compare(first,last,first2,last2)	以字典排列方式做比较
lower_bound(first,last,val)	下限
make_heap(first,last)	制造一个 heap
max(val1,val2)	最大值
max_element(first,last)	最大值所在位置
merge(first,last,first2,last2,result)	合并两个序列
min(val1,val2)	最小值
min_elemnent(first,last)	最小值所在位置
next_permutation(first,last)	获得下一个排列组合
nth_element(first,nth,last)	重新排序列中第 n 个元素的左右两端
partial_sort_copy(first,last,first2,last2)	局部排序并复制到其他位置
partial_sort(first,middle,last)	局部排序
pop_heap(first,last)	从 heap 内取出一个元素
prev_permutation(first,last)	改变迭代器 first 和 last 指定范围内的元素排列，使新排列是下一个比原排列小的排列，此函数的另一个版本以谓词作为第 3 个实参
push_heap(first,last)	将一个元素压入 heap

续表

函　　数	说　　明
set_difference(first,last,first2,last2,result)	获得前一个排列组合
set_intersection(first,last,first2,last2,result)	交集
set_symmetric_difference(first,last,first2,last2,result)	差集
set_union(first,last,first2,last2,result)	联集
sort(first,last)	排序
sort_heap(first,last)	对 heap 排序
stable_sort(first,last)	排序并保持等值元素的相对次序
upper_bound(first,last,val)	上限

1. sort(first,last)

该模板函数的作用是对迭代器 first 和 last 指明范围内的元素排序。此函数的另一个版本以谓词作为第三个实参。

【实例 13.21】 递增排序。（**实例位置：资源包\TM\sl\13\21**）

本实例使用 sort 算法，对数据进行递增排序，具体代码如下：

```
#include <iostream>
#include <vector>
#include <algorithm>
using namespace std;
void Output(int val)
{
	cout << val << ' ';
}
void main()
{
	vector<char > charVect;
	charVect.push_back('M');
	charVect.push_back('R');
	charVect.push_back('K');
	charVect.push_back('J');
	charVect.push_back('H');
	charVect.push_back('I');
	cout << "Vect :";
	for_each(charVect.begin(),charVect.end(),Output);
	sort(charVect.begin(),charVect.end());
	cout << endl;
	cout << "Vect :";
	for_each(charVect.begin(),charVect.end(),Output);
	cout << endl;
}
```

程序运行结果如图 13.26 所示。程序中使用 sort 算法对 vector 容器内的元素进行递增排序。

2. partial_sort(first,middle,last)

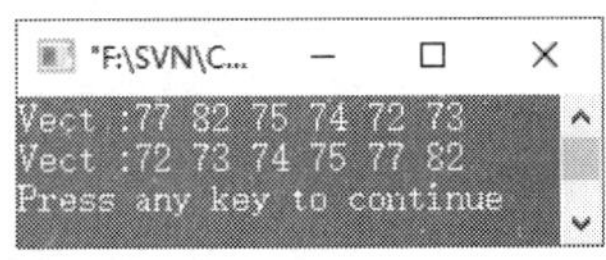

图 13.26　使用 sort 算法

该模板函数的作用是对迭代器 first 和 last 指定范围内的元素进行排序，把排序后的前一部分元素放至序列的前一部分（由 first 和 middle 指定的范围），其余元素放在后一部分（由 middle 和 last 指定的范围）。此函数的另一个版本以谓词作为第四个实参。

【实例 13.22】 一周日期排序。（**实例位置：资源包\TM\sl\13\22**）

本实例使用 partial_sort 算法，将一周日期排序输出，具体代码如下：

```
#include <iostream>
#include <vector>
#include <algorithm>
#include <string>
using namespace std;
void Output(const string& val)
{
	cout << val << endl;
}
void main()
{
	vector<string> strVect;
	strVect.push_back("Sunday");
	strVect.push_back("Monday");
	strVect.push_back("Tuesday");
	strVect.push_back("Wednesday");
	strVect.push_back("Thursday");
	strVect.push_back("Friday");
	strVect.push_back("Saturday");
	cout << "Vect :";
	for_each(strVect.begin(),strVect.end(),Output);
	partial_sort(strVect.begin(),strVect.begin()+3,strVect.end());
	cout << endl;
	cout << "Vect :";
	for_each(strVect.begin(),strVect.end(),Output);
}
```

程序运行结果如图 13.27 所示。程序使用 partial_sort 算法对 vector 容器内元素进行排序，将排序后的第 2～4 个元素放到容器的前一部分。

3. nth_element(first,nth,last)

该模板函数的作用是在迭代器 first 和 last 指定范围的已排序元素中查找 Vect。如果找到值为 Vect 的元素，返回 true，否则返回 false 值。此函数的另一个版本以谓词作为第四个实参。

【实例 13.23】 查找容器内的最后一个元素。（**实例位置：资源包\TM\sl\13\23**）

本实例使用 nth_element 算法，查找容器内的最后一个元素，具体代码如下：

```
#include <iostream>
```

```
#include <vector>
#include <algorithm>
#include <string>
using namespace std;
void Output(const string& val)
{
    cout << val << endl;
}
void main()
{
    vector<string> strVect;
    strVect.push_back("Sunday");
    strVect.push_back("Monday");
    strVect.push_back("Tuesday");
    strVect.push_back("Wednesday");
    strVect.push_back("Thursday");
    strVect.push_back("Friday");
    strVect.push_back("Saturday");
    cout << "Vect :" << endl;;
    for_each(strVect.begin(),strVect.end(),Output);
    cout << endl;
    nth_element(strVect.begin(),strVect.begin()+5,strVect.end());
    cout << "Vect :" << endl;
    for_each(strVect.begin(),strVect.end(),Output);
}
```

程序运行结果如图 13.28 所示。

图 13.27　使用 partial_sort 算法

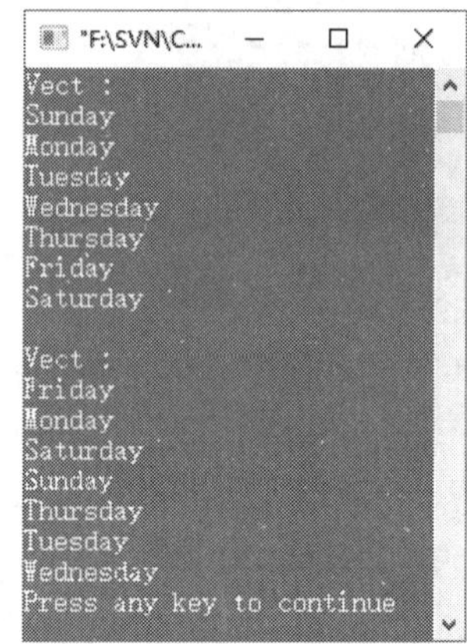

图 13.28　使用 nth_element 算法

程序使用 nth_element 算法查找容器内的最后一个元素，nth_element 算法返回 true 值。应用完 nth_element 算法后，容器内的元素被重新排序。

4. merge(first,last,first2,last2,result)

该模板函数的作用是把迭代器 first 和 last 指定范围内的已排序元素与 first2 和 last2 指定范围内的

已排序元素合并，并把重新排序后的元素放在从 result 开始的序列中。此函数的另一个版本以谓词作为第六个实参。

【实例 13.24】 重新整合容器。（**实例位置：资源包\TM\sl\13\24**）

本实例使用 merge 算法，将两个容器内的元素重新组合到另一个容器内，并输出，具体代码如下：

```
#include <iostream>
#include <vector>
#include <algorithm>
#include <string>
using namespace std;
void Output(const string& val)
{
	cout << val << endl;
}
void main()
{
	vector<string> strVect1;
	vector<string> strVect2;
	strVect1.push_back("Sunday");
	strVect1.push_back("Monday");
	strVect1.push_back("Tuesday");
	strVect1.push_back("Wednesday");
	strVect2.push_back("Thursday");
	strVect2.push_back("Friday");
	strVect2.push_back("Saturday");
	strVect2.push_back("Over");
	cout << "Vect1 :" << endl;
	for_each(strVect1.begin(),strVect1.end(),Output);
	cout << endl;
	cout << "Vect2 :" << endl;
	for_each(strVect2.begin(),strVect2.end(),Output);
	cout << endl;
	sort(strVect1.begin(),strVect1.end());
	sort(strVect2.begin(),strVect2.end());
	int size =strVect1.size()+strVect2.size();
	vector<string> strVect3(size);
	merge(strVect1.begin(),strVect1.end(),
		strVect2.begin(),strVect2.end(),
		strVect3.begin());
	cout << "Vect3 :" << endl;
	for_each(strVect3.begin(),strVect3.end(),Output);
}
```

程序运行结果如图 13.29 所示。程序使用 merge 算法将两个容器内的元素重新组合到另一个容器内。

5. includes(first,last,first2,last2)

该模板函数在迭代器 first 和 last 指定的范围内，如果含有一个用 first2 和 last2 指定范围的已排序序列，则返回 true 值。此函数的另一个版本以谓词作为第五个实参。

【实例 13.25】 判断元素包含情况。（**实例位置：资源包\TM\sl\13\25**）

本实例使用 includes 算法，判断在 strVect1 内指定的两个元素在 strVect2 内是否含有其他元素，具体代码如下：

```
#include <iostream>
#include <vector>
#include <algorithm>
#include <string>
using namespace std;
void Output(const string& val)
{
    cout << val << endl;
}
void main()
{
    vector<string> strVect1;
    vector<string> strVect2;
    strVect1.push_back("Sunday");
    strVect1.push_back("Monday");
    strVect1.push_back("Over");
    strVect1.push_back("Wednesday");
    strVect2.push_back("Monday");
    strVect2.push_back("Sunday");
    strVect2.push_back("Over");
    strVect2.push_back("Saturday");
    sort(strVect1.begin(),strVect1.end());
    sort(strVect2.begin(),strVect2.end());
    cout << "Vect1 :" << endl;
    for_each(strVect1.begin(),strVect1.end(),Output);
    cout << endl;
    cout << "Vect2 :" << endl;
    for_each(strVect2.begin(),strVect2.end(),Output);
    cout << endl;
    bool result=includes(strVect1.begin(),strVect1.end(),
        strVect2.begin()+1,strVect2.begin()+2);
    if(result)
        cout << "result : OK" << endl;
    else
        cout <<"result : ERROR"<<endl;
}
```

程序运行结果如图 13.30 所示。

图 13.29　使用 merge 算法

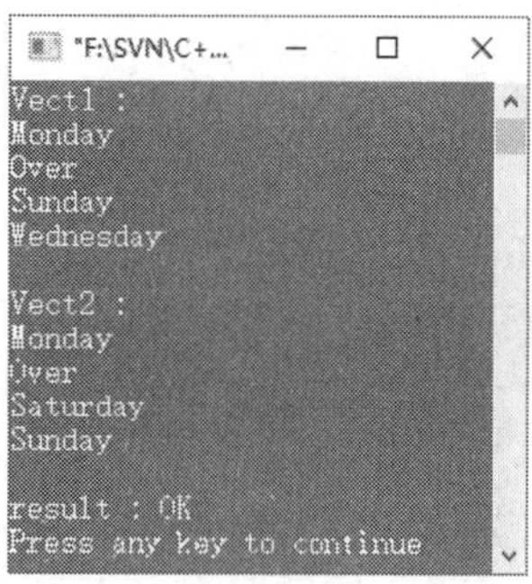

图 13.30　使用 includes 算法

13.4.4　数值算法

数值算法是对容器的内容进行数值计算。STL 的数值算法实现了 4 种类型的计算，可以在一个值序列上进行这些计算。STL 的数值算法如表 13.13 所示。

表 13.13　STL 的数值算法

函　　数	说　　明
accumulate(first,last,init)	元素累加
inner_product(first,last,first2,init)	内积
partial_sum(first,last,result)	局部总和
adjacent_difference(first,last,result)	相邻元素的差额

1. accumulate(first,last,init)

该模板函数的作用是计算 init 与迭代器 first 和 last 指定范围内各元素的总和，并返回结果。

【实例 13.26】 累加求和。（**实例位置：资源包\TM\sl\13\26**）

本实例使用 accumulate 算法，对容器内的元素进行累加求和，具体代码如下：

```
#include <iostream>
#include <vector>
#include <algorithm>
#inciude <numeric>
using namespace std;
void Output(int vai)
{
    cout << val << ' ';
}
void main()
{
    vector<int> intVect;
```

```
    for(int i=0;i<5;i++)
        intVect.push_back(i);
    cout << "Vect";
    std::for_each(intVect.begin(),intVect.end(),Output);
    int result = accumulate(intVect.begin(),intVect.end(),5);
    cout << endl;
    cout << "Result :" << result << endl;
}
```

程序运行结果如图 13.31 所示。程序对容器内的元素值进行累加，结果是(1+2)+(2+3)+(3+4)。

图 13.31　使用 accumulate 算法

2. inner_product(first,last,first2,init)

该模板函数先计算迭代器 first 和 last 指定的序列与从 first2 开始的相同长度的序列的内积，然后返回内积与 init 的和。计算内积的步骤为：依次把第 1 个序列的各个元素值与第 2 个序列对应位置的元素值相乘，再计算各个乘积的和。

【实例 13.27】 部分求和。（**实例位置：资源包\TM\sl\13\27**）

本实例使用 inner_product 算法，对迭代器指定范围内的元素进行部分求和，具体代码如下：

```
#include <iostream>
#include <vector>
#include <algorithm>
#include <numeric>
using namespace std;
void Output(int val)
{
    cout << val << ' ';
}
void Output2(int val)
{
    cout << val << endl;
}
void main()
{
    vector<int> intVect1;
    vector<int> intVect2;

    for(int i=0;i<5;i++)
        intVect1.push_back(i);
    for(int j=2;j<8;j++)
        intVect2.push_back(j);
    cout << "Vect";
    cout << "Vect1 :";
    std::for_each(intVect1.begin(),intVect1.end(),Output);
    cout << endl;
    cout << "Vect2 :" << endl;
    std::for_each(intVect2.begin(),intVect2.end(),Output2);
    cout << endl;
    int result = inner_product(intVect1.begin(),intVect1.end(),
        intVect1.begin(),0);
```

```
    cout << endl;
    cout << "Result :" << result << endl;
}
```

程序运行结果如图 13.32 所示。

3. partial_sum(first,last,result)

该模板函数对迭代器 first 和 last 指定范围内的元素进行部分求和，然后把计算结果赋予从 result 开始的序列。部分求和的计算步骤为：首先把原序列的第 1 个元素赋值为新序列的第 1 个元素，然后把原序列的前两个元素相加，并把结果赋值给新序列的第 2 个元素，再把原序列的第 2 个和第 3 个元素相加，并把结果赋值给新序列的第 3 个元素，以此类推，直到计算完原序列的全部元素为止。

【实例 13.28】 局部总和。（**实例位置：资源包\TM\sl\13\28**）

本实例使用 partial_sum 算法实现局部总和，具体代码如下：

```
//partial_sum
#include <iostream>
#include <vector>
#include <algorithm>
#include <numeric>
using namespace std;
void Output(int val)
{
    cout << val << ' ';
}
void Output2(int val)
{
    cout << val << endl;
}
void main()
{
    vector<int> intVect1;
    vector<int> intVect2(5);
    for(int i=3;i<15;i+=2)
        intVect1.push_back(i);
    cout << "Vect1 :";
    std::for_each(intVect1.begin(),intVect1.end(),Output);
    cout << endl;
    partial_sum(intVect1.begin(),intVect1.end(),intVect2.begin());
    cout << "Vect2 :" << endl;
    std::for_each(intVect2.begin(),intVect2.end(),Output2);
    cout << endl;
}
```

程序运行结果如图 13.33 所示。

4. adjacent_difference(first,last,result)

计算迭代器 first 和 last 指定范围内相邻元素的差值，并把结果赋予从 result 开始的序列。相邻差值的计算步骤为：首先把原序列的第 1 个元素赋值给新序列的第 1 个元素，再把原序列的第 2 个元素减去第 1 个元素，并把结果赋值给新序列的第 2 个元素，然后把原序列的第 3 个元素减去第 2 个元素，并把结果赋值给新序列的第 3 个元素。以此类推，直到计算完原序列的全部元素为止。此函数的另一个版本以谓词作为第 4 个实参。

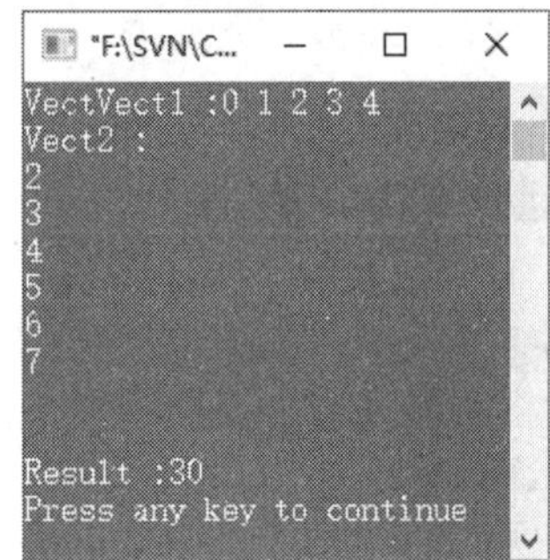

图 13.32　使用 inner_product 算法

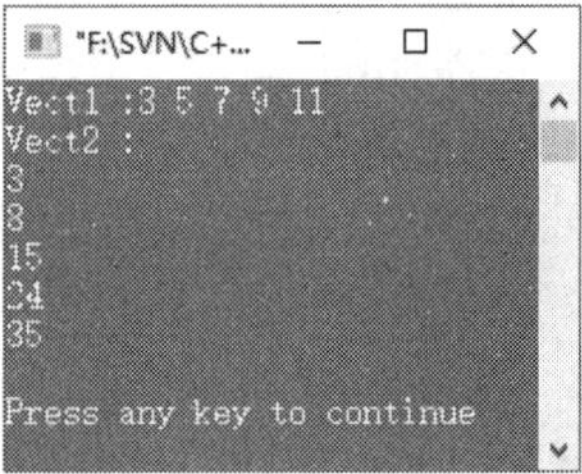

图 13.33　使用 partial_sum 算法

【实例 13.29】 计算指定范围内的元素和。（**实例位置：资源包\TM\sl\13\29**）

本实例使用 adjacent_difference 算法，计算指定范围内的元素和，具体代码如下：

```
//adjacent_difference
#include <iostream>
#include <vector>
#include <algorithm>
#include <numeric>
using namespace std;
void Output(int val)
{
    cout << val << ' ';
}
void main()
{
    vector<int> intVect1;


    intVect1.push_back(7);
    intVect1.push_back(3);
    intVect1.push_back(5);
    cout << "Vect1 :";
    std::for_each(intVect1.begin(),intVect1.end(),Output);
    cout << endl;
    vector<int> intVect2(intVect1.size());
    adjacent_difference(intVect1.begin(),intVect1.end(),intVect2.begin());
    partial_sum(intVect1.begin(),intVect1.end(),intVect2.begin());
    cout << "Vect2 :";
    std::for_each(intVect2.begin(),intVect2.end(),Output);
    cout << endl;
}
```

程序运行结果如图 13.34 所示。

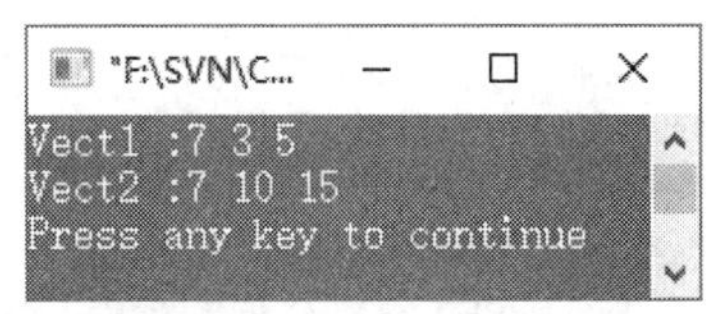

图 13.34　使用 adjacent_difference 算法

编程训练（答案位置：资源包\TM\sl\13\编程训练\）

【训练 5】饭店菜谱查重　某饭店的菜谱中有一些重复的菜名，请使用 adjacent_find 算法搜索相邻的重复菜名。

【训练 6】学校分班　某高中一年级分班，使用随机的方法进行分配，使用 random_shuffle 算法，将数组中所有学生的姓名打乱，并输出。

13.5　迭　代　器

迭代器相当于指向容器元素的指针，它在容器内可以向前移动，也可以做向前或向后双向移动。有专为输入或输出元素准备的迭代器，还有可以进行随机访问的迭代器，这为访问容器提供了方法。

13.5.1　输出迭代器

输出迭代器只用于写一个序列，它可以进行递增和提取操作。

【实例 13.30】 输出迭代器。（**实例位置：资源包\TM\sl\13\30**）

本实例中，输出迭代器 vector<int>中的元素，具体代码如下：

```
#include <iostream>
#include <vector>
using namespace std;
void main()
{
	vector<int> intVect;
	for(int i=0;i<10;i+=2)
		intVect.push_back(i);
	cout << "Vect :" << endl;
	vector<int>::iterator it=intVect.begin();
	while(it!=intVect.end())
		cout << *it++ << endl;
}
```

程序运行结果如图 13.35 所示。

程序使用整型向量的输出迭代器，输出向量中的所有元素。

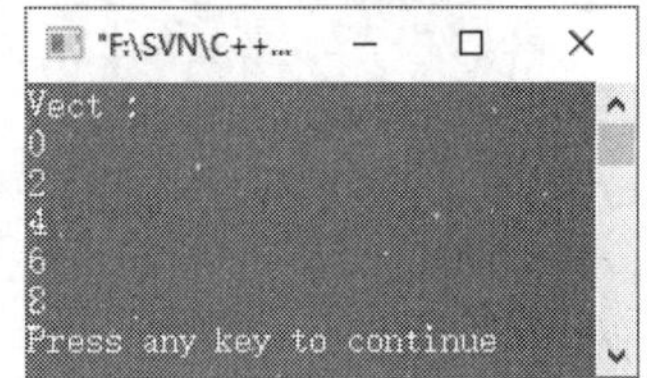

图 13.35　使用输出迭代器

13.5.2　输入迭代器

输入迭代器只用于读一个序列，它可以进行递增、提取和比较操作。

【实例 13.31】 输入迭代器。（**实例位置：资源包\TM\sl\13\31**）

本程序使用输入迭代器向向量容器中添加元素，最后将添加的元素输出到屏幕，具体代码如下：

```
#include <iostream>
```

```
#include <vector>
using namespace std;
void main()
{
    vector<int> intVect(5);
    vector<int>::iterator out=intVect.begin();
    *out++ = 1;
    *out++ = 3;
    *out++ = 5;
    *out++ = 7;
    *out=9;
    cout << "Vect :";
    vector<int>::iterator it =intVect.begin();
    while(it!=intVect.end())
        cout << *it++ << ' ';
    cout << endl;
}
```

程序运行结果如图 13.36 所示。

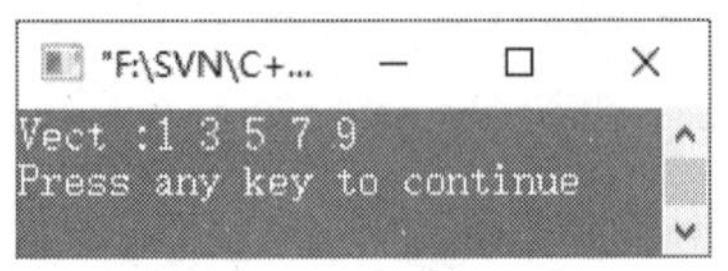

图 13.36　使用输入迭代器

误区警示

值得注意的是：迭代器不是指针，而是类模板，只是表现得像指针。

13.5.3　前向迭代器

前向迭代器既可用于读，也可用于写，它不仅具有输入和输出迭代器的功能，还具有保存其值的功能，因而能够从迭代器原来的位置开始重新遍历序列。

【实例 13.32】 前向迭代器。（**实例位置：资源包\TM\sl\13\32**）

本程序中使用 saveIt 迭代器保存 it 迭代器的内容，并使用 it 迭代器向容器中添加元素，通过 saveIt 迭代器将容器内的元素输出。

```
#include <iostream>
#include <vector>
using namespace std;
void main()
{
    vector<int> intVect(5);
    vector<int>::iterator it=intVect.begin();
    vector<int>::iterator saveIt=it;
    *it++ = 12;
    *it++ = 21;
    *it++ = 31;
    *it++ =41;
    *it=9;
    cout << "Vect :";
    while(saveIt!=intVect.end())
```

```
        cout << *saveIt++ << ' ';
    cout << endl;
}
```

程序运行结果如图 13.37 所示。

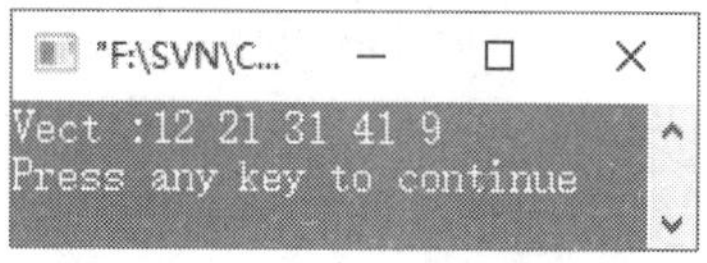

图 13.37　使用前向迭代器

13.5.4　双向迭代器

双向迭代器既可用于读，也可用于写，它与前向迭代器类似，只是双向迭代器可做递增和递减操作。

【实例 13.33】 双向迭代器。（**实例位置：资源包\TM\sl\13\33**）

本程序中使用 saveIt 迭代器保存 it 迭代器的内容，并使用 it 迭代器向容器中添加元素，通过 saveIt 迭代器以从前向后和从后向前两种顺序输出容器内的元素。

```
#include <iostream>
#include <vector>
using namespace std;
void main()
{
    vector<int> intVect(5);
    vector<int>::iterator it=intVect.begin();
    vector<int>::iterator saveIt=it;
    *it++ = 1;
    *it++ = 3;
    *it++ = 5;
    *it++ = 7;
    *it=9;
    cout << "Vect :";
    while(saveIt!=intVect.end())
        cout << *saveIt++ << ' ';
    cout << endl;
    do
    cout << *--saveIt << endl;
    while(saveIt != intVect.begin());
    cout << endl;
}
```

程序运行结果如图 13.38 所示。

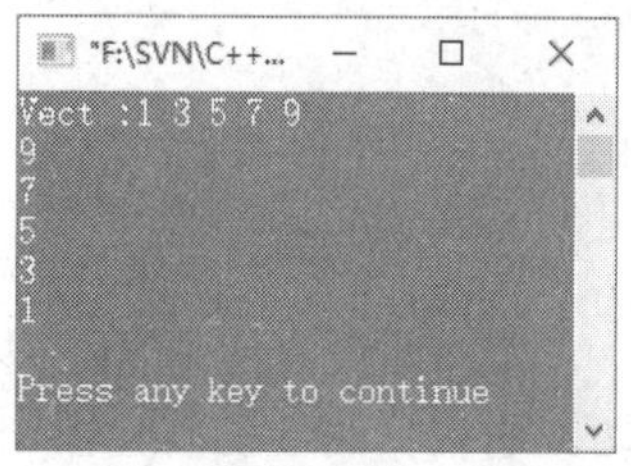

图 13.38　使用双向迭代器

13.5.5　随机访问迭代器

随机访问迭代器是最强大的迭代器，不仅具有双向迭代器的所有功能，还能使用指针的算术运算和所有比较运算。

【实例 13.34】 随机访问迭代器。（**实例位置：资源包\TM\sl\13\34**）

本实例使用随机访问迭代器，具体代码如下：

```
#include <iostream>
```

```
#include <vector>
using namespace std;
void main()
{
        vector<int> intVect(5);
        vector<int>::iterator it=intVect.begin();
        *it++ = 1;
        *it++ = 3;
        *it++ = 5;
        *it++ = 7;
        *it=9;
        cout << "Vect Old:";
        for(it=intVect.begin();it!=intVect.end();it++)
                cout << *it << ' ';
        it= intVect.begin();
        *(it+2)=100;
        cout << endl;
        cout << "Vect :";
        for(it=intVect.begin();it!=intVect.end();it++)
                cout << *it << ' ';
        cout << endl;
}
```

程序运行结果如图 13.39 所示。

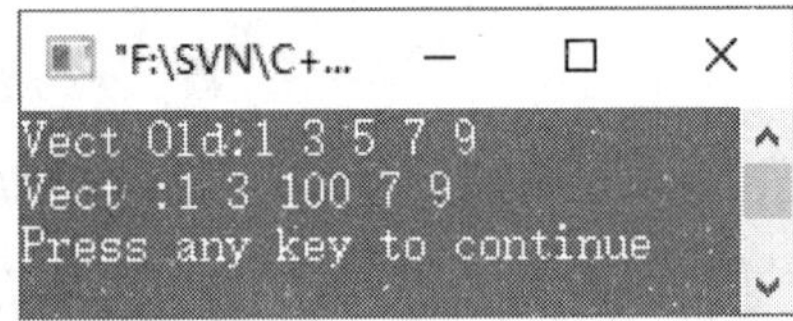

图 13.39　使用随机访问迭代器

误区警示

值得注意的是：在使用迭代器执行 erase、insert 等函数时，迭代器的指针被释放，导致不能继续使用，否则报错。

编程训练（答案位置：资源包\TM\sl\13\编程训练\）

【训练 7】 输出 vector<int>中的元素　使用输出迭代器，输出 vector<int>中的所有元素。

【训练 8】 按行输出所有学生信息　某 vector<CStudent>中存储了三年级二班学生的信息，使用输出迭代器输出所有的学生信息，每行一个。

13.6　小　　结

本章主要介绍了 STL 中的容器、算法和迭代器，这三者是 STL 的核心内容，并且相互联系非常密切。迭代器用于访问容器中的元素，算法用于对容器中的元素进行操作。每种容器都有不同的特点，只有熟练掌握这些特点才能充分发挥 STL 的作用。编程时应尽可能多地使用 STL 提供的算法，这样可以节省时间。

13.7　实践与练习

答案位置：（资源包\TM\sl\13\实践与练习\）

综合练习 1：搜索重名学生　一个学校通常有上千名学生，经常会遇到重名的。使用 multiset 容器，存储学生的资料，并使用 adjacent_find 算法搜索相邻的重复姓名。

综合练习 2：颠倒排序　使用元素颠倒算法 reverse，对 vector 容器内的元素进行颠倒排序。运行结果如下：

```
Vect old:
0 2 4 6 8
Vect new:
8 6 4 2 0
```

综合练习 3：去重操作　使用删除容器中的重复元素算法 unique，对 vector 容器内重复的元素进行删除。运行结果如下：

```
Vect old2:
0 0 1 1 2 2 3 3
Vect new2
0 1 2 3 2 2 3 3
adjacent
0 1 2 3
```

第 14 章

RTTI 与异常处理

面向对象编程的一个特点是运行时进行类型识别，这是对面向对象中多态的支持。使用运行时类型识别（Run-time Type Identification, RTTI）能使类的设计更加抽象，更加符合人们的思维。对象的动态生成，能够增加设计的灵活性，而异常处理则可在程序运行时对可能发生的错误进行控制，防止系统灾难性错误的发生。

本章知识架构及重难点如下：

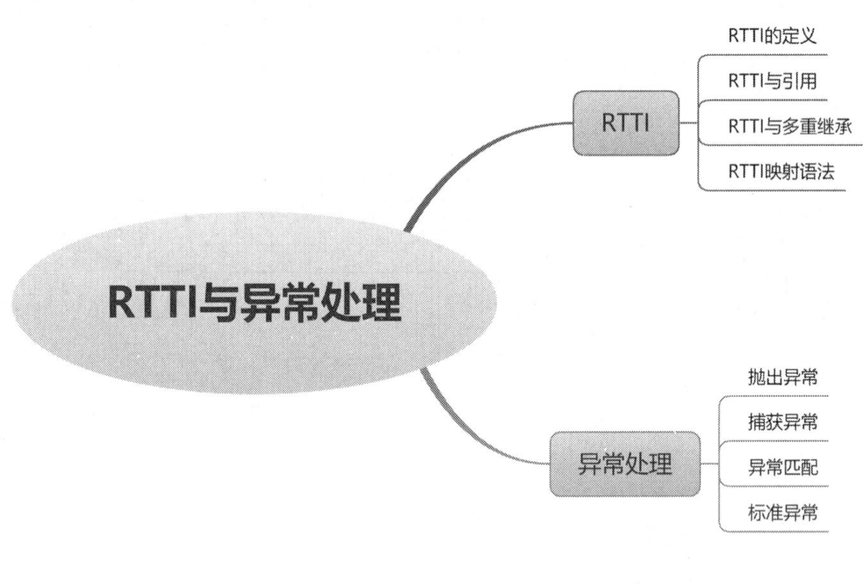

14.1 RTTI

RTTI 是在只有一个指向基类的指针或引用时确定的一个对象的类型。

在编写程序的过程中，往往只提供一个对象的指针，但通常在使用时需要明确这个指针的确切类型。利用 RTTI 可以方便地获取某个对象指针的确切类型并进行控制。

14.1.1 RTTI 的定义

RTTI 可以在程序运行时通过某一对象的指针确定该对象的类型。许多程序设计人员都使用过虚基类（virtual）编写面向对象的功能，通常在基类中定义所有子类的通用属性或行为。但有些时候子类会存在属于自己的公有属性或行为，这时需要确定的是这个基类对象属于哪个子类，然后将该基类对象转换成子类对象再进行调用。

图 14.1 所示为具有特有功能的类。从中可以看出 CBint 类和 CBString 类都继承 CBase，这 3 个类有一个公共方法 GetName()，而 CBint 类有自己的特有方法 GetInt()，CBString 类有自己的特有方法 GetString()。

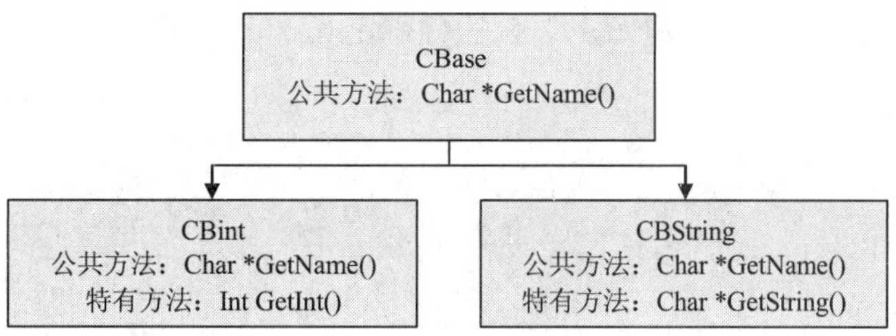

图 14.1　具有特有功能的类

如果想通过 CBase 类的指针调用 CBint 类或 CBString 类的特有方法，就必须确定指针的具体类。下面的代码完成了这样的功能。

```
class Cbase                                             //基类
{
    public:
    virtual char *GetName()=0;                          //虚方法
};
class CBint:public CBase
{
    public:
    char *GetName() { return "CBint"; }
    int GetInt(){ return 1; }
};
class CBString:public CBase
{
    public:
    char *GetName() { return "CBString"; }
    char *GetString(){ return "Hello"; }
};
int main(int argc, char *argv[])
{
    CBase *B1 = (CBase *)new CBint();
    printf(B1->GetName());
    CBint *B2 = static_cast<CBint *>(B1);               //静态转换
    if (B2)
        printf("%d",B2->GetInt());
    CBase *C1 = (CBase *)new CBString();
    printf(C1->GetName());
    CBString *C2 = static_cast<CBString *>(C1);
    if (C2)
        printf(C2->GetString());
    return 0;
}
```

从上面的代码可以看出，基类 CBase 的指针 B1 和 C1 分别指向了 CBint 类与 CBString 类的对象，并且在程序运行时基类通过 static_cast 进行转换，这样就形成了一个 RTTI 过程。

14.1.2 RTTI 与引用

RTTI 必须与引用一起工作。指针与引用存在明显不同，引用总是由编译器逆向引用，而一个指针的类型或它指向的类型可能要检测，例如，下面的代码定义了一个子类和一个基类：

```
#include "stdafx.h"
#include "typeinfo.h"
class CB
{
    public:
    int GetInt(){ return 1;};
};
class CI:public CB
{
};
```

通过下面的代码可以看出，typeid()获取的指针是基类类型，而不是子类类型或派生类类型；typeid()获取的引用是子类类型。

```
int main(int argc, char *argv[])
{
    CB *p = new CI();
    CB &t = *p;
    if (typeid(p) == typeid(CB *))
        printf("指针类型是基类类型！\n");
    if (typeid(p) != typeid(Ci *))
        printf("指针类型不是子类类型！\n");
    if (typeid(t) == typeid(CB))
        printf("引用类型是基类类型！\n");
    return 0;
}
```

与此相反，指针指向的类型在 typeid()看来是派生类而不是基类，在用一个引用的地址时产生的是基类而不是派生类。

```
if (typeid( *p) == typeid(CB))
    printf("指针类型是基类类型！\n");
if (typeid( *p) != typeid(CI))
    printf("指针类型不是子类类型！\n");
if (typeid(&t) == typeid(CB *))
    printf("引用类型是基类类型！\n");
if (typeid(&t) != typeid(CI *))

        printf("引用类型不是子类类型！\n");
```

14.1.3 RTTI 与多重继承

RTTI 具有非常强大的功能，对于面向对象的编程方法，如果在类继承时使用了虚基类，RTTI 仍

然可以准确地获取对象在运行时的信息。

例如，下面的代码通过虚基类的形式继承了父类，通过 RTTI 获取基类指针对象的信息。

```
#include "stdafx.h"
#include "typeinfo.h"
#include "iostream.h"
class CB                                          //基类
{
    virtual void dowork(){};                      //虚方法
};
class CD1:virtual public CB
{
};
class CD2:virtual public CB
{
};
class CD3:public CD1,public CD2
{
    public:
    char *Print(){ return "Hello";};
};
int main(int argc, char *argv[])
{
    CB *p = new CD3();                            //向上转型
    cout << typeid( *p).name() << endl;           //获取指针信息
    CD3 *pd3 = dynamic_cast<CD3 *>(p);            //动态转型
    if (pd3)
        cout << pd3->Print() << endl;
    return 0;
}
```

即使只提供一个虚基类指针，typeid()也能准确地检测实际对象的名字。用动态映射同样也能做到，但编译器不允许试图用原来的方法强制映射：

```
CD3 *pd3 = (CD3 *)p;                              //错误转换
```

编译器要求用户使用动态映射。

14.1.4　RTTI 映射语法

无论什么时候用类型映射，都是在打破类型系统，这实际上是在告诉编译器，即使知道一个对象的确切类型，还是可以假定认为它是另外一种类型。这本身就是不合理的，而且容易发生错误。

为了解决这个问题，C++用保留字 dynamic_cast、const_cast、static_cast 和 reinterpret_cast 提供了一个统一的类型映射语法，为需要进行的动态映射提供一个解决问题的可能。这意味着已有的映射语法被重载得太多，不能再支持任何其他的功能。

（1）dynamic_cast：用于安全类型的向下映射。

例如，通过 dynamic_cast 实现基类指针的向下转型，代码如下：

```
#include "stdafx.h"
#include "iostream.h"
class CBase
{
    public:
    virtual void Print(){ cout << "CBase" << endl; }
};
class CChild:public CBase
{
    public:
    void Print(){ cout << "CChild" << endl; }
};
int main(int argc, char *argv[])
{
    CBase *p = new CChild();
    p->Print();
    CChild *d = dynamic_cast<CChild *>(p);
    d->Print();
    return 0;
}
```

（2）const_cast：用于映射常量和变量。

如果想把一个 const 转换为非 const，就要用到 const_cast。这是可以用 const_cast 的唯一转换，如果还有其他的转换，必须分开指定，否则会出现编译错误。

例如，在常方法中修改成员变量和常量的值，代码如下：

```
#include "stdafx.h"
#include "iostream.h"
class CX
{
    protected:
    int m_count;
    public:
    CX(){m_count = 10;}
    void f() const                              //常方法，不能修改成员变量
    {
        (const_cast<CX *>(this))->m_count = 8;  //修改成员变量
        cout << m_count << endl;
    }
};
int main(int argc, char *argv[])
{
    CX *p = new CX();
    p->f();
    const int i = 10;                           //常量
    int *n = const_cast<int *>(&i);             //转为非常量
     *n = 5;
    cout << *n << endl;
```

```
    return 0;
}
```

（3）static_cast：为了行为良好和行为较好使用的映射，如向上转型和类型自动转换。

例如，通过 static_cast 将子类指针向上转成基类指针，代码如下：

```
#include "stdafx.h"
#include "iostream.h"
class CB                                                    //基类
{
    public:
    virtual void print(){ cout << "class CB" << endl;}      //虚方法
};
class CD:public CB                                          //派生类
{
    public:
    void print(){ cout << "class CD" << endl;}              //覆盖
};
int main(int argc, char *argv[])
{
    CD *p = new CD();
    p->print();
    CB *b = static_cast<CB *>(p);                           //向上转型
    b->print();
    return 0;
}
```

（4）reinterpret_cast：将某一类型映射回原有类型时使用。

例如，将整型转成字符型，再由 reinterpret_cast 转换回原类型，代码如下：

```
#include "stdafx.h"
#include "iostream.h"
int main(int argc, char *argv[])
{
    int n = 97;
    char p[4] = {0};                                        //定义与整型大小相同的字符数组
    p[0] = (char)n;                                         //第一个元素为 97
    cout << p << endl;
    int *f = reinterpret_cast<int *>(&p);                   //将数组 p 转成原类型
    cout << *f << endl;
    return 0;
}
```

14.2　异 常 处 理

异常处理是程序设计中除调试之外的另一种错误处理方法，它往往容易被忽略。异常处理引起的代码膨胀将不可避免地增加程序阅读的困难，这对于程序设计人员来说是十分烦恼的。异常处理与真正的错误处理有一定区别，异常处理不但可以对系统错误做出反应，还可以对人为制造的错误做出反应并处理。本节将介绍 C++语言对于异常处理的使用方法。

14.2.1 抛出异常

当程序执行到某一函数或方法内部时，有时会出现异常。这些异常并不能由系统捕获，这时就可以创建一个错误信息，再由系统捕获该错误信息并处理。创建错误信息并发送这一过程就是抛出异常。

最初异常信息的抛出只是定义一些常量，这些常量通常是整型值或是字符串信息。下面的代码是通过整型值创建的抛出异常：

```
#include <iostream>
int main(int argc, char *argv[])
{
    try
    {
        throw 1;                                //抛出异常
    }
    catch(int error)
    {
        if (error == 1)                         //异常信息
            cout << "产生异常" << endl;
    }
    return 0;
}
```

在 C++中，异常的抛出是使用 throw 关键字来实现的，关键字后可以是任何类型的值。在上面的代码中将整型值 1 作为异常信息抛出，当异常捕获时就可以根据该信息进行异常的处理。

异常的抛出还可以使用字符串作为异常信息发送，程序代码如下：

```
#include <iostream>
int main(int argc, char *argv[])
{
    try
    {
        throw "异常产生！";                          //抛出异常
    }
    catch(char *error)                              //捕获异常
    {
        cout << error << endl;
    }
    return 0;
}
```

可以看到，字符串形式的异常信息适合于异常信息的显示，但并不适合于异常信息的处理。throw 关键字后不但可以跟随基本数据类型的值，还可以跟随类类型的值，这就可以通过类的构造函数将整型值与字符串结合在一起，并且可以同时应用更加灵活的功能。

例如，将错误 ID 和错误信息以类对象的形式进行异常抛出。具体代码如下：

```
#include <iostream>
#include <string>
using namespace std;
class CCustomError                                  //异常类
{
    private:
    int m_ErrorID;                                  //异常 ID
    char m_Error[255];                              //异常信息
    public:
    CCustomError()                                  //构造函数
    {
        m_ErrorID = 1;
        strcpy(m_Error,"出现异常！");
    }
    int GetErrorID() { return m_ErrorID; }          //获取异常 ID
    char *GetError() { return m_Error; }            //获取异常信息
};
int main(int argc, char *argv[])
{
    try
    {
        throw (new CCustomError());                 //抛出异常
    }
    catch(CCustomError *error)
    {
        //输出异常信息
        cout << "异常 ID：" << error->GetErrorID() << endl;
        cout << "异常信息：" << error->GetError() << endl;
    }
    return 0;
}
```

程序中定义了一个异常类，这个类包含两个内容：一个是异常 ID，异常信息的编号；另一个是异常信息，异常的说明文本。通过 throw 关键字抛出异常时，需要指定这两个参数。

14.2.2 捕获异常

捕获异常是指当一个异常被抛出时，不一定在异常抛出的位置来处理这个异常，而是在别的地方通过捕获这个异常信息后再进行处理。这样不仅增加了程序结构的灵活性，也提高了异常处理的方便性。

如果在函数内抛出一个异常（或在函数调用时抛出一个异常），将在异常抛出时退出函数。如果不想在异常抛出时退出函数，可在函数内创建一个特殊块用于解决实际程序中的问题。这个特殊块由 try 关键字组成。例如：

```
try
{
    //抛出异常
}
```

异常抛出信号发出后，一旦被异常处理器接收就被销毁。异常处理器应具备接收任何异常的能力。异常处理器紧随 try 块之后，处理的方法由关键字 catch 引导。例如：

```
try
{
    …
}
catch(type obj)
{
    …
}
```

异常处理部分必须直接放在测试块之后。如果一个异常信号被抛出，异常处理器中第一个参数与异常抛出对象相匹配的函数将捕获该异常信号，然后进入相应的 catch 语句，执行异常处理程序。catch 语句与 switch 语句不同，它不需要在每个 catch 语句后加入 break 中断后面程序的执行。

下面通过 try…catch 语句捕获一个异常，程序代码如下：

```
#include <iostream>
#include <string>
using namespace std;
class CcustomError                                  //异常类
{
    private:
    int m_ErrorID;                                  //异常 ID
    char m_Error[255];                              //异常信息
    public:
    CCustomError()                                  //构造函数
    {
        m_ErrorID = 1;
        strcpy(m_Error,"出现异常！");
    }
    int GetErrorID() { return m_ErrorID; }          //获取异常 ID
    char *GetError() { return m_Error; }            //获取异常信息
};
int main(int argc, char *argv[])
{
    try
    {
        throw (new CCustomError());                 //抛出异常
    }
    catch(CCustomError *error)
    {
        //输出异常信息
        cout << "异常 ID：" << error->GetErrorID() << endl;
        cout << "异常信息：" << error->GetError() << endl;
    }
    return 0;
}
```

在上面的代码中可以看到 try 语句块中用于捕获 throw 抛出的异常。对于 throw 异常的抛出，可以

直接写在 try 语句块的内部，也可以写在函数或类方法的内部，但函数或方法必须写在 try 语句块的内部才可以捕获异常。

异常处理器可以成组地出现，同时根据 try 语句块获取的异常信息处理不同的异常。

下面用 try…catch 捕获异常，具体代码如下：

```
int main(int argc, char *argv[])
{
    try
    {
        throw "字符串异常！";
        //throw (new CCustomError());                //抛出异常
    }
    catch(CCustomError *error)
    {
        //输出异常信息
        cout << "异常 ID：" << error->GetErrorID() << endl;
        cout << "异常信息：" << error->GetError() << endl;
    }
    catch(char *error)
    {
        cout << "异常信息：" << error << endl;
    }
    return 0;
}
```

有时并不一定在列出的异常处理中包含所有可能发生的异常类型，C++提供了可以处理任何类型异常的方法，就是在 catch 后面的括号内添加“…”。程序代码如下：

```
int main(int argc, char *argv[])
{
    try
    {
        throw "字符串异常！";
        //throw (new CCustomError());                //抛出异常
    }
    catch(CCustomError *error)
    {
        //输出异常信息
        cout << "异常 ID：" << error->GetErrorID() << endl;
        cout << "异常信息：" << error->GetError() << endl;
    }
    catch(char *error)
    {
        cout << "异常信息：" << error << endl;
    }
    catch(...)
    {
        cout << "未知异常信息！" << endl;
    }
    return 0;
}
```

有时需要重新抛出刚接收到的异常，尤其是在程序无法得到有关异常的信息，而用省略号捕获任意的异常时。这些工作通过加入不带参数的 throw 就可完成。

```
catch (. . .) {
    cout << "未知异常！"<<endl;
    throw ;
}
```

如果一个 catch 语句忽略了一个异常，那么这个异常将进入更高层的异常处理环境。每个异常抛出的对象是被保留的，因此更高层的异常处理器可抛出来自这个对象的所有信息。

14.2.3 异常匹配

当程序中有异常抛出时，异常处理系统根据异常处理器的顺序找到最近的异常处理块，并不会搜索更多的异常处理块。

异常匹配并不要求异常与异常处理器进行完美匹配，一个对象或一个派生类对象的引用将与基类处理器进行匹配。若抛出的是类对象的指针，则指针会匹配相应的对象类型，但不会自动转换成其他对象的类型，示例如下：

```
class CExcept1 {};
class CExcept2
{
    public:
    CExcept2(CExcept1& e) {}
};
int main(int argc, char *argv[])
{
        try
        {
            throw CExcept1();                          //抛出异常
        }
        catch (CExcept2)                               //捕获异常 1
        {
            printf("进入 CExcept2 异常处理器！\n");
        }
        catch(CExcept1)                                //捕获异常 2
        {
            printf("进入 CExcept1 异常处理器！\n");
        }
        return 0;
}
```

在上面的代码中，第一个异常处理器使用构造函数进行转换，将 CExcept1 转换为 CExcept2 对象，但实际上系统在异常处理期间并不执行这样的转换，而是在 CExcept1 处终止。

通过下面的实例演示基类处理器如何捕获派生类的异常。代码如下：

```
#include <iostream>
using namespace std;
class CExcept
{
```

```
    public:
    virtual char *GetError() { return "基类处理器"; }
};
class CDerive : public CExcept
{
    public:
    char *GetError() { return "派生类处理器"; }
};
int main(int argc, char *argv[])
{
        try                                             //抛出异常
        {
            throw CDerive();
        }
        catch(CExcept)                                  //捕获异常
        {
            cout << "进入基类处理器\n";
        }
        catch(CDerive)                                  //捕获异常
        {
            cout << "进入派生类处理器\n";
        }
        return 0;
}
```

从上面的结果可以看出，虽然抛出的异常是 CDerive 类，但异常处理器的第一个是 CExcept 类，该类是 CDerive 类的基类，因此将进入此异常处理器内部。为了正确地进入指定的异常处理器，在对异常处理器进行排列时应将派生类排在前面，而将基类排在后面。

14.2.4　标准异常

用于 C++标准库的异常可以直接应用到程序中，应用标准异常类比应用自定义异常类容易得多。如果系统提供的标准异常类不能满足需要，就不能在这些标准异常类基础上进行派生。下面给出 C++提供的一些标准异常：

```
namespace std
{
    //exception 派生
    class logic_error;              //逻辑错误，在程序运行前可以检测出来
    //logic_error 派生
    class domain_error;             //违反了前置条件
    class invalid_argument;         //指出函数的一个无效参数
    class length_error;             //指出有一个超过类型 size_t 的最大可表现值长度的对象的企图
    class out_of_range;             //参数越界
    class bad_cast;                 //在 RTTI 中有一个无效的 dynamic_cast 表达式
    class bad_typeid;               //报告在表达式 typeid(*p)中有一个空指针 p
    //exception 派生
    class runtime_error;            //运行时错误，仅在程序运行中检测到
    //runtime_error 派生
    class range_error;              //违反后置条件
    class overflow_error;           //报告一个算术溢出
```

```
    class bad_alloc;                    //存储分配错误
}
```

观察上述类的层次结构可以看出，标准异常都派生自一个公共的基类 exception。基类包含必要的多态性函数提供异常描述，可以被重载。下面是 exception 类的原型：

```
class exception
{
    public:
    exception() throw();
    exception(const exception& rhs) throw();
    exception& operator=(const exception& rhs) throw();
    virtual~exception() throw();
    virtual const char *what() const throw();
};
```

14.3 小　　结

本章主要介绍了 RTTI 的使用以及如何进行异常处理。通过 RTTI 的学习，可以丰富类的设计思路，加强对面向对象的理解，有助于理解类间的类型转换。程序中出现异常是不可避免的，异常处理能够帮助程序开发人员尽快发现错误所在。为了减少错误的发生，应尽量掌握更多的异常处理方式。

第 15 章

程 序 调 试

程序调试是程序开发人员必不可少的一项工作，占用了程序开发人员大部分的开发时间。正确地选择调试方法不但可以提高工作效率，而且可以减轻工作负担。本章将主要介绍程序错误的常见类型、调试工具的使用、调试的基本应用和调试的高级应用。

本章知识架构及重难点如下：

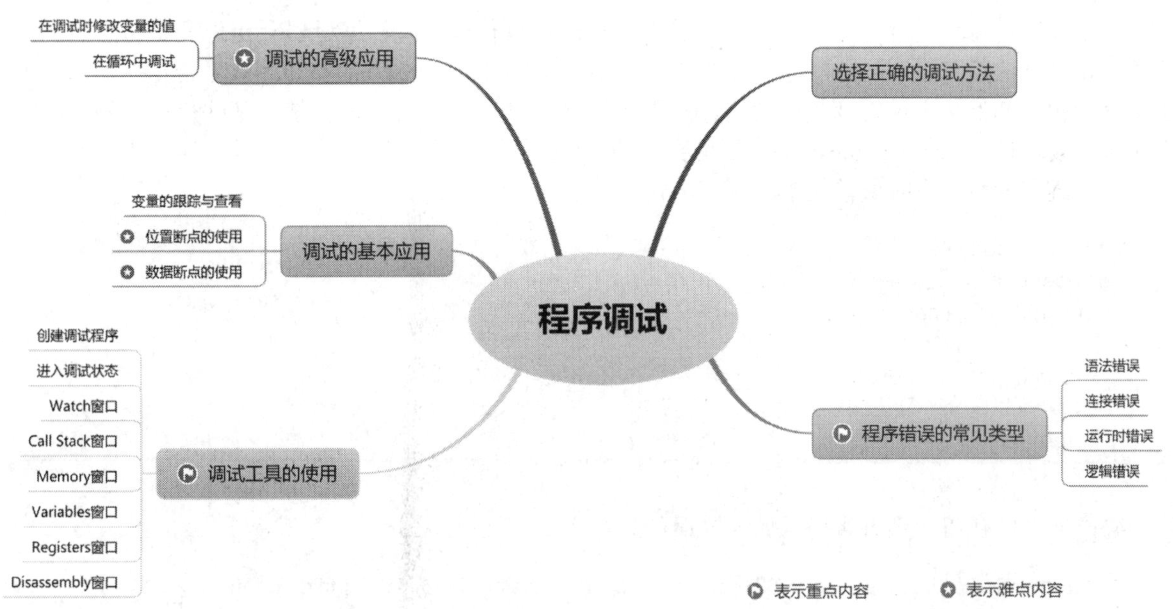

15.1　选择正确的调试方法

在实际开发过程中，无论程序员有多么丰富的经验，熟练的技巧，都不可避免地会出现一些程序错误。解决程序错误的最好方法是使用程序调试。任何一种程序开发工具都有其独立、成熟的调试系统，所以只要掌握好开发工具自身的调试系统，就可以很好地解决编程过程中出现的错误。

逻辑错误和运行时错误通常最普遍，也最容易发生。所以当程序出现错误时，首先要确定程序错误是因逻辑错误还是运行时错误，再根据情况选择适当的调试方法纠正错误。

15.2 程序错误的常见类型

应用程序可能遇到的错误类型主要有 4 种：语法错误、连接错误、运行时错误和逻辑错误。这些错误中的大多数都发生在 C++程序向可执行形式转化的过程中。另外，在程序编译的过程中由于要建立的可执行文件版本不同（调试版本和发行版本），也可能出现一些错误。

15.2.1 语法错误

语法错误是指在编写程序代码时由于违反 C++的语法规则而产生的错误，在程序进行编译时开发工具会提示此类编译出错的信息。

当编译器将源代码翻译为可以在计算机上运行的可执行程序时，编译器会定位和报告所有的语法错误，并对合法但在以后可能引起错误的潜在问题给出警告。Visual C++6.0 可以报告声明但从未使用过的变量和在初始化之前对变量的使用，甚至可以指出产生的逻辑流程将禁止某些代码段被执行——这种问题被标记为 unreachable code（不可到达的代码）。

例如，在编写代码时最常使用的字符串输出功能：

```
#include "stdafx.h"
#include<stdio.h>
int main(int argc, char *argv[])
{
    printf("Hello World!\n")
    printf("大家好！");
    return 0;
}
```

编译上面的代码，系统将提示如下错误信息：

```
C:\demo11\demo11.cpp(9) : error C2146: syntax error : missing ';' before identifier 'printf'
Error executing cl.exe
demo11.exe- 1 error(s), 0 warning(s)
```

上面的提示信息中，明确地指出在 printf 语句中缺少“;”。遗憾的是，有些初学编程的人根本不看编译器提示的信息，而是花费大量时间自行查找程序出错的原因，耗时费力。有经验的程序员在看到编译器提示的信息后，会立刻修正程序中的错误。

误区警示

双击错误提示，在代码中就会自动标记提示错误的位置。有时，发生错误的代码不是标记的那句代码，而是在标记代码的附近，可能是标记这句代码的上一行，仔细检查即可。

15.2.2　连接错误

出现连接错误最常见的一种情况是在使用动态链接库（DLL）时，虽然已对 lib 文件进行了载入，但 lib 文件与动态链接库所在的位置和可执行文件并不在同一个目录下，导致程序在进行编译时出现连接错误。连接错误与其他的错误类型在本质上是有区别的，语法错误是由于违反语法规则产生的，连接错误是由于在编译可执行文件时缺少外部连接文件产生的。

例如，定义一个名为 demodll.dll 的动态链接库，通过应用程序调用此动态链接库中的函数。在应用程序的头文件中添加如下代码：

```
extern "C" __declspec(dllexport) void ShowHello();
#pragma comment(lib,"demodll.lib")
```

在对程序进行编译时，编译器会寻找名为 demodll.lib 的文件，这个文件是与 demodll.dll 文件一起编译生成的。但如果这个 lib 文件并没有放在可执行文件的相同目录下，在进行编译时会提示下面的错误信息：

```
Linking...
LINK : fatal error LNK1104: cannot open file "demodll.lib"
Error executing link.exe
demo12.exe - 1 error(s), 0 warning(s)
```

通过上面的错误信息可以看出，在编译器连接 demodll.lib 文件时没有找到相应的文件，所以提示文件无法打开的错误信息。

15.2.3　运行时错误

运行时错误并不在程序编译时产生，而是在编译未出现任何错误提示的情况下程序运行时发生的异常现象。运行时错误与语法错误和连接错误不同，它在编译时并没有给出错误提示，所以不能简单地从提示信息上进行处理。但 Visual C++ 6.0 为编程人员提供了强大的错误处理功能，可以通过在程序代码中设置错误断点，来检测并处理运行时错误。

例如，定义一个数组变量，并向这个数组变量中赋值。

```
#include "stdafx.h"
#include "iostream.h"
int main(int argc, char *argv[])
{
	int array[10];
	for (int i = 0; i <= 10; i++)
		cin >> array[i];
	printf("Hello World!\n");
	return 0;
}
```

程序运行过程中，在为第 11 个元素赋值时提示异常信息，如图 15.1 所示。

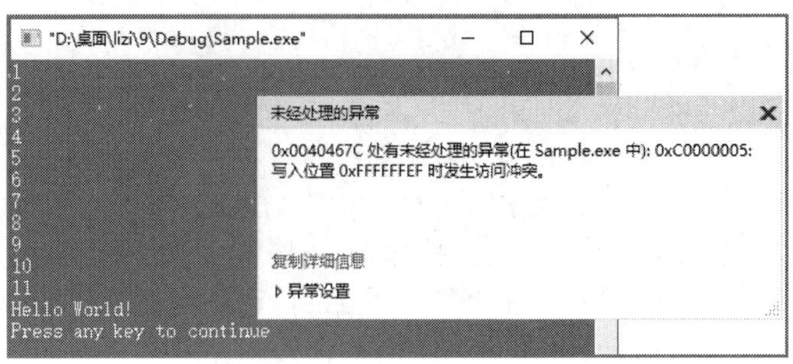

图 15.1　运行时错误信息

通过图 15.1 中显示的错误信息可以知道是使用了不存在的内存地址，但不能确定是什么地方，所以需要设置断点，跟踪程序执行的每一步，直到遇到程序出错的位置再判断异常产生的原因并处理。利用断点进行程序调试的方法将在后文介绍。

15.2.4　逻辑错误

逻辑错误是最难处理的一种错误类型，导致错误原因通常是对某一问题解决方案的错误理解，更糟糕的是编译器不能捕获处理逻辑错误，用户只能看到错误的结果或程序终止。在这种情况下只能通过各种不同的数据来测试程序的运行结果是否正确。

虽然编译器不能捕获程序中的逻辑错误，但可以使用调试器或其他方法来解决逻辑错误。这里介绍两种常用的逻辑错误处理方法：

（1）利用调试器设置断点，并跟踪程序执行的每条语句。在跟踪的同时对程序中的变量值进行验证，查看程序出现逻辑错误的位置。

（2）利用字符串输出语句，在程序中需要输出验证信息的位置将变量值以字符串的形式输出，这样就可以很快查看程序中出现逻辑错误的位置。

15.3　调试工具的使用

初学者在实际开发过程中一定会遇到许多问题，快速找到并解决这些问题的唯一方法就是多进行程序调试。程序调试在每种语言的集成开发环境中都存在，有些初学者忽略了这一功能，导致遇到程序错误时不知所措。

15.3.1　创建调试程序

在进入程序调试的学习之前，先创建一个用于调试的程序，创建步骤如下。

（1）选择 File→New 命令，打开 New 对话框。

（2）在 Project name 文本框中输入 DebugProject，在左侧的列表中选择 Win32 Console Application 选项创建一个控制台应用程序，如图 15.2 所示。

（3）单击 OK 按钮，进入下一个页面。在这个页面中选中 A "Hello, World!" application 单选按钮，

创建一个 Hello World 工程，然后单击 Finish 按钮，完成工程的创建，如图 15.3 所示。

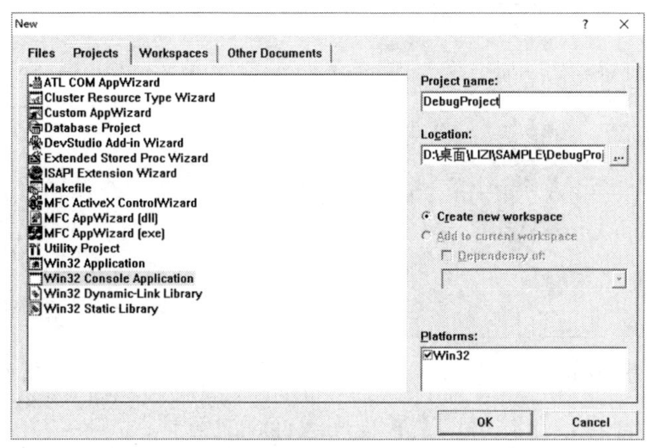

图 15.2　New 对话框

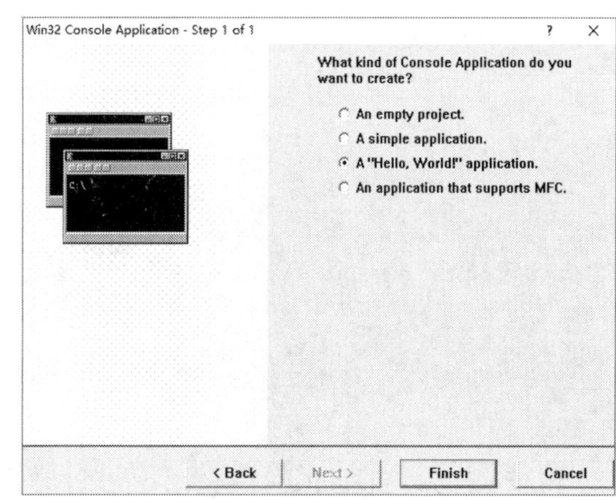

图 15.3　应用程序向导

（4）修改程序代码，用作程序调试时使用。代码如下：

```
#include "stdafx.h"
#include "string.h"                    //字符串函数头文件
int main(int argc, char *argv[])
{
    printf("Hello World!\n");
    //添加代码开始
    char *str = new char[100];         //定义字符串变量
    strcpy(str,"Hello Word!");         //给字符串赋值
    int s,a,b;                         //定义整型变量
    a = 5;                             //赋初值
    b = 10;
    s = a + b;                         //求和
    printf("str:%s\n",str);            //输出字符串
    printf("s:%d\n",s);                //输出求和结果
    //添加代码结束
    return 0;
}
```

程序运行结果如图 15.4 所示。

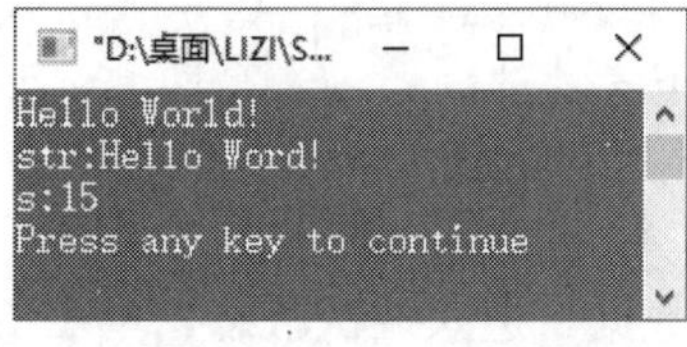

图 15.4　程序运行结果

15.3.2　进入调试状态

按 F5 键即可进入调试状态，但此时没有指定断点，程序的运行与普通的运行没有什么区别。因此，

在进入调试状态前，应先将光标定位在断点所在行，然后按 F9 键添加断点，如图 15.5 所示。

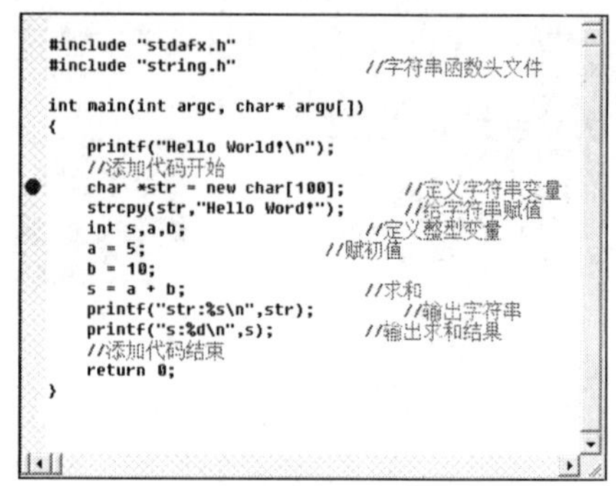

图 15.5　添加断点

再按 F5 键，当程序运行到断点所在行时就会停止，这时可以查看程序运行时的信息。

15.3.3　调试相关窗口

1. Watch 窗口

Watch 窗口用于在调试期显示程序中定义的变量或表达式的值。从代码编辑区中拖放选中的变量到该窗口，即可显示该变量的值。进入调试状态，单击 Debug 工具栏中的 Watch 按钮，即可打开 Watch 窗口。选中变量 s，然后将其拖放到 Watch 窗口中，如图 15.6 所示。按 F10 键，单步执行到变量被赋值后的代码，即可看到变量值的变化。

2. Call Stack 窗口

Call Stack 窗口用来显示栈中被调用但还未返回的函数。进入调试状态，单击 Debug 工具栏中的 Call Stack 按钮，即可打开 Call Stack 窗口。如果在 main 函数中设置了断点，则程序运行到断点处会停止，Call Stack 窗口将显示 main 函数的信息，如图 15.7 所示。

图 15.6　Watch 窗口

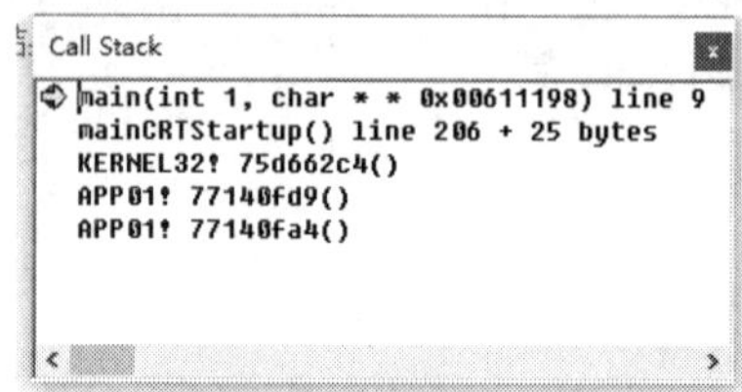

图 15.7　Call Stack 窗口

3. Memory 窗口

Memory 窗口用于显示内存中的数据。进入调试状态，单击 Debug 工具栏中的 Memory 按钮，可打开 Memory 窗口。单步运行程序到 strcpy 函数所在行，此时在 Watch 窗口中可看到 str 变量的地址，将该地址输入 Memory 窗口中按 Enter 键，单步执行到下一行，即可看到 str 变量在内存中的值，如图 15.8 所示。

4. Variables 窗口

Variables 窗口用来显示变量的值，在这个窗口中显示的变量是由系统自动生成的，不可以进行修改。进入调试状态，单击 Debug 工具栏上的 Variables 按钮打开该窗口，在窗口中有 3 个选项卡：Auto（自动）、Locals（本地）和 this（this 指针），如图 15.9 所示。

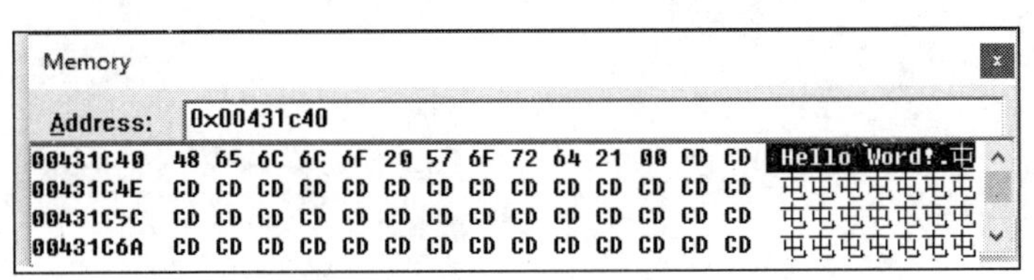

图 15.8　Memory 窗口

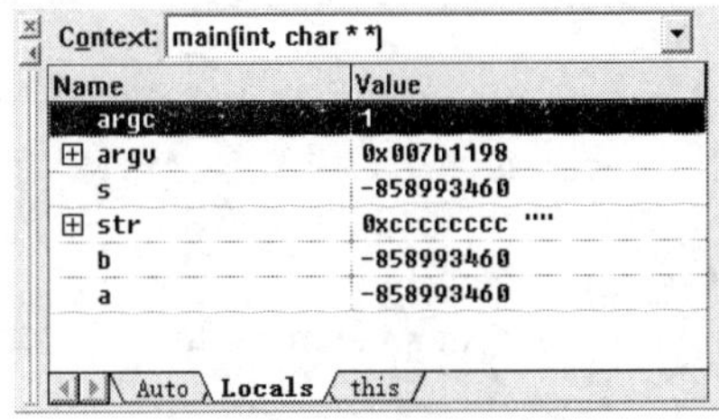

图 15.9　Variables 窗口

选项卡的功能说明如下。

- ☑ Auto：显示程序运行当前行和前一行所使用的变量的值。
- ☑ Locals：显示程序运行的当前函数中所包含的变量值。
- ☑ this：显示当前 this 指针所指向的类对象的信息。

5. Registers 窗口

Registers 窗口显示了当前 CPU 中各寄存器的值。运行程序，进入调试状态，在 Debug 工具栏上单击 Registers 按钮，即可打开该窗口，通过该窗口可以查看寄存器信息，如图 15.10 所示。

6. Disassembly 窗口

Disassembly 窗口用来显示程序源代码的反汇编代码。运行程序，进入调试状态，单击 Debug 工具栏上的 Disassembly 按钮，即可打开该窗口，如图 15.11 所示。

```
Registers
EAX = 0000000D EBX = 00352000 ECX = 00424A60
EDX = 00424A60 ESI = 00401120 EDI = 0019FF40
EIP = 0040D715 ESP = 0019FEE0 EBP = 0019FF40
EFL = 00000212 MM0 = 0000000000000000
MM1 = 0000000000000000 MM2 = 0000000000000000
MM3 = 0000000000000000 MM4 = 0000000000000000
MM5 = 0000000000000000 MM6 = 0000000000000000
MM7 = 0000000000000000
XMM0 = 00000000000000000000000000000000
```

图 15.10　Registers 窗口

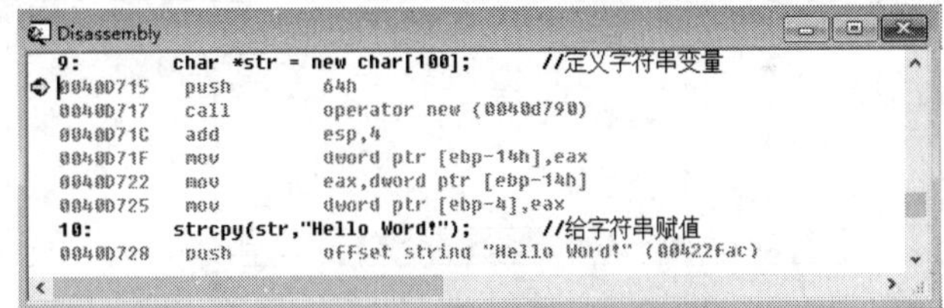

图 15.11　Disassembly 窗口

15.4　调试的基本应用

调试是解决程序出现错误的有效途径，通过简单的调试操作可以解决程序设计中出现的大部分错误。

15.4.1　变量的跟踪与查看

设置断点后，进入调试运行状态，按 F10 或 F11 键单步执行到变量所在的代码行时，在 Variables

窗口中将显示当前代码行中变量的值，根据这个值可判断程序计算是否正确。

例如，循环输出一组数的累加和，代码如下。

```
#include "stdafx.h"
#include "iostream.h"
int main(int argc, char *argv[])
{
	int sum = 0;
	for (int i = 0; i < 10 ; i++,i++)
	{
		sum += i;
		cout << sum << '\n';
	}
	return 0;
}
```

当断点位于“sum +=i;”语句上时，通过 Variables 窗口可以同时看到变量 sum 和 i 的值，如图 15.12 所示。在 Variables 窗口中，Name 代表变量的名称，Value 代表变量的值。每次相应变量发生改变时，Value 中的值都会自动发生改变。

使用 Auto 选项卡观察时，其自动跟踪的范围过于狭窄，此时可以单击下方的 Locals 选项卡，观察所有的局部变量。

Variables 窗口显示的变量信息是由系统决定的，不能控制变量的显示范围，但通过 Watch 窗口可以自由地添加或删除当前需要显示的变量。同样使用上面的代码，进入调试运行状态，在 Debug 工具栏单击 Watch 按钮，打开 Watch 窗口，在 Name 中输入需要显示的变量的名称，如图 15.13 所示。

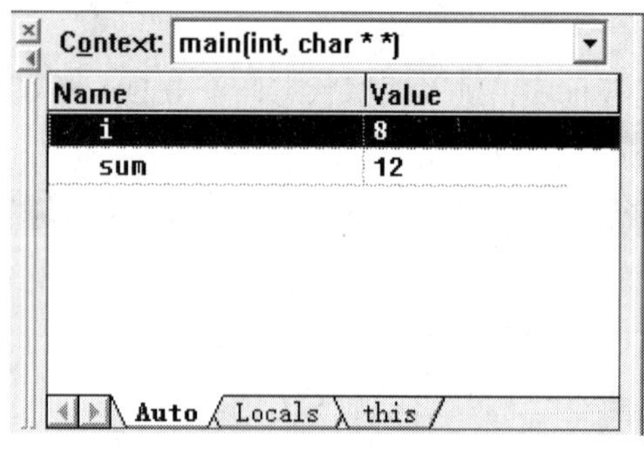

图 15.12　跟踪变量

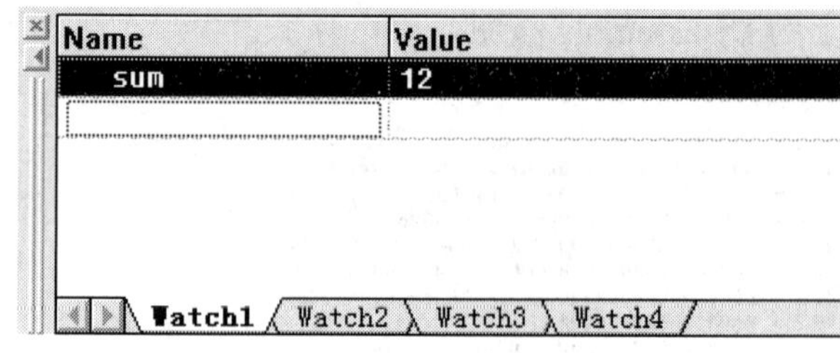

图 15.13　查看变量值

在 Watch 窗口中可以看到，sum 是由程序设计人员添写的，这样可以根据需要在窗口中显示需要查看的变量。当需要删除变量的显示时，按 Delete 键即可。同时，还可以看到在 Watch 窗口的下方有多个选项卡，在每一个选项卡中都可以设置不同的变量进行跟踪查看。

15.4.2　位置断点的使用

位置断点是指在指定的位置上设置断点，通常程序设计人员使用的断点都属于位置断点。在指定的代码行上按 F9 键，可快速添加一个位置断点。设置了位置断点后，当程序运行到代码所在行时，会暂时中断。

位置断点的设置有一定的技巧，程序设计人员可以控制位置断点在什么条件下有效，这样就使断点和调试更加灵活地结合，更容易处理复杂的调试情况。

例如，在一个循环的过程中可能出现异常，此时就可以使用位置断点。假设有如下代码：

```
#include "stdafx.h"
#include "iostream.h"

int main(int argc, char *argv[])
{
    int sum = 0;
    int n = 552;
    for (int i = 0; i < 100 ; i++,i++)
    {
        sum += i;
        int k = sum;
        k /= (sum - n);
    }
    return 0;
}
```

在上面的代码执行时，for 循环语句中会出现异常。由于循环的次数非常多，因此不能简单地使用单步调试。为了快速地达到调试的效果，在“sum += i;”上按 F9 键添加一个调试断点，然后按 Ctrl+B 键打开 Breakpoints 对话框，选中断点，如图 15.14 所示。

单击 Condition 按钮，打开 Breakpoint Condition 对话框，在最下面的文本框中输入循环的最大次数 100，然后单击 OK 按钮，如图 15.15 所示。

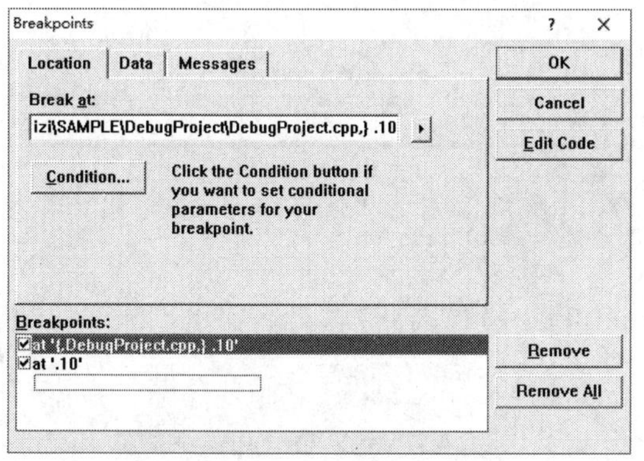

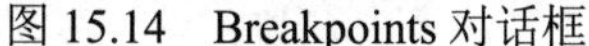
图 15.14　Breakpoints 对话框

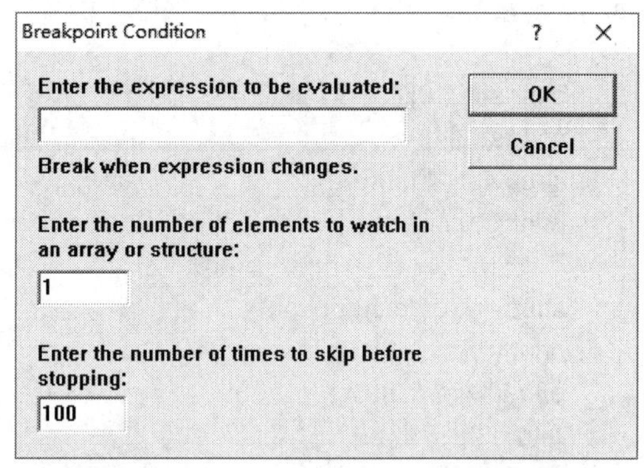

图 15.15　Breakpoint Condition 对话框

位置断点设置完成后，按 F5 键开始调试运行代码，此时程序会运行报错。按 Ctrl+B 键打开 Breakpoints 对话框进行查看，如图 15.16 所示。

关闭 Breakpoints 对话框，按 Shift+F5 键退出调试状态。按 Ctrl+B 键打开 Breakpoints 对话框，单击 Condition 按钮，将 skip 的值由 100 修改为 23，单击 OK 按钮，如图 15.17 所示。

再按 F5 键调试运行，此时按 F10 键单步运行，就可以立刻定位到程序出错的位置。

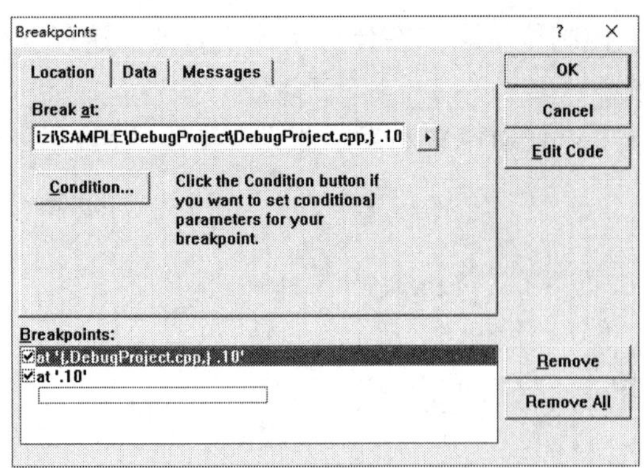

图 15.16　Breakpoints 对话框

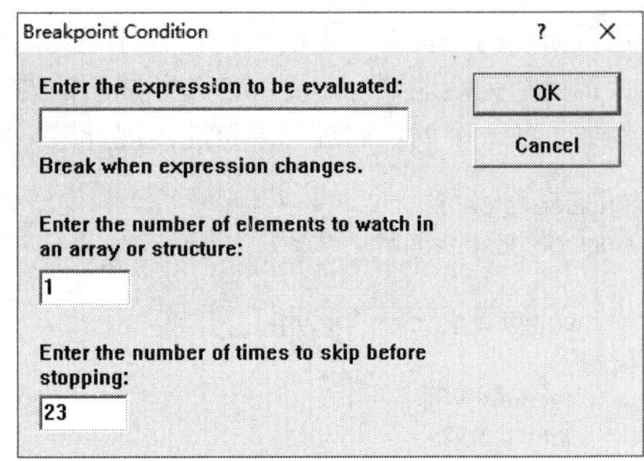

图 15.17　修改 skip 值

15.4.3　数据断点的使用

数据断点是对程序代码中的数据进行判断或操作引发的中断行为。数据断点与位置断点不同，它是在程序的调试时期根据某变量的数据条件添加的断点，常用于解决由于数据溢出而导致的程序错误。

例如，在对字符串数组进行赋值时，很容易出现内存溢出的现象。

```
#include "stdafx.h"
#include "iostream.h"
#include "string.h"

int main(int argc, char *argv[])
{
	char str1[10];
	char str2[4];
	strcpy(str1,"mrsoft");
	printf("%s\n", str1);

	strcpy(str2, "mingribook");
	printf("%s\n", str1);
	printf("%s\n", str2);
	return 0;
}
```

程序运行结果如图 15.18 所示。

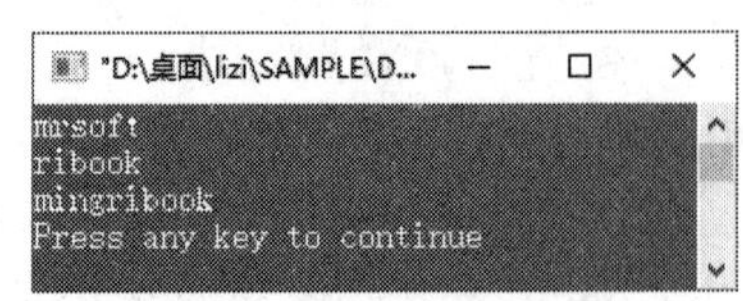

图 15.18　数组赋值

从上面代码的运行结果看出程序存在错误，即 str1 在第二次输出时结果不正确，在程序中只为 str1 赋了一次值。当问题不好解决时，可以使用数据断点跟踪所有对 str1 赋值的位置，然后查看出现错误的原因。

下面介绍如何使用数据断点解决字符数组赋值时内存溢出的问题。首先在第一个 strcpy 出现的位置添加一个普通断点，按 F5 键进入调试运行状态，然后按 Ctrl+B 键打开 Breakpoints 对话框。在 Data 选项卡中设置需要查看的变量名 str1，单击 OK 按钮，如图 15.19

所示。

当数据断点设置完成后，按 F10 键执行正确的数据赋值与数据输出语句，这是因为这些语句都会触发数据断点，所以需要跳过这些正确的修改语句，当断点定位在第二个 strcpy 函数所在的语句执行时，按 F5 键将弹出 str1 数据发生改变的提示信息，如图 15.20 所示。

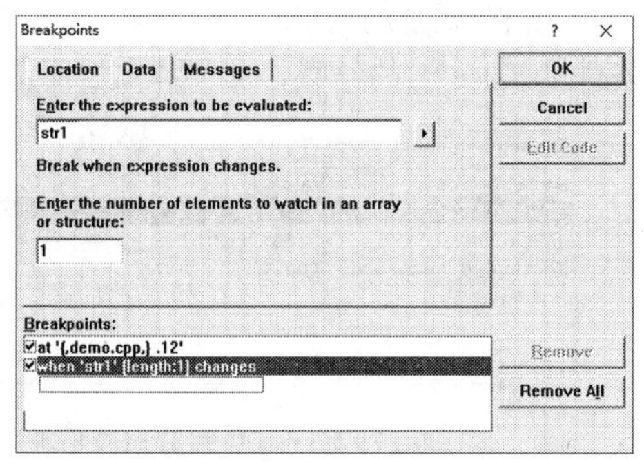

图 15.19　设置数据断点

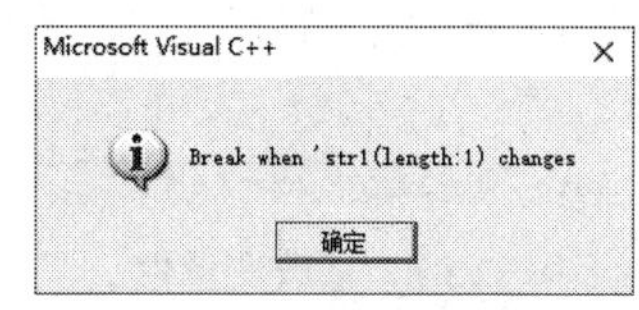

图 15.20　str1 数据发生改变

这里，strcpy 用于给 str2 赋值，由于原来 str2 的长度只有 4 个字节，赋值时超出了范围，所以修改了 str1 的值。就这样，通过数据断点，快速地解决了程序中出现的异常错误。

15.5　调试的高级应用

程序调试是编程过程中必不可少的一项工作，一般的程序错误通过简单的程序调试就可以解决，但有些程序错误只凭基本的调试技术是无法解决的。本节将向读者介绍两个高级的调试方法。

15.5.1　在调试时修改变量的值

Visual C++ 6.0 提供了强大的程序调试功能，可以满足各种调试的需要，还可以在程序调试时修改某一变量的值并继续调试。这一功能不但提高了程序调试的效率，还增加了调试的灵活性，使程序设计人员更好地解决程序中出现的错误。

例如，通过对字符的判断显示不同的结果。

```
#include "stdafx.h"
#include "iostream.h"
#include "string.h"

int main(int argc, char *argv[])
{
    char flgstr = 'Y';
    char outstr[255];
    if (flgstr == 'Y' )
        strcpy(outstr , "今天晚上同学聚会。");
    else
        strcpy(outstr , "晚上同学聚会取消。");
```

```
    cout << outstr;
    return 0;
}
```

在代码的 if 语句上添加一个普通断点，按 F5 键调试运行，此时需要将 flgstr 的值由'Y'修改成'N'，在 Variables 窗口中找到这个变量直接修改其值为'N'，如图 15.21 所示。

按 F10 键继续运行，可以看到 outstr 的值是条件为 false 时的结果，如图 15.22 所示。

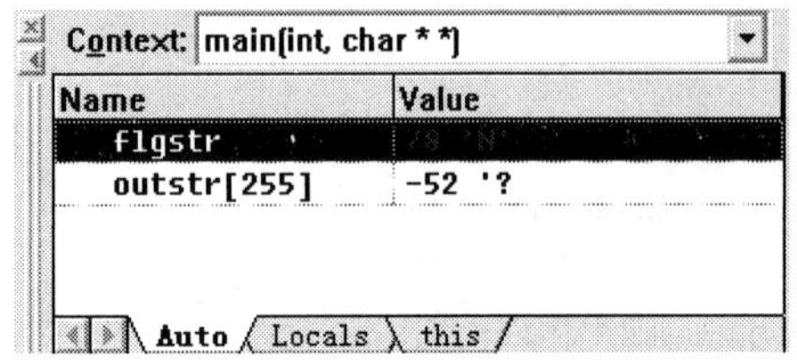

图 15.21　修改变量值

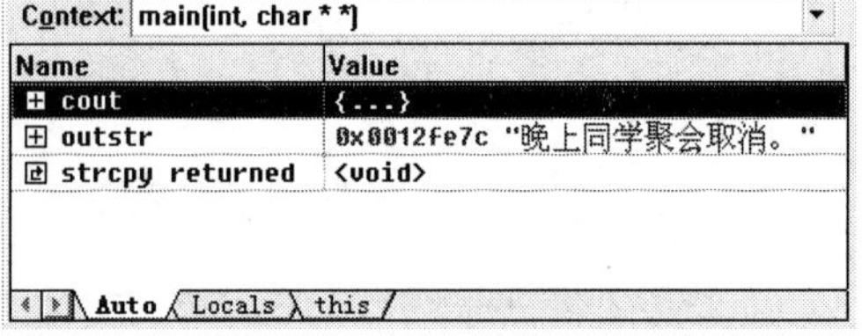

图 15.22　outstr 变量输出结果

也就是说，程序设计人员可以在调试过程中任意修改变量的值，而且不需要重新编译程序就可以继续调试。这一功能同样可以在 Watch 窗口中使用，如图 15.23 所示。

图 15.23　在 Watch 窗口中修改变量值

15.5.2　在循环中调试

在循环语句中进行调试是一项十分复杂的工作，循环的次数通常很多，因此单步调试可能需要花费大量的时间，这样就必须寻找另外的方法对循环进行调试。在 15.4 节中介绍位置断点时讲解了循环语句中调试的方法，使用这种方法虽然可以快速定位到程序出错的位置，但并不能跟踪变量的值。本节将介绍另一种循环调试的方法，就是利用 TRACE 宏将循环中使用的变量结果显示在 Debug 窗口中。

例如，在一个循环的过程中可能会出现异常，就可以使用 TRACE 进行调试查看。

```
int sum = 0;
int n = 552;
for (int i = 0; i < 100 ; i++,i++)
{
    sum += i;
    int k = sum;
    k /= (sum - n);
    TRACE("i=%d\n",i);
}
```

这段代码必须写在支持 MFC 的应用程序中，因为 TRACE 宏是定义在 MFC 中的。运行此程序时不用设置断点，直接按 F5 键调试运行，变量 i 的值就会显示在 Debug 窗口中，如图 15.24 所示。

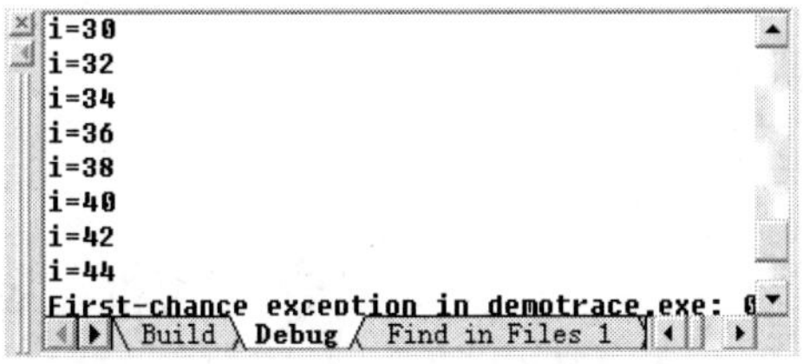

```
i=30
i=32
i=34
i=36
i=38
i=40
i=42
i=44
First-chance exception in demotrace.exe: 0
```

图 15.24　在 Debug 窗口中输出变量的值

通过图 15.24 可以看出循环在什么位置出错，并能同时看到相应变量的值，这有助于对程序中的错误进行分析。这种方法不但适用于循环程序，也适用于对其他错误的处理。

15.6　小　　结

对于程序开发人员来说，程序调试是必不可少的。任何程序在开发完成后，都需要进行调试，以修改运行中的错误，达到用户的需求。本章着重对程序错误的常见类型和调试工具进行了讲解，并且对调试的应用进行了举例介绍。

第 16 章

文 件 操 作

文件操作是程序开发中不可缺少的一部分，任何需要数据存储的软件都需要进行文件操作。文件操作包括打开文件、读文件和写文件，掌握读文件和写文件的同时，还要理解文件指针的移动，才能够控制读文件和写文件的位置。

本章知识架构及重难点如下：

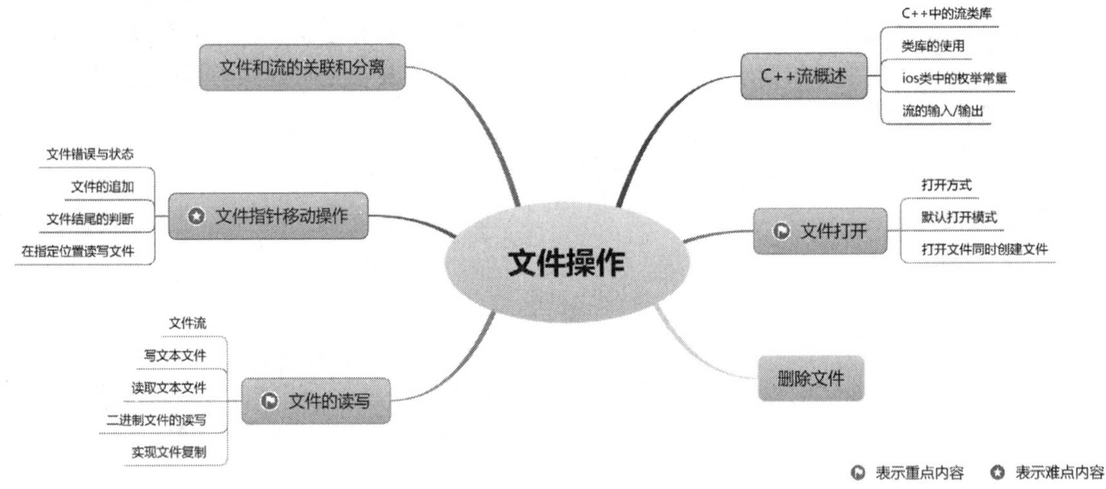

16.1　C++流概述

16.1.1　C++中的流类库

C++语言为数据的标准输入输出定义了专门的类库，类库中包含 ios、istream、ostream、iostream、ifstream、ofstream、fstream、istrstream、ostrstream 和 strstream 等类。ios 为根基类，它直接派生 4 个类：输入流类 istream、输出流类 ostream、文件流基类 fstreambase 和字符串流基类 strstreambase。输入文件流类 ifstream 同时继承了输入流类和文件流基类，输出文件流类 ofstream 同时继承了输出流类和文件流基类，输入字符串流类 istrstream 同时继承了输入流类和字符串流基类，输出字符串流类 ostrstream 同时继承了输出流类和字符串流基类，输入/输出流类 iostream 同时继承了输入流类和输出流类，输入/输出文件流类 fstream 同时继承了输入/输出流类和文件流基类，输入/输出字符串流类 strstream 同时继承了输入/输出流类和字符串流基类。类库关系如图 16.1 所示。

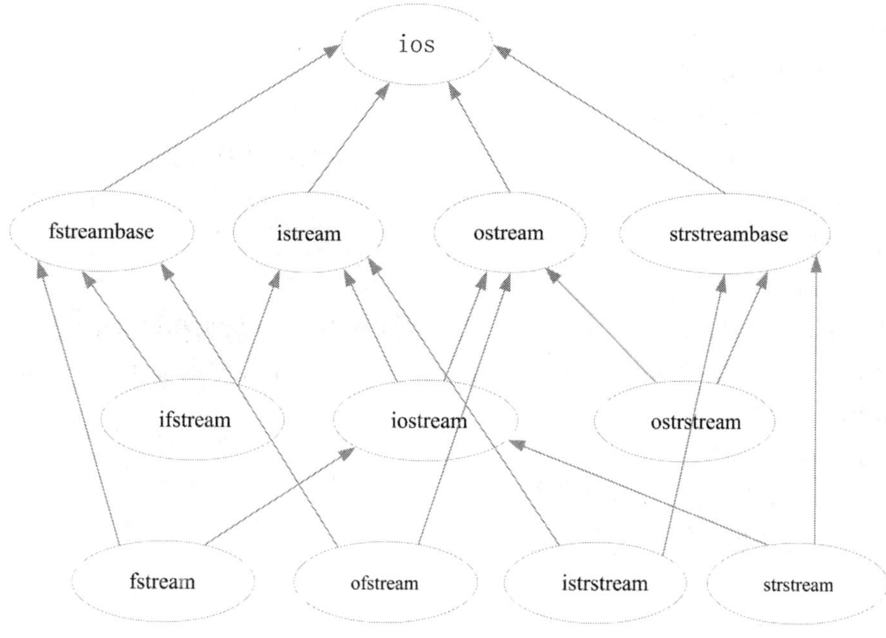

图 16.1　类库关系

16.1.2　类库的使用

C++系统中的 I/O（输入/输出）标准类定义在 iostream.h、fstream.h 和 strstream.h 3 个头文件中，各头文件包含的类如下。

- ☑ 进行标准 I/O 操作时使用 iostream.h 头文件，它包含 ios、iostream、istream 和 ostream 等类。
- ☑ 进行文件 I/O 操作时使用 fstream.h 头文件，它包含 fstream、ifstream、ofstream 和 fstreambase 等类。
- ☑ 进行串 I/O 操作时使用 strstream.h 头文件，它包含 strstream、istrstream、ostrstream、strstreambase 和 iostream 等类。

只要引入头文件，就可以使用其中的类进行各种操作。

16.1.3　ios 类中的枚举常量

在根基类 ios 中定义了用户需要使用的枚举类型，它们是在公用成员部分定义的，因此其中的枚举类型常量在加上 ios::前缀后都可以被本类成员函数和所有外部函数访问。

在 3 个枚举类型中有一个无名枚举类型，其中定义的每个枚举常量都是用于设置控制输入/输出格式标志的。该枚举类型的定义如下：

```
enum{skipws,left,right,insternal,dec,oct,hex,showbase,showpoint,uppercase,showpos,scientific,fixed,unitbuf, stdio};
```

其中，主要枚举常量的含义如下。

- ☑ skipws：利用它设置对应标志后，从流中输入数据时跳过当前位置及后面的所有连续的空白字符，从第一个非空白字符起读数，否则不跳过空白字符。空格、制表符\t、回车符\r 和换行符\n 统称空白符。默认为设置。

- ☑ left：靠左对齐输出数据。
- ☑ right：靠右对齐输出数据。
- ☑ insternal：显示占满整个域宽，用填充字符在符号和数值之间填充。
- ☑ dec：用十进制输出数据。
- ☑ oct：用八进制输出数据。
- ☑ hex：用十六进制输出数据。
- ☑ showbase：在数值前显示基数符，八进制基数符是 0，十六进制基数符是 0x。
- ☑ showpoint：强制输出的浮点数中带有小数点和小数尾部的无效数字 0。
- ☑ uppercase：用大写输出数据。
- ☑ showpos：在数值前显示符号。
- ☑ scientific：用科学记数法显示浮点数。
- ☑ fixed：用固定小数点位数显示浮点数。
- ☑ unitbuf：格式标志。
- ☑ stdio：输入输出。

16.1.4　流的输入/输出

本节通过实例介绍如何在程序中使用流进行输出。

【实例 16.1】 字符相加。（**实例位置：资源包\TM\sl\16\1**）

本实例中，定义一个字符数组并赋值，定义整型变量用来存储转换之后的数据，用两次 istrstream 将字符串转换为数字，再进行相加，具体代码如下：

```
#include <iostream.h>
#include <strstrea.h>
void main()
{
    char buf[]="12345678";
    int i,j;
    istrstream s1(buf);
    s1 >> i;                    //将字符串转换为数字
    istrstream s2(buf,3);
    s2 >> j;                    //将字符串转换为数字
    cout << i+j <<endl;         //两个数字相加
}
```

程序运行结果如图 16.2 所示。

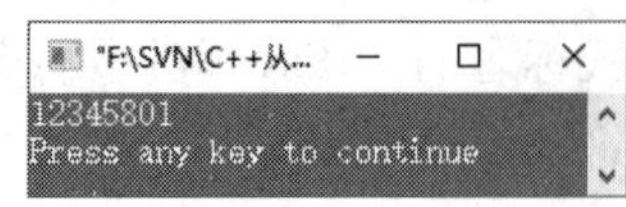

图 16.2　字符相加

编程训练（答案位置：资源包\TM\sl\16\编程训练\）

【训练 1】 字符串转为整型　试着编写一个函数，使用 istrstream 将字符串转换为整型数字返回。

【训练 2】 通过命令行参数将字符串转为整型　试着编写一个函数，接收命令行参数，将输入的字符串转换成整数并输出。

16.2　文 件 打 开

16.2.1　打开方式

只有将文件流与磁盘上的文件进行连接后，才能对磁盘上的文件进行操作，这个连接过程称为打开文件。打开文件的方式有以下两种。

（1）在创建文件流时利用构造函数打开文件，即在创建流时加入参数。语法结构如下：

```
<文件流类> <文件流对象名>(<文件名>,<打开方式>)
```

其中，文件流类可以是 fstream、ifstream 和 ofstream 中的一种。文件名是指磁盘文件的名称，包括磁盘文件的路径名。打开方式在 ios 类中定义，有输入方式、输出方式和追加方式等，具体如下。

- ☑ ios::in：用输入方式打开文件，只能读取，不能改写。
- ☑ ios::out：以输出方式打开文件，只能改写，不能读取。
- ☑ ios::app：以追加方式打开文件，打开后文件指针在文件尾部，可以改写。
- ☑ ios::ate：打开已存在的文件，文件指针指向文件尾部，可读可写。
- ☑ ios::binary：以二进制方式打开文件。
- ☑ ios::trunc：打开文件进行写操作，如果文件已经存在，清除文件中的数据。
- ☑ ios::nocreate：打开已经存在的文件，如果文件不存在，打开失败，不创建。
- ☑ ios::noreplace：创建新文件，如果文件已经存在，打开失败，不覆盖。

上述参数可以结合运算符“|”一起使用，例如：

- ☑ ios::in|ios::out：以读写方式打开文件，对文件可读可写。
- ☑ ios::in|ios::binary：以二进制方式打开文件，可进行读操作。

使用相对路径打开文件 test.txt，进行写操作，代码如下：

```
ofstream outfile("test.txt",ios::out);
```

使用绝对路径打开文件 test.txt，进行写操作，代码如下：

```
ofstream outfile("c::\\test.txt",ios::out);
```

注意

字符“\”表示转义，如果使用“c:\”则必须写成“c:\\”。

（2）利用 open 函数打开磁盘文件，语法结构如下：

```
<文件流对象名>.open(<文件名>,<打开方式>);
```

文件流对象名是一个已经定义的文件流对象。

```
ifstream infile;
infile.open("test.txt",ios::out);
```

使用两种方式中的任意一种打开文件后，如果打开成功，文件流对象为非 0 值；如果打开失败，则文件流对象为 0 值。检测一个文件是否打开成功，可以用以下语句：

```
void open(const char * filename,int mode,int prot=filebuf::openprot)
```

prot 指定文件的访问方式，取值说明如下：0 表示普通文件，1 表示只读文件，2 表示隐含文件，4 表示系统文件。

16.2.2 默认打开模式

如果没有指定打开方式参数，编译器将使用默认值。

```
std::ofstream std::ios::out | std::ios::trunk
std::ifstream std::ios::in
std::fstream  无默认值
```

文件打开模式根据用户的需要有不同的组合，各个模式的效果如表 16.1 所示。

表 16.1 文件打开模式

打 开 方 式	效　果	文 件 存 在	文件不存在
in	为读而打开		错误
out	为写而打开	截断	创建
out | trunc			
out | app	为在文件结尾处写而打开		创建
in | out	为输入/输出而打开		创建
in | out |trunc	为输入/输出而打开	截断	创建

16.2.3 打开文件同时创建文件

前面介绍了文件操作的基础知识，本节通过实例进一步介绍它们的具体应用。

【实例 16.2】 创建文件。（实例位置：资源包\TM\sl\16\2）

本实例在项目的文件路径下创建两个文件，即 test.txt、test2.txt，并向文件写入字符串，具体代码如下：

```
#include <iostream>
#include <fstream>
using namespace std;
int main()
{
	ofstream ofile;
	cout << "Create file1" << endl;
	ofile.open("test.txt");
	if(!ofile.fail())
	{
		ofile << "name1" << " ";
		ofile << "sex1" << " ";
		ofile << "age1";
		ofile.close();
```

```
            cout << "Create file2" <<endl;
            ofile.open("test2.txt");
            if(!ofile.fail())
            {
                ofile << "name2" << " ";
                ofile << "sex2" << " ";
                ofile << "age2";
                ofile.close();
            }
        }
        return 0;
}
```

程序运行将创建两个文件，ofstream 默认打开方式是 std::ios::out | std::ios::trunk，因此当文件夹内没有 test.txt 文件和 test2.txt 文件时，会创建这两个文件，并向文件写入字符串。向 test.txt 文件写入字符串 name1 sex1 age1，向 test2.txt 文件写入字符串 name2 sex2 age2。如果文件夹内有 test.txt 文件和 test2.txt 文件，程序覆盖原有文件而重新写入。

编程训练（答案位置：资源包\TM\sl\16\编程训练\）

【训练 3】 保存用户自动登录账号　在程序设计中经常需要长期保存一些数据，如自动登录时需要保存账号。编写一个程序，该程序接收用户输入的账号，之后创建一个以账号为文件名的文件。

【训练 4】 自动创建多个文件　编写一个程序，该程序可连续创建 10 个文件，文件名分别为 1.txt, 2.txt, ... 10.txt。

16.3　文件的读写

对文件进行操作时，最常见的就是读写文件。例如，使用程序查看文件内容时，首先要读取文件；修改文件内容时，则需要向文件中写入数据。本节就来介绍文件的读写操作如何实现。

16.3.1　文件流

1. 文件流分类

文件流分为 3 类，即输入流、输出流和输入/输出流，相应地，必须将流声明为 ifstream、ofstream 和 fstream 类的对象。

```
ifstream ifile;            //声明一个输入流
ofstream ofile;            //声明一个输出流
fstream iofile;            //声明一个输入/输出流
```

声明了流对象之后，可以使用 open 函数打开文件。打开文件就是在流与文件之间建立一个连接。

2. 文件流成员函数

ofstream 和 ifstream 类中有很多用于磁盘文件管理的函数。

☑　attach：在一个打开的文件与流之间建立连接。

- ☑ close：刷新未保存的数据后关闭文件。
- ☑ flush：刷新流。
- ☑ open：打开一个文件并把它与流连接。
- ☑ put：把一个字节写入流中。
- ☑ rdbuf：返回与流连接的 filebuf 对象。
- ☑ seekp：设置流文件指针位置。
- ☑ setmode：设置流为二进制或文本模式。
- ☑ tellp：获取流文件指针位置。
- ☑ write：把一组字节写入流中。

3. fstream 成员函数

fstream 成员函数如表 16.2 所示。其中，参数 c、str 为 char 型，n 为 int 型。

表 16.2　fstream 成员函数

函　数　名	功 能 描 述
get(c)	从文件读取一个字符
getline(str,n, '\n')	从文件读取字符并存入字符串 str 中，直到读取 n-1 个字符或遇到'\n'时结束
peek()	查找下一个字符，但不从文件中取出
put(c)	将一个字符写入文件
putback(c)	对输入流放回一个字符，但不保存
eof	如果读取超过 eof，返回 true
ignore(n)	跳过 n 个字符，参数为空时，表示跳过下一个字符

【实例 16.3】　文件的读写应用。（**实例位置：资源包\TM\sl\16\3**）

使用 ifstream 和 ofstream 对象实现文件的读写功能。具体代码如下：

```
#include <iostream>
#include <fstream>
using namespace std;
int main()
{
    char buf[128];
    ofstream ofile("test.txt");
    for(int i=0;i<5;i++)
    {
        memset(buf,0,128);
        cin >> buf;
        ofile << buf;
    }
    ofile.close();
    ifstream ifile("test.txt");
    while(!ifile.eof())
    {
```

```
        char ch;
        ifile.get(ch);
        if(!ifile.eof())
            cout << ch;
    }
    cout << endl;
    ifile.close();
    return 0;
}
```

程序运行结果如图 16.3 所示。首先使用 ofstream 类创建并打开 test.txt 文件，然后输入 5 次数据，程序把 5 次输入的数据全部写入 test.txt 文件。关闭 ofstream 类打开的文件，用 ifstream 类打开文件，将文件中的内容读出。

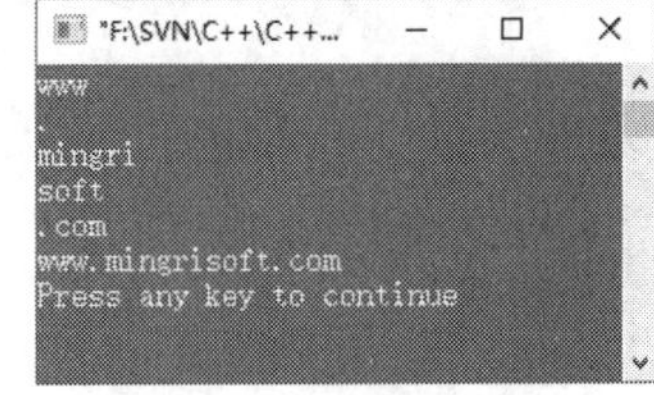

图 16.3　程序运行结果

16.3.2　写文本文件

文本文件是程序开发经常使用的文件，使用记事本程序就可以打开。文本文件以.txt 作为扩展名，前面使用 ifstream 和 ofstream 类创建并写入文本文件，本节主要应用 fstream 写入文本文件。

【实例 16.4】 向文本文件写入数据。(**实例位置：资源包\TM\sl\16\4**)

本实例中，创建一个文本文件 test.txt，并向此文件写入字符串 name sex age，具体代码如下：

```
#include <iostream>
#include <fstream>
using namespace std;
int main()
{
    fstream file("test.txt",ios::out);
    if(!file.fail())
    {
        cout << "start write " << endl;
        file << "name" << " ";
        file << "sex" << " ";
        file << "age" << endl;
    }
    else
        cout << "can not open" << endl;
    file.close();
    return 0;
}
```

程序通过 fstream 类的构造函数打开文本文件 test.txt，然后向其中写入字符串“name sex age”。

16.3.3　读取文本文件

前面介绍了如何写入文件信息，下面通过实例介绍如何读取文本文件的内容。

误区警示

这里需要注意的是：有的程序，运行时可能出现“不能找到文件”，这不一定是程序有错误。当运行写文件的程序时，在本机的本地磁盘中看到创建的文件；当运行读文件的程序时，要先创建的文件，否则将打不开文件，使读取文件失败。

【实例 16.5】 读取文本文件内容。（**实例位置：资源包\TM\sl\16\5**）

本实例中，首先需要在项目路径下创建一个文件并保存图 16.4 的内容，然后用代码读取此文件内容，具体代码如下：

```
#include <iostream>
#include <fstream>
using namespace std;
int main()
{
    fstream file("test.txt",ios::in);
    if(!file.fail())
    {
        while(!file.eof())
        {
            char buf[128];
            file.getline(buf,128);
            if(file.tellg()>0)
            {
                cout << buf;
                cout << endl;
            }
        }
    }
    else
        cout << "can not open" << endl;;
    file.close();
    return 0;
}
```

程序打开的文本文件 test.txt 的内容如图 16.4 所示，读取文本文件 test.txt 中的内容，并将其输出，输出结果如图 16.5 所示。

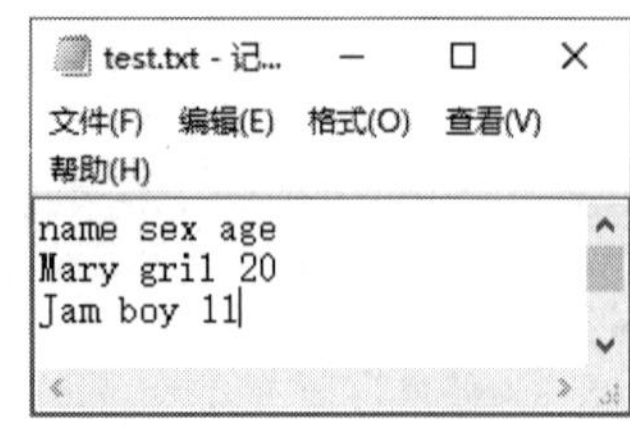

图 16.4　文本文件内容

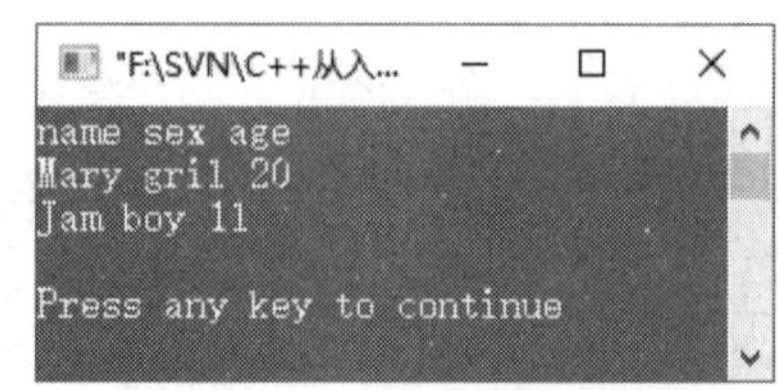

图 16.5　读取文本文件

16.3.4 二进制文件的读写

文本文件中的数据都是 ASCII 码，如果要读取图片的内容，不能使用读取文本文件的方法。以二进制方式读写文件，需要使用 ios::binary 模式。下面通过实例来实现这一功能。

【实例 16.6】 读取 dat 文件。（**实例位置：资源包\TM\sl\16\6**）

本实例中，首先需要在项目路径下创建一个 dat 文件并保存一些内容，然后用 read 读取此文件内容，具体代码如下：

```
#include <iostream>
#include <fstream>
using namespace std;
int main()
{
    char buf[50];
    fstream file;
    file.open("test.dat",ios::binary|ios::out);
    for(int i=0;i<2;i++)
    {
        memset(buf,0,50);
        cin >> buf;
        file.write(buf,50);
        file << endl;
    }
    file.close();
    file.open("test.dat",ios::binary|ios::in);
    while(!file.eof())
    {
        memset(buf,0,50);
        file.read(buf,50);
        if(file.tellg()>0)
            cout << buf;
    }
    cout << endl;
    file.close();
    return 0;
}
```

程序运行结果如图 16.6 所示。

程序需要用户输入两次数据，然后通过 fstream 以二进制方式写入文件，再通过 fstream 以二进制方式读取并输出。读取二进制数据需要使用 read 方法，写入二进制数据需要使用 write 方法。

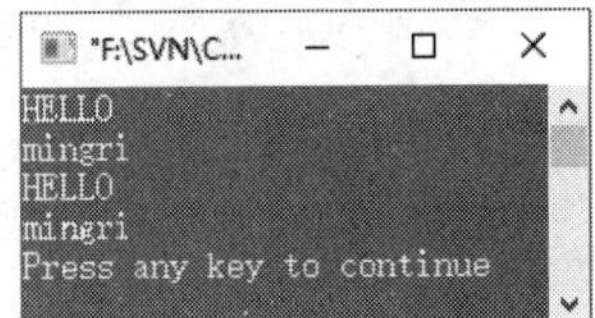

图 16.6 读取文件

误区警示

cout 遇到结束符“\0”会停止输出，但在以二进制文件中有很多结束符“\0”，遇到结束符“\0”并不代表数据已经结束。

16.3.5 实现文件复制

在进行程序开发时，有时需要用到复制等操作，下面介绍复制文件的方法。

【实例 16.7】 文件复制。（**实例位置：资源包\TM\sl\16\7**）

首先在某个路径下创建一个.txt 文件，然后用代码实现复制此 txt 文件，具体代码如下：

```
#include <iostream>
#include <fstream>
#include <iomanip>
using namespace std;
int main()
{
	ifstream infile;
	ofstream outfile;
	char name[20];
	char c;
	cout<<"请输入文件："<<"\n";
	cin>>name;
	infile.open(name);
	if(!infile)
	{
		cout<<"文件打开失败！";
		exit(1);
	}
	strcat(name,"复本");
	cout<< "start copy" << endl;
	outfile.open(name);
	if(!outfile)
	{
		cout<<"无法复制";
		exit(1);
	}
	while(infile.get(c))
	{
		outfile << c;
	}
	cout<<"start end"<< endl;
	infile.close();
	outfile.close();
	return 0;
}
```

程序需要用户输入一个文件名，然后使用 infile 打开文件，在文件名后加上“复本”，并用 outfile 创建该文件，通过一个循环将原文件中的内容复制到目标文件内，完成文件的复制。

编程训练（答案位置：资源包\TM\sl\16\编程训练\）

【训练 5】 *获取用户名和密码* 试着编写一个程序，从 config.txt（已建好的文件）文件中读出用户名和密码，并输出。

【训练 6】 *将计算结果保存* 编写一个程序，接收用户输入的两个数字，求和之后将这一过程写入 result.txt 文件中，如用户输入“1”“2”，则文件的内容应该为“1 + 2 = 3”。

16.4　文件指针移动操作

在读写文件的过程中，有时不需要对整个文件进行读写，只需要对指定位置的某段数据进行读写，这时就需要通过移动文件指针来完成。

16.4.1　文件错误与状态

在 I/O 流的操作过程中可能出现各种错误，每一个流都有一个状态标志字，以指示是否发生了错误及出现错误的类型，这种处理技术与格式控制标志字是相同的。ios 类定义了以下枚举类型：

```
enum io_state
{
    goodbit=0x00,  //不设置任何位，一切正常
    eofbit=0x01,   //输入流已经结束，无字符可读入
    failbit=0x02,  //上次读/写操作失败，但流仍可使用
    badbit=0x04,   //视图进行无效的读/写操作，流不再可用
    bardfail=0x80  //不可恢复的严重错误
};
```

对应于标志字各状态位，ios 类还提供了以下成员函数检测或设置流的状态。

```
int rdstate();
int eof();
int fail();
int bad();
int good();
int clear(int flag=0);
```

为提高程序的可靠性，应在程序中检测 I/O 流的操作是否正常。例如，用 fstream 默认方式打开文件时，如果文件不存在，fail 方法就能检测到错误发生，然后通过 rdstate 方法获得文件状态。

```
fstream file("test.txt");
if(file.fail())
{
    cout << file.rdstate << endl;
}
```

16.4.2 文件的追加

写入文件时，有时不会一次性写入全部数据，而是在写入一部分数据后再根据条件向文件中追加写入，以下实例将实现这一功能。

【实例 16.8】 文件追加。（**实例位置：资源包\TM\sl\16\8**）

在项目路径创建一个 test.txt 文件，并保存，实现文件追加，将 Mary girl 20 追加到 test.txt 原内容后，具体代码如下：

```
#include <iostream>
#include <fstream>
using namespace std;
int main()
{
    ofstream ofile("test.txt", ios::app);
    if(!ofile.fail())
    {
        cout << "start write " << endl;
        ofile << "Mary ";
        ofile << "girl ";
        ofile << "20 ";
    }
    else
        cout << "can not open";
    return 0;

}
```

程序将字符串 Mary girl 20 追加到文本文件 test.txt 中，文本文件 test.txt 中的内容没有被覆盖。如果 test.txt 文件不存在，则创建该文件，并写入字符串 Mary girl 20。

追加还可以使用其他方法实现，例如，先打开文件，然后通过 seekp 方法将文件指针移到末尾，再向文件中写入数据，整个过程和使用参数取值一样。使用 seekp 方法实现追加的代码如下：

```
fstream iofile("test.dat",ios::in| ios::out| ios::binary);
if(iofile)
{
    iofile.seekp(0,ios::end);            //为了写入移动
    iofile << endl;
    iofile << "我是新加入的"
    iofile.seekg(0);                     //为了读取移动
    int i=0;
    char data[100];
    while(!iofile.eof && i< sizeof(data))
        iofile.get(data[i++]);
    cout << data;
}
```

程序打开 test.dat 文件，查找文件的结尾，加入字符串，再将文件指针移到文件开始处，输出文件内容。

16.4.3　文件结尾的判断

在操作文件时，经常需要判断文件是否已结束，使用 eof 方法可以实现该判断功能。也可以通过其他方法判断，如使用流的 get 方法，如果文件指针指向文件末尾，get 方法获取不到数据就返回-1，这也可以作为判断结束的方法。例如：

```
ifstream ifile("test.txt");
if(!ifile)
{
    cerr << "open fail" << endl;
}
char ch;
while(ifile.get(ch))
{
    cout << ch;
}
cout << endl;
ifile.close();
```

上述代码可输出 test.txt 文件的内容。同样的功能使用 eof 方法也可以实现，代码如下：

```
ifstream ifile("test.txt");
if(!ifile.fail())
{
    while(!ifile.eof())
    {
        char ch;
        ifile.get(ch);
        if(!ifile.eof())          //差一个空格
            cout << ch;
    }
    ifile.close();
}
```

上述程序仍然是输出 test.txt 文件中的内容，但使用 eof 方法需要多判断一步。

很多地方需要使用 eof 方法判断文件是否已经读取到末尾，下面通过实例讲述如何使用 eof 方法判断文件是否结束。

【实例 16.9】 记录并输出空格位置。（**实例位置：资源包\TM\sl\16\9**）

在项目路径下，创建一个 test.txt 文件，内容如图 16.7 所示，编写程序记录空格的位置，具体代码如下：

```
#include <iostream>
#include <fstream>
using namespace std;
int main()
{
    ifstream ifile("test.txt");
    if(!ifile.fail())
    {
        while(!ifile.eof())
        {
```

```
                char ch;
                streampos sp = ifile.tellg();
                ifile.get(ch);
                if(ch == ' ' )
                {
                    cout << "postion:" << sp ;
                    cout <<"is blank "<< endl;
                }
            }
        }
        return 0;
}
```

程序打开文本文件 test.txt，运行结果如图 16.8 所示。

图 16.7　文本文件内容

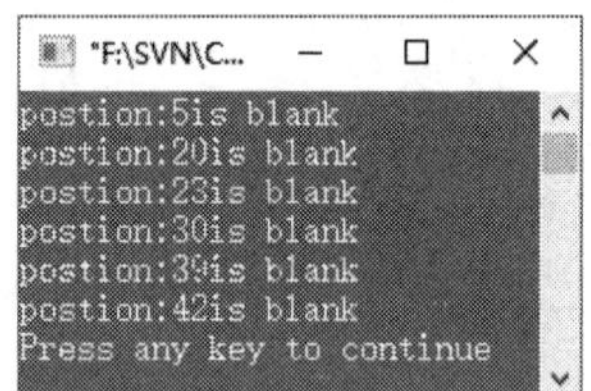

图 16.8　记录并输出空格位置

16.4.4　在指定位置读写文件

要实现在指定位置读写文件的功能，首先要了解文件指针是如何移动的。下面将介绍用于设置文件指针位置的函数。

☑　seekg：位移字节数，相对位置用于输入文件中指针的移动。

☑　seekp：位移字节数，相对位置用于输出文件中指针的移动。

☑　tellg：用于查找输入文件中的文件指针位置。

☑　tellp：用于查找输出文件中的文件指针位置。

位移字节数是移动指针的位移量，相对位置是参照位置，取值如下。

☑　ios::beg：文件头部。

☑　ios::end：文件尾部。

☑　ios::cur：文件指针的当前位置。

例如，seekg(0,ios::beg)可将文件指针移动到相对于文件头 0 个偏移量的位置，即指针在文件头。

【实例 16.10】 输出文件指定位置的内容。（**实例位置：资源包\TM\sl\16\10**）

在项目路径下创建一个 test.txt 文件，内容为 www.mingrisoft.com。编写程序，用户输入某个指定位置，输出此位置的内容。具体代码如下：

```
#include <iostream>
#include <fstream>
using namespace std;
int main()
{
    ifstream ifile;
    char cFileSelect[20];
    cout << "input filename:";
```

```
    cin >> cFileSelect;
    ifile.open(cFileSelect);
    if(!ifile)
    {
        cout << cFileSelect << "can not open" << endl;
        return 0;
    }
    ifile.seekg(0,ios::end);
    int maxpos=ifile.tellg();
    int pos;
    cout << "Position:";
    cin >> pos;
    if(pos > maxpos)
    {
        cout << "is over file lenght" << endl;
    }
    else
    {
        char ch;
        ifile.seekg(pos);
        ifile.get(ch);
        cout << ch <<endl;
    }
    ifile.close();
    return 1;
}
```

如果用户输入的文件名是 test.txt，在 test.txt 文件中含有字符串 www.mingrisoft.com，则程序运行结果如图 16.9 所示。

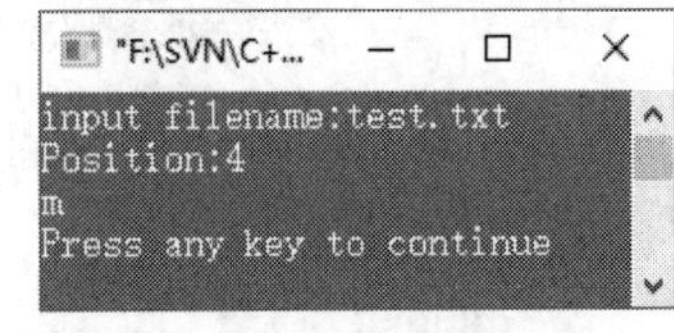

图 16.9　输出文件中指定位置的内容

通过 maxpos 可以获得文件长度，实例 16.10 就通过 maxpos 获得了文件长度，并输出了文件指定位置后的内容。

编程训练（答案位置：资源包\TM\sl\16\编程训练\）

【训练 7】 以十六进制输出内容　试着编写一个程序，以十六进制的格式输出任意文件的内容。

【训练 8】 显示文件内容并输出 ASCII 码行　试着编写一个程序，读取二进制文件的内容，以十六进制格式输出，并输出对应的 ASCII 码。

16.5　文件和流的关联和分离

一个流对象可以在不同时间表示不同文件。在构造一个流对象时，不用将流和文件绑定。使用流对象的 open 成员函数动态与文件关联，如果要关联其他文件就调用 close 成员函数，关闭当前文件与流的连接，再通过 open 成员函数建立与其他文件的连接。下面通过实例实现文件和流的关联和分离功能。

【实例 16.11】 文件和流的关联和分离。（**实例位置：资源包\TM\sl\16\11**）

在项目路径下创建一个 test.txt 文件并保存 www.mingrisoft.com，编写程序，实现文件和流的关联及分离，具体代码如下：

```
#include <iostream>
#include <fstream>
using namespace std;
int main()
{
	const char *filename="test.txt";
	fstream iofile;
	iofile.open(filename,ios::in);
	if(iofile.fail())
	{
		iofile.clear();
		iofile.open(filename, ios::in| ios::out| ios::trunc);
	}
	else
	{
		iofile.close();
		iofile.open(filename, ios::in| ios::out| ios::ate);

	}
	if(!iofile.fail())
	{
		iofile << "我是新加入的";
		iofile.seekg(0);
		while(!iofile.eof())
		{
			char ch;
			iofile.get(ch);
			if(!iofile.eof())
				cout << ch;
		}
		cout << endl;
	}
	return 0;
}
```

程序打开文本文件 test.txt，文件内容如图 16.10 所示。程序运行结果如图 16.11 所示。

图 16.10　文件内容

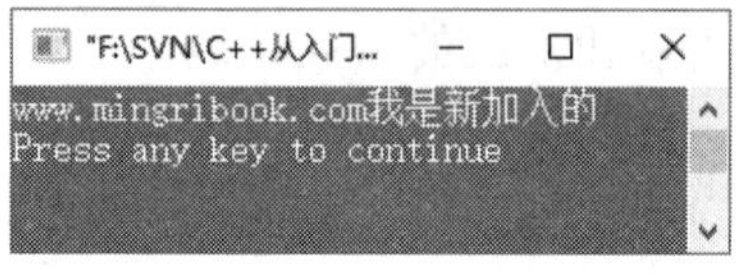

图 16.11　程序运行结果

程序需要用户输入文件名，然后使用 fstream 的 open 方法打开文件，如果文件不存在，通过在 open 方法中指定 ios::in| ios::out| ios::trunc 参数取值创建该文件，向文件中写入数据，将文件指针指向开始处，最后输出文件内容。程序在第一次调用 open 方法打开文件后，如果文件存在，调用 close 方法将文件流与文件分离，再调用 open 方法建立文件流与文件的关联。

编程训练（答案位置：资源包\TM\sl\16\编程训练\）

【训练 9】 创建日志文件　编写程序，接收用户输入，将输入的数值写入 log.txt 文件中。

【训练 10】 读取 csv 文件　试着编写程序，打印 a.csv 文件的内容。该文件内容为：

```
姓名,年龄,身高
王二毛,22, 178
小科,18, 176
```

16.6 删除文件

前文介绍了文件的创建和读写操作，本节通过下面的代码介绍如何在程序中使用remove函数删除文件。

```
#include <iostream>
#include <iomanip>
using namespace std;
int main()
{
	char file[50];
	cout <<"Input file name："<<"\n";
	cin >>file;
	if(!remove(file))
	{
		cout <<"The file:"<<file<<"已删除"<<"\n";
	}
	else
	{
		cout <<"The file:"<<file<<"删除失败"<<"\n";
	}
}
```

remove函数是系统提供的，可以删除指定的磁盘文件。

16.7 小　　结

本章主要介绍了如何使用文件流进行文件操作。文件在打开时可以控制文件是写打开或读打开，控制打开模式可以控制执行效率，掌握文件的随机读取可以快速读取想要的数据，也可以实现文件中数据的修改及插入。另外，本章还介绍了使用一个文件流打开多个文件的方法，使读者掌握文件流和文件的区别。

16.8 实践与练习

答案位置：（资源包\TM\sl\16\实践与练习\）

综合练习1：保存用户名和密码　试着写一个程序，该程序接收用户输入的用户名和密码，并将其保存在文件“config.txt”中（该文件为事先建好的文件）。

综合练习2：复制文件　将一个文件中的字母复制到指定的文件中。

综合练习3：登录小程序　设计一个登录功能，使用文件记录登录用户信息。

第 17 章

网 络 通 信

随着网络日益普及，对网络软件的需求也越来越大，网络通信已成为程序员必须掌握的技术。网络通信技术中涉及的协议和概念很多，包括阻塞函数和非阻塞函数、TCP/IP 协议、客户端和服务器端等。本章将通过具体实例讲述如何建立 socket 通信。

本章知识架构及重难点如下：

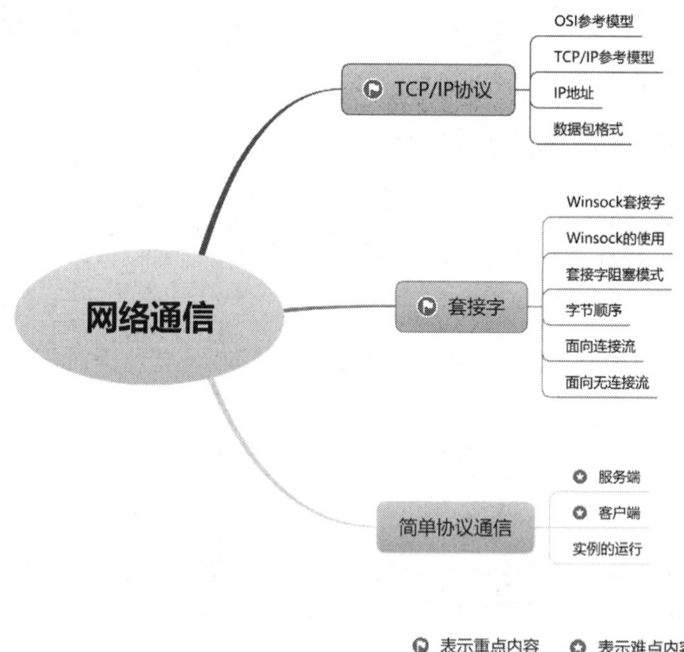

17.1 TCP/IP 协议

17.1.1 OSI 参考模型

OSI（Open System Interconnection，开放式系统互联）是国际标准化组织（ISO）为了实现计算机网络的标准化而颁布的参考模型。OSI 参考模型采用分层划分原则，将网络中的数据传输划分为 7 层，如表 17.1 所示。其中，物理层居于最下层，是最基础、核心的网络硬件层；应用层居于最上层，负责应用资源的管理。每一层使用下层的服务，并向上层提供服务。

表 17.1　OSI 参考模型

层　　次	名　　称	功 能 描 述
第 7 层	应用层（Application）	应用层负责网络中应用程序与网络操作系统之间的联系。例如，建立和结束使用者之间的连接，管理建立相互连接使用的应用资源
第 6 层	表示层（Presentation）	表示层用于确定数据交换的格式，它能够解决应用程序之间在数据格式上的差异，并负责设备之间所需要的字符集和数据的转换
第 5 层	会话层（Session）	会话层是用户应用程序与网络层的接口，它能够建立与其他设备的连接，即会话，并且对会话进行有效的管理
第 4 层	传输层（Transport）	传输层提供会话层和网络层之间的传输服务，该服务从会话层获得数据，必要时对数据进行分割，然后将数据传递到网络层，并确保数据能准确无误地传送到网络层
第 3 层	网络层（Network）	网络层能够将传输的数据封包，然后通过路由选择、分段组合等控制，将信息从源设备传送到目标设备
第 2 层	数据链路层（Data Link）	数据链路层主要是修正传输过程中的错误信号，它能够提供可靠的通过物理介质传输数据的方法
第 1 层	物理层（Physical）	利用传输介质为数据链路层提供物理连接，它规范了网络硬件的特性、规格和传输速度

OSI 参考模型的建立不仅创建了通信设备之间的物理通道，还规划了各层之间的功能，为标准化组合和生产厂家定制协议提供了基本原则，它有助于用户了解复杂的协议，如 TCP/IP、X.25 协议等。用户可以将这些协议与 OSI 参考模型对比，进而了解这些协议的工作原理。

17.1.2　TCP/IP 参考模型

TCP/IP（Transmission Control Protocal/Internet Protocal，传输控制协议/网际协议）是互联网上最流行的协议，但它并不完全符合 OSI 的 7 层参考模型。传统的开放式系统互联参考模型，是一种通信协议的 7 层抽象的参考模型。TCP/IP 通信协议采用如下 4 层的层级结构，每一层都呼叫它的下一层提供的网络来完成自己的需求。

（1）应用层：应用程序间沟通的层，如简单电子邮件传输协议（SMTP）、文件传输协议（FTP）、网络远程访问（Telnet）协议等。

（2）传输层：在此层中提供了节点间的数据传送服务，如传输控制协议（TCP）、用户数据包协议（UDP）等，TCP 和 UDP 给数据包加入传输数据，并把它传输到下一层中。这一层负责传送数据，并且确定数据已被送达并接收。

（3）互联网络层：负责提供基本的数据封包传送功能，让每一块数据包都能够到达目的主机（但不检查是否被正确接收），如网际协议（IP）。

（4）网络接口层：对实际的网络媒体的管理，定义如何使用实际网络（如 Ethernet、Serial Line 等）来传送数据。

17.1.3　IP 地址

IP（Internet Protocol，网际协议）是 Internet 上一个关键的底层协议。正是因为有了 IP 通信协议，

Internet 才成为一个允许连接不同类型的计算机和不同操作系统的网络。

要使两台计算机彼此之间能够进行通信，必须让它们使用同一种“语言”。通信协议就像两台计算机交换信息所使用的共同语言，它规定了通信双方在通信中应共同遵守的规则。IP 协议具有能适应各种各样网络硬件的灵活性，对底层网络硬件几乎没有任何要求。任何一个网络，只要能够从一个地点向另一个地点传送二进制数据，就可以使用 IP 协议加入 Internet。

如果希望在 Internet 上进行交流和通信，则每台连上 Internet 的计算机都必须遵守 IP 协议，为此，使用 Internet 的每台计算机都必须运行 IP 软件，以便时刻准备发送或接收信息。

IP 地址是由 IP 协议规定的，由 32 位的二进制数表示。最新的 IPv6 协议将 IP 地址升为 128 位，这使 IP 地址更加广泛，能够很好地解决目前 IP 地址紧缺的问题。但是 IPv6 协议距离实际应用还有一段距离，目前多数操作系统和应用软件都是以 32 位 IP 地址为基准的。

32 位的 IP 地址主要分为两部分：前缀和后缀。前缀表示计算机所属的物理网络，后缀确定该网络上的唯一一台计算机。在互联网上，每一个物理网络都有一个唯一的网络号，根据网络号的不同，可以将 IP 地址分为 5 类，即 A 类、B 类、C 类、D 类和 E 类。其中，A 类、B 类和 C 类属于基本类，D 类用于多播发送，E 类属于保留类。表 17.2 描述了各类 IP 地址的范围。

表 17.2　各类 IP 地址的范围

类　型	范　围	类　型	范　围
A 类	0.0.0.0～127.255.255.255	D 类	224.0.0.0～239.255.255.255
B 类	128.0.0.0～191.255.255.255	E 类	240.0.0.0～247.255.255.255
C 类	192.0.0.0～223.255.255.255		

在上述 IP 地址中，有几个是特殊的，有其单独的用途。

☑ 网络地址：在 IP 地址中主机地址为 0 的表示网络地址，如 128.111.0.0。

☑ 广播地址：在网络号后所有位全是 1 的 IP 地址，表示广播地址。

☑ 回送地址：127.0.0.1 表示回送地址，用于测试。

17.1.4　数据包格式

TCP/IP 协议的每层都会发送不同的数据包，常见的有 IP、TCP、UDP 和 ICMP 数据包。

（1）IP 数据包。IP 数据包在 IP 协议间发送，主要在以太网与网际协议模块之间传输，提供无链接数据包传输。IP 协议不能保证数据包的准确发送，但能保证最大限度地发送数据。IP 协议结构定义如下：

```
typedef struct HeadIP {
	unsigned char headerlen:4;		//首部长度，占 4 位
	unsigned char version:4;		//版本，占 4 位
	unsigned char servertype;		//服务类型，占 8 位，即 1 个字节
	unsigned short totallen;		//总长度，占 16 位
	unsigned short id;			//与 idoff 构成标识，共占 16 位，前 3 位是标识，后 13 位是片偏移
	unsigned short idoff;
	unsigned char ttl;			//生存时间，占 8 位
	unsigned char proto;			//协议，占 8 位
	unsigned short checksum;		//首部检验和，占 16 位
```

```
        unsigned int sourceIP;              //源 IP 地址，占 32 位
        unsigned int destIP;                //目的 IP 地址，占 32 位
}HEADIP;
```

理论上，IP 数据包的最大长度是 655535 个字节，这是由 IP 首部 16 位总长度字段所限制的。

（2）TCP 数据包。传输控制协议（TCP）是一种提供可靠数据传输的通信协议，它在网际协议模块和 TCP 模块之间传输，TCP 数据包分为 TCP 包头和数据两部分。TCP 包头包含源端口、目的端口、序列号、确认序列号、头部长度、码元比特、窗口、校验和、紧急指针、可选项、填充位和数据区。在发送数据时，应用层的数据传输到传输层，加上 TCP 的 TCP 包头，数据就构成了包文。报包是网际层 IP 的数据，如果再加上 IP 首部，就构成了 IP 数据包。TCP 包头结构定义如下：

```
typedef struct HeadTCP {
        WORD SourcePort;            //16 位源端口号
        WORD DePort;                //16 位目的端口号
        DWORD SequenceNo;           //32 位序号
        DWORD ConfirmNo;            //32 位确认序号
        BYTE HeadLen;       //与 Flag 为一个组成部分，首部长度占 4 位，保留 6 位，标识 6 位，共 16 位
        BYTE Flag;
        WORD WndSize;       //16 位窗口大小
        WORD CheckSum;      //16 位校验和
        WORD UrgPtr;        //16 位紧急指针
} HEADTCP;
```

TCP 提供了一个安全可靠的、面向连接的、全双工的（包含两个独立且方向相反的连接）流传输服务，允许两个应用程序建立一个连接，并在全双工方向上发送数据和终止连接。每一个 TCP 连接都能可靠地建立并完善地终止，在终止发生前，所有数据都会被可靠地传送。

TCP 中比较有名的概念是“3 次握手”，即通信双方彼此交换 3 次信息。“3 次握手”是在数据包丢失、重复和延迟的情况下，确保通信双方信息交换确定性的充分必要条件。

注意

可靠传输服务软件都是面向数据流的。

（3）UDP 数据包。用户数据包协议（UDP）是一个面向无连接的协议，采用该协议后，两个应用程序间不需要先建立连接，它为应用程序提供了一次性的数据传输服务。UDP 工作在网际协议模块与 UDP 模块之间，不提供差错恢复，不能提供数据重传，所以使用 UDP 的应用程序都比较复杂，如 DNS（域名解析服务）应用程序。UDP 数据包包头结构如下：

```
typedef struct HeadUDP {
        WORD SourcePort;            //16 位源端口号
        WORD DePort;                //16 位目的端口号
        WORD Len;                   //16 位 UDP 长度
        WORD ChkSum;                //16 位 UDP 校验和
} HEADUDP;
```

UDP 数据包分为伪首部和首部两个部分，伪首部包含原 IP 地址、目标 IP 地址、协议字、UDP 长度、源端口、目的端口、包文长度、校验和、数据区，是为了计算和检验而设置的。伪首部包含 IP 首

部一些字段，其目的是让 UDP 两次检查数据是否正确到达目的地。使用 UDP 时，协议字为 17，包文长度包括头部和数据区的总长度，最小 8 个字节。校验和以 16 位为单位，各位求补（首位为符号位）将和相加，然后再求补。现在的大部分系统都默认提供了可读写大于 8192 个字节的 UDP 数据包（使用这个默认值是因为 8192 是 NFS 读写用户数据数的默认值）。因为 UDP 是无差错控制的，所以发送过程与 IP 协议类似，即 IP 分组，然后用 ARP 来解析物理地址，最后发送。

（4）ICMP 数据包。ICMP 被称为网际控制包文协议。作为 IP 协议的附属协议，ICMP 用来与其他主机或路由器交换错误包文和其他重要信息，可以将某个设备的故障信息发送到其他设备上。ICMP 数据包包头结构如下：

```
typedef struct HeadICMP {
        BYTE Type;                  //8 位类型
        BYTE Code;                  //8 位代码
        WORD ChkSum;                //16 位校验和
} HEADICMP;
```

17.2 套 接 字

所谓套接字，实际上是一个指向传输提供者的句柄。在 Winsock 中，就是通过操作该句柄来实现网络通信和管理的。根据性质和作用的不同，套接字可以分为 3 种，即原始套接字、流式套接字和数据包套接字。原始套接字是在 Winsock2 规范中提出的，它能够使程序开发人员对底层的网络传输机制进行控制，在原始套接字下接收的数据中含有 IP 头。流式套接字提供了双向、有序、可靠的数据传输服务，该类型套接字在通信前需要双方建立连接，大家熟悉的 TCP 协议采用的就是流式套接字。与流式套接字对应的是数据包套接字，数据包套接字提供双向的数据流，但是它不能保证数据传输的可靠性、有序性和无重复性，UDP 协议采用的就是数据包套接字。

17.2.1 Winsock 套接字

套接字是网络通信的基本构件，是加利福尼亚大学 Berkeley 学院为 UNIX 开发的网络通信编程接口。为了在 Windows 操作系统上使用套接字，20 世纪 90 年代初，微软公司和第三方厂商共同制定了一套标准，即 Windows socket 规范，简称 Winsock。1993 年 1 月起，Winsock1.1 成为业界的一项标准，它为通用的 TCP/IP 应用程序提供了超强灵活的 API。由于 Winsock 1.1 把 API 限定在 TCP/IP 的范畴里，不像 Berkerly 模型一样可以支持多种协议，所以 Winsock2 进行了扩展，开始支持 IPX/SPX 和 DECNet 等协议。Winsock2 允许多种协议栈的并存，可以使应用程序适用于不同的网络名和网络地址。

17.2.2 Winsock 的使用

Windows 系统提供的套接字函数通常封装在 ws2_32.dll 动态链接库中，其头文件 winsock2.h 提供了套接字函数的原型，库文件 ws2_32.lib 提供了 ws2_32.dll 动态链接库的输出。在使用套接字函数前，用户需要引用 winsock2.h 头文件，并链接 ws2_32.lib 库文件。例如：

```
#include "winsock2.h"                                    //引用头文件
#pragma comment (lib,"ws2_32.lib")                       //链接库文件
```

此外，在使用套接字函数前还需要初始化套接字，可以使用 WSAStartup 函数来实现。例如：

```
WSADATA wsd;                                             //定义 WSADATA 对象
WSAStartup(MAKEWORD(2,2),&wsd);                          //初始化套接字
```

下面介绍常用的套接字函数。

（1）WSAStartup 函数。该函数用于初始化 ws2_32.dll 动态链接库。在使用套接字函数之前，一定要初始化 ws2_32.dll 动态链接库。语法如下：

```
int WSAStartup ( WORD wVersionRequested,LPWSADATA lpWSAData );
```

☑ wVersionRequested：表示调用者使用 Windows socket 的版本，高字节记录修订版本，低字节记录主版本，例如，如果 Windows socket 的版本为 2.1，则高字节记录 1，低字节记录 2。

☑ lpWSAData：是一个 WSADATA 结构指针，该结构详细记录了 Windows 套接字的相关信息，其定义如下：

```
typedef struct WSAData {
        WORD wVersion;
        WORD wHighVersion;
        char szDescription[WSADESCRIPTION_LEN+1];
        char szSystemStatus[WSASYS_STATUS_LEN+1];
        unsigned short iMaxSockets;
        unsigned short iMaxUdpDg;
        char FAR * lpVendorInfo;
} WSADATA, FAR * LPWSADATA;
```

其中的 7 个参数含义如下。

☑ wVersion：调用者使用的 ws2_32.dll 动态库的版本号。

☑ wHighVersion：ws2_32.dll 支持的最高版本，通常与 wVersion 相同。

☑ szDescription：套接字的描述信息，通常没有实际意义。

☑ szSystemStatus：系统的配置或状态信息，通常没有实际意义。

☑ iMaxSockets：最多可以打开多少个套接字。在套接字版本 2 或以后的版本中，该成员将被忽略。

☑ iMaxUdpDg：数据包的最大长度。在套接字版本 2 或以后的版本中，该成员将被忽略。

☑ lpVendorInfo：套接字的厂商信息。在套接字版本 2 或以后的版本中，该成员将被忽略。

（2）socket 函数。该函数用于创建一个套接字。语法如下：

```
SOCKET socket ( int af,int type, int protocol );
```

☑ af：地址家族。通常为 AF_INET。

☑ type：套接字类型。如果为 SOCK_STREAM，表示创建面向连接的流式套接字；如果为 SOCK_DGRAM，创建面向无连接的数据包套接字；如果为 SOCK_RAW，表示创建原始套接字。对于这些值，用户可以在 winsock2.h 头文件中找到。

☑ protocol：套接口所用的协议。如果用户不指定，可以设置为 0。

☑ 返回值：是创建的套接字句柄。

（3）bind 函数。该函数用于将套接字绑定到指定的端口和地址上。语法如下：

```
int bind (SOCKET s,const struct sockaddr FAR*   name,int namelen );
```

☑ s：套接字标识。
☑ name：sockaddr 结构指针。该结构包含要结合的地址和端口号。
☑ namelen：确定 name 缓冲区的长度。
☑ 返回值：如果函数执行成功，返回值为 0，否则为 SOCKET_ERROR。

（4）listen 函数。该函数用于将套接字设置为监听模式。对于流式套接字，必须处于监听模式才能接收客户端套接字的连接。语法如下：

```
int listen ( SOCKET s, int backlog);
```

☑ s：套接字标识。
☑ backlog：等待连接的最大队列长度。例如，如果 backlog 被设置为 2，此时有 3 个客户端同时发出连接请求，那么前两个客户端连接放置在等待队列中，第 3 个客户端得到错误信息。

（5）accept 函数。该函数用于接受客户端的连接。在流式套接字中，只有套接字处于监听状态，才能接受客户端的连接。语法如下：

```
SOCKET accept ( SOCKET s, struct sockaddr FAR* addr, int FAR* addrlen );
```

☑ s：套接字，处于监听状态。
☑ addr：sockaddr_in 结构指针，包含一组客户端的端口号、IP 地址等信息。
☑ addrlen：用于接收参数 addr 的长度。
☑ 返回值：新的套接字，它对应于已经接受的客户端连接，对于该客户端的所有后续操作，都应使用这个新的套接字。

（6）closesocket 函数。该函数用于关闭套接字。语法如下：

```
int closesocket (SOCKET s);
```

☑ s：标识一个套接字。如果参数 s 设置有 SO_DONTLINGER 选项，则调用该函数后会立即返回，但此时如果有数据尚未传送完毕，会继续传递数据，然后才关闭套接字。

（7）connect 函数。该函数用于发送一个连接请求。语法如下：

```
int connect (SOCKET s,const struct sockaddr FAR* name,int namelen );
```

☑ s：套接字。
☑ name：套接字 s 想要连接的主机地址和端口号。
☑ namelen：name 缓冲区的长度。
☑ 返回值：如果函数执行成功，返回值为 0，否则为 SOCKET_ERROR。用户可以通过 WSAGE-TLASTERROR 得到其错误描述。

（8）htons 函数。该函数将一个 16 位的无符号短整型数据由主机排列方式转换为网络排列方式。语法如下：

```
u_short htons (u_short hostshort );
```

☑ hostshort：主机排列方式的无符号短整型数据。

☑ 返回值：16 位的网络排列方式数据。

（9）htonl 函数。该函数将一个无符号长整型数据由主机排列方式转换为网络排列方式。语法如下：

```
u_long htonl ( u_long hostlong);
```

☑ hostlong：主机排列方式的无符号长整型数据。
☑ 返回值：32 位的网络排列方式数据。

（10）inet_addr 函数。该函数将一个由字符串表示的地址转换为 32 位的无符号长整型数据。语法如下：

```
unsigned long inet_addr (const char FAR * cp);
```

☑ cp：一个 IP 地址字符串。
☑ 返回值：32 位无符号长整数。

（11）recv 函数。该函数用于从面向连接的套接字中接收数据。语法如下：

```
int recv (SOCKET s,char FAR* buf,int len,int flags);
```

☑ s：套接字。
☑ buf：接收数据的缓冲区。
☑ len：buf 的长度。
☑ flags：函数的调用方式。如果为 MSG_PEEK，表示查看传来的数据，在序列前端的数据会被复制一份到返回缓冲区中，但是这个数据不会从序列中移走。如果为 MSG_OOB，表示用来处理 Out-Of-Band 数据，也就是外带数据。

（12）send 函数。该函数用于在面向连接方式的套接字间发送数据。语法如下：

```
int send (SOCKET s,const char FAR * buf, int len,int flags);
```

☑ s：套接字。
☑ buf：存放要发送数据的缓冲区。
☑ len：缓冲区长度。
☑ flags：函数的调用方式。

（13）select 函数。该函数用来检查一个或多个套接字是否处于可读、可写或错误状态。语法如下：

```
int select (int nfds,fd_set FAR * readfds,fd_set FAR * writefds,fd_set FAR * exceptfds, const struct timeval FAR *
timeout);
```

☑ nfds：无实际意义，只是为了和 UNIX 下的套接字兼容。
☑ readfds：一组被检查可读的套接字。
☑ writefds：一组被检查可写的套接字。
☑ exceptfds：被检查有错误的套接字。
☑ timeout：函数的等待时间。

（14）WSACleanup 函数。该函数用于释放为 ws2_32.dll 动态链接库初始化时分配的资源。语法如下：

```
int WSACleanup (void);
```

（15）WSAAsyncSelect 函数。该函数用于将网络中发生的事件关联到窗口的某个消息中。语法如下：

```
int WSAAsyncSelect (SOCKET s, HWND hWnd,unsigned int wMsg,long lEvent);
```

☑ s：套接字。
☑ hWnd：接收消息的窗口句柄。
☑ wMsg：窗口接收来自套接字中的消息。
☑ lEvent：网络中发生的事件。

（16）ioctlsocket 函数。该函数用于设置套接字的 I/O 模式。语法如下：

```
int ioctlsocket(SOCKET s,long cmd,u_long FAR* argp);
```

☑ s：待更改 I/O 模式的套接字。
☑ cmd：对套接字的操作命令。如果为 FIONBIO，当 argp 为 0 时，表示禁止非阻塞模式；当 argp 为非 0 时，表示设置非阻塞模式。如果为 FIONREAD，表示从套接字中可以读取的数据量。如果为 SIOCATMARK，表示所有的外带数据都已被读入。这个命令仅适用于流式套接字，并且该套接字已被设置为可以在线接收外带数据（SO_OOBINLINE）。
☑ argp：命令参数。

以下是 Winsock2 新增的函数。

☑ WSAAccept：accept 函数扩展版本，支持条件接收和套接口分组。
☑ WSACloseEvent：释放一个事件对象。
☑ WSAConnect：connect 函数的扩展版本，支持连接数据交换和 QOS 规范。
☑ WSACreateEvent：创建一个事件对象。
☑ WSADuplicateSocket：为一个共享套接口创建一个新的套接口描述字。
☑ WSAEnumNetworkEvents：检查是否有网络事件发生。
☑ WSAEnumProtocols：得到每个可以使用的协议信息。
☑ WSAEventSelect：把网络事件和一个事件对象连接。
☑ WSAGetOverlappedResu：得到重叠操作的完成状态。
☑ WSAGetQOSByName：为一个传输协议服务名提供相应的 QOS 参数。
☑ WSAHtonl：htonl 函数的扩展版本。
☑ WSAHtons：htons 函数的扩展版本。
☑ WSAIoctl：ioctlsocket 函数的允许重叠操作的版本。
☑ WSAJoinLeaf：在多点对话中计入一个叶节点。
☑ WSANtohl：ntohl 函数的扩展版本。
☑ WSANtohs：ntohs 函数的扩展版本。
☑ WSARecv：recv 函数的扩展版本，支持分散/聚焦 I/O 和冲抵套接口操作。
☑ WSARecvDisconnect：终止套接口的接收操作。如果套接口是基于连接的，得到拆除数据。
☑ WSARecvFrom：recvfrom 函数的扩展版本，它支持分散/聚焦 I/O 和冲抵套接口操作。
☑ WSAResetEvnet：重新初始化一个数据对象。
☑ WSASend：send 函数的扩展版本，支持分散/聚焦 I/O 和冲抵套接口操作。
☑ WSASendDisconnect：启动一系列拆除套接口连接的操作，并且可以选择发送拆除数据。

☑ WSASendTo：sendto 函数的扩展版本，支持分散/聚焦 I/O 和冲抵套接口操作。
☑ WSASetEvent：设置一个数据对象。
☑ WSASocket：socket 函数的扩展版本，以一个 PROTOCOL_INFO 结构作为输入参数，并且允许创建重叠套接口，它还允许创建套接口组。
☑ WSAWaitFoMultipleEvent：阻塞多个事件对象。

17.2.3　套接字阻塞模式

依据函数执行方式的不同，可以将套接字分为两类，即阻塞套接字和非阻塞套接字。在阻塞套接字中，套接字函数的执行会一直等待，直到函数调用完成才返回。这主要出现在 I/O 操作过程中，在 I/O 操作完成之前不会将控制权交给程序。这也意味着在一个线程中同时只能进行一项 I/O 操作，其后的 I/O 操作必须等待正在执行的 I/O 操作完成后才会执行。在非阻塞套接字中，套接字函数的调用会立即返回，将控制权交给程序。默认情况下，套接字为阻塞套接字。为了将套接字设置为非阻塞套接字，需要使用 ioctlsocket 函数。例如，下面的代码在创建一个套接字后，将套接字设置为非阻塞套接字。

```
unsigned long nCmd;
SOCKET clientSock = socket(AF_INET, SOCK_STREAM, 0);                //创建套接字
int nState = ioctlsocket(clientSock, FIONBIO, &nCmd);               //设置非阻塞模式
if (nState != 0)                                                    //设置套接字非阻塞模式失败
{
    TRACE("设置套接字非阻塞模式失败");
}
```

将程序设置成非阻塞套接字后，Winsock 通过异步选择函数 WSAAsyncSelect 实现非阻塞通信。其方法是由该函数指定某种网络事件（如有数据到达、可以发送数据、有程序请求连接等），当被指定的网络事件发生时，由 Winsock 发送程序事先约定的消息，程序可以根据这些消息做相应的处理。

17.2.4　字节顺序

有时，不同的计算机结构使用不同的字节顺序存储数据。例如，基于 Intel 的计算机存储数据的顺序与 Macintosh（Motorola）计算机相反。通常情况下，用户不必为在网络上发送和接收数据的字节顺序转换担心，但在有些情况下必须转换字节顺序。例如，程序中将指定的整数设置为套接字的端口号，在绑定端口号之前，必须将端口号从主机顺序转换为网络顺序。

17.2.5　面向连接流

面向连接流主要指通信双方在通信前先建立连接。建立连接的步骤如下：

☑ 创建套接字 socket。
☑ 将创建的套接字绑定（bind）到本地的地址和端口上。
☑ 服务器端设置套接字的状态为监听状态（listen），准备接受客户端的连接请求。
☑ 服务器端接受请求（accept），同时返回得到一个用于连接的新套接字。
☑ 使用这个新套接字进行通信（通信函数使用 send/recv）。

☑ 释放套接字资源（closesocket）。

面向连接流的整个过程分为客户端和服务器端，两端连接过程如图 17.1 所示。

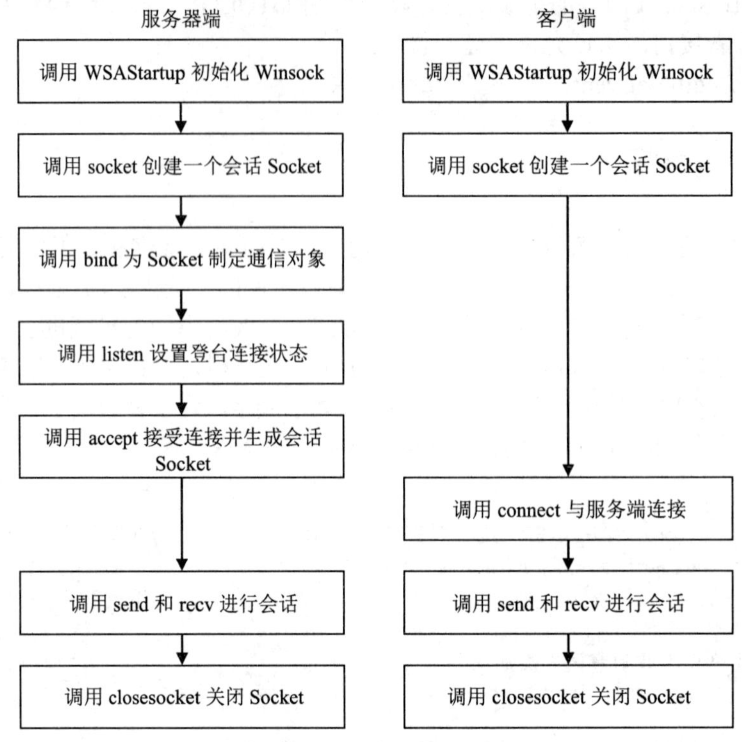

图 17.1　面向连接流

17.2.6　面向无连接流

所谓面向无连接流，主要指通信双方通信前不需要建立连接，服务器端和客户端使用相同的处理过程，如图 17.2 所示。

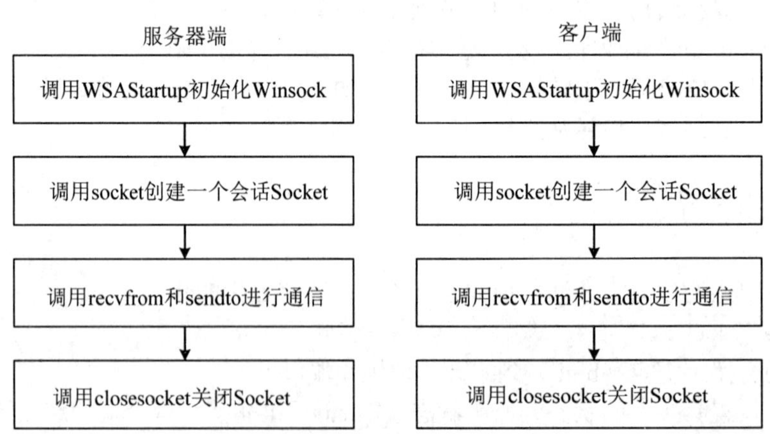

图 17.2　面向无连接流

17.3　简单协议通信

前面介绍了如何使用 socket 建立通信应用，下面通过具体实例进一步讲解如何使用 socket 进行通信。实例分为服务器端和客户端，主要完成一个简单协议的通信过程，使用的是面向连接方式建立的连接，并且是阻塞的方式。

17.3.1　服务器端

服务器端主要使用多线程技术建立连接，即一个服务器端可以连接多个客户端。连接客户端的数据可以进行限定，程序中一般设置最大连接数为 20。当客户端有连接请求发过来时，向客户端发送字符串 THIS IS SERVER，并启动一个线程等待客户端发送消息过来。

客户端发送字符 A 过来后，服务器端返回 B；发送字符 C 过来后，服务器端返回 D；发送 exit 后，服务器端关闭线程。

【实例 17.1】 服务器端。（**实例位置：资源包\TM\sl\17\1**）

本实例是基于 TCP 的网络聊天程序，根据有关 TCP 的套接字 socket 编程中服务器的设计过程，编写下面的代码。

```
#include <iostream.h>
#include <stdlib.h>
#include "winsock2.h"                                //引用头文件
#pragma comment (lib,"ws2_32.lib")                   //引用库文件
//线程实现函数
DWORD WINAPI threadpro(LPVOID pParam)
{
	SOCKET hsock=(SOCKET)pParam;
	char buffer[1024];
	char sendBuffer[1024];
	if(hsock!=INVALID_SOCKET)
			cout << "Start Receive" << endl;
	while(1)                                                        //循环接收发送的内容
	{
		int	num= recv(hsock,buffer,1024,0);                          //阻塞函数，等待接收内容
		if(num>=0)
		   cout << "Receive form clinet "<< buffer	<< endl;
		if(!strcmp(buffer,"A"))
		{
			memset(sendBuffer,0,1024);
			strcpy(sendBuffer,"B");
			int ires=send(hsock,sendBuffer,sizeof(sendBuffer),0);     //回送信息
			cout << "Send to client" << sendBuffer << endl;
		}
		else if(!strcmp(buffer,"C"))
		{
			memset(sendBuffer,0,1024);
```

```
            strcpy(sendBuffer,"D");
            int ires=send(hsock,sendBuffer,sizeof(sendBuffer),0);       //回送信息
            cout << "Send to client" << sendBuffer << endl;
        }
        else if(!strcmp(buffer,"exit"))
        {
            cout << "Client Close" << endl;
            cout << "Server Process Close" << endl;
            return 0;
        }
        else
        {
            memset(sendBuffer,0,1024);
            strcpy(sendBuffer,"ERR");
            int ires=send(hsock,sendBuffer,sizeof(sendBuffer),0);
            cout << "Send to client" << sendBuffer << endl;
        }
    }
    return 0;
}
//主函数
void main()
{
    WSADATA wsd;                                                       //定义 WSADATA 对象
    WSAStartup(MAKEWORD(2,2),&wsd);
    SOCKET m_SockServer;
    sockaddr_in serveraddr;
    sockaddr_in serveraddrfrom;
    SOCKET m_Server[20];
    serveraddr.sin_family = AF_INET;                                   //设置服务器地址家族
    serveraddr.sin_port = htons(4600);                                 //设置服务器端口号
    serveraddr.sin_addr.S_un.S_addr = inet_addr("127.0.0.1");
    m_SockServer = socket ( AF_INET,SOCK_STREAM, 0);
    int i=bind(m_SockServer,(sockaddr*)&serveraddr,sizeof(serveraddr));
    cout << "bind:" << i << endl;
    int iMaxConnect=20;                                                //最大连接数
    int iConnect=0;
    int iLisRet;
    char buf[]="THIS IS SERVER\0";                                     //向客户端发送的内容
    char WarnBuf[]="It is voer Max connect\0";
    int len=sizeof(sockaddr);
    while(1)
    {
        iLisRet=listen(m_SockServer,0);                                //进行监听
        m_Server[iConnect]=accept(m_SockServer,(sockaddr*)&serveraddrfrom,&len);    //同意建立连接

            if(m_Server[iConnect]!=INVALID_SOCKET)
            {
                int ires=send(m_Server[iConnect],buf,sizeof(buf),0);   //发送字符过去
                cout << " accept" << ires<< endl;                      //显示已经建立连接次数
                iConnect++;
                if(iConnect > iMaxConnect)
                    {
```

```
                        int ires=send(m_Server[iConnect],WarnBuf,sizeof(WarnBuf),0);
                    }
                else
                {
                    HANDLE m_Handle;                                                    //线程句柄
                    DWORD nThreadId = 0;                                                //线程 ID
                    m_Handle = (HANDLE)::CreateThread(NULL,
                    0,threadpro,(LPVOID)m_Server[--iConnect],0,&nThreadId );           //启动线程
                }
            }
    WSACleanup();
    }
}
```

程序中建立连接的 IP 只限制在本机，可以通过修改 inet_addr("127.0.0.1")表达式的值，来设置需要的 IP。

17.3.2　客户端

客户端程序主要完成向服务器端发送连接请求，然后由用户输入要发送的字符，发送的字符限定为 A、C 和 exit。

【实例 17.2】 客户端。（**实例位置：资源包\TM\sl\17\2**）

根据有关 TCP 的套接字 socket 编程中的客户端设计过程，编写下面的代码：

```
#include <iostream.h>
#include <stdlib.h>
#include "winsock2.h"
#include <time.h>                                                   //引用头文件
#pragma comment (lib,"ws2_32.lib")
void main()
{
    WSADATA wsd;                                                    //定义 WSADATA 对象
    WSAStartup(MAKEWORD(2,2),&wsd);
    SOCKET m_SockClient;
    sockaddr_in clientaddr;
    clientaddr.sin_family = AF_INET;                                //设置服务器地址家族
    clientaddr.sin_port = htons(4600);                              //设置服务器端口号
    clientaddr.sin_addr.S_un.S_addr = inet_addr("127.0.0.1");
    m_SockClient = socket ( AF_INET,SOCK_STREAM, 0 );
    int i=connect(m_SockClient,(sockaddr*)&clientaddr,sizeof(clientaddr));    //连接超时
    cout << "connect" << i << endl;
    char buffer[1024];
    char inBuf[1024];
    int num;
    num = recv(m_SockClient,buffer,1024,0);                         //阻塞
    if( num > 0 )
    {
        cout << "Receive form server" << buffer << endl;            //欢迎信息
```

```
        while(1)
        {
            num=0;
            cin >> inBuf;
            if(!strcmp(inBuf,"exit"))
            {
                send(m_SockClient,inBuf,sizeof(inBuf),0);        //发送退出指令
                return;
            }
            send(m_SockClient,inBuf,sizeof(inBuf),0);
            num= recv(m_SockClient,buffer,1024,0);               //接收客户端发送过来的数据
            if(num>=0)
                cout << "Receive form server" << buffer << endl;
        }
    }
}
```

注意

实现网络通信一定要先运行服务器端，再运行客户端。注意，在客户端输入需给出通信计算机的 IP 地址。

17.3.3 实例的运行

首先启动服务器端，然后启动客户端，在客户端输入字符 A 和 C，最后输入 exit 退出客户端。服务器端运行结果如图 17.3 所示，客户端运行结果如图 17.4 所示。

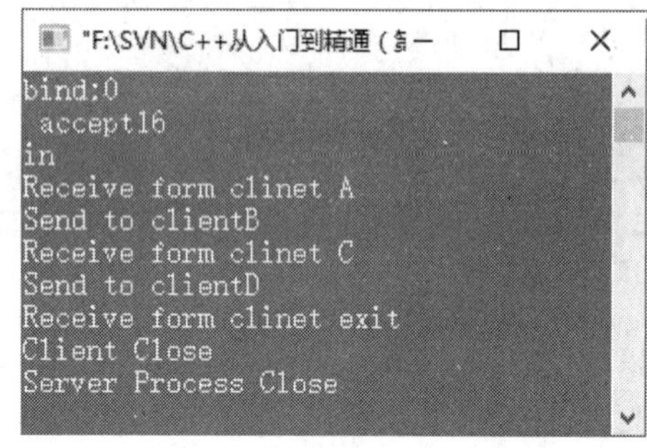

图 17.3　服务器端运行结果

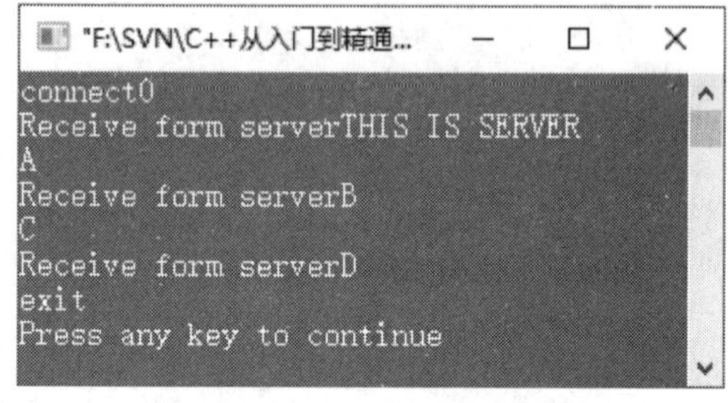

图 17.4　客户端运行结果

编程训练（答案位置：资源包\TM\sl\17\编程训练\）

【训练 1】 获取主机名　获取本地主机的主机名。

【训练 2】 获取本地 IP 地址　获取本地主机的 IP 地址。

17.4　小　　结

本章主要介绍了 TCP/IP 通信协议、OSI 参考模型和 Windows 系统提供的建立 socket 通信的函数，结合实例讲解 socket 通信函数的具体使用情况。网络技术是一门学科，在使用网络编程之前，应该掌握基础的网络技术，理解 TCP/IP 协议，为网络编程打好基础。

17.5　实践与练习

答案位置：（资源包\TM\sl\17\实践与练习\）

综合练习 1：连接要反馈　设计程序，要求当客户端连接到服务器端时，服务器显示连接的提示信息，并反馈信息给客户。

综合练习 2：基于 UDP 网络聊天　修改实例 17.1 和实例 17.2，使其成为基于 UDP 的网络聊天程序。

综合练习 3：推荐铃声音乐　将自己喜欢的音乐铃声推荐给朋友，并通过网络传送音乐文件 bj.mp3。先运行服务器端，再运行客户端，运行之后的服务器端如图 17.5 所示，音频也会出现在客户端，如图 17.6 所示。

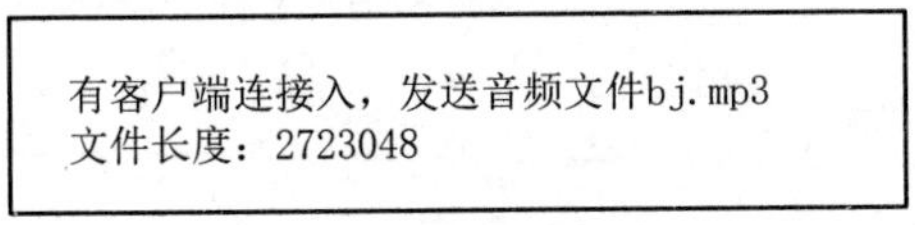

```
有客户端连接入，发送音频文件bj.mp3
文件长度：2723048
```

图 17.5　服务器端

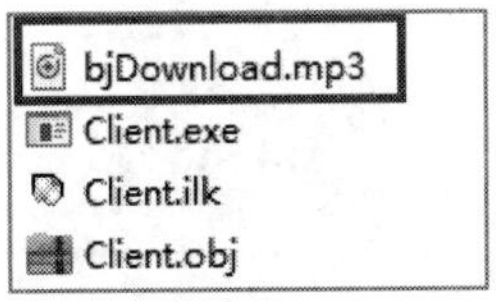

```
bjDownload.mp3
Client.exe
Client.ilk
Client.obj
```

图 17.6　客户端文件夹

第 4 篇

项目实战

本篇将运用软件工程的设计思想，开发一个人事考勤管理系统。书中按照“需求分析→系统设计→公共模块设计→主窗体设计→各功能模块实现→开发总结”的完整流程，带领你一步一步亲身体验开发项目的全过程。

项目实战

- 系统分析与设计：熟悉项目开发前的准备工作
- 公共类设计：编写公共接口、方法，简化项目的代码
- 各模块设计：熟悉各模块的功能设计，掌握分析过程
- 各模块代码实现：学习功能逻辑代码的实现
- 难点分析：学会进行项目开发总结

第 18 章

人事考勤管理系统

小型企业由于员工不多，员工的考勤管理可能算不上一个问题，但随着企业的不断壮大，员工不断增加，员工的考勤管理就会成为一个难题。人事考勤管理系统就是为了解决这个问题而开发的，有了人事考勤管理系统后，可以轻松掌握每个员工的出勤情况。

本章知识架构及重难点如下：

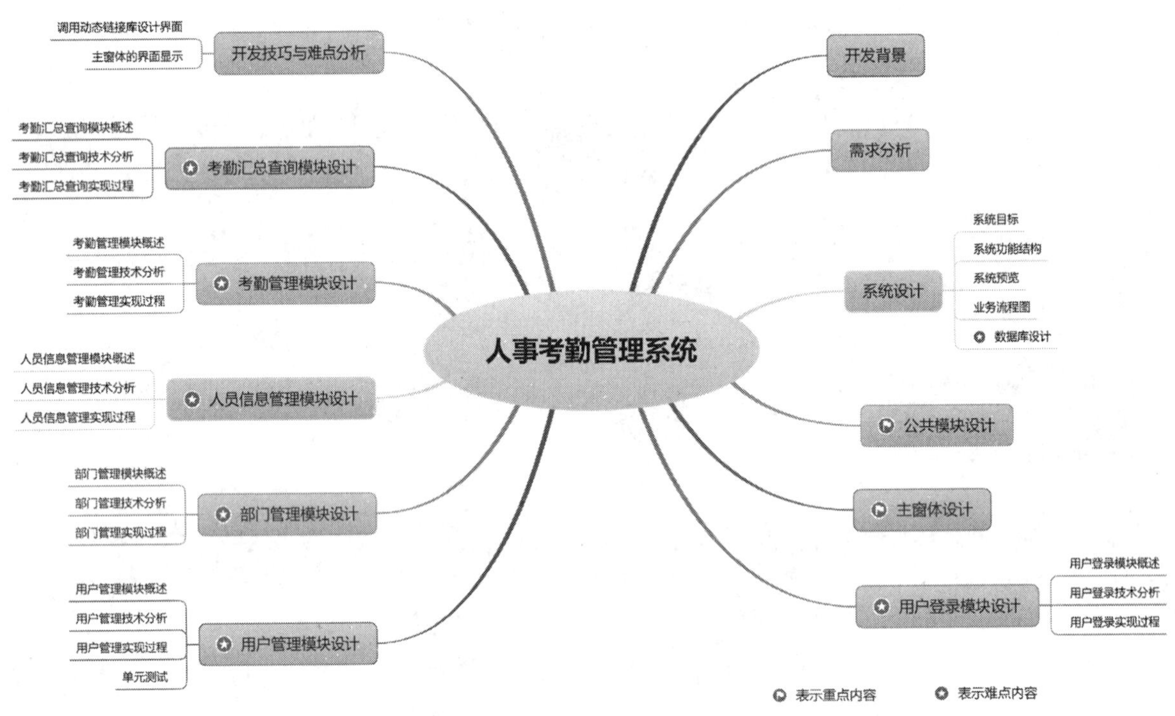

18.1 开 发 背 景

随着业务的不断发展，某公司的员工数量不断增加，人事考勤方面的管理已成为公司管理中的重要部分。传统的人事考勤制度已不能有效管理员工的出勤状况，所以人事考勤管理系统就成为人事考勤管理的必然选择。

18.2　需求分析

在使用人事考勤管理系统时，用户首先需要输入用户名和密码进入系统，才能对人事考勤管理系统的部门、员工的基本信息进行维护和管理。在考勤管理模块中可录入员工当天的考勤信息，同时可按年、月、员工进行查询，还可通过考勤汇总查询对员工某月的考勤记录进行汇总，计算员工月工作天数、早退天数、迟到天数等。通过对人事考勤管理过程的研究和分析，要求本系统具有以下功能：

☑ 用户登录。
☑ 部门信息录入。
☑ 人员信息管理。
☑ 考勤信息录入。
☑ 考勤信息汇总。

18.3　系统设计

18.3.1　系统目标

人事考勤管理系统借助强大的数据库管理功能，可以方便地对考勤信息进行统计、汇总和管理，大大提高人事部门的日常工作效率。本系统在设计时应满足以下几点要求：

☑ 采用人机对话的操作方式，信息查询灵活、方便、快捷、准确，数据存储安全可靠。
☑ 对考勤信息的操作非常简单，可以方便地进行添加、修改和删除。
☑ 可以录入员工信息、部门信息。
☑ 对员工的考勤信息可按月进行汇总计算。
☑ 对用户输入的数据进行严格的数据检验，尽可能排除人为错误。
☑ 系统最大限度地实现易维护性和易操作性。
☑ 系统运行稳定、安全可靠。

18.3.2　系统功能结构

人事考勤管理系统的功能结构图如图 18.1 所示。

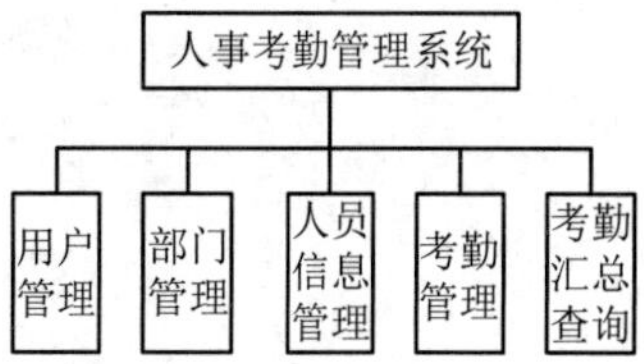

人事考勤管理系统
用户管理　部门管理　人员信息管理　考勤管理　考勤汇总查询

图 18.1　人事考勤管理系统的功能结构图

18.3.3　系统预览

人事考勤管理系统由多个功能模块组成，下面仅列出几个典型的功能模块，其他的请参见资源包中的源程序。

部门管理模块如图 18.2 所示，该模块用于管理各部门之间的结构信息；人员信息管理模块如图 18.3

所示，该模块用于维护员工的基本信息。

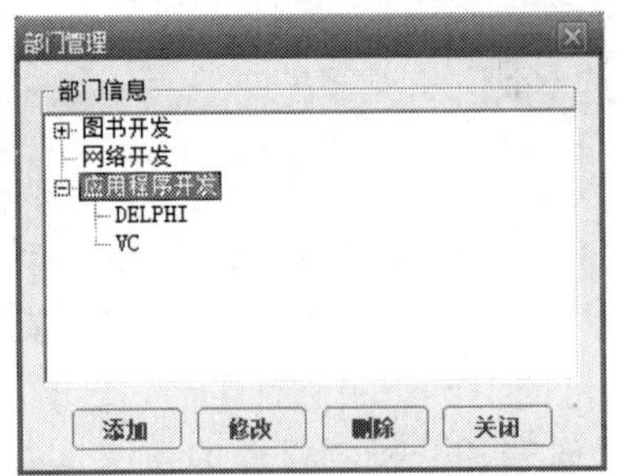

图 18.2　部门管理模块运行效果

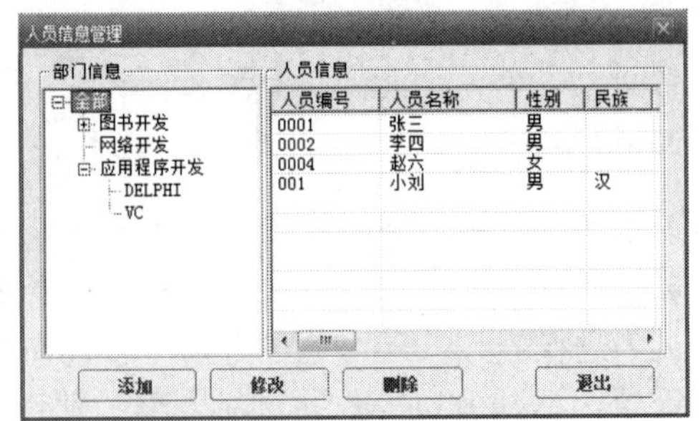

图 18.3　人员信息管理模块运行效果

考勤管理模块如图 18.4 所示，该模块用于记录人事考勤的信息；考勤汇总查询模块如图 18.5 所示，该模块用于对员工的考勤信息进行汇总统计。

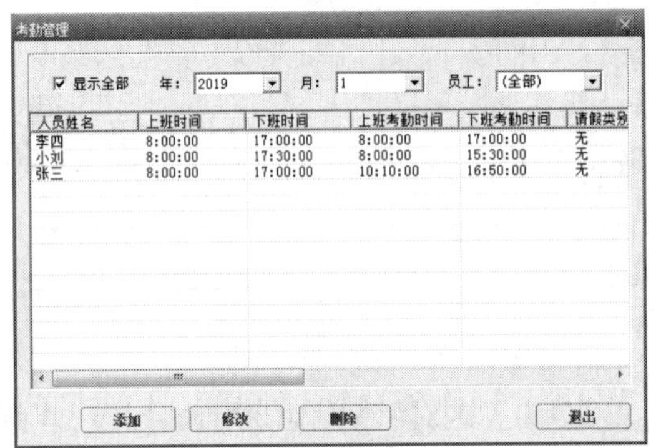

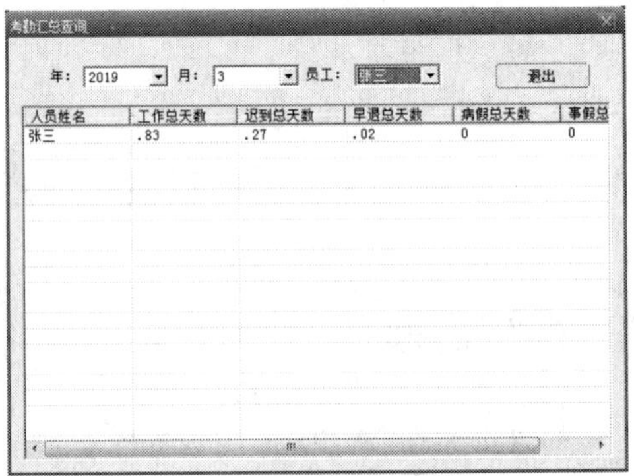

图 18.4　考勤管理模块运行效果

图 18.5　考勤汇总查询模块运行效果

18.3.4　业务流程图

人事考勤管理系统的业务流程图如图 18.6 所示。

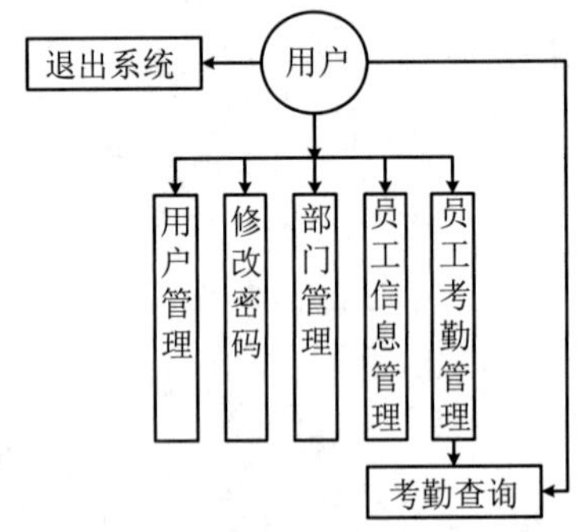

图 18.6　人事考勤管理系统的业务流程图

18.3.5　数据库设计

1. 数据库分析

人事考勤管理系统使用 SQL Server 数据库进行系统设计。数据库名为 tb_person，在数据库中创建 4 张表，用于存储各种不同信息，如图 18.7 所示。

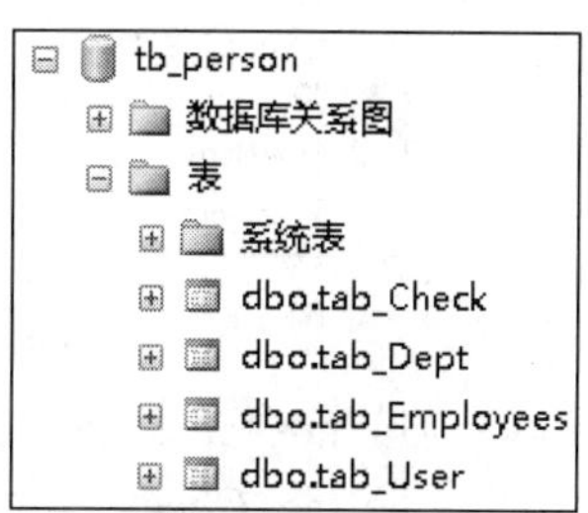

图 18.7　数据库中的表

2. 数据库概念设计

规划系统中使用的数据库实体对象，分别为管理员实体、部门实体、员工实体和考勤实体等。

（1）管理员实体。管理员实体包括编号、管理员姓名和密码信息，E-R 图如图 18.8 所示。

（2）部门实体。部门实体包括部门编号、部门名称、备注信息和上级部门编号，E-R 图如图 18.9 所示。

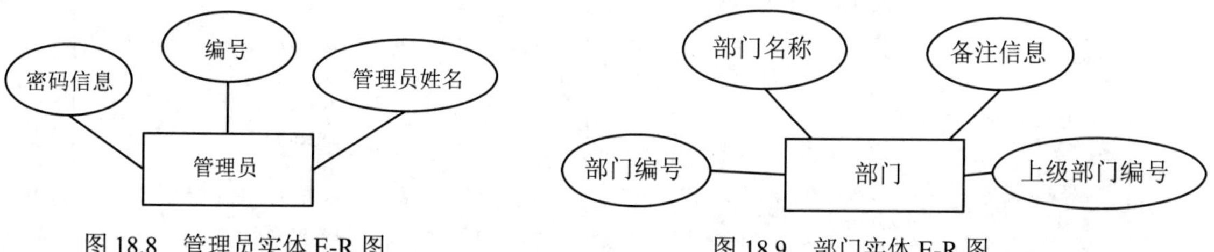

图 18.8　管理员实体 E-R 图　　图 18.9　部门实体 E-R 图

（3）员工实体。员工实体包括自动编号、员工编号、员工姓名、照片、性别和生日等信息，E-R 图如图 18.10 所示。

（4）考勤实体。考勤实体包括人员姓名、考勤日期、上班时间、下班时间、上班考勤时间和下班考勤时间等信息，E-R 图如图 18.11 所示。

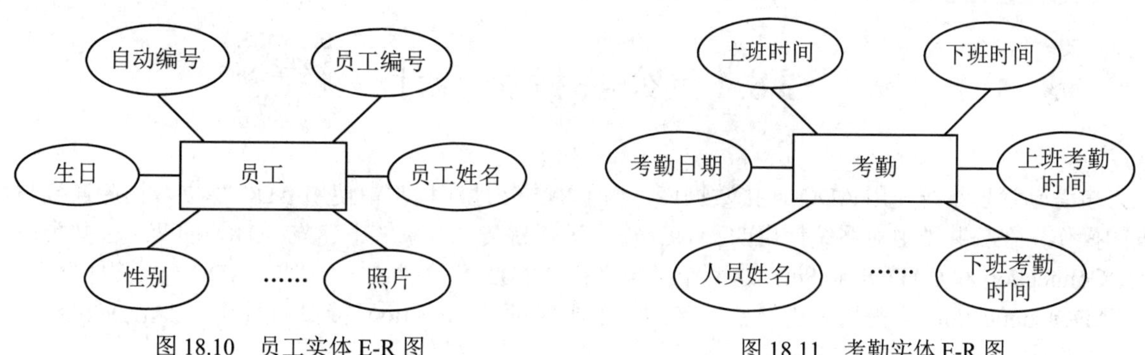

图 18.10　员工实体 E-R 图　　图 18.11　考勤实体 E-R 图

3. 数据库逻辑结构设计

根据实体 E-R 图创建各数据表，下面给出人事考勤管理系统数据库中主要表的结构。

（1）tab_User（管理员信息表）用于保存管理员的信息，如图 18.12 所示。

（2）tab_Dept（部门信息表）用于记录部门的信息情况，如图 18.13 所示。

MRWXK\MRWXK.tb_p...n - dbo.tab_User

列名	数据类型	允许 Null 值
ID	int	☐
UserName	varchar(50)	☐
PassWord	varchar(50)	☐

图 18.12　tab_User（管理员信息表）

MRWXK\MRWXK.tb_p...n - dbo.tab_Dept

列名	数据类型	允许 Null 值
ID	int	☐
DeptName	varchar(50)	☐
Memo	varchar(50)	☑
PID	int	☐

图 18.13　tab_Dept（部门信息表）

（3）tab_Employees（员工信息表）用来保存公司员工信息，如图 18.14 所示。

（4）tab_Check（考勤信息表）用来记录员工每天的考勤信息，如图 18.15 所示。

MRWXK\MRWXK.tb_...bo.tab_Employees

列名	数据类型	允许 Null 值
AutoID	int	☐
Emp_Id	varchar(50)	☐
Emp_NAME	varchar(50)	☐
Photo	image	☑
Sex	char(2)	☑
Nationality	varchar(40)	☑
Birth	varchar(20)	☑
Political_Party	varchar(40)	☑
Culture_Level	varchar(40)	☑
Marital_Condition	varchar(20)	☑
Family_Place	varchar(60)	☑
Id_Card	varchar(20)	☑
Office_phone	varchar(30)	☑
Mobile	varchar(30)	☑
Files_Keep_Org	varchar(100)	☑
Hukou	varchar(100)	☑
HireDate	varchar(20)	☑
Dept	int	☑
Duty	varchar(40)	☑
Memo	varchar(200)	☑

图 18.14　tab_Employees（员工信息表）

MRWXK\MRWXK.tb_... - dbo.tab_Check

列名	数据类型	允许 Null 值
autoid	int	☐
name	varchar(50)	☐
checkdate	datetime	☐
ondutytime	datetime	☐
offdutytime	datetime	☐
ontime	datetime	☐
offtime	datetime	☐
leave	varchar(50)	☑
onleave	datetime	☐
offleave	datetime	☐
latetime	datetime	☐
leaveearly	datetime	☐
memo	varchar(200)	☑

图 18.15　tab_Check（考勤信息表）

18.4　公共模块设计

人事考勤管理系统使用 ADO 连接数据库，为了更方便地在程序中使用 ADO 建立数据库连接与数据表的操作，在公共类中对系统使用的 ADO 操作进行封装。在系统中建立 ADO 的两个公共类——CADOConnection 和 CADODataSet，这两个类定义在 ADO.h 头文件中，实现在 ADO.cpp 文件中。

CADOConnection 类是用来连接数据库的，以实现对_Connection 接口的封装。CADOConneciton 类在头文件中的定义如下：

```
//载入 msado15dll，这样在工程中就不必再载入了
#import "msado15.dll" no_namespace rename("EOF","adoEOF")
class CADOConnection
{
    private:
    static void InitADO();                                          //初始化 ADO
    static void UnInitADO();
```

```
    protected:
    _ConnectionPtr m_Connection;                          //接口指针
    public:
    BOOL IsOpen();                                        //判断是否与数据库连接
    _ConnectionPtr GetConnection();                       //获取连接接口
    CString GetSQLConStr(CString IP,CString DBName);      //获取 SQL 连接字符串
    BOOL Open(CString ConStr);                            //建立数据库连接
    CADOConnection();
    virtual ~CADOConnection();
};
CADOConnection * GetConnection();                         //获取全局连接类的函数
```

定义两个全局变量 ConCount 和 g_Connection，ConCount 变量是一个整型变量，用来记录在工程中创建的 CADOConnection 类的实例个数。在构造方法中，当此变量为 0 时，调用 CoInitialize 函数实现 OLE 的初始化；在析构方法中，当此变量为 0 时，调用 CoUninitialize 方法取消 OLE 的初始化。

```
int ConCount = 0;
CADOConnection g_Connection;                              //全局数据库连接对象
```

GetConnection 函数是一个全局函数，用于返回全局数据库连接对象的指针。程序代码如下：

```
CADOConnection * GetConnection()
{
    return &g_Connection;
}
```

CADOConnection 方法是构造函数，用于初始化 OLE 和创建_Connection 接口的指针实例。程序代码如下：

```
CADOConnection::CADOConnection()
{
    InitADO();
    m_Connection.CreateInstance("ADODB.Connection");
}
```

~CADOConnection 方法是析构函数，用于取消 OLE 的初始化和释放_Connection 接口指针。程序代码如下：

```
CADOConnection::~CADOConnection()
{
    if (IsOpen())
        m_Connection->Close();
    m_Connection = NULL;
    UnInitADO();
}
```

InitADO 方法是一个静态方法，用于初始化 OLE。程序代码如下：

```
void CADOConnection::InitADO()
{
    if (ConCount++ == 0)
```

```
        CoInitialize(NULL);
}
```

UnInitADO 方法是一个静态方法，用于取消 OLE 的初始化。程序代码如下：

```
void CADOConnection::UnInitADO()
{
    if (--ConCount == 0)
            CoUninitialize();
}
```

Open 方法通过指定的数据库连接字符串与 SQL 数据库建立连接。程序代码如下：

```
BOOL CADOConnection::Open(CString ConStr)
{
    if (IsOpen())
        m_Connection->Close();
    m_Connection->Open((_bstr_t)ConStr,"","",adModeUnknown);
    return IsOpen();
}
```

GetSQLConStr 方法用来生成与数据库连接需要的连接字符串。程序代码如下：

```
CString CADOConnection::GetSQLConStr(CString IP, CString DBName)
{
    CString Str;
    Str.Format("Provider=SQLOLEDB.1;Persist Security Info=False;\
        User ID=sa;Initial Catalog=%s;Data Source=%s",DBName,IP);
    return Str;
}
```

GetConnection 方法用于返回_Connection 接口指针。程序代码如下：

```
_ConnectionPtr CADOConnection::GetConnection()
{
    return m_Connection;
}
```

IsOpen 方法用来判断当前数据库连接对象与数据库的连接状态。程序代码如下：

```
BOOL CADOConnection::IsOpen()
{
    long State;
    m_Connection->get_State(&State);
    if (State == adStateOpen)
        return true;
    return false;
}
```

CADODataSet 类是用来存储数据的数据集类，实现了_Recordset 接口的实例。该类在头文件中的定义如下：

```
class CADODataSet
```

```
{
    protected:
    _RecordsetPtr m_DataSet;                                    //数据集接口指针
    CADOConnection *m_Connection;                               //数据库连接类对象
    public:
    void Delete();                                              //记录删除
    int GetRecordNo();                                          //获取记录集行号
    void move(int nIndex);                                      //移动记录指针
    void Save();                                                //保存对记录集的修改
    void SetFieldValue(CString FieldName,_variant_t Value);     //设置字段的值
    void AddNew();                                              //添加新记录
    BOOL Next();                                                //记录集指针指向下一条记录
    FieldsPtr GetFields();                                      //获取记录集字段集合
    int GetRecordCount();                                       //获取记录集中的记录数量
    void SetConnection(CADOConnection *pCon);                   //设置记录集的数据库连接对象
    BOOL Open(CString SQLStr);                                  //打开记录集

    CADODataSet();
    virtual ～CADODataSet();
    private:
    BOOL IsOpen();                                              //判断记录集是否打开
};
```

CADODataSet 方法为记录集实现类的构造方法，在该方法中实现记录集接口对象的创建。程序代码如下：

```
CADODataSet::CADODataSet()
{
    m_DataSet.CreateInstance("ADODB.Recordset");
}
```

~CADODataSet 类为记录集实现类的析构方法，在该方法中实现记录集的关闭与接口的释放。程序代码如下：

```
CADODataSet::～CADODataSet()
{
    if (IsOpen())
        m_DataSet->Close();
    m_DataSet = NULL;
    m_Connection = NULL;
}
```

SetConnection 方法用来设置记录集连接的数据库连接类的对象，程序代码如下：

```
void CADODataSet::SetConnection(CADOConnection *pCon)
{
    m_Connection = pCon;
}
```

GetRecordCount 方法用来获取记录集中数据的数量，程序代码如下：

```
int CADODataSet::GetRecordCount()
{
	if (IsOpen())
		return m_DataSet->GetRecordCount();
	else
		return 0;
}
```

Open 方法通过 SQL 查询语句打开数据集，程序代码如下：

```
BOOL CADODataSet::Open(CString SQLStr)
{
	if (IsOpen())
		m_DataSet->Close();
	m_DataSet->Open(_bstr_t(SQLStr),
			_variant_t((IDispatch*)g_Connection.GetConnection(), true),
			adOpenKeyset, adLockUnspecified, adCmdText);
	return IsOpen();
}
```

IsOpen 方法用来判断数据集是否处于打开状态，程序代码如下：

```
BOOL CADODataSet::IsOpen()
{
	long State;
	m_DataSet->get_State(&State);
	if (State == adStateOpen)
		return true;

	return false;
}
```

GetFields 方法用来获取记录集中字段的集合，程序代码如下：

```
FieldsPtr CADODataSet::GetFields()
{
	return m_DataSet->GetFields();
}
```

Next 方法将记录集指针下移一位，程序代码如下：

```
BOOL CADODataSet::Next()
{
	if (m_DataSet->adoEOF)
		return false;
	m_DataSet->MoveNext();
	return true;
}
```

AddNew 方法用于向记录集中添加一个新行，程序代码如下：

```
void CADODataSet::AddNew()
```

```
{
    m_DataSet->AddNew();
}
```

SetFieldValue 方法用来向记录集中指定的字段赋值，程序代码如下：

```
void CADODataSet::SetFieldValue(CString FieldName, _variant_t Value)
{
    m_DataSet->PutCollect((_bstr_t)FieldName,Value);
}
```

Save 方法用来保存对记录集中所做的任何数据更改，程序代码如下：

```
void CADODataSet::Save()
{
    m_DataSet->Update();
}
```

move 方法将记录集的当前指针移动到指定的索引位置，程序代码如下：

```
void CADODataSet::move(int nIndex)
{
    m_DataSet->MoveFirst();
    m_DataSet->Move(nIndex);
}
```

GetRecordNo 方法用来获取记录集中的当前行号，程序代码如下：

```
int CADODataSet::GetRecordNo()
{
    return m_DataSet->AbsolutePosition;
}
```

Delete 方法用来删除记录集中的当前行，程序代码如下：

```
void CADODataSet::Delete()
{
    m_DataSet->Delete(adAffectCurrent);
}
```

18.5　主窗体设计

人事考勤管理系统的主窗体由菜单和客户区域组成，其中，客户区域显示了一幅位图，主窗体运行效果如图 18.16 所示。

主窗体的设计步骤如下：

（1）启动 Visual C++ 6.0，选择 File→New 命令，打开 New 对话框。在对话框左方的工程列表中选择 MFC AppWizard[exe]选项，在 Project name 文本框中输入工程名称，在 Location 文本框中设置工程保存的路径，如图 18.17 所示。

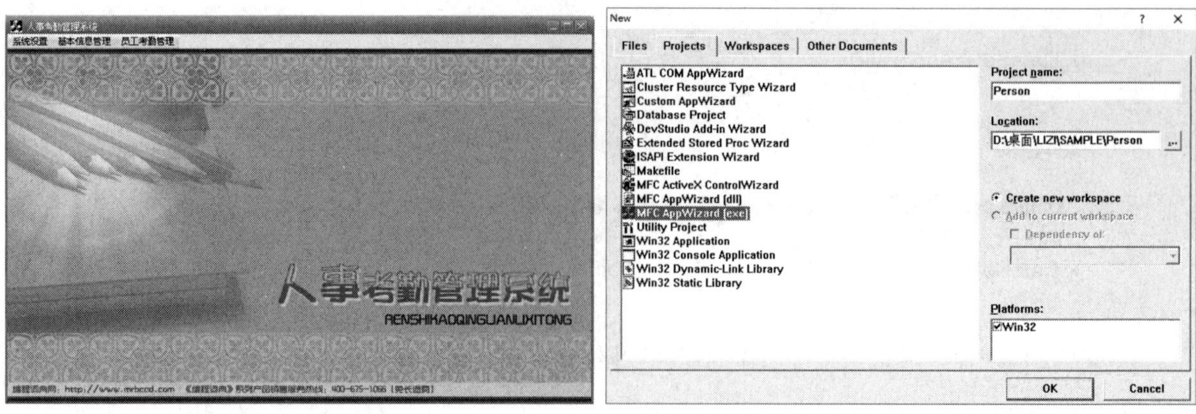

图 18.16　人事考勤管理系统的主窗体　　　　图 18.17　New 对话框

（2）单击 OK 按钮，进入 MFC AppWizard-Step1 对话框，单击选中 Dialog based 单选按钮，如图 18.18 所示。

（3）单击 Finish 按钮，完成工程的创建。

（4）在菜单中选择 Insert→Resource 命令，弹出 Insert Resource 对话框，如图 18.19 所示。

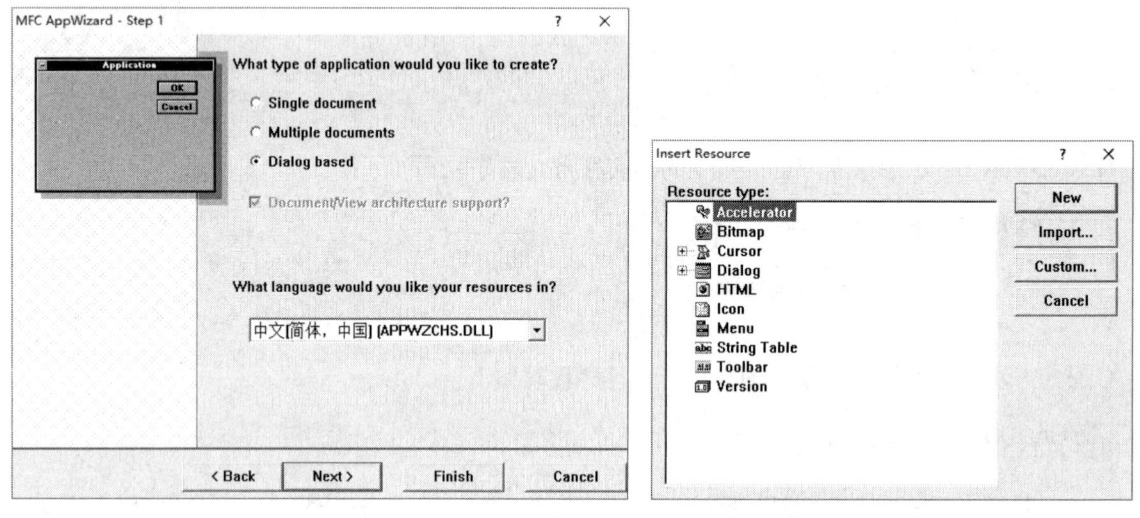

图 18.18　MFC 应用程序向导步骤 1　　　　图 18.19　Insert Resource 对话框

（5）选择 Menu 选项，单击 New 按钮，创建菜单资源。在“资源视图”中双击新创建的菜单资源，编辑菜单资源，程序代码如下：

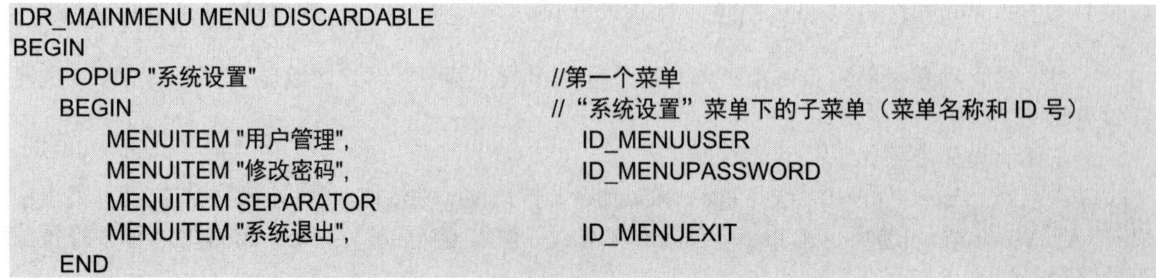

```
IDR_MAINMENU MENU DISCARDABLE
BEGIN
    POPUP "系统设置"                          //第一个菜单
    BEGIN                                     //“系统设置”菜单下的子菜单（菜单名称和 ID 号）
        MENUITEM "用户管理",                    ID_MENUUSER
        MENUITEM "修改密码",                    ID_MENUPASSWORD
        MENUITEM SEPARATOR
        MENUITEM "系统退出",                    ID_MENUEXIT
    END
```

```
    POPUP "基本信息管理"                          //第二个菜单
    BEGIN                                          //“基本信息管理”菜单下的子菜单
        MENUITEM "部门管理",                          ID_MENUDEPT
        MENUITEM "人员信息管理",                      ID_MENUPERSON
    END
    POPUP "员工考勤管理"                          //第三个菜单
    BEGIN                                          //“员工考勤管理”菜单下的子菜单
        MENUITEM "考勤管理",                          ID_MENUCHECK
        MENUITEM "考勤汇总查询",                      ID_MENUCHECKSUM
    END
END
```

18.6　用户登录模块设计

18.6.1　用户登录模块概述

用户登录模块是所有管理系统应具备的基础模块之一，该模块实现了用户使用系统的检验工作，使没有权限的用户不能使用该系统，增加了系统的安全性。用户登录模块运行效果如图 18.20 所示。

18.6.2　用户登录技术分析

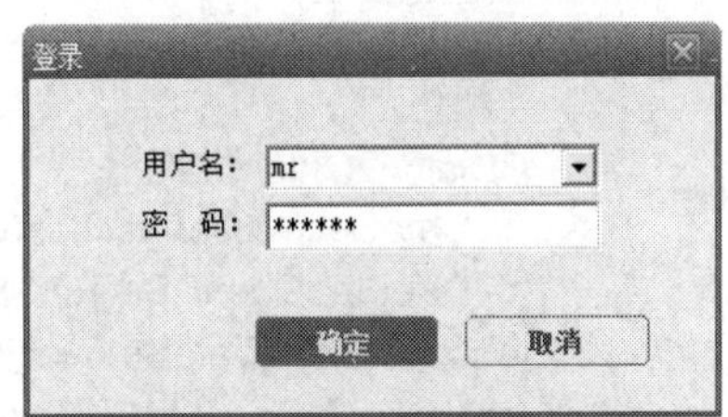

图 18.20　用户登录模块运行效果

用户登录窗体是整个系统中创建并显示的第一个窗体，所以该窗体应在主窗体创建前创建并显示。在登录窗体创建的同时应创建数据库连接。这些操作都在应用程序类的初始化方法中实现，该方法名为 InitInstance。程序代码如下：

```
BOOL CPersonApp::InitInstance()
{
    AfxEnableControlContainer();
    #ifdef _AFXDLL
    Enable3dControls();
    #else
    Enable3dControlsStatic();
    #endif
    LoadSkin();
    //创建全局数据库连接，将"1213.0.0.1"更换成数据库服务器名称
    BOOL bCon = GetConnection()->Open(GetConnection()->GetSQLConStr("1213.0.0.1","tb_person"));
    CLoginDialog logindlg;                          //定义登录窗体对象
    if (logindlg.DoModal() != IDOK)                 //显示登录窗体
        return false;
    CPersonDlg dlg;                                 //定义应用程序主窗体
    m_pMainWnd = &dlg;
    int nResponse = dlg.DoModal();                  //显示主窗体
```

```
    if (nResponse == IDOK)
    {
    }
    else if (nResponse == IDCANCEL)
    {
    }
    return FALSE;
}
```

18.6.3 用户登录实现过程

本模块使用的数据表：tab_User。

（1）创建一个对话框，打开对话框属性窗口，将对话框的 ID 改为 IDD_DLGLOGIN，标题改为“登录”。

（2）向对话框中添加两个静态文本控件、一个列表框控件、一个编辑框控件和两个按钮控件。分别设置两个静态文本控件的 Caption 属性为“用户名：”和“密码：”。设置编辑框控件的类型为 password。分别设置两个按钮的 Caption 属性为“确定”和“取消”。

（3）在窗体的初始化方法中创建管理员信息表的数据集，并将用户名添加到列表框控件中。程序代码如下：

```
BOOL CLoginDialog::OnInitDialog()
{
    CDialog::OnInitDialog();
    m_DataSet.SetConnection(GetConnection());                   //设置数据集连接的数据库连接对象
    m_DataSet.Open("Select * From Tab_User");                   //打开管理员信息表
    int count = m_DataSet.GetRecordCount();                     //获取用户数量
    for (int i = 0; i< count;i++)
    {                                                           //将用户名添加到列表控件中
        m_UserList.AddString((_bstr_t)m_DataSet.GetFields()->Item[L"UserName"]->Value);
        m_DataSet.Next();                                       //记录下移
    }
    m_UserList.SetCurSel(0);                                    //设置第一个用户为当前用户
    return TRUE;
}
```

（4）在“确定”按钮的事件中实现用户名和密码的验证。程序代码如下：

```
void CLoginDialog::OnLogin()
{
    CString sql,user,pass;
    m_UserList.GetWindowText(user);                                  //获取用户名
    m_PassWord.GetWindowText(pass);                                      //获取密码
①   sql.Format("Select * From tab_User Where UserName = '%s' and PassWord = '%s'",
        user,pass);                                                  //生成 SQL 查询语句
    m_DataSet.Open(sql);                                             //打开数据库
    if (m_DataSet.GetRecordCount() == 1)
```

```
    {
        ::SetUserName(user);                                         //设置当前用户
②      this->OnOK();
    }
    else
        AfxMessageBox("用户名或密码不正确！");
}
```

说明

① Format 方法用于格式化字符串；② OnOK 方法用于关闭当前窗口。

18.7　用户管理模块设计

18.7.1　用户管理模块概述

用户管理模块实现对系统登录用户的添加、修改和删除操作。用户管理模块运行效果如图 18.21 所示。

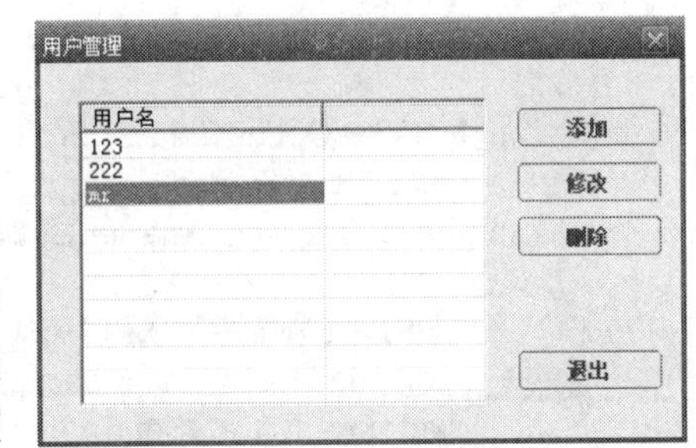

图 18.21　用户管理模块运行效果

18.7.2　用户管理技术分析

在用户管理模块中使用列表视图（CListCtrl）控件显示用户信息，当对某一记录进行编辑或删除操作时，必须获取一个与记录对应的标识。所以在对用户列表进行添加时，利用列表视图控件的 SetItemData 方法将记录集对应的行号添加到每一行对应的数据中。当对记录进行修改时，可以通过获取对应的行号对数据集中的数据进行修改。获取数据时，使用列表视图控件中的 GetItemData 方法。

（1）SetItemData 方法用于设置与指定项相关联的 32 位应用指定的值。语法如下：

```
BOOL SetItemData(int nItem,DWORD dwData)
```

☑ nItem：要设定数据的列表项的索引值。

☑ dwData：与指定项相关联的 32 位值。

（2）GetItemData 方法用于获取与指定项相关联的 32 位应用指定的值。语法如下：

```
DWORD GetItemData(int nItem) const
```

☑ nItem：要获取数据的列表项的索引值。

18.7.3 用户管理实现过程

本模块使用的数据表：tab_User。

（1）创建一个对话框，打开对话框属性窗口，将对话框的 ID 改为 IDD_DLGUSER，标题改为“用户管理”。

（2）向对话框中添加 1 个列表视图控件和 4 个按钮控件，各控件的属性设置如表 18.1 所示。

表 18.1　控件属性设置

控件 ID	控件属性	对应变量
IDC_LISTGRID	View ：Report、Single selection	ClistCtrl m_grid
IDC_APPEND	Caption：添加	无
IDC_EDIT	Caption：修改	无
IDC_DELETE	Caption：删除	无
IDCANCEL	Caption：退出	无

（3）定义 UpdateGrid 方法，用来更新列表视图中显示的用户信息。程序代码如下：

```
void CUserManage::UpdateGrid()
{
    m_DataSet.Open("Select * From tab_User");                          //打开管理员信息表
①   m_grid.DeleteAllItems();                                           //清空列表视图中的全部记录
    for (int i = 0 ; i < m_DataSet.GetRecordCount();i++)               //循环记录集
    {
        //向列表视图中插入用户信息
②       m_grid.InsertItem(i,(_bstr_t)m_DataSet.GetFields()->Item[L"UserName"]->Value);
        int no = m_DataSet.GetRecordNo();                              //获取当前记录集行号
        m_grid.SetItemData(i,no);                                      //存储列表视图中的项对应的行号
        m_DataSet.Next();                                              //行下移
    }
}
```

说明

① DeleteAllItems 方法用于删除当前列表视图控件中所有的列表项；② InsertItem 方法用于向列表视图控件中插入列表项。

（4）向对话框中添加 OnInitDialog 方法，在对话框的初始化方法中添加列表视图控件应显示的列头，并向列表视图控件中添加数据。程序代码如下：

```
BOOL CUserManage::OnInitDialog()
{
    CDialog::OnInitDialog();
    m_grid.SetExtendedStyle(LVS_EX_FULLROWSELECT|LVS_EX_GRIDLINES);     //列表控件样式
```

```
    m_grid.InsertColumn(0,"用户名");                          //添加列
    m_grid.SetColumnWidth(0,150);                             //设置列宽
    m_DataSet.SetConnection(::GetConnection());               //设置数据集的数据库连接对象
    UpdateGrid();                                             //向列表视图控件中添加数据
    return TRUE;
}
```

（5）在“添加”按钮的事件中弹出用户编辑窗体，输入用户名后单击“确定”按钮，实现对用户的添加。程序代码如下：

```
void CUserManage::OnAppend()
{
    CUserEdit useredit;                                       //定义用户编辑窗体
    if (useredit.DoModal() == IDOK)                           //显示用户编辑窗体
    {
        m_DataSet.AddNew();                                   //数据集添加行
        //设置用户名字段的值为新用户
        m_DataSet.SetFieldValue("UserName",(_bstr_t)useredit.name);
        m_DataSet.Save();                                     //保存数据集
        UpdateGrid();                                         //更新列表视图控件中的数据
    }
}
```

（6）在“修改”按钮的事件中弹出用户编辑窗体，输入用户名后单击“确定”按钮，实现对用户的修改。程序代码如下：

```
void CUserManage::OnEdit()
{
    CUserEdit useredit;                                                    //定义用户编辑窗体
    int no = m_grid.GetItemData(m_grid.GetSelectionMark());                //获取当前行记录行号
    m_DataSet.move(no-1);                                                  //记录集指向指定行
    //获取用户名
    useredit.name = (char *)(_bstr_t)m_DataSet.GetFields()->Item[L"UserName"]->Value;
    if (useredit.DoModal() == IDOK)                                        //显示用户编辑窗体
    {
        m_DataSet.SetFieldValue("UserName",(_bstr_t)useredit.name);        //设置新的用户名
        m_DataSet.Save();                                                  //保存数据
        UpdateGrid();                                                      //更新列表
    }
}
```

（7）在“删除”按钮的单击事件中获取当前记录进行删除操作。程序代码如下：

```
void CUserManage::OnDelete()
{
    if (MessageBox("是否删除此记录！","提示",
        MB_YESNO|MB_ICONWARNING) == IDYES)
    {
        int no = m_grid.GetItemData(m_grid.GetSelectionMark());            //获取记录集行号
        m_DataSet.move(no-1);                                              //移到指定行
        m_DataSet.Delete();                                                //删除
```

```
        m_DataSet.Save();                                           //保存
        UpdateGrid();                                               //更新列表
    }
}
```

18.7.4 单元测试

在测试用户管理模块时，曾出现这样的问题，由于用户在操作中，不小心将所有的用户全部删除了，却没有重新创建新的用户，导致在下次登录时，无法登录。下面来看一下原始的删除代码：

```
void CUserManage::OnDelete()
{
    if (MessageBox("是否删除此记录！","提示",MB_YESNO|MB_ICONWARNING) == IDYES)
        //弹出消息提示
    {
        //删除用户所选中的用户信息
        int no = m_grid.GetItemData(m_grid.GetSelectionMark());
        m_DataSet.move(no-1);
        m_DataSet.Delete();
        m_DataSet.Save();
        UpdateGrid();
    }
}
```

为了解决上述问题，可以设置一个超级用户，该用户为 mr，当用户要删除该用户时，提示不能删除，程序代码如下：

```
void CUserManage::OnDelete()
{
    int pos = m_grid.GetSelectionMark();                        //获得当前选中项索引
    if (pos != -1)
    {
        CString name = m_grid.GetItemText(pos,0);               //获得当前选中项文本
        if (name != "mr")
        {
            if (MessageBox("是否删除此记录！","提示",
                MB_YESNO|MB_ICONWARNING) == IDYES)
            {
                int no = m_grid.GetItemData(m_grid.GetSelectionMark());
                m_DataSet.move(no-1);
                m_DataSet.Delete();
                m_DataSet.Save();
                UpdateGrid();
            }
        }
        else
        {
            MessageBox("该用户不能删除！");
```

```
            return;
        }
    }
}
```

18.8　部门管理模块设计

18.8.1　部门管理模块概述

部门管理模块记录了部门间的层次结构和部门信息，通常在部门管理窗口中用树列表显示部门。部门管理模块运行效果如图 18.22 所示。

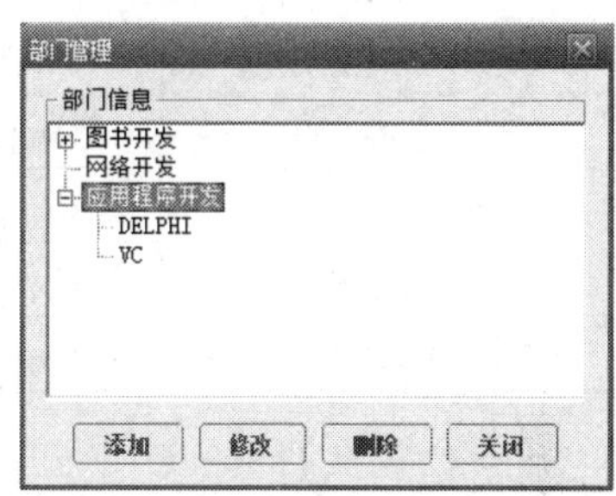

图 18.22　部门管理模块运行效果

18.8.2　部门管理技术分析

部门通常存在层次级别，因此在设计数据表结构时至少创建 3 个字段，即“编号”“父编号”和“名称”。而在程序中显示部门信息时，也是根据“父编号”作为查询条件不断查找下一级部门。

在本系统中，由于部门信息不多，可以用嵌套的方式将部门信息一次性读入树列表控件中。程序代码如下：

```
void CDeptManage::GetNode(HTREEITEM pNode,int nPid)
{
    HTREEITEM node;

    CADODataSet DataSet;                                            //定义记录集
    DataSet.SetConnection(::GetConnection());                       //设置数据库连接对象
    CString str;
    str.Format("Select * From tab_Dept where pid = %d",nPid);       //查询语句
    DataSet.Open(str);                                              //打开记录集
    int count = DataSet.GetRecordCount();                           //获取记录数量
    int ID;
    _variant_t value;
    for (int i = 0;i<count;i++)
    {
        node = m_tree.InsertItem((_bstr_t)DataSet.GetFields()->Item["DeptName"]->Value,
                pNode);                                             //部门名称
        value = (_variant_t)DataSet.GetFields()->Item["ID"]->Value;  //编号
        ID = value.intVal;
        m_tree.SetItemData(node,ID);                                //与节点关联
        GetNode(node,ID);                                           //获取子节点
        DataSet.Next();                                             //记录下移
    }
}
```

18.8.3 部门管理实现过程

本模块使用的数据表：tab_Dept。

（1）创建一个对话框，打开对话框属性窗口，将对话框的 ID 改为 IDD_DLGDEPT，标题改为“部门管理”。

（2）向对话框中添加一个树列表控件、4 个按钮控件，各控件的属性设置如表 18.2 所示。

表 18.2 控件属性设置

控件 ID	控 件 属 性	对 应 变 量
IDC_TREEDEPT	Has buttons、Has lines、Lines at root、Border	CTreeCtrl m_tree
IDC_APPEND	Caption：添加	无
IDC_EDIT	Caption：修改	无
IDC_DELETE	Caption：删除	无
IDCANCEL	Caption：关闭	无

（3）定义 GetNode 方法，用来按层级关系获取部门信息表中的所有数据，并添加到树列表控件中。该方法由 UpdateDept 方法进行调用。程序代码如下：

```
void CDeptManage::UpdateDept()
{
    m_tree.DeleteAllItems();                                    //清空树列表视图中的所有数据
    GetNode(TVI_ROOT,0);                                        //生成树列表
}

void CDeptManage::GetNode(HTREEITEM pNode,int nPid)
{
    HTREEITEM node;
    CADODataSet DataSet;                                        //定义记录集
    DataSet.SetConnection(::GetConnection());                   //设置数据库连接对象
    CString str;
    str.Format("Select * From tab_Dept where pid = %d",nPid);   //查询语句
    DataSet.Open(str);                                          //打开记录集
    int count = DataSet.GetRecordCount();                       //获取记录数量
    int ID;
    _variant_t value;
    for (int i = 0;i<count;i++)
    {
        node = m_tree.InsertItem((_bstr_t)DataSet.GetFields()->Item["DeptName"]->Value,pNode);
                                                                //部门名称
        value = (_variant_t)DataSet.GetFields()->Item["ID"]->Value;  //编号
        ID = value.intVal;
        m_tree.SetItemData(node,ID);                            //与节点关联
        GetNode(node,ID);                                       //获取子节点
        DataSet.Next();                                         //记录下移
```

```
    }
}
```

（4）当单击“添加”按钮时，将弹出部门编辑窗体，输入部门信息后单击“确定”按钮，将添加一个新的部门。程序代码如下：

```
void CDeptManage::OnAdd()
{
    CDeptEdit deptedit;                                                  //定义部门编辑窗体
    if (deptedit.DoModal() == IDOK)                                      //显示部门编辑窗体
    {
        HTREEITEM pNode = m_tree.GetSelectedItem();                      //获取选中节点
        int pID;
        if (deptedit.isroot)                                             //根节点
            pID = 0;
        else
            pID = m_tree.GetItemData(pNode);                             //子节点
        CADODataSet dataset;                                             //定义记录集
        dataset.SetConnection(::GetConnection());                        //设置数据库连接对象
        dataset.Open("Select top 1 * From tab_Dept");                    //打开记录集
        dataset.AddNew();                                                //添加新记录
        dataset.SetFieldValue("DeptName",(_variant_t)deptedit.name); //部门名称
        dataset.SetFieldValue("memo",(_variant_t)deptedit.memo);     //备注
        dataset.SetFieldValue("PID",(long)pID);                          //父编号
        dataset.Save();                                                  //保存
        UpdateDept();                                                    //更新树列表
    }
}
```

（5）当单击“修改”按钮时，将弹出部门编辑窗体，输入部门信息后单击“确定”按钮，将修改部门信息。程序代码如下：

```
void CDeptManage::OnEdit()
{
    CDeptEdit deptedit;                                                  //定义部门编辑窗体
    deptedit.visible = false;
    HTREEITEM pNode = m_tree.GetSelectedItem();                          //获取选中节点
    if (pNode == 0)
        return;
    int pID = m_tree.GetItemData(pNode);                                 //获取节点对应的编号
    CADODataSet dataset;                                                 //定义记录集
    dataset.SetConnection(::GetConnection());                            //设置数据库连接
    CString str;
    str.Format("Select * From tab_Dept where id = %d",pID);              //生成查询语句
    dataset.Open(str);                                                   //打开记录集
    deptedit.name = (char *)(_bstr_t)dataset.GetFields()->Item[L"DeptName"]->Value;     //部门名称
    deptedit.memo = (char *)(_bstr_t)dataset.GetFields()->Item["memo"]->Value;          //备注
    if (deptedit.DoModal() == IDOK)                                      //显示部门编辑窗体
    {
```

```
            dataset.SetFieldValue("DeptName",(_variant_t)deptedit.name);//部门名称
            dataset.SetFieldValue("memo",(_variant_t)deptedit.memo);    //备注
            dataset.Save();                                             //保存
            UpdateDept();                                               //更新树列表
        }
}
```

（6）当单击“删除”按钮时，将删除当前选中的节点。程序代码如下：

```
void CDeptManage::OnDelete()
{
    HTREEITEM pNode = m_tree.GetSelectedItem();                        //获取选中节点
    if (pNode == 0)
        return;
    if (MessageBox("是否删除此记录！","提示",
        MB_YESNO|MB_ICONWARNING) == IDYES)
    {
        int pID = m_tree.GetItemData(pNode);                           //获取节点对应的编号
        CADODataSet dataset;                                           //定义记录集
        dataset.SetConnection(::GetConnection());                      //设置数据库连接
        CString str;
        str.Format("Select * From tab_Dept where id = %d",pID);        //生成查询语句
        dataset.Open(str);                                             //打开记录集
        dataset.Delete();                                              //删除记录
        dataset.Save();                                                //保存
        UpdateDept();                                                  //更新树列表
    }
}
```

18.9 人员信息管理模块设计

18.9.1 人员信息管理模块概述

人员信息管理模块根据部门分类显示，同时可对人员信息进行维护，人员信息管理模块运行效果如图 18.23 所示。

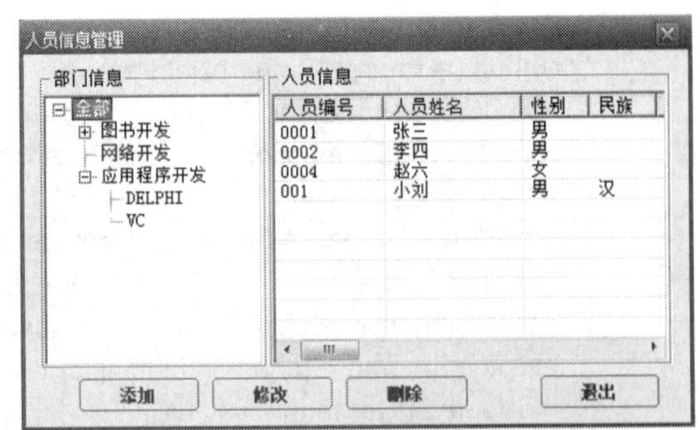

图 18.23　人员信息管理模块运行效果

18.9.2 人员信息管理技术分析

在人员信息管理界面，窗体的左侧是部门信息，右侧是人员信息。当选中某一部门信息分类时，右侧的人员信息会根据选中的部门进行人员信息的分类显示。这

一操作主要是通过树列表控件中的 OnSelchanged 事件完成的，当树列表中的选中节点发生改变时就会触发该事件。程序代码如下：

```
void CPersonManage::OnSelchangedTreedept(NMHDR* pNMHDR, LRESULT* pResult)
{
    NM_TREEVIEW* pNMTreeView = (NM_TREEVIEW*)pNMHDR;                //获取树列表结构信息
    m_DeptID = m_tree.GetItemData(pNMTreeView->itemNew.hItem);      //获取部门编号
    UpdatePerson();                                                 //更新人员信息
    *pResult = 0;
}
```

18.9.3　人员信息管理实现过程

本模块使用的数据表：tab_Dept、tab_Employees。

（1）创建一个对话框，打开对话框属性窗口，将对话框的 ID 改为 IDD_DLGPERSON，标题改为“人员信息管理”。

（2）向对话框中添加 2 个群组控件、1 个树列表控件、1 个列表视图控件和 4 个按钮控件，各控件的属性设置如表 18.3 所示。

表 18.3　控件属性设置

控件 ID	控 件 属 性	对 应 变 量
IDC_LISTPERSON	View：Icon、Single selection	ClistCtrl m_list
IDC_TREEDEPT	Has buttons、Has lines、Lines at root、Border	CTreeCtrl m_tree
IDC_APPEND	Caption：添加	无
IDC_EDIT	Caption：修改	无
IDC_DELETE	Caption：删除	无
IDCANCEL	Caption：退出	无

（3）添加 GetNode 方法，用来获取部门信息表中的数据信息，并添加到树列表控件中。该方法由 UpdateDept 方法调用。程序代码如下：

```
void CDeptManage::UpdateDept()
{
    m_tree.DeleteAllItems();                        //清空树列表视图中的所有数据
    GetNode(TVI_ROOT,0);                            //生成树列表
}

void CDeptManage::GetNode(HTREEITEM pNode,int nPid)
{
    HTREEITEM node;
    CADODataSet DataSet;                            //定义记录集
    DataSet.SetConnection(::GetConnection());       //设置数据库连接对象
    CString str;
```

```
    str.Format("Select * From tab_Dept where pid = %d",nPid);         //查询语句
    DataSet.Open(str);                                                //打开记录集
    int count = DataSet.GetRecordCount();                             //获取记录数量
    int ID;
    _variant_t value;
    for (int i = 0;i<count;i++)
    {
        node = m_tree.InsertItem((_bstr_t)DataSet.GetFields()->Item["DeptName"]->Value,pNode); //部门名称
        value = (_variant_t)DataSet.GetFields()->Item["ID"]->Value;                          //编号
        ID = value.intVal;
        m_tree.SetItemData(node,ID);                                  //与节点关联
        GetNode(node,ID);                                             //获取子节点
        DataSet.Next();                                               //记录下移
    }
}
```

（4）定义 UpdatePerson 方法，用来更新人员信息，将其显示在列表视图控件中。程序代码如下：

```
void CPersonManage::UpdatePerson()
{
    m_list.DeleteAllItems();                                          //清空列表视图控件中的数据
    CADODataSet DataSet;                                              //定义记录集
    DataSet.SetConnection(::GetConnection());                         //设置数据库连接对象
    CString str;
    if (m_DeptID == -1)
        str.Format("Select * From tab_Employees");                    //显示所有人员信息
    else                                                              //显示指定部门人员信息
        str.Format("Select * From tab_Employees where Dept = %d",m_DeptID);
    DataSet.Open(str);                                                //打开记录集
    int count = DataSet.GetRecordCount();                             //获取记录集中的记录数量
    int n = 0;
    _variant_t value;
    for (int i = 0;i<count;i++)                                       //循环记录集
    {
        int index = 1;
        //人员编号
        m_list.InsertItem(n,(_bstr_t)DataSet.GetFields()->Item["Emp_Id"]->Value);
        value = DataSet.GetFields()->Item["AutoID"]->Value;           //自动编号
        m_list.SetItemData(n,value.lVal);                             //将自动编号与列表中的项关联
        //名称      m_list.SetItemText(n,index++,(_bstr_t)DataSet.GetFields()->Item["Emp_NAME"]->Value);
        m_list.SetItemText(n,index++,(_bstr_t)DataSet.GetFields()->Item["Sex"]->Value);//性别
        m_list.SetItemText(n,index++,(_bstr_t)DataSet.GetFields()->Item["Nationality"]->Value);
        m_list.SetItemText(n,index++,(_bstr_t)DataSet.GetFields()->Item["Birth"]->Value);
        m_list.SetItemText(n,index++,(_bstr_t)DataSet.GetFields()->Item["Political_Party"]->Value);
        m_list.SetItemText(n,index++,(_bstr_t)DataSet.GetFields()->Item["Culture_Level"]->Value);
        m_list.SetItemText(n,index++,(_bstr_t)DataSet.GetFields()->Item["Marital_Condition"]->Value);
        m_list.SetItemText(n,index++,(_bstr_t)DataSet.GetFields()->Item["Id_Card"]->Value);
        m_list.SetItemText(n,index++,(_bstr_t)DataSet.GetFields()->Item["Office_phone"]->Value);
        m_list.SetItemText(n,index++,(_bstr_t)DataSet.GetFields()->Item["Mobile"]->Value);
```

```
        m_list.SetItemText(n,index++,(_bstr_t)DataSet.GetFields()->Item["HireDate"]->Value);
        m_list.SetItemText(n,index++,(_bstr_t)DataSet.GetFields()->Item["Duty"]->Value);
        m_list.SetItemText(n,index++,(_bstr_t)DataSet.GetFields()->Item["Memo"]->Value);
        m_list.SetItemText(n,index++,(_bstr_t)DataSet.GetFields()->Item["Files_Keep_Org"]->Value);
        m_list.SetItemText(n,index++,(_bstr_t)DataSet.GetFields()->Item["Hukou"]->Value);
        m_list.SetItemText(n,index++,(_bstr_t)DataSet.GetFields()->Item["Family_Place"]->Value);
        n++;
        DataSet.Next();                                             //记录下移
    }
}
```

（5）添加 OnInitDialog 方法，用于初始化人员信息管理窗体中的数据。在该方法中显示部门信息、人员信息。程序代码如下：

```
BOOL CPersonManage::OnInitDialog()
{
    CDialog::OnInitDialog();
    m_DeptID = -1;
    UpdateDept();
    int i = 0;
①  m_list.InsertColumn(i,"人员编号");
②  m_list.SetColumnWidth(i++,80);
    m_list.InsertColumn(i,"人员姓名");
    m_list.SetColumnWidth(i++,100);
    m_list.InsertColumn(i,"性别");
    m_list.SetColumnWidth(i++,50);
    m_list.InsertColumn(i,"民族");
    m_list.SetColumnWidth(i++,50);
    m_list.InsertColumn(i,"出生日期");
    m_list.SetColumnWidth(i++,100);
    m_list.InsertColumn(i,"政治面貌");
    m_list.SetColumnWidth(i++,100);
    m_list.InsertColumn(i,"文化程度");
    m_list.SetColumnWidth(i++,100);
    m_list.InsertColumn(i,"婚姻状况");
    m_list.SetColumnWidth(i++,100);
    m_list.InsertColumn(i,"身份证号");
    m_list.SetColumnWidth(i++,100);
    m_list.InsertColumn(i,"办公电话");
    m_list.SetColumnWidth(i++,100);
    m_list.InsertColumn(i,"手机电话");
    m_list.SetColumnWidth(i++,100);
    m_list.InsertColumn(i,"到岗日期");
    m_list.SetColumnWidth(i++,100);
    m_list.InsertColumn(i,"职务");
    m_list.SetColumnWidth(i++,100);
    m_list.InsertColumn(i,"备注");
    m_list.SetColumnWidth(i++,100);
```

```
    m_list.InsertColumn(i,"家庭住址");
    m_list.SetColumnWidth(i++,100);
    m_list.InsertColumn(i,"档案所在地");
    m_list.SetColumnWidth(i++,100);
    m_list.InsertColumn(i,"户口所在地");
    m_list.SetColumnWidth(i++,100);
    m_list.SetExtendedStyle(LVS_EX_FULLROWSELECT|LVS_EX_GRIDLINES);
    UpdatePerson();
    return TRUE;
}
```

说明

① InsertColumn 方法用于向当前列表视图控件中插入列标题；② SetColumnWidth 方法用于设置列表视图控件的扩展风格。

（6）单击“添加”按钮，弹出人员编辑窗体，输入人员信息后单击“保存”按钮，实现人员信息添加。程序代码如下：

```
void CPersonManage::OnAdd()
{
    CPersonEdit personedit;
    personedit.m_DeptData = m_DeptID;
    if (personedit.DoModal() == IDOK)
    {
        CADODataSet dataset;
        dataset.SetConnection(::GetConnection());
        CString str = "select top 1 * from tab_Employees";
        dataset.Open(str);
        dataset.AddNew();
        dataset.SetFieldValue("Emp_Id",(_bstr_t)personedit.m_id);
        dataset.SetFieldValue("Emp_NAME",(_bstr_t)personedit.m_name);
        dataset.SetFieldValue("Sex",(_bstr_t)personedit.m_sex);
        dataset.SetFieldValue("Nationality",(_bstr_t)personedit.m_nationality);
        dataset.SetFieldValue("Birth",(_bstr_t)personedit.m_birth.Format("%Y-%m-%d"));
        dataset.SetFieldValue("Political_Party",(_bstr_t)personedit.m_farty);
        dataset.SetFieldValue("Culture_Level",(_bstr_t)personedit.m_culture);
        dataset.SetFieldValue("Marital_Condition",(_bstr_t)personedit.m_marital);
        dataset.SetFieldValue("Id_Card",(_bstr_t)personedit.m_card);
        dataset.SetFieldValue("Office_phone",(_bstr_t)personedit.m_office);
        dataset.SetFieldValue("Mobile",(_bstr_t)personedit.m_mobile);
        dataset.SetFieldValue("HireDate",(_bstr_t)personedit.m_hire.Format("%Y-%m-%d"));
        dataset.SetFieldValue("Duty",(_bstr_t)personedit.m_duty);
        dataset.SetFieldValue("Memo",(_bstr_t)personedit.m_memo);
        dataset.SetFieldValue("Files_Keep_Org",(_bstr_t)personedit.m_files);
        dataset.SetFieldValue("Hukou",(_bstr_t)personedit.m_hukou);
        dataset.SetFieldValue("Family_Place",(_bstr_t)personedit.m_family);
```

```
		dataset.SetFieldValue("dept",personedit.m_DeptData);
		dataset.Save();
		UpdatePerson();
	}
}
```

（7）单击“修改”按钮，弹出人员编辑窗体，输入人员信息后单击“保存”按钮，实现人员信息修改。程序代码如下：

```
void CPersonManage::OnEdit()
{
	if (m_list.GetSelectionMark() == -1)
		return;
	int id = m_list.GetItemData(m_list.GetSelectionMark());
	CPersonEdit personedit;
	CADODataSet dataset;
	dataset.SetConnection(::GetConnection());
	CString str;
	str.Format("select * from tab_Employees where autoid = %d",id);
	dataset.Open(str);
	personedit.m_id = (char *)(_bstr_t)dataset.GetFields()->Item["Emp_Id"]->Value;
	personedit.m_name = (char *)(_bstr_t)dataset.GetFields()->Item["Emp_NAME"]->Value;
	personedit.m_sex = (char *)(_bstr_t)dataset.GetFields()->Item["Sex"]->Value;
	personedit.m_nationality = (char *)(_bstr_t)dataset.GetFields()->Item["Nationality"]->Value;
	CString birth = (char *)(_bstr_t)dataset.GetFields()->Item["Birth"]->Value;
	if (!birth.IsEmpty())
	{
		//设置日期数据
		int yy=atoi(birth.Left(4));
		int mm=atoi(birth.Mid(6,2));
		int dd=atoi(birth.Mid(9,2));
		CTime tbirth(yy,mm,dd,0,0,0);
		personedit.m_birth = tbirth;
	}
	personedit.m_farty = (char *)(_bstr_t)dataset.GetFields()->Item["Political_Party"]->Value;
	personedit.m_culture = (char *)(_bstr_t)dataset.GetFields()->Item["Culture_Level"]->Value;
	personedit.m_marital = (char *)(_bstr_t)dataset.GetFields()->Item["Marital_Condition"]->Value;
	personedit.m_card = (char *)(_bstr_t)dataset.GetFields()->Item["Id_Card"]->Value;
	personedit.m_office = (char *)(_bstr_t)dataset.GetFields()->Item["Office_phone"]->Value;
	personedit.m_mobile = (char *)(_bstr_t)dataset.GetFields()->Item["Mobile"]->Value;
	CString hire = (char *)(_bstr_t)dataset.GetFields()->Item["HireDate"]->Value;
	if (!hire.IsEmpty())
	{
		//设置日期数据
		int yy=atoi(hire.Left(4));
		int mm=atoi(hire.Mid(6,2));
		int dd=atoi(hire.Mid(9,2));
		CTime thire(yy,mm,dd,0,0,0);
```

```
            personedit.m_hire = thire;
        }
        personedit.m_duty = (char *)(_bstr_t)dataset.GetFields()->Item["Duty"]->Value;
        personedit.m_memo = (char *)(_bstr_t)dataset.GetFields()->Item["Memo"]->Value;
        personedit.m_files = (char *)(_bstr_t)dataset.GetFields()->Item["Files_Keep_Org"]->Value;
        personedit.m_hukou = (char *)(_bstr_t)dataset.GetFields()->Item["Hukou"]->Value;
        personedit.m_family = (char *)(_bstr_t)dataset.GetFields()->Item["Family_Place"]->Value;
        personedit.m_DeptData = dataset.GetFields()->Item["Dept"]->Value;
        if (personedit.DoModal() == IDOK)
        {
            dataset.SetFieldValue("Emp_Id",(_bstr_t)personedit.m_id);
            dataset.SetFieldValue("Emp_NAME",(_bstr_t)personedit.m_name);
            dataset.SetFieldValue("Sex",(_bstr_t)personedit.m_sex);
            dataset.SetFieldValue("Nationality",(_bstr_t)personedit.m_nationality);
            dataset.SetFieldValue("Birth",(_bstr_t)personedit.m_birth.Format("%Y-%m-%d"));
            dataset.SetFieldValue("Political_Party",(_bstr_t)personedit.m_farty);
            dataset.SetFieldValue("Culture_Level",(_bstr_t)personedit.m_culture);
            dataset.SetFieldValue("Marital_Condition",(_bstr_t)personedit.m_marital);
            dataset.SetFieldValue("Id_Card",(_bstr_t)personedit.m_card);
            dataset.SetFieldValue("Office_phone",(_bstr_t)personedit.m_office);
            dataset.SetFieldValue("Mobile",(_bstr_t)personedit.m_mobile);
            dataset.SetFieldValue("HireDate",(_bstr_t)personedit.m_hire.Format("%Y-%m-%d"));
            dataset.SetFieldValue("Duty",(_bstr_t)personedit.m_duty);
            dataset.SetFieldValue("Memo",(_bstr_t)personedit.m_memo);
            dataset.SetFieldValue("Files_Keep_Org",(_bstr_t)personedit.m_files);
            dataset.SetFieldValue("Hukou",(_bstr_t)personedit.m_hukou);
            dataset.SetFieldValue("Family_Place",(_bstr_t)personedit.m_family);
            dataset.SetFieldValue("dept",personedit.m_DeptData);
            dataset.Save();
            UpdatePerson();
        }
}
```

（8）单击“删除”按钮，删除当前选中的人员信息记录。程序代码如下：

```
void CPersonManage::OnDelete()
{
    if (MessageBox("是否删除此记录！ ","提示",MB_YESNO|MB_ICONWARNING) == IDYES)
    {
        if (m_list.GetSelectionMark() == -1)
            return;
        int id = m_list.GetItemData(m_list.GetSelectionMark());
        CADODataSet dataset;
        dataset.SetConnection(::GetConnection());
        CString str;
        str.Format("select * from tab_Employees where autoid = %d",id);
        dataset.Open(str);                                          //打开表
        dataset.Delete();                                           //删除记录
```

```
            dataset.Save();                                         //保存操作
            UpdatePerson();
        }
}
```

18.10　考勤管理模块设计

18.10.1　考勤管理模块概述

考勤管理模块将所有人员当天的考勤信息录入该模块中，并且可以根据年、月和人员对已录入的考勤记录进行查询。考勤管理模块运行效果如图 18.24 所示。

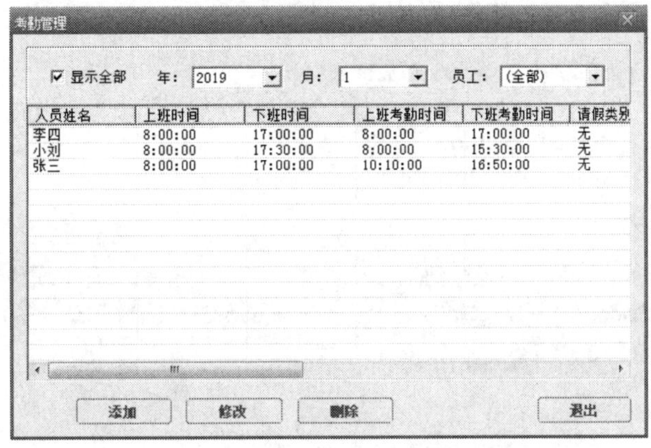

图 18.24　考勤管理模块运行效果

18.10.2　考勤管理技术分析

在进行程序设计时，日期型数据可以使用字符串的形式存入日期类型的数据库字段中，但字符串类型的日期数据要转换成日期类型的数据就必须自己实现其转换。在该模块中实现了字符串形式的日期和时间分别转换成日期类型的数据。

GetTimeForStr 方法用来将字符串形式的时间转换成日期类型。程序代码如下：

```
CTime CCheckManage::GetTimeForStr(CString timestr)
{
    int h,m,s;
    if (timestr.GetLength() < 8)                                    //不足 8 位补 0
        timestr = "0"+timestr;
    h = atoi(timestr.Left(2));                                      //获取小时
    m = atoi(timestr.Mid(3,2));                                     //获取分
    s = atoi(timestr.Right(2));                                     //获取秒
    CTime result(2000,1,1,h,m,s);                                   //生成日期
```

```
    return result;
}
```

GetDateForStr 方法用来将字符串类型的日期转换成日期类型的数据。程序代码如下：

```
CTime CCheckManage::GetDateForStr(CString datestr)
{
    int y,m,d;
    y = atoi(datestr.Left(4));                          //年
    m = atoi(datestr.Mid(5,2));                         //月
    d = abs(atoi(datestr.Right(2)));                    //日
    CTime result(y,m,d,8,0,0);                          //生成日期
    return result;
}
```

在该模块中还实现了一个时间相减的方法，在这个方法中实现相减都是转换成秒后进行减法计算的，然后将秒转换成对应的时间类型数据。程序代码如下：

```
CTime CCheckManage::DecTime(CTime one, CTime two)
{
    int yy,mm,dd,h,s,m,onetemp,twotemp;
    yy = 2000;//one.GetYear();// - two.GetYear();
    mm = 1;
    dd = 1;
    onetemp = one.GetSecond() + one.GetMinute() * 60 + one.GetHour() * 60 * 60;    //总秒数
    twotemp = two.GetSecond() + two.GetMinute() * 60 + two.GetHour() * 60 * 60;
    if ((onetemp - twotemp) < 0)
    {
        h = m = s = 0;
    }
    else
    {
        h = (onetemp - twotemp) / 60 / 60;                       //小时
        m = ((onetemp - twotemp) - h * 60 * 60) / 60;            //分种
        s = ((onetemp - twotemp) - h * 60 * 60) - m * 60;        //秒
    }
    CTime time (yy,mm,dd,h,m,s);                                 //生成时间数据
    return time;
}
```

18.10.3　考勤管理实现过程

本模块使用的数据表：tab_Check。

（1）创建一个对话框，打开对话框属性窗口，将对话框的 ID 改为 IDD_DLGCHECK，标题改为“考勤管理”。

（2）向对话框中添加 1 个复选框控件、3 个静态文本框控件、3 个组合框控件、4 个按钮控件和 1 个列表视图控件，各控件的属性设置如表 18.4 所示。

表 18.4　控件属性设置

控件 ID	控件属性	对应变量
IDC_CHECK1	Caption：显示全部	BOOL m_check
IDC_COMBOYY	Type：Drop List	CComboBox m_cyy CString m_yy
IDC_COMBOMM	Type：Drop List	CComboBox m_cmm CString m_mm
IDC_COMBOEMP	Type：Drop List	CComboBox m_cemp CString m_emp
IDC_LISTPERSON	View ：Icon、Single selection	ClistCtrl m_list
IDC_APPEND	Caption：添加	无
IDC_EDIT	Caption：修改	无
IDC_DELETE	Caption：删除	无
IDCANCEL	Caption：退出	无

（3）添加 UpdateList 方法，用于更新显示人员的考勤信息。程序代码如下：

```
void CCheckManage::UpdateList()
{
	this->UpdateData();
	CString str;
	if (m_check)
		str.Format("Select * From tab_Check");			//显示所有员工考勤信息
	else
	{
		CString Starttime,EndTime;
		Starttime = m_yy + "-" + m_mm + "-1" ;
		EndTime.Format("DATEADD(month,1,'%s')",Starttime);
		if (m_emp == "(全部)")					//显示指定时间内的所有员工考勤信息
			str.Format("Select * From tab_Check where checkdate between '%s' and %s",Starttime,
EndTime);
		else							//显示指定时间内的某个员工考勤信息
			str.Format("Select * From tab_Check where name = '%s' and \
				checkdate between '%s' and %s",m_emp,Starttime,EndTime);
	}
	CADODataSet dataset;					//定义记录集
	dataset.SetConnection(::GetConnection());		//设置数据库连接对象
	dataset.Open(str);					//打开记录集
	m_list.DeleteAllItems();				//清空列表视图控件中的所有数据
	for (int i = 0 ; i < dataset.GetRecordCount() ; i++)
	{
		int n = 0;
		long data = dataset.GetFields()->Item["autoid"]->Value;
		m_list.InsertItem(i,"");
```

```
        m_list.SetItemData(i,data);
        m_list.SetItemText(i,n++,(_bstr_t)dataset.GetFields()->Item["name"]->Value);
        m_list.SetItemText(i,n++,(_bstr_t)dataset.GetFields()->Item["ondutytime"]->Value);
        m_list.SetItemText(i,n++,(_bstr_t)dataset.GetFields()->Item["offdutytime"]->Value);
        m_list.SetItemText(i,n++,(_bstr_t)dataset.GetFields()->Item["ontime"]->Value);
        m_list.SetItemText(i,n++,(_bstr_t)dataset.GetFields()->Item["offtime"]->Value);
        m_list.SetItemText(i,n++,(_bstr_t)dataset.GetFields()->Item["leave"]->Value);
        m_list.SetItemText(i,n++,(_bstr_t)dataset.GetFields()->Item["onleave"]->Value);
        m_list.SetItemText(i,n++,(_bstr_t)dataset.GetFields()->Item["offleave"]->Value);
        m_list.SetItemText(i,n++,(_bstr_t)dataset.GetFields()->Item["latetime"]->Value);
        m_list.SetItemText(i,n++,(_bstr_t)dataset.GetFields()->Item["leaveearly"]->Value);
        m_list.SetItemText(i,n++,(_bstr_t)dataset.GetFields()->Item["memo"]->Value);
        m_list.SetItemText(i,n++,(_bstr_t)dataset.GetFields()->Item["checkdate"]->Value);
        dataset.Next();                                              //记录下移
    }
}
```

（4）向对话框中添加 OnInitDialog 方法，在对话框初始化时设置列表视图控件的表头和列宽，并对查询条件选择控件进行设置。程序代码如下：

```
BOOL CCheckManage::OnInitDialog()
{
    CDialog::OnInitDialog();
    int i = 0;
    m_list.InsertColumn(i,"人员姓名");
    m_list.SetColumnWidth(i++,100);
    m_list.InsertColumn(i,"上班时间");
    m_list.SetColumnWidth(i++,100);
    m_list.InsertColumn(i,"下班时间");
    m_list.SetColumnWidth(i++,100);
    m_list.InsertColumn(i,"上班考勤时间");
    m_list.SetColumnWidth(i++,100);
    m_list.InsertColumn(i,"下班考勤时间");
    m_list.SetColumnWidth(i++,100);
    m_list.InsertColumn(i,"请假类别");
    m_list.SetColumnWidth(i++,100);
    m_list.InsertColumn(i,"请假起始时间");
    m_list.SetColumnWidth(i++,100);
    m_list.InsertColumn(i,"请假结束时间");
    m_list.SetColumnWidth(i++,100);
    m_list.InsertColumn(i,"迟到时间");
    m_list.SetColumnWidth(i++,100);
    m_list.InsertColumn(i,"早退时间");
    m_list.SetColumnWidth(i++,100);
    m_list.InsertColumn(i,"备注");
    m_list.SetColumnWidth(i++,100);
    m_list.InsertColumn(i,"考勤日期");
    m_list.SetColumnWidth(i++,130);
    m_list.SetExtendedStyle(LVS_EX_FULLROWSELECT|LVS_EX_GRIDLINES);
```

```
    m_check = true;
    this->UpdateData(false);
    int curyear,curmonth;                                   //当前年、月
①  CTime time(CTime::GetCurrentTime());
②  curyear = time.GetYear();                               //当前年
    curmonth = time.GetMonth();                             //当前月
    char value[10];
    for (int y = 2000; y < 2100 ;y++)                       //向年列表中添加数值
    {
        _itoa(y,value,10);
        m_cyy.InsertString(y-2000,value);
    }
    m_cyy.SetCurSel(curyear-2000);
    for (int n = 1 ; n<=12 ;n++)                            //向月列表中添加数值
    {
        _itoa(n,value,10);
        m_cmm.InsertString(n-1,value);
    }
    m_cmm.SetCurSel(curmonth-1);
    CADODataSet dataset;
    dataset.SetConnection(::GetConnection());
    dataset.Open("Select * From tab_Employees");           //打开员工信息表
    m_cemp.InsertString(0,"(全部)");
    //向员工列表中添加员工信息
    for (int index = 1 ; index < dataset.GetRecordCount() ; index++)
    {   m_cemp.InsertString(index,(_bstr_t)dataset.GetFields()->Item["emp_name"]->Value);
        dataset.Next();
    }
    m_cemp.SetCurSel(0);
    UpdateList();                                           //更新考勤信息列表
    return TRUE;
}
```

说明

① GetCurrentTime 方法用于获得当前系统时间；② GetYear 方法用于获得 CTime 对象中的年数据。

（5）添加 OnAdd 方法，用于向考勤信息表中添加员工的日考勤数据。程序代码如下：

```
void CCheckManage::OnAdd()
{
    CCheckEdit checkedit;                                   //定义员工考勤编辑窗体
    if (checkedit.DoModal() == IDOK)                        //显示员工考勤编辑窗体
    {
        CString time;
        CString str = "Select top 1 * From tab_Check";
        CADODataSet dataset;
```

```
        dataset.SetConnection(::GetConnection());
        dataset.Open(str);                                          //打开员工考勤信息表
        dataset.AddNew();                                           //添加新记录
        dataset.SetFieldValue("name",(_bstr_t)checkedit.m_name);
        dataset.SetFieldValue("checkdate",(_bstr_t)checkedit.m_datecheck.Format("%Y-%m-%d"));
        dataset.SetFieldValue("ondutytime",(_bstr_t)checkedit.m_timeonduty.Format("%H:%M:%S"));
        dataset.SetFieldValue("offdutytime",(_bstr_t)checkedit.m_timeoffduty.Format("%H:%M:%S"));
        dataset.SetFieldValue("ontime",(_bstr_t)checkedit.m_timeon.Format("%H:%M:%S"));
        dataset.SetFieldValue("offtime",(_bstr_t)checkedit.m_timeoff.Format("%H:%M:%S"));
        dataset.SetFieldValue("leave",(_bstr_t)checkedit.m_leave);
        dataset.SetFieldValue("onleave",(_bstr_t)checkedit.m_timeonleave.Format("%H:%M:%S"));
        dataset.SetFieldValue("offleave",(_bstr_t)checkedit.m_timeoffleave.Format("%H:%M:%S"));
        dataset.SetFieldValue("memo",(_bstr_t)checkedit.m_memo);
        CTime latetime = DecTime(checkedit.m_timeon,checkedit.m_timeonduty);//时间相减
        time.Format("%d:%d:%d",latetime.GetHour(),latetime.GetMinute(),latetime.GetSecond());
        dataset.SetFieldValue("latetime",(_bstr_t)time);
        CTime leaveearly = DecTime(checkedit.m_timeoff,checkedit.m_timeoffduty);
        time.Format("%d:%d:%d",leaveearly.GetHour(),leaveearly.GetMinute(),leaveearly.GetSecond());
        dataset.SetFieldValue("leaveearly",(_bstr_t)time);
        dataset.Save();                                             //保存记录
        UpdateList();                                               //更新考勤信息列表
    }
}
```

（6）添加 OnEdit 方法，用于编辑考勤信息表中员工的日考勤数据。程序代码如下：

```
void CCheckManage::OnEdit()
{
    if (m_list.GetSelectionMark() == -1)                            //判断是否存在选中记录
        return;
    int id = m_list.GetItemData(m_list.GetSelectionMark());         //获取记录唯一标识
    CCheckEdit checkedit;                                           //考勤信息编辑窗体
    CString str;
    str.Format("Select * From tab_Check where autoid = %d",id);
    CADODataSet dataset;
    dataset.SetConnection(::GetConnection());
    dataset.Open(str);                                              //打开记录集
    checkedit.m_name = (char *)(_bstr_t)dataset.GetFields()->Item["name"]->Value;
    checkedit.m_timeonduty = GetTimeForStr((char *)(_bstr_t)dataset.GetFields()->Item["ondutytime"]->
Value);
    checkedit.m_timeoffduty = GetTimeForStr((char *)(_bstr_t)dataset.GetFields()->Item["offdutytime"]->
Value);
    checkedit.m_timeon = GetTimeForStr((char *)(_bstr_t)dataset.GetFields()->Item["ontime"]->Value);
    checkedit.m_timeoff = GetTimeForStr((char *)(_bstr_t)dataset.GetFields()->Item["offtime"]->Value);
    checkedit.m_leave = (char *)(_bstr_t)dataset.GetFields()->Item["leave"]->Value;
    checkedit.m_timeonleave = GetTimeForStr((char *)(_bstr_t)dataset.GetFields()->Item["onleave"]->Value);
    checkedit.m_timeoffleave = GetTimeForStr((char *)(_bstr_t)dataset.GetFields()->Item["offleave"]->Value);
    checkedit.m_memo = (char *)(_bstr_t)dataset.GetFields()->Item["memo"]->Value;
    checkedit.m_datecheck = GetDateForStr((char *)(_bstr_t)dataset.GetFields()->Item["checkdate"]->Value);
```

```
    if (checkedit.DoModal() == IDOK)                            //显示考勤信息编辑窗体
    {
        CString time;
        dataset.SetFieldValue("name",(_bstr_t)checkedit.m_name);
        dataset.SetFieldValue("checkdate",(_bstr_t)checkedit.m_datecheck.Format("%Y-%m-%d"));
        dataset.SetFieldValue("ondutytime",(_bstr_t)checkedit.m_timeonduty.Format("%H:%M:%S"));
        dataset.SetFieldValue("offdutytime",(_bstr_t)checkedit.m_timeoffduty.Format("%H:%M:%S"));
        dataset.SetFieldValue("ontime",(_bstr_t)checkedit.m_timeon.Format("%H:%M:%S"));
        dataset.SetFieldValue("offtime",(_bstr_t)checkedit.m_timeoff.Format("%H:%M:%S"));
        dataset.SetFieldValue("leave",(_bstr_t)checkedit.m_leave);
        dataset.SetFieldValue("onleave",(_bstr_t)checkedit.m_timeonleave.Format("%H:%M:%S"));
        dataset.SetFieldValue("offleave",(_bstr_t)checkedit.m_timeoffleave.Format("%H:%M:%S"));
        dataset.SetFieldValue("memo",(_bstr_t)checkedit.m_memo);
        CTime latetime = DecTime(checkedit.m_timeon,checkedit.m_timeonduty);
        time.Format("%d:%d:%d",latetime.GetHour(),latetime.GetMinute(),latetime.GetSecond());
        dataset.SetFieldValue("latetime",(_bstr_t)time);
        CTime leaveearly = DecTime(checkedit.m_timeoffduty,checkedit.m_timeoff);
        time.Format("%d:%d:%d",leaveearly.GetHour(),leaveearly.GetMinute(),leaveearly.GetSecond());
        dataset.SetFieldValue("leaveearly",(_bstr_t)time);
        dataset.Save();                                         //保存记录集修改
        UpdateList();                                           //更新考勤信息列表
    }
}
```

（7）添加 OnDelete 方法，用于删除当前选择的考勤记录。程序代码如下：

```
void CCheckManage::OnDelete()
{
    if (MessageBox("是否删除此记录！","提示", MB_YESNO|MB_ICONWARNING) == IDYES)
    {
        if (m_list.GetSelectionMark() == -1)
            return;
        int id = m_list.GetItemData(m_list.GetSelectionMark());
        CADODataSet dataset;
        dataset.SetConnection(::GetConnection());
        CString str;
        str.Format("select * from tab_Check where autoid = %d",id);
        dataset.Open(str);
        dataset.Delete();
        dataset.Save();
        UpdateList();
    }
}
```

18.11　考勤汇总查询模块设计

18.11.1　考勤汇总查询模块概述

考勤汇总查询模块用于将日常录入的员工考勤信息，根据时间范围和人员进行汇总查询，并显示员工的月出勤天数、迟到天数、请假天数等。考勤汇总查询模块运行效果如图 18.25 所示。

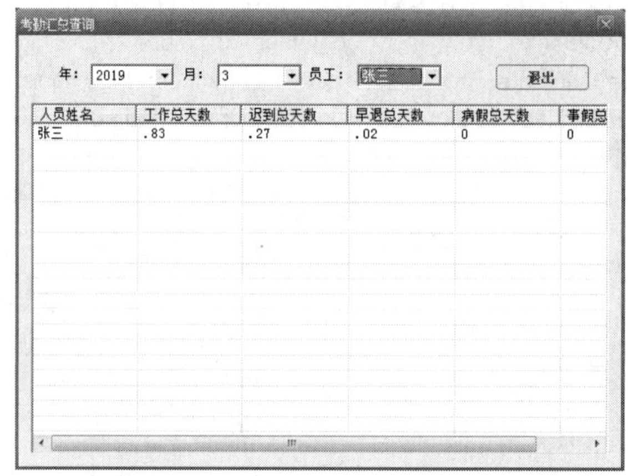

图 18.25　考勤汇总查询模块运行效果

18.11.2　考勤汇总查询技术分析

在考勤汇总查询模块中，汇总查询是通过 SQL 语句来实现的，其主要通过 SQL 子句组成 SQL 汇总查询语句。这些子句分别用来获取员工工作、迟到、早退、病假和事假总天数。

在进行时间计算时，将第一天的考勤时间转换成秒，再计算所使用的总秒数，最后根据总秒数计算时间。考勤汇总查询的 SQL 语句如下：

```
CString str,temp,where,datestr,StartDate,EndDate;
StartDate = m_yy + "-" + m_mm + "-1" ;
EndDate.Format("DATEADD(month,1,'%s')",StartDate);
datestr.Format(" between '%s' and %s",StartDate,EndDate);
temp += "select emp.emp_name ,ROUND(isnull(works.workday,0),2)";
temp += " workday,ROUND(isnull(lates.lateday,0),2) lateday,";
temp += " ROUND(isnull(leaveearlys.leaveearlyday,0),2) leaveearlyday,";
temp += " ROUND(isnull(bjdays.bjday,0),2) bjday,ROUND(isnull(sjdays.sjday,0),2) sjday";
temp += " from tab_Employees emp ";
temp += " left join";
temp += " (select sum(DATEDIFF(second,ontime,offtime)) / 60.0 / 60.0 / 8.0";
temp += " as workday,name    From tab_Check where checkdate %s group by name)";
```

```
temp += " works on emp.emp_name = works.name";
temp += " left join";
temp += " (select (sum(DATEPART(Hour,latetime)) * 60 * 60 + ";
temp += " sum(DATEPART(minute,latetime)) * 60 + sum(DATEPART(second,latetime)))";
temp += " /60.0 /60.0 /8.0 as lateday,name    From tab_Check where checkdate";
temp += " %s group by name) lates on emp.emp_name = lates.name";
temp += " left join";
temp += " (select (sum(DATEPART(Hour,leaveearly)) * 60 * 60 + ";
temp += " sum(DATEPART(minute,leaveearly)) * 60 + sum(DATEPART(second,leaveearly)))";
temp += " /60.0 /60.0 /8.0   as leaveearlyday,name    From tab_Check where ";
temp += " checkdate %s group by name) leaveearlys on emp.emp_name";
temp += " = leaveearlys.name";
temp += " left join";
temp += " (select isnull(sum(DATEDIFF(second,onleave,offleave))";
temp += " / 60.0 / 60.0 / 8.0,0) as bjday,name   From tab_Check where";
temp += " leave = '病假' and checkdate %s group by name) ";
temp += " bjdays on emp.emp_name = bjdays.name";
temp += " left join";
temp += " (select isnull(sum(DATEDIFF(second,onleave,offleave)) ";
temp += " / 60.0 / 60.0 / 8.0,0) as sjday,name   From tab_Check where ";
temp += " leave = '事假' and checkdate %s group by name) ";
temp += " sjdays on emp.emp_name = sjdays.name";
temp += " %s";
```

18.11.3 考勤汇总查询实现过程

本模块使用的数据表：tab_Employees、tab_Check。

（1）创建一个对话框，打开对话框属性窗口，将对话框的 ID 改为 IDD_DLGCHECKSUM，标题改为“考勤汇总查询”。

（2）向对话框中添加 3 个静态文本框控件、3 个组合框控件、1 个按钮控件和 1 个列表视图控件，各控件的属性设置如表 18.5 所示。

表 18.5 控件属性设置

控件 ID	控 件 属 性	对 应 变 量
IDC_CYY	Type：Drop List	CComboBox m_cyy CString m_yy
IDC_CMM	Type：Drop List	CComboBox m_cmm CString m_mm
IDC_CEMP	Type：Drop List	CComboBox m_cemp CString m_emp
IDCANCEL	Caption：退出	
IDC_LISTEMP	View：Icon、Single selection	CListCtrl m_list

（3）添加 UpdateList 方法，用于更新考勤汇总查询的数据。程序代码如下：

```
void CCheckSum::UpdateList()
```

```
{
    m_list.DeleteAllItems();
    this->UpdateData();
    CADODataSet dataset;
    dataset.SetConnection(::GetConnection());
    CString str,temp,where,datestr,StartDate,EndDate;
    StartDate = m_yy + "-" + m_mm + "-1" ;
    EndDate.Format("DATEADD(month,1,'%s')",StartDate);
    datestr.Format(" between '%s' and %s",StartDate,EndDate);
    temp += "select emp.emp_name ,ROUND(isnull(works.workday,0),2)";
    temp += " workday,ROUND(isnull(lates.lateday,0),2) lateday,";
    temp += " ROUND(isnull(leaveearlys.leaveearlyday,0),2) leaveearlyday,";
    temp += " ROUND(isnull(bjdays.bjday,0),2) bjday,ROUND(isnull(sjdays.sjday,0),2) sjday";
    temp += " from tab_Employees emp ";
    temp += " left join";
    temp += " (select sum(DATEDIFF(second,ontime,offtime)) / 60.0 / 60.0 / 8.0";
    temp += " as workday,name   From tab_Check where checkdate %s group by name)";
    temp += " works on emp.emp_name = works.name";
    temp += " left join";
    temp += " (select (sum(DATEPART(Hour,latetime)) * 60 * 60 + ";
    temp += " sum(DATEPART(minute,latetime)) * 60 + sum(DATEPART(second,latetime)))";
    temp += " /60.0 /60.0 /8.0 as lateday,name     From tab_Check where checkdate";
    temp += " %s group by name) lates on emp.emp_name = lates.name";
    temp += " left join";
    temp += " (select (sum(DATEPART(Hour,leaveearly)) * 60 * 60 + ";
    temp += " sum(DATEPART(minute,leaveearly)) * 60 + sum(DATEPART(second,leaveearly)))";
    temp += " /60.0 /60.0 /8.0   as leaveearlyday,name     From tab_Check where ";
    temp += " checkdate %s group by name) leaveearlys on emp.emp_name";
    temp += " = leaveearlys.name";
    temp += " left join";
    temp += " (select isnull(sum(DATEDIFF(second,onleave,offleave))";
    temp += " / 60.0 / 60.0 / 8.0,0) as bjday,name   From tab_Check where";
    temp += " leave = '病假' and checkdate %s group by name) ";
    temp += " bjdays on emp.emp_name = bjdays.name";
    temp += " left join";
    temp += " (select isnull(sum(DATEDIFF(second,onleave,offleave)) ";
    temp += " / 60.0 / 60.0 / 8.0,0) as sjday,name   From tab_Check where ";
    temp += " leave = '事假' and checkdate %s group by name) ";
    temp += " sjdays on emp.emp_name = sjdays.name";
    temp += " %s";
    where.Format(" where emp.emp_name = '%s'",m_emp);
    if (m_emp == "(全部)")
        str.Format(temp,datestr,datestr,datestr,datestr,datestr,"");
    else
        str.Format(temp,datestr,datestr,datestr,datestr,datestr,where);
    dataset.Open(str,adLockUnspecified);
    for (int i = 0; i < dataset.GetRecordCount() ; i++)
    {
        int n = 0;
```

```
            m_list.InsertItem(i,"");
            m_list.SetItemText(i,n++,(_bstr_t)dataset.GetFields()->Item["emp_name"]->Value);
            m_list.SetItemText(i,n++,(_bstr_t)dataset.GetFields()->Item["workday"]->Value);
            m_list.SetItemText(i,n++,(_bstr_t)dataset.GetFields()->Item["lateday"]->Value);
            m_list.SetItemText(i,n++,(_bstr_t)dataset.GetFields()->Item["leaveearlyday"]->Value);
            m_list.SetItemText(i,n++,(_bstr_t)dataset.GetFields()->Item["bjday"]->Value);
            m_list.SetItemText(i,n++,(_bstr_t)dataset.GetFields()->Item["sjday"]->Value);
            dataset.Next();
        }
}
```

（4）向对话框中添加 OnInitDialog 方法，在对话框初始化时，设置列表视图控件的表头和列宽，以及汇总查询条件选择控件的设置。程序代码如下：

```
BOOL CCheckSum::OnInitDialog()
{
    CDialog::OnInitDialog();
    int i = 0;
    m_list.InsertColumn(i,"人员姓名");
    m_list.SetColumnWidth(i++,100);
    m_list.InsertColumn(i,"工作总天数");
    m_list.SetColumnWidth(i++,100);
    m_list.InsertColumn(i,"迟到总天数");
    m_list.SetColumnWidth(i++,100);
    m_list.InsertColumn(i,"早退总天数");
    m_list.SetColumnWidth(i++,100);
    m_list.InsertColumn(i,"病假总天数");
    m_list.SetColumnWidth(i++,100);
    m_list.InsertColumn(i,"事假总天数");
    m_list.SetColumnWidth(i++,100);
    m_list.SetExtendedStyle(LVS_EX_FULLROWSELECT|LVS_EX_GRIDLINES);
    int curyear,curmonth;
    CTime time(CTime::GetCurrentTime());
    curyear = time.GetYear();
    curmonth = time.GetMonth();
    char value[10];
    for (int y = 2000; y < 2100 ;y++)
    {
①           _itoa(y,value,10);
            m_cyy.InsertString(y-2000,value);
    }
②   m_cyy.SetCurSel(curyear-2000);
    for (int n = 1 ; n<=12 ;n++)
    {
            _itoa(n,value,10);
            m_cmm.InsertString(n-1,value);
    }
    m_cmm.SetCurSel(curmonth-1);
    CADODataSet dataset;
    dataset.SetConnection(::GetConnection());
```

```
    dataset.Open("Select * From tab_Employees");
    m_cemp.InsertString(0,"(全部)");
    for (int index = 1 ; index < dataset.GetRecordCount() ; index++)
    {
        m_cemp.InsertString(index,(_bstr_t)dataset.GetFields()->Item["emp_name"]->Value);
        dataset.Next();
    }
    m_cemp.SetCurSel(0);
    UpdateList();
    return TRUE;
}
```

说明

① _itoa 函数用于将整型数据转换为字符串类型；② SetCurSel 方法用于设置组合框中的选中项。

18.12 开发技巧与难点分析

18.12.1 调用动态链接库设计界面

为了使人事考勤管理系统界面更加美观，本项目特别重绘了程序界面，并且将其封装成动态链接库，以方便使用。下面介绍如何调用动态链接库美化界面，步骤如下。

（1）将资源包中提供的 SkinHook.h、SkinLib.dll、SkinLib.lib 文件复制到程序根目录下，如图 18.26 所示。

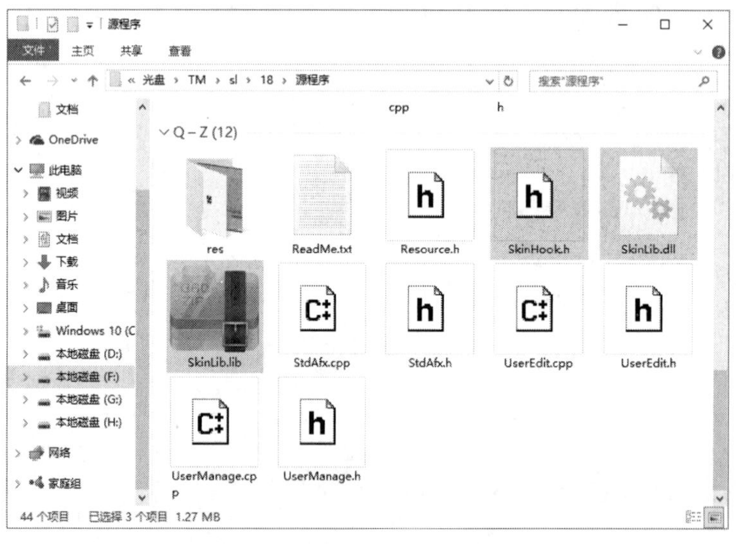

图 18.26　复制动态链接库文件

（2）在工作区窗口选择 FileView 选项卡，右击 Header Files 节点，在弹出的快捷菜单中选择 Add

Files to Folder 命令，在弹出的对话框中找到 SkinHook.h 文件并导入。

（3）在 Person.cpp 文件中引用 SkinHook.h 文件，并在 InitInstance 方法中调用动态链接库中的 LoadSkin 函数，进行界面的绘制。

18.12.2　主窗体的界面显示

在开发本系统的主窗体时，为了使程序看起来更加美观，在程序的背景部分绘制了一幅位图。但是在程序进行最大化时，程序的背景位图没有被重绘，导致左上角的部分显示一个小图。为解决这个问题，可以先捕获最大化消息，即在主窗口的 OnSize 消息处理函数中进行捕获，然后调用 Invalidate 函数进行刷新。程序代码如下：

```
void CPersonDlg::OnSize(UINT nType, int cx, int cy)
{
	CDialog::OnSize(nType, cx, cy);
	if (nType == SIZE_MAXIMIZED)                                    //捕获最大化消息
	{
		Invalidate();                                              //刷新
	}
	else if (nType == SIZE_RESTORED)                                //捕获还原消息
	{
		Invalidate();                                              //刷新
	}
}
```

通过上述代码可以解决调整主窗体大小时背景位图显示不正确的问题。

18.13　小　　结

本章通过使用 SQL Server 数据库和 C++相关知识开发了一个人事考勤管理系统。通过本章的学习，读者可了解 SQL Server 数据库的基本操作，以及如何使用 C++操作数据库，从而向独立开发软件迈出一大步。

附录 A　Visual C++ 6.0 常用快捷键

Visual C++ 6.0 开发环境是一种主要针对 C++语言的开发平台，对该环境的熟悉程度将直接影响开发人员开发项目的效率。为了加速项目开发进程，开发人员必须更好地了解和适应 Visual C++ 6.0 开发环境，为此，这里将列出 Visual C++ 6.0 开发环境中菜单栏的所有菜单命令、功能以及常用快捷键，供读者参考。

A.1　Visual C++ 6.0 菜单命令及功能

Visual C++ 6.0 开发环境中，菜单栏中的全部菜单命令及功能如表 A.1 所示。

表 A.1　菜单命令及功能

菜 单 项	菜单命令（快捷键）	功　能
File	New（Ctrl+N）	建立一个新的项目、网站、文件等
	Open（Ctrl+O）	打开一个已经存在的项目、文件等
	Close	关闭当前页面
	Open Workspace	打开工作区
	Save Workspace	保存工作区
	Close Workspace	关闭工作区
	Save（Ctrl+S）	保存
	Save As	另存为
	Save All	全部保存
	Recent Files	打开最近操作的文件（如解决方案）
	Recent Workspace	打开最近的工作区
	Exit	退出集成开发环境
Edit	Undo（Ctrl+Z）	撤销上一步操作
	Redo（Ctrl+Y）	重做上一步所做的修改
	Cut（Ctrl+X）	将选定内容放入剪贴板，同时删除文档中所选的内容
	Copy（Ctrl+C）	将选定内容放入剪贴板，但不删除文档中所选的内容
	Paste（Ctrl+V）	将剪贴板中的内容粘贴到当前光标处
	Delete（DEL）	删除所选定内容
	Select All（Ctrl+A）	选择当前文档中的全部内容
	Find	在当前窗口文件中查找指定内容
	Replace	可将查找到的内容替换为指定信息
	Go To（Ctrl+G）	选择定位到结果窗格的哪一行
	Bookmarks（Alt+F2）	显示书签功能菜单

续表

菜 单 项	菜单命令（快捷键）	功　　能
View	Resource Symbols	资源符号
	Resource Includes	资源库
	Workspace（Alt+0）	显示工作区
	Output（Alt+2）	显示错误输出窗口
	Properties（Alt+Enter）	显示属性窗口
	Full Screen	将当前窗体全屏显示
Insert	Resource（Ctrl+R）	添加资源
	File As Text	选择类型保存文件
Project	Set Active Project	设置活动项目
	Add To Project	添加到项目
Build	Compile Project1（Ctrl+F7）	编译项目 1
	Build Project1.exe（F7）	组建
	Batch Build	部分组建
	Clean	清除
	Rebuild All	重建
	Start Debug	开始调试
	Debugger Remote Connection	调试器远程连接
	Execute Project1.exe（Ctrl+F5）	运行程序
Tools	Register Control	暂存器控制
	Error Lookup	查找错误
	ActiveX Control Test Cintainer	活动控制测试维护者
	OLE/COM Object Viewer	OLE/COM 对象查看器
	MFC Tracer	MFC 示踪
	Customize	自定义
	Options	打开选项窗口
Window	New Window	创建新窗口
	Split	对工作区进行拆分
	Close	关闭
	Close All	全部关闭
	Tile Horizontally	水平罗列
	Tile Vertically	垂直罗列
Help	Contents	帮助内容
	Search	搜索帮助
	Index	索引
	Use Extension Help	用户说明帮助
	Keyboard Map	键盘辅助功能
	关于 Visual C++	关于版本信息的介绍

A.2 Visual C++ 6.0 常用快捷键

在程序开发过程中合理使用快捷键，不但可以减少代码的错误率，还可以提高开发效率。Visual C++ 6.0 提供了很多快捷键，其常用快捷键如表 A.2 所示。

表 A.2 常用快捷键

快 捷 键	说 明
Ctrl+O	打开一个已经存在的项目、文件等
Ctrl+P	打印文件的全部或选定部分
Ctrl+N	建立一个新的项目、网站、文件等
Shift+F2	上一个书签
Alt+F2	编辑书签
Ctrl+J/K	寻找上一个/下一个预编译条件
Ctrl+Shift+J/K	寻找上一个/下一个预编译条件并将这一块选定
Ctrl+End	文档尾
Ctrl+Shift+End	选定从当前位置到文档尾
Alt+F3/Ctrl+F	查找
F3	查找下一个
Shift+F3	查找上一个
Ctrl+]/Ctrl+E	寻找下一个半括弧
F4	寻找下一个错误/警告位置
Shift+F4	寻找上一个错误/警告位置
Shift+Home	选定从当前位置到行首
Ctrl+L	剪切当前行
Ctrl+Shift+L	删除当前行
Alt+F8	自动格式重排
Ctrl+G	选择定位到结果窗格的哪一行
Ctlr+X	将选定内容放入剪贴板，同时删除文档中所选内容
Ctrl+C	将选定内容放入剪贴板，但不删除文档中所选内容
Ctrl+V	将剪贴板中的内容粘贴到当前光标处
Ctrl+U	将选定区域转换成小写
Ctrl+Shift+U	将选定区域转换成大写
Ctrl+F8	当前行变成选定区域的头/尾
Ctrl+T	显示变量类型
Alt+0	显示工作区
Alt+2	显示错误输出窗口

续表

快　捷　键	说　　明
Alt+3	显示 Watch 窗口
Ctrl+W	显示 ClassWizard 窗口
Alt+Enter	属性
F7	组建
Ctrl+F7	编译项目
Ctrl+F5	运行程序
F9	断点
Ctrl+Shift+F9	去掉所有断点
Ctrl+Shift+F10	将当前行设为执行下一条指令的行
Shift+F11	跳出当前函数
F10	单步执行
Shift+Esc	隐藏窗口
Ctrl+D	查找
Ctrl+I	向下查找下一个
Ctrl+Shift+I	查找上一个
Alt +O	头文件与 cpp 文件的交互显示

附录B　Visual Studio 2019 简介

Visual Studio 2019 开发环境是一种主要针对 C++语言的开发平台，对该环境的熟悉程度将直接影响开发人员开发项目的效率。为了加速项目开发进程，开发人员必须更好地了解和适应 Visual Studio 2019 开发环境，为此，这里将详细介绍 Visual Studio 2019 的安装方法及开发环境，并且还将列出 Visual Studio 2019 开发环境中菜单栏的所有菜单命令、功能以及常用快捷键，供读者参考。

B.1　安装 Visual Studio 2019

1. 安装 Visual Studio 2019 的必备条件

安装 Visual Studio 2019 的系统及硬件要求如表 B.1 所示。

表 B.1　安装 Visual Studio 2019 的必备条件

名　　称	说　　明
处理器	2.0 GHz 双核处理器
RAM	4 GB，建议使用 8 GB 内存
可用硬盘空间	系统盘上最少需要 10 GB 的可用空间
显示器	1024×768，增强色 16 位
操作系统及所需补丁	Windows 7（SP1）、Windows 8、Windows 8.1、Windows Server 2008 R2 SP1（x64）、Windows Server 2012（x64）、Windows 10

2. 安装 Visual Studio 2019

下面以 Visual Studio 2019 社区版的安装为例，讲解具体的安装步骤。

说明

Visual Studio 2019 社区版是完全免费的，其下载地址为 https://www.visualstudio.com/zh-hans/downloads/。

（1）Visual Studio 2019 社区版的安装文件是 exe 可执行文件，其命名格式为 vs_community__编译版本号.exe，这里下载的安装文件名为 vs_community__1230733315.1531385802.exe，双击该文件开始安装。

说明

安装 Visual Studio 2019 开发环境时，计算机上要求必须安装了.NET Framework 4.6 框架，如果没有安装，请先到微软官方网站下载并安装，下载地址为 https://www.microsoft.com/zh-CN/download/details.aspx?id=48130。

（2）程序首先跳转到 Visual Studio 2019 安装程序界面，在该界面中单击“继续”按钮，自动跳转到安装选择项界面，如图 B.1 所示，在该界面选中“使用 C++的桌面开发”复选框，其他的复选框，读者可以根据自己的开发需要确定是否选择安装；选择完要安装的功能后，在下面“位置”处选择要安装的路径，这里建议不要安装在系统盘上，可以选择一个其他磁盘进行安装，例如，这里将其安装到了 D 盘。设置完成后，单击“安装”按钮。

注意

在安装 Visual Studio 2019 开发环境时，选择“使用 C++的桌面开发”选项，可能会与这里的位置不同，读者一定要看清楚再选择。

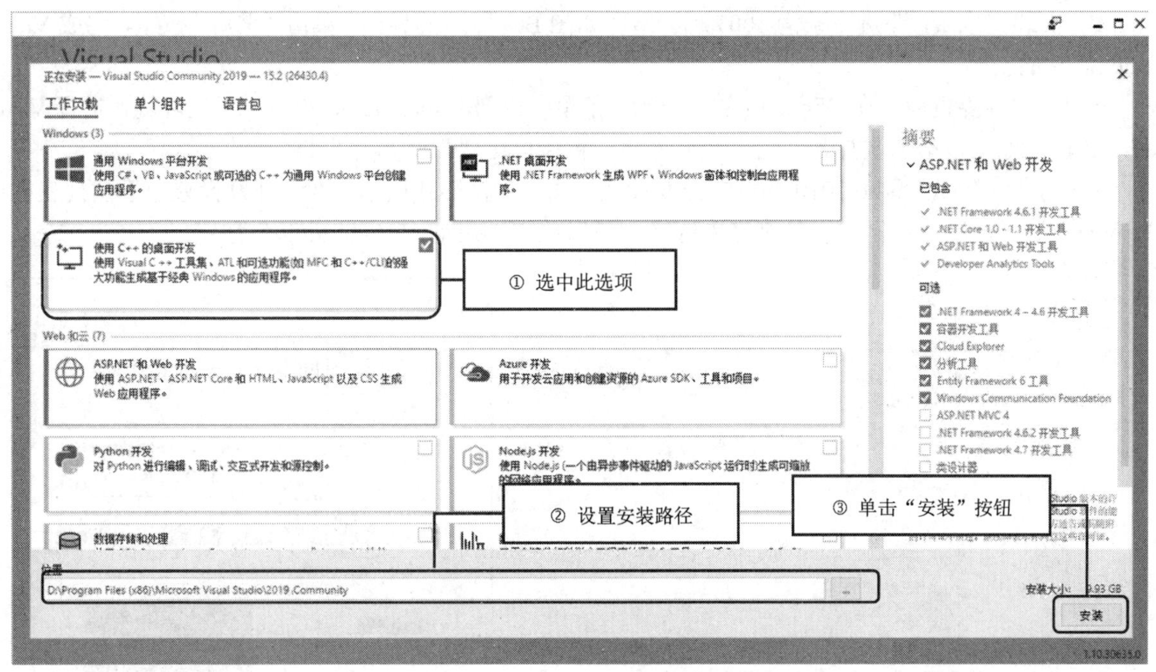

图 B.1　Visual Studio 2019 安装界面 1

注意

在安装 Visual Studio 2019 开发环境时，计算机一定要确保处于联网状态，否则无法正常安装。

（3）跳转到如图 B.2 所示的安装进度界面，该界面显示当前的安装进度，等待安装完成后，自动进入安装完成页，此时就可以在系统的开始菜单中选择 Visual Studio 2019 菜单启动并使用开发环境了。

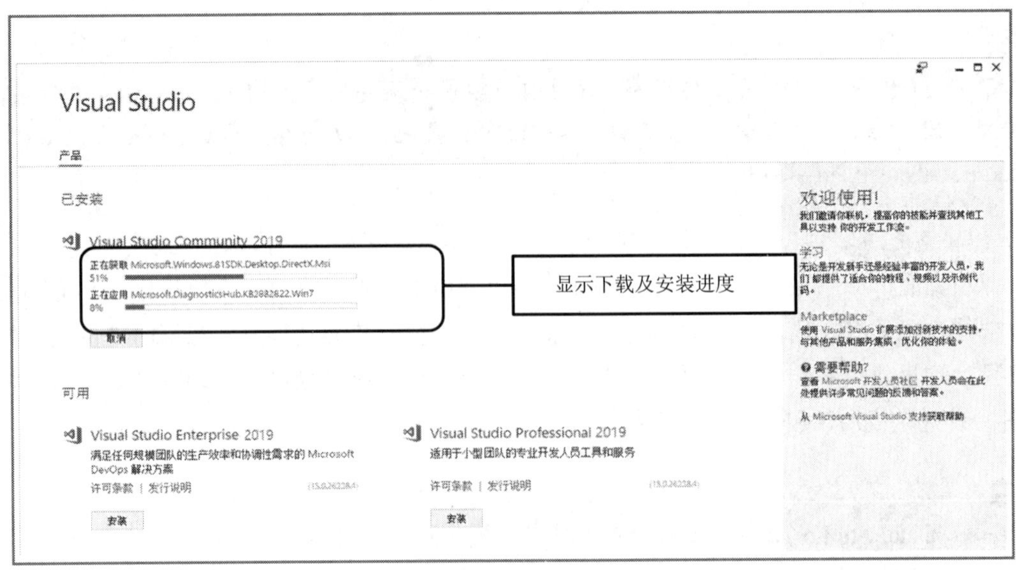

图 B.2　Visual Studio 2019 安装界面 2

（4）安装完成后，即进度条为 100%时，出现如图 B.3 所示的界面。单击“重启”按钮，完成 Visual Studio 2019 的安装。

（5）重启计算机后，在 Windows 的“开始”菜单中找到 Visual Studio 2019 的开发环境，选择 Visual Studio 2019，如果是第一次打开，出现欢迎界面，直接单击“以后再说”按钮。

（6）进入 Visual Studio 2019 环境的开发设置界面，如图 B.4 所示，在“开发设置”下拉列表框中选择 Visual C++，颜色根据自己的喜好来选择，最后单击“启动 Visual Studio”按钮。

图 B.3　重启界面

图 B.4　选择开发设置界面

（7）进入 Visual Studio 2019 环境启动界面。等待几秒后，进入 Visual Studio 2019 环境开发的欢迎界面。至此，Visual Studio 2019 安装成功，并且已经启动。

B.2　Visual Studio 2019 开发环境介绍

1．创建项目

初期学习 C++语言编程主要在 Windows 控制台应用程序环境下完成，下面将按步骤介绍控制台应用程序的创建过程。

（1）选择“开始”→“所有程序”→Visual Studio 2019 命令，进入 Visual Studio 2019 的起始页界面，打开 Visual Studio 2019 开发环境，进入 Visual Studio 2019 开发环境界面，然后单击右侧栏的“创建新项目”，如图 B.5 所示。

（2）屏幕自动跳转到如图 B.6 所示的界面，首先选择“空项目”选项，然后单击“下一步”按钮。

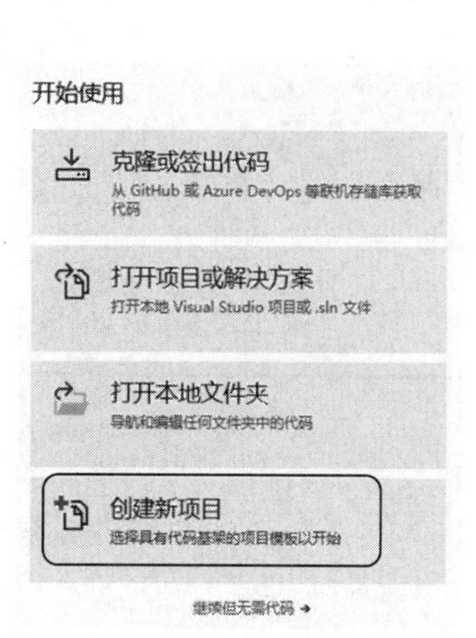

图 B.5　创建新项目

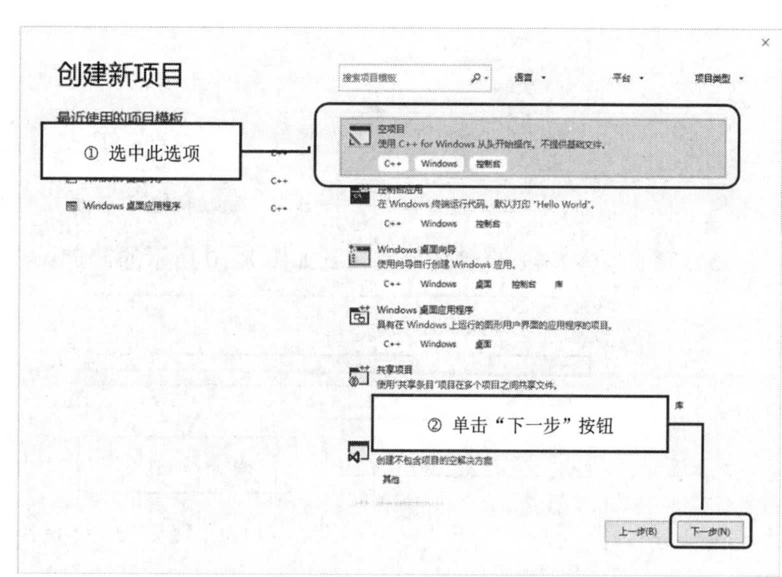

图 B.6　创建一个新文件

（3）屏幕自动跳转到如图 B.7 所示的界面，在项目名称的文本框中输入要创建的文件夹名称，例如 Demo。在“位置”文本框设置文件夹的保存地址，可以通过单击右边的 按钮修改源文件的存储位置，最后单机“创建”按钮，屏幕自动跳到图 B.8 所示的界面。

（4）选择“解决方案资源管理器”中的源文件，右击“源文件”，在弹出的快捷菜单中选择“添加”→“新建项”命令，如图 B.9 所示，或者按 Shift+Ctrl+A 组合键进入添加项目界面。

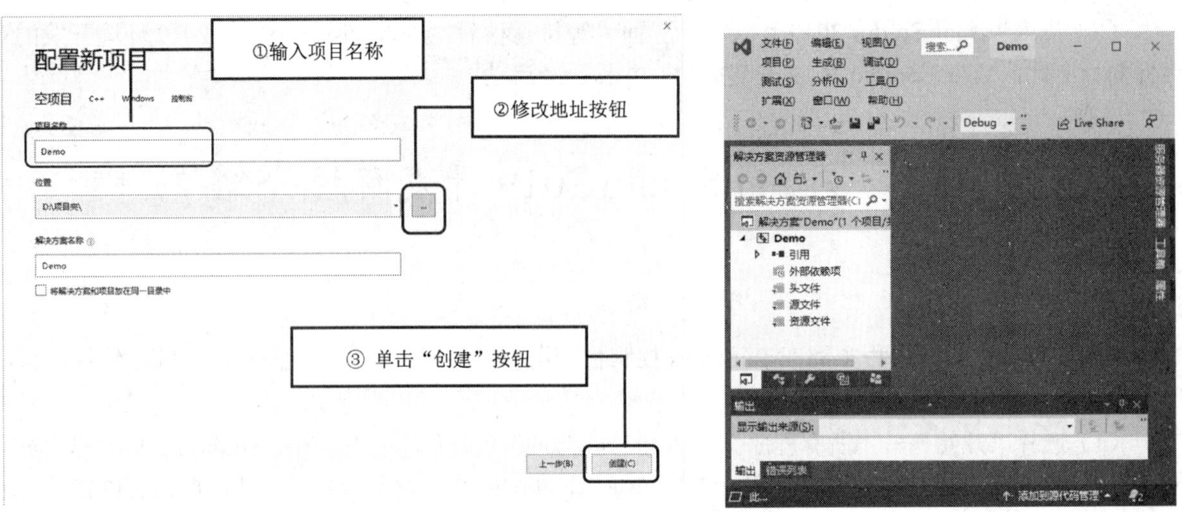

图 B.7　创建 C 源文件图　　　　图 B.8　创建项目界面

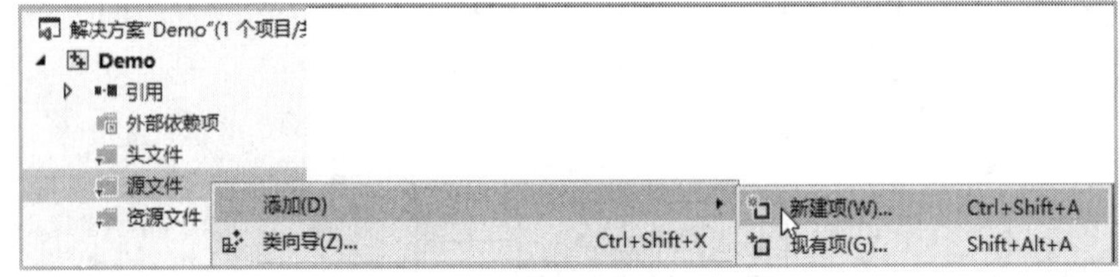

图 B.9　“添加项目”界面

（5）完成步骤（4）屏幕自动跳转到如图 B.10 所示的窗口。

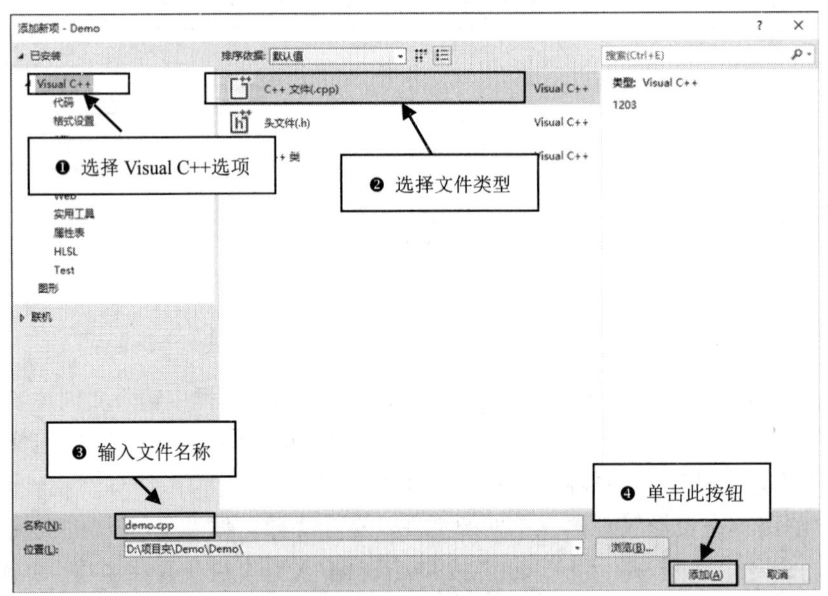

图 B.10　“添加项目”界面

添加项目时首先选择 Visual C++选项，这时在右侧列表框中将显示可以创建的不同文件。因为要

创建 cpp 文件，因此这里选择 C++ 文件(.cpp) 选项，在下方的“名称”文本框中输入要创建的 cpp 文件名称，如 demo.cpp。“位置”下拉列表框是文件夹的保存地址，这里默认为步骤（2）创建的文件夹位置，不做更改。

（6）单击“添加”按钮，这样就添加了一个 C 文件，如图 B.11 所示。

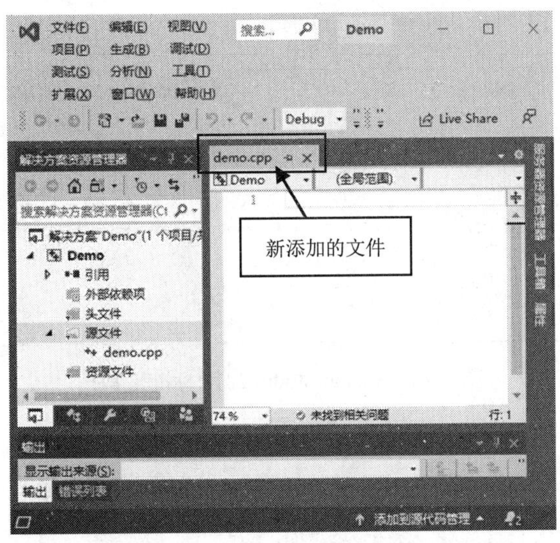

图 B.11　完成添加 C 文件

2．菜单栏

菜单栏显示所有可用的 Visual Studio 2019 命令，除了“文件”“编辑”“视图”“窗口”和“帮助”菜单之外，还提供编程专用的功能菜单，如“项目”“生成”“调试”“工具”和“测试”等，如图 B.12 所示。

每个菜单项中都包含若干个菜单命令，分别执行不同的操作，例如，“调试”菜单包括调试程序的各种命令，如“开始调试”“开始执行”和“新建断点”等，如图 B.13 所示。

图 B.12　Visual Studio 2019 菜单栏

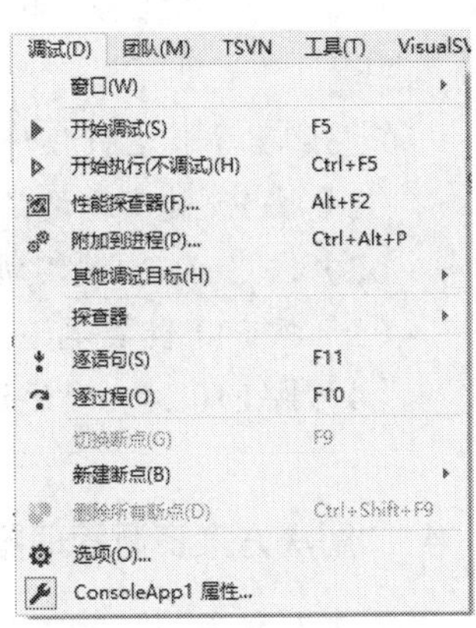

图 B.13　“调试”菜单

3．工具栏

为了操作方便、快捷，菜单项中常用的命令按功能分组分别放入相应的工具栏中。通过工具栏可以快速访问常用的菜单命令。常用的工具栏有标准工具栏和调试工具栏，下面分别介绍。

（1）标准工具栏。标准工具栏包括大多数常用的命令按钮，如新建项目、打开文件、保存、全部保存等。标准工具栏如图 B.14 所示。

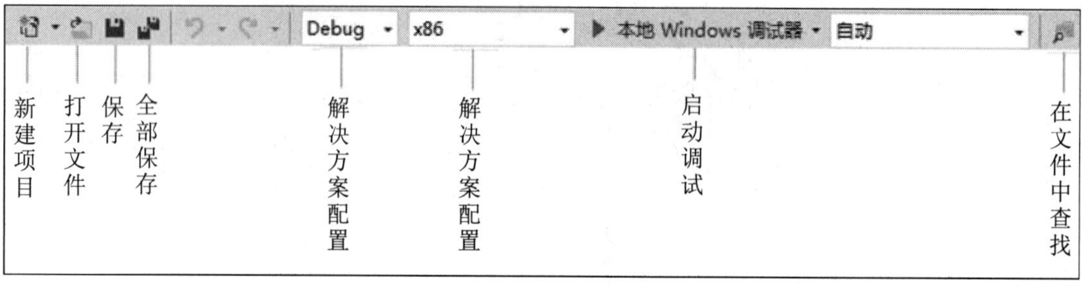

Debug
x86
本地 Windows 调试器
自动
新建项目
打开文件
保存
全部保存
解决方案配置
解决方案配置
启动调试
在文件中查找

图 B.14　Visual Studio 2019 标准工具栏

（2）调试工具栏。调试工具栏包括对应用程序进行调试的命令按钮，如图 B.15 所示。

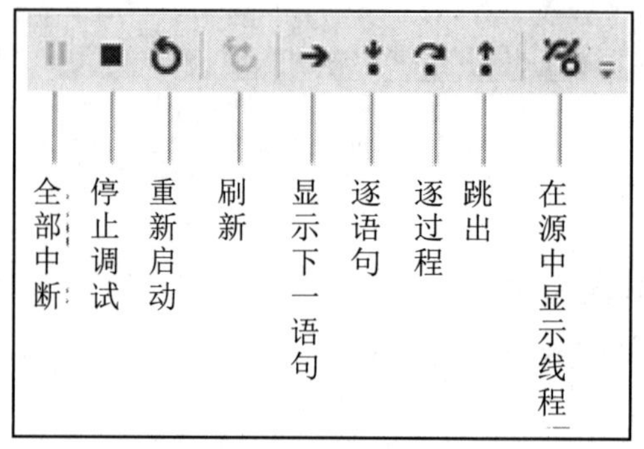

图 B.15　Visual Studio 2019 调试工具栏

说明

在调试程序或运行程序的过程中，通常可用以下 4 种快捷键来操作：

（1）按 F5 键实现调试运行程序；

（2）按 Ctrl+F5 键实现不调试运行程序；

（3）按 F11 键实现逐语句调试程序；

（4）按 F10 键实现逐过程调试程序。

4．“解决方案资源管理器”

“解决方案资源管理器”提供了项目及文件的视图，并且提供对项目和文件相关命令的便捷访问，如图 B.16 所示。与此窗口关联的工具栏提供了适用于列表中突出显示项的常用命令。若要访问“解决方案资源管理器”，可以选择“视图”→“解决方案资源管理器”命令打开。

5．“选项”对话框

“选项”对话框可以对环境进行设置，选择“工具”→“选项”命令，打开如图 B.17 所示的“选项”对话框。在这里设置开发环境主题等项目。

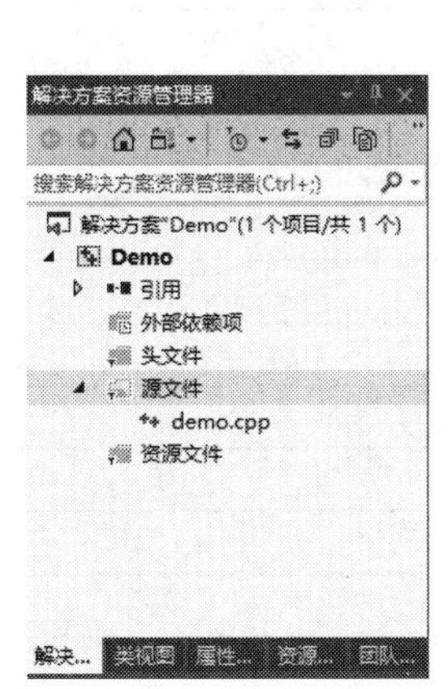

图 B.16　“解决方案资源管理器”界面

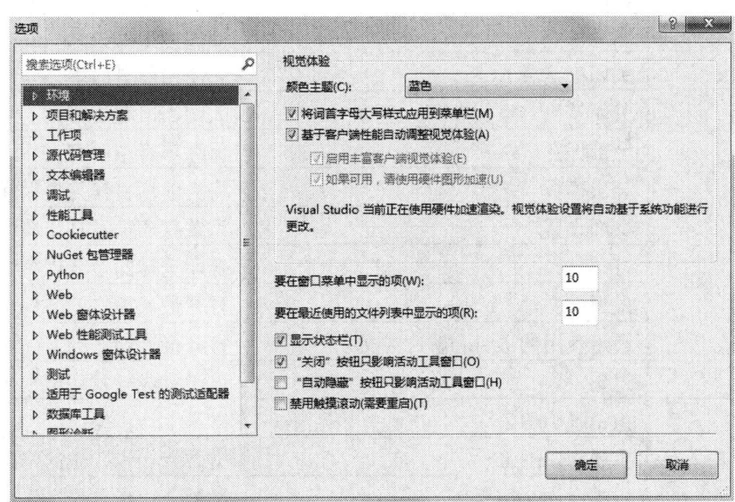

图 B.17　“选项”对话框

6．错误输出窗口

错误输出窗口为代码中的错误提供即时的提示和可能的解决方法，例如，当某句代码结束时忘记输入分号，错误列表中显示如图 B.18 所示的错误。错误列表就好像是一个错误提示器，它可以将程序中的错误代码及时地显示给开发人员，并通过提示信息找到相应的错误代码。

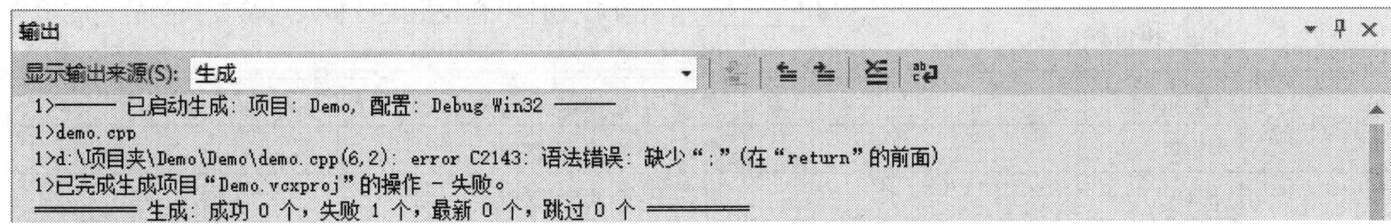

图 B.18　错误输出窗口

说明

双击错误列表中的某项，Visual Studio 2019 开发环境自动定位到发生错误的代码。

B.3　Visual Studio 2019 菜单功能

Visual Studio 2019 开发环境中菜单栏的全部菜单命令及功能，如表 B.2 所示。

表 B.2　菜单命令及功能

菜　单　项	菜单命令（快捷键）	功　　能
文件	新建	建立一个新的项目、网站、文件等
	打开	打开一个已经存在的项目、文件等
	添加	添加一个项目到当前编辑的项目中
	关闭	关闭当前页面
	关闭解决方案	关闭当前解决方案
	全部保存	保存项目中所有文件
	导出模板	将当前项目作为模板保存，生成.zip 文件
	页面设置	设置打印机及打印属性
	打印	打印选择的指定内容
	最近的文件	打开最近操作的文件（如类文件）
	最近使用的项目和解决方案	打开最近操作的文件（如解决方案）
	退出	退出集成开发环境
编辑	撤销（Ctrl+Z）	撤销上一步操作
	重做（Ctrl+Y）	重做上一步所做的修改
	撤销上次全局操作	撤销上一步全局操作
	重做上次全局操作	重做上一步所做的全局修改
	剪切（Ctrl+X）	将选定内容放入剪贴板，同时删除文档中所选的内容
	复制（Ctrl+C）	将选定内容放入剪贴板，但不删除文档中所选的内容
	粘贴（Ctrl+V）	将剪贴板中的内容粘贴到当前光标处
	删除（DEL）	删除所选定内容
	全选（Ctrl+A）	选择当前文档中的全部内容
	查找和替换	在当前窗口文件中查找指定内容，可将查找到的内容替换为指定信息
编辑	转到	选择定位到结果窗格的哪一行
	书签	显示书签功能菜单
视图	代码	显示代码编辑窗口
	团队资源管理器（Ctrl+\ , Ctrl+M）	显示团队资源管理器窗口
	解决方案资源管理器（Ctrl+Alt+L）	显示解决方案资源管理器窗口
	类视图（Ctrl+Shift+C）	显示类视图窗口
	代码定义窗口（Ctrl+\,D）	显示代码定义窗口
	对象浏览器（Ctrl+Alt+J）	显示对象浏览器窗口
	错误列表（Ctrl+\,E）	显示错误列表窗口
	输出（Ctrl+Alt+O）	显示输出窗口
	属性管理器	显示属性窗口
	工具箱（Ctrl+Alt+X）	显示工具箱窗口
	查找结果	显示查找结果
	其他窗口	显示其他窗口（如命令窗口、起始页等）
	工具栏	打开工具栏菜单（如标准工具栏、调试工具栏）
	全屏幕	将当前窗体全屏显示

续表

菜　单　项	菜单命令（快捷键）	功　　能
视图	向后导航（Ctrl+-）	将控制权移交给下一任务
	向前导航（Ctrl+Shift+-）	将控制权移交给上一任务
	属性页（Shift+F4）	为用户控件显示属性页
项目	重定解决方案目标	打开 Windows SDK 选择版本
	添加类	添加类文件
	类向导（Ctrl+Shift+X）	在类中添加成员变量消息和消息处理程序
	添加新项（Ctrl+Shift+A）	添加一个新项到当前编辑的项目中
	添加现有项（Shift+Alt+A）	添加一个已存在的项到当前编辑的项目中
	从项目中排除	将当前项移除
	显示所有文件	在资源管理器中显示当前项目文件下的所有文件
	重新扫描解决方案	更新 IntelliSense 和浏览信息
	显示浏览数据库错误	显示错误的浏览数据
	清除浏览数据库错误	将浏览错误的数据删除
	设为启动项目	将选定的项目设为启动项目
生成	生成解决方案（Ctrl+Shift+B）	将项目生成解决方案
	重新生成解决方案	将以前的项目删除重新生成解决方案
	清理解决方案	清除项目的解决方案
	生成项目 1	生成项目 1
	重新生成项目 1	重新生成项目 1
	清理项目 1	清理项目 1
	仅对项目 1 运行代码进行分析	对项目 1 运行代码进行分析，检测代码的正确性
	批生成	将当前项目成批生成
	配置管理器	打开配置管理器
调试	窗口	窗口功能菜单（包括断点、输出、即时）
	图形	对图形进行调试
	开始调试（F5）	开始启动项目并可以调试错误
	开始执行（不调试）（Ctrl+F5）	执行项目但不调试错误
	附加到进程（Ctrl+Alt+P）	打开附加到进程设置窗体
	其他调试目标	调试安装的应用程序包
	逐语句（F11）	一次执行一个语句
	逐过程（F10）	一次执行一个过程
	切换断点（F9）	在当前行添加或删除断点
	删除所有断点（Ctrl+Shift+F9）	删除项目中的所有断点
	选项	打开选项窗口（可以对环境进行设置）
团队	管理连接	连接到团队资源管理器
工具	获取工具和功能	打开 Visual Studio 2019 的安装功能
	扩展和更新	打开扩展和更新窗口（对环境背景进行设置）
	连接到数据库	打开连接到数据库设置窗体
	连接到服务器	打开连接到服务器设置窗体

续表

菜 单 项	菜单命令（快捷键）	功 能
工具	代码片段管理器（Ctrl+K , Ctrl+B）	打开代码段管理器设置窗体
	选择工具箱项	打开选择工具箱项设置窗体（添加或删除组件）
	Visual Studio 2019 命令提示	打开控制台对话框
	外部工具	打开外部工具设置窗体
	导入和导出设置	打开导入和导出设置窗体
	自定义	打开自定义设置窗体
	选项	打开选项设置窗体（设计 IDE 环境）
测试	运行	对代码进行测试
	调试	对代码进行全部测试
	测试设置	设置默认处理器体系结构
	窗口	测试资源管理器
窗口	新建窗口	新建一个当前窗口（如类窗口）
	拆分	将窗口进行拆分（在主窗口中显示两个子窗口）
	浮动	使窗口可放在任何位置
	停靠	使窗口停靠于 IDE 中
	作为选项卡式文档停靠	使窗口的显示呈现为选项卡状态（同一时间只有一个窗体获得焦点）
	自动隐藏	使窗体在失去焦点时自动隐藏（收回状态）
	隐藏	效果与关闭相仿
	关闭所有文档	关闭 IDE 中的所有文档
	重置窗口布局	恢复到 IDE 的初始布局形式
帮助	查看帮助（Ctrl+F1）	打开 Help Library 管理器
	发送反馈	发送错误报告信息
帮助	注册产品	注册 Visual Studio 2019 账号
	技术支持	在 MSDN 上获取技术支持
	检查更新	检查 Visual Studio 最新版
	关于 Microsoft Visual Studio	关于版本信息的介绍

B.4 Visual Studio 2019 常用快捷键

在程序开发过程中，合理使用快捷键，不但可以减少代码的错误率，还可以提高开发效率，Visual Studio 2019 提供了很多快捷键，其常用快捷键如表 B.3 所示。

表 B.3 常用快捷键

快 捷 键	说 明
Ctrl + Z	全选
Ctrl + S	保存
Ctrl + Shift + S	全部保存

续表

快　捷　键	说　　明
F9	插入断点
Ctrl + Shift + F9	删除所有断点
F5	运行程序
Shift + F5	停止程序的运行
F10	逐过程运行
F11	逐语句运行
Shift + F11	跳出正在运行的代码段
Ctrl + J	不输入关键词时自动弹出提示
Ctrl + F	查找
Ctrl + Alt + L	打开“解决方案资源管理器”
Ctrl + Alt + O	打开输出窗口
F4	打开属性窗口
Ctrl + Alt + X	打开工具箱
Ctrl + \ , E	打开错误列表窗口
Ctrl + K , Ctrl + C	注释选中代码
Ctrl + K , Ctrl + U	取消代码注释
Ctrl + Shift + Enter	使开发环境全屏显示